“十二五”职业教育国家规划教材

经全国职业教育教材审定委员会审定

无线网络组建项目教程

（第二版）

主　编　唐继勇　童　均

副主编　任月辉

内 容 提 要

本书以无线局域网的组建与维护为主线，介绍了无线局域网的最新发展和前沿应用，主要包括无线局域网的工作原理、关键技术、协议标准、技术规范、拓扑结构、设备功能、网络配置、网络安全、工程安装、网络规划、故障排除与行业应用等多方面的内容。本书内容丰富，叙述深入浅出，语言通俗易懂，不仅注重理论方法的引导，更注重工程的实际应用，着力提高读者设计和实现无线局域网的技能，具有很强的可操作性。每个项目还提供了大量的判断题、填空题、多选题和综合题，以帮助读者巩固所学。

本书可作为高等职业院校计算机网络技术及相关专业的教材，同时也适合从事网络组建、网络管理的工程技术人员阅读。

图书在版编目（CIP）数据

无线网络组建项目教程 / 唐继勇，童均主编. -- 2版. -- 北京 : 中国水利水电出版社，2014.8（2021.12 重印）
“十二五”职业教育国家规划教材
ISBN 978-7-5170-2442-2

Ⅰ. ①无… Ⅱ. ①唐… ②童… Ⅲ. ①无线电通信－通信网－高等职业教育－教材 Ⅳ. ①TN92

中国版本图书馆CIP数据核字(2014)第204411号

策划编辑：寇文杰　责任编辑：张玉玲　加工编辑：李　燕　封面设计：李　佳

书　　名	“十二五”职业教育国家规划教材 经全国职业教育教材审定委员会审定 无线网络组建项目教程（第二版）
作　　者	主　编　唐继勇　童　均 副主编　任月辉
出版发行	中国水利水电出版社 （北京市海淀区玉渊潭南路 1 号 D 座　100038） 网址：www.waterpub.com.cn E-mail：mchannel@263.net（万水） sales@waterpub.com.cn 电话：（010）68367658（营销中心）、82562819（万水）
经　　售	全国各地新华书店和相关出版物销售网点
排　　版	北京万水电子信息有限公司
印　　刷	三河市鑫金马印装有限公司
规　　格	184mm×240mm　16 开本　21 印张　465 千字
版　　次	2014 年 8 月第 2 版　2021 年 10 月修订　2021 年 12 月第 6 次印刷
定　　价	42.00 元

第二版前言

近几年来无线网络技术发展迅速，人们在使用有线网络的基础上，不断拓展无线网络的应用。特别是随着中国移动、中国电信、中国网通等电信级运营商纷纷开通无线局域网业务，无线网络受到各行各业的广泛关注。作为培养高素质技能型人才的高职院校，应该与时俱进，顺应无线网络技术的发展趋势，这成为编写本书的主要推手。

由于无线网络涉及的内容比较宽泛，包括无线个域网、无线局域网、无线城域网和无线广域网等内容，而适合计算机网络技术专业高职学生学习的内容实际上为无线局域网。无线网络的就业岗位主要有无线网络管理员、无线网络调试工程师等。本教材讨论的主要内容定位在无线局域网层面，并摒弃已经过时的内容，加强了无线局域网的设备调试、安全管理、规划与运维等核心内容。具体体现在以下几个方面：

（1）在教材结构的划分上，以组建不同规模的无线局域网为载体，由易到难设计了五个学习项目。采用项目驱动方式，以无线网络设备的选型、配置、安全保障、设计和故障排除为切入点，按职业能力培养规律分解项目作为教学单元，在介绍相关理论知识的基础上，给出大量有实用价值的案例。这些案例可在实际工作项目中直接使用，或经适当修改和完善后使用，突出理论联系实际、工程与应用相结合的特点。

（2）在教材内容的确立上，紧紧围绕胜任无线局域网工作岗位的主要工作任务来选择课程内容，充分考虑计算机网络技术专业国家职业教育学历标准、国家职业资格标准和相关行业标准，并在课程标准中融入无线网络行业标准和培养体系，使学生最终能胜任无线网络管理员、无线网络调试工程师等岗位的任职要求，突出实用性和可操作性，与当前就业市场结合得更加紧密。

（3）在教材内容的组织上，按照实际的无线局域网项目实施过程的先后顺序进行编写，条理清晰、讲解深入浅出、通俗易懂，并附有大量的图形、表格、实例和习题；不单纯强调知识的系统性和全面性，尽量避免需要的知识重点不突出，实际工作中所需的实践知识描述不深入，突出内容取舍有度、针对性强的特点。

本书作者均为国家级教学团队——网络与信息安全创新教学团队的核心成员、长期工作在教学一线的高校教师，具有多年无线网络课程教学经验，并取得了很好的教学效果。本书作者团队中还包括来自于行业企业的高级工程师，完成过多项网络工程建设工作，积累了大量的网络工程实际工作经验。在本书编写的同时，校企共建了无线网络组建精品资源共享课程网站，对提高教学效果和教学质量有明显的支撑作用。

本书由重庆电子工程职业学院唐继勇和童均任主编，负责制定教材大纲、规划各项目内容并完成全书的统稿和定稿工作，由任月辉任副主编。具体分工如下：项目 1、项目 2 由任月辉编写，项目 3 和项目 5 由唐继勇编写，项目 4 由童均编写，项目 2 的任务一至任务三由胡云编写。本书在编写过程中参考了大量无线网络技术方面的著作和文献，并查阅了因特网上公布的很多相关资源，由于因特网上的资料引用复杂，很难注明原出处，仅在此对所有作者致以衷心的感谢。

本书内容完整、新颖、实用，可作为职业院校计算机网络技术、计算机应用、电子信息工程等专业的教材，也可以作为相关专业的工程技术人员和管理人员的参考工具书。由于无线网络技术发展迅速，加之编者水平有限，书中难免会存在错误和不当之处，欢迎广大读者批评指正。

编　者

2014 年 8 月

第一版前言

网络技术快速发展，特别是Internet的迅猛发展，人们的需求不断提高，移动用户也希望构建无处不在的计算环境，真正实现6A：任何人（Anyone）在任何时候（Anytime）、任何地点（Anywhere）可以采用任何方式（Any means）与其他任何人（Any other）进行任何通信（Anything）。无线网络技术是实现6A梦想的核心技术，在此背景下，无线网络技术便成为计算机网络技术中一颗耀眼的新星。

本书没有按部就班地介绍深奥、枯燥的无线网络技术，而是围绕企业工作的实际需要，设计了一系列、连贯的项目案例，以具体的单项工作任务为基本内容，通过分析用户遇到的各种问题，引入网络技术的核心概念，具体工作任务的完成在操作步骤中给出。整个过程融入大量的职业素质教育元素，引导读者在学习过程中，不但能掌握职业所需的无线网络知识和技能，还能获得用人单位最感兴趣的要素——实际工作经验和较强的动手能力。

本书的总体设计思路是基于行动导向获得职业技能，编写过程中主要体现以下特色：

（1）教材根据高职高专的教学特点，以必需、够用为原则，内容上突出“学以致用”，通过“边学边练、学中求练、练中求学、学练结合”实现“学得会、用得上”。

（2）以工作任务为教材内容，围绕工作任务学习的需要，重点关注学生能做什么，教会学生如何完成工作任务，强调以学生直接实践的形式来掌握融于各工作任务中的知识、技能和技巧。

（3）工作任务以小组协作式学习方式完成，强调以学生的团队学习为主，并结合自主学习的方法，为今后的知识和能力拓展打下良好的基础，从而有效培养学生的沟通能力。

本书从简单到复杂，引入了无线个人局域网组建、SOHO无线网络组建、中型企业无线网络组建、无线网络安全管理与故障维护4个不同类型的无线网络项目作为本课程的学习情境，突破了以知识传授为主要特征的传统学科教材模式，转变为以工作任务为中心组织教材内容。

本书由重庆电子工程职业学院唐继勇、锐捷网络张选波任主编，重庆电子工程职业学院童均、胡云任副主编，重庆电子工程职业学院王可、熊伟、张建华、李贺华老师，重庆正大软件职业技术学院唐中剑老师，重庆科创职业学院唐锡雷老师参与了本书部分章节的编写工作。本书在编写过程中得到重庆电子工程职业学院龚小勇的大力支持和帮助，在此向他以及对本书编写提供支持和帮助的各位老师表示感谢。

由于本书是编写职业教育教学改革教材的初步尝试和探索，其中难免存在错误和不当之处，欢迎广大读者批评指正。

编　者

2010年7月

目　录

1 无线网络概述

无线网络技术最近几年一直是一个研究的热点领域，新技术层出不穷，各种新名词也是应接不暇，从无线局域网、无线个域网、无线城域网到无线广域网；从移动 Ad-Hoc 网络到无线传感器网络、无线 Mesh 网络；从 Wi-Fi 到 WiMedia、WiMAX；从 IEEE 802.11、IEEE 802.15、IEEE 802.16 到 IEEE 802.20；从固定宽带无线接入到移动宽带无线接入；从蓝牙到红外；从 UWB 到 ZigBee；从 GSM、GPRS、CDMA 到 3G、超 3G、4G 等。如果说计算机方面的词汇最丰富，网络方面就是一个代表；如果说网络方面的词汇最丰富，无线网络方向就是一个代表。所有的这一切都是因为人们对无线网络的需求越来越大，对无线网络技术的研究也日益加强，从而导致无线网络技术也越来越成熟。

项目描述

某 IT 公司的员工小王是计算机网络爱好者，在家里不但有支持红外的手机，而且还有支持红外和蓝牙的笔记本电脑；但在单位里办公只能用台式机的蓝牙功能。由于单位的网络环境的限制及家里的计算机硬件环境的限制，小王无法实现在家中或公司都能上网的需求，所以小王利用现有的资源（红外适配器、蓝牙适配器）构建了 WPAN，从而满足了自己上网的需求。其构建的 WPAN 网络拓扑如图 1-1 所示。

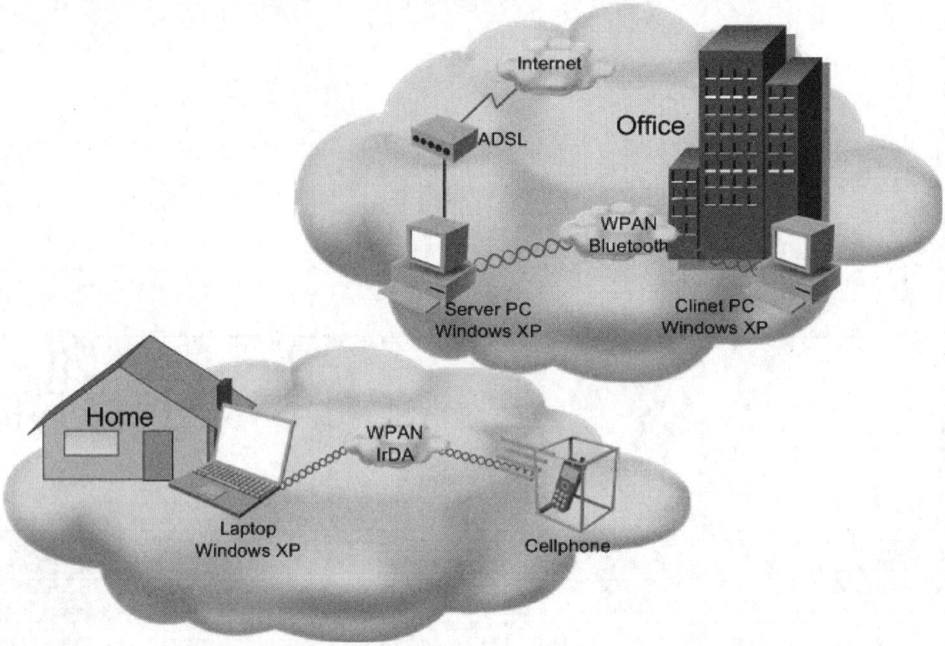

图 1-1　WPAN 实施拓扑图

学习目标

通过本项目的学习，读者应能到达如下目标：

知识目标

- 了解无线网络的基本概念
- 了解常见的移动通信技术
- 了解无线网络的定位技术

技能目标

- 能根据用户的需求进行网络状况的需求分析
- 能选择合适的无线个域网适配器（红外、蓝牙适配器）
- 能正确配置无线适配器，确保无线网络的通畅
- 掌握无线个域网连通性的测试方法和信号强度的直观测试方法

素质目标

- 初步形成良好的合作观念，能进行简单的业务洽谈

- 初步形成按操作规范进行操作的习惯
- 初步形成严谨细致的工作态度和追求完美的工作精神
- 学会自我展示的能力和查阅资料的能力

专业知识

1.1 无线网络概念

所谓无线网络是指允许用户使用红外线技术及射频技术建立远距离或近距离的无线连接，实现网络资源的共享。无线网络与有线网络的用途十分类似，二者最大的差别在于传输介质的不同，利用无线电技术取代网线，可以和有线网络互为备份。

目前在局域网中互联的传输介质往往是有线介质，比如双绞线、光纤等，这些传输介质在某些特定的场合均存在一定的局限性。例如租用专线的费用较高，双绞线、同轴电缆等则存在铺设费用高、施工周期长、移动困难等问题。

与此相对应，无线网络不存在线缆的铺设问题，降低了施工费用和建设成本，已经广泛应用于各种军事、民用领域。现在，高速无线网络的传输速率已达到 300MB，完全能满足一般的网络传输要求，包括传输数据、语音、图像等，甚至可以进行语音和图像并发的传输。无线网络的传输距离能够从几米达到几十公里，甚至更远。而且，随着网络技术的发展，无线网络的应用领域越来越广，从其价格上来看，也是一般单位所能接受的，在性能、距离、价格上完全可以和有线网络相媲美，甚至在某些方面超过有线网络。

1.2 移动通信技术

1.2.1 GSM 技术

GSM（Global System for Mobile Communication，全球移动通信系统）技术是目前移动通信的一种常见技术。它使用窄带 TDMA，允许在一个射频上同时进行 8 组通话。欧洲标准确定其工作频率范围为 900～1800MHz，美国的 GSM 工作频率则采用 1800MHz。GSM 于 1991 年开始投入使用，已在 100 多个国家运营。GSM 具有很强的保密性和抗干扰性、音质清晰、通话稳定、容量大、频率资源利用率高、接口开发和功能强大等优点。

1.2.2 CDMA 技术

CDMA 与 GSM 一样，是一种比较成熟的无线通信技术。它采用扩频技术，与 TDMA 不同，CDMA 并不给每一个通话者分配一个确定的频率，而是让每一个频道使用所能提供的全部频谱。CDMA 数字网具有高效的频带利用率和更大的网络容量优势。

1.2.3 CDMA 2000 技术

CDMA 2000 是 TIA 标准组织指代第 3 代 CDMA 的名称，其标准由 3GPP2 组织制定。CDMA 2000 的第一阶段也称 1x，将拥有 IS-95 系统的整体系统容量提高一倍，并可将数据速率增加至 614KB/s。

1.2.4 WCDMA 技术

该技术能为用户带来最高 2Mb/s 的数据传输速率。其优势在于码片速率高，有效利用了频率选择性分集、空间的接收和发送分集，可解决多径问题和衰落问题。相比第 2 代移动通信技术，WCDMA 具有更大的系统容量、更优的语言质量、更高的频谱效率等优势，而且能够从 GSM 系统平滑过渡。

1.2.5 TD–SCDMA 技术

TD-SCDMA（Time Division-Synchronous Code Division Multiple Access，时分的同步码分多址接入）是我国提出的首个完整的移动通信技术标准，得到了 3GPP 组织的全面支持，由 ITU 正式发布。它集 CDMA、TDMA、FDMA 等技术优势于一体，采用智能天线、联合检测、接力切换、同步 CDMA、软件无线电、低码片速率、多时隙、自适应功率调整等技术，具有系统容量大、频谱利用率高、抗干扰能力强等优点。TD-SCDMA 是我国具有自主知识产权的通信技术标准，与欧洲的 WCDMA、美国的 CDMA 2000 标准并称 3G 时代主流的移动通信标准。

1.2.6 WiMAX 技术

WiMAX（Worldwide Interoperability for Microwave Access，全球微波互联接入）技术的另一个名字是 802.16，它能提供面向互联网的高速接入，数据传输距离可达 50km。WiMAX 具有 QoS 保障、传输速率高、业务丰富多样的优点。它采用了代表未来通信技术发展方向的 OFDM/OFDMA（正交频分多址接入）、AAS（适配天线系统）、MIMO（多输入多输出）等先进技术。随着通信技术标准的发展，WiMAX 将逐步实现宽带业务的移动化，而 3G 则将实现移动业务的宽带化，二者的融合程度将越来越高。

1.2.7 无线和移动的区别

无线网络和移动计算常常联系在一起，但二者并不相同。如笔记本电脑移动到任何有网络接入的场所以实现移动性，而有些未铺设网线的旧建筑物内，仍可以使用无线网络来建立办公局域网，此时网络内的 PC 一般都不处于移动状态。当然，真正的移动无线应用也有很多，如城管人员街面巡查时，可用 PDA 来处理工作信息；公司职员出差时，可在高速铁路上使用笔记本电脑，继续处理事务。

1.3 无线网络的技术定位

无线网络技术基于频率、频宽、范围、应用类型等要素进行分类。从应用的角度，可以分为：无线传感网络、无线网状网、无线穿戴网和无线体域网等；从覆盖的范围，可以分为无线个域网、无线局域网、无线城域网、无线广域网等，如图 1-2 所示。

WPAN 无线个域网	WLAN 无线局域网	WMAN 无线城域网	WWAN 无线广域网
IrDA Bluetooth UWB ZigBee	802.11b 802.11a 802.11g 802.11n	802.16 MMDS LMDS	GSM、CDMA WCDMA CDMA 2000 TD-SCDMA
中低数据速率	中高数据速率	高数据速率	低数据速率
短距离	中等距离	中长距离	长距离
笔记本/PC 机/打印机/键盘/电话	笔记本电脑和手持设备无线联网	固定， 最后一公里接入	PDA 设备和手持设备到互联网
<1Mbps	2~54Mbps	22~54Mbps	2~10 Mbps

图 1-2 无线网络技术按覆盖范围分成四大类

1.3.1 WWAN

1. 无线广域网的概念

无线广域网（Wireless Wide Area Network，WWAN）指能覆盖很大面积范围的无线网络，它能提供更大范围内的无线接入，与其他无线网络相比较，更强调快速移动性。从目前的应用实际来看，WWAN 的传输速率通常不是很高。典型的 WWAN 的例子如 GSM 移动通信、卫星通信、3G、4G 等系统。最常见的当属提供移动电话及数据服务的数字移动通信网络，由电信运营商所经营。WWAN 使用户能使用笔记本电脑、智能手机或其他移动设备在蜂窝网络覆盖范围内方便地接入网络，进而访问因特网。WWAN 的连接能力可涵盖相当广泛的地理区域，但迄今为止其数据传输速率相比 Wi-Fi、WiMAX 等都偏低。目前全球的移动通信网络主要采用两大技术：GSM 和 CDMA，预计这两者均将逐步向 3G/4G 等技术演进，以实现更高的数据传输速率，满足更高性能的需求。

2. 无线广域网应用

（1）无线广域网应用概述。

WWAN 技术的飞速发展，尤其是速度和质量的不断提升，使其在各行各业中的应用越来越广泛，如表 1-1 所示列举了部分应用。

表 1-1　WWAN 的应用

行业	应用
电力	连接分布于不同地点的变电站、电厂和电力局
税务	连接税务征收点、基层税收部门、税务分局和税务局
教育	连接教学楼、图书馆和学生宿舍
医疗	连接医院、药房和诊所
银行	连接分散的营业网点、分行和总部
大型企业	连接公司总部、远程办公室、销售终端和厂区
公共安全	连接公安局、派出所、消防和治安点

（2）无线广域网应用实例。

在公安巡逻中，一线公安人员（如交警和巡警）每天都驾驶摩托车或警车在路上执勤，处理交通违规事件，检查来往车辆，有时可能需要迅速获得一些有关车辆及驾驶员的信息。然而，在目前大多数条件下，一线民警一般都采用对讲机与总部联系，因此只能得到语音信息，无法得到确切数据信息。此外，对违章驾驶员的罚款缴纳，也需要等到罚单汇总到系统中，这对交通管理带来诸多不便。为此，采用无线广域网技术，能有效解决该问题。

上述方案设计中要考虑的因素包括网络类型、无线终端设备和交通数据管理中心。

①WWAN 类型。

选择使用中国移动的 GPRS（2G）网络。该网络投入商用已久，性能稳定，可覆盖绝大多数地区，收费低廉，带宽约为 20Kb/s，足够满足方案的性能要求。当然，也可以使用 TD-SCDMA/WCDMA 等 3G 系统，前提是要求良好的网络覆盖性能。

②无线终端设备。

推荐具有 GPRS 功能的大屏幕手机、PDA 和笔记本电脑作为无线终端设备。

③交通管理数据中心。

主要功能是：支持各种无线终端设备的接入和访问后台数据，确保数据在公共 GPRS 网络和 Internet 中传输过程的安全保密等。

1.3.2　WMAN

无线城域网（Wireless Metropolitan Area Network，WMAN）是为了满足日益增长的宽带无线接入的市场需求，用于解决最后一公里接入问题，代替电缆（Cable）、数字用户线（xDSL）、光纤等。以 IEEE 802.16 标准为基础的无线城域网技术，覆盖范围达几十公里，传输速率高，并提供灵活、经济、高效的组网方式。随着网络技术的发展，用户需要宽带无线接入 Internet 网络的需求量正日益增长。尽管目前正在使用各种不同技术，例如多路多点分布服务（MMDS）

和本地多点分布服务（LMDS），但负责制定宽带无线访问标准的 IEEE 802.16 工作组仍在开发规范，以便实现这些技术的标准化。

WMAN 能有效解决有线方式无法覆盖地区的宽带接入问题，有较完备的 QoS 机制，可根据业务需要提供实时、非实时不同速率要求的数据传输服务，为居民和各类企业的宽带接入业务提供新的方案。如图 1-3 所示是一个简单的 WMAN 宽带接入应用。

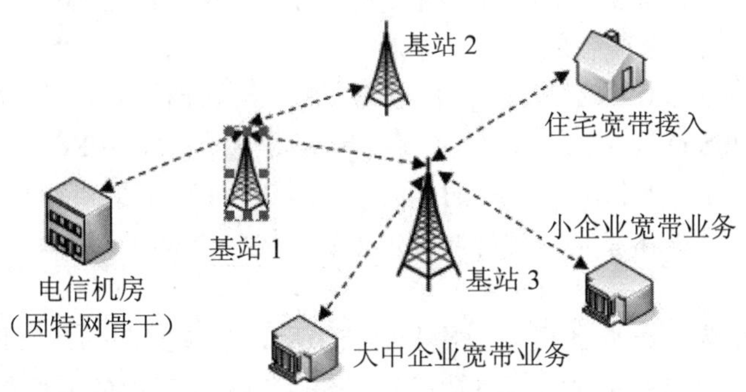

图 1-3　WMAN 宽带接入应用

在 WMAN 中，笔记本电脑更多的是应用 Wi-Fi（Wi-Fi 是所有 802.11b 标准无线局域网的概括性说法）接入技术。如 CMCC 是中国移动提供的城市无线网络服务，它依托中国移动 3G/2.5G 网络和无线局域网（无线宽带接入点），覆盖党政办公场所、城区核心商圈、酒店和学校等主要公共场所和企事业单位。用户利用无线终端设备使用中国移动提供的账号和密码登录，在无线网络覆盖的区域可随时随地接入互联网，最高速率可达 11Mb/s，真正为用户带来"网络随身、世界随心"的感受。

1.3.3　WLAN

1. 无线局域网概述

无线局域网（Wireless Local Area Network，WLAN）是计算机网络与无线通信技术相结合的产物，通常指采用无线传输介质的计算机局域网。WLAN 在距离有限的区域内实现无线通信，距离差异使得数据传输的范围不同，导致网络具体的设计和实现方面有所区别。目前 WLAN 领域有两个典型标准：IEEE 802.11 和 HiperLAN。IEEE 802.11 系列标准由 802.11 工作组提出，包括 IEEE 802.11、IEEE 802.11a/b/g/n 等，每一种标准在实现性能上各异。HiperLAN 由欧洲 ETS 开发，包括 HiperLAN1、HiperLAN2、室内无线骨干网络的 HiperLink、室外访问有线基础设施的 HiperAccess 4 种标准。

2. WLAN 的应用

目前 WLAN 主要应用于以下几个领域：

（1）难以使用传统布线的场所，如风景名胜、古建筑等。

（2）采用无线网络成本较低的区域，如相距较远的建筑物、有强电设备的地方、公共通信网不发达的地区。

（3）临时性网络，如展览会场、大型体育场馆、救灾现场等。

（4）人员流动性大的场合，如机场、仓库、超市、餐厅等。

3. 无线网络和3G的关系

无线局域网是否会对第三代移动通信系统构成威胁是近半年来业界关心的一个问题。实际上，无线局域网与3G采用的是截然不同的两种技术，用于满足不同的需要。与3G不同的是，无线局域网并不是一个完备的全网解决方案，而只用于满足小型用户群的需求。无线局域网与3G可以互补，因此不会对3G运营商造成威胁，运营商还可以从无线局域网和3G的共存中获得好处。NorthStream的研究表明，无线局域网与3G和GPRS的结合可增加用户的满意程度和业务量，从而增加移动运营商的利润。作为3G的一个重要补充，无线局域网可用于在诸如机场候机厅、宾馆休息室和咖啡厅等地方建立无线Internet连接。

4. WLAN应用实例

中国国家图书馆为改善服务环境，提升办公效率，在国家图书馆二期工程暨中国国家数字图书馆建设的工程中，有对文津街古籍馆、一期老馆和二期新馆所有阅览室、读者服务区、公共区域、办公区域，以及部分室外广场区域进行WLAN信号覆盖的计划。

综合国家图书馆建筑结构复杂、覆盖区域广泛、安全性要求高、信息系统复杂等特点，最终的WLAN组网方案如图1-4所示。

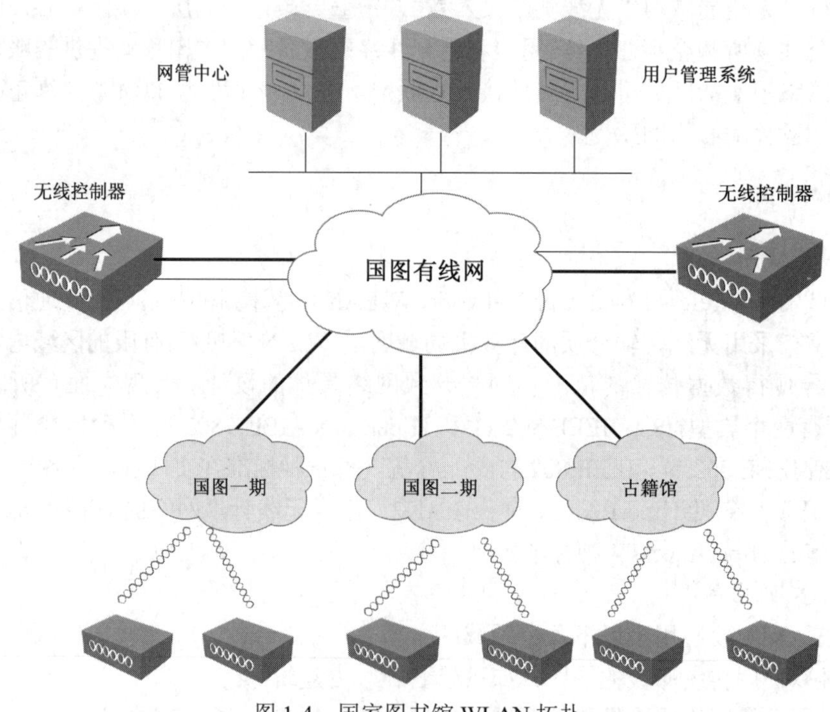

图1-4　国家图书馆WLAN拓扑

网络核心采用两台高端万兆无线控制器，二者互为备份、快速切换，以保证网络可靠性。"瘦"AP 架构实现 AP 的零配置，自动从无线控制器加载。无线控制器自动监测全网的 AP，确保无线信号全面覆盖，同时又最大限度地减少 AP 之间的干扰，提高 WLAN 的可靠性。

1.3.4 WPAN

1. 无线个域网的基本概念

随着需求和技术的同步发展，无线网络逐渐与每个人的日常生活密不可分。应用于个人或家庭等较小应用范围内的无线网络被称为无线个人区域网络（Wireless Personal Area Network，WPAN），简称无线个域网。WPAN 主要应用于个人用户工作空间，其位于整个网络链的末端，用于实现同一地点终端与终端间的连接。WPAN 是为了实现活动半径小（如几米）、业务类型丰富、面向特定群体的连接而提出的新型无线网络技术。WPAN 是一种与无线广域网（WWAN）、无线城域网（WMAN）、无线局域网（WLAN）并列但覆盖范围更小的无线网络，对应关系如图 1-5 所示。

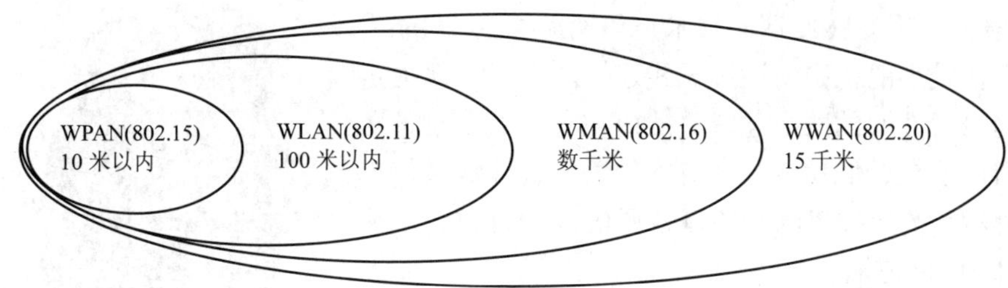

图 1-5　4 种无线网络之间的关系与通信范围

2. 无线个域网的分类

通常将 WPAN 按传输速率分为低速、高速和超高速三类，如图 1-6 所示。

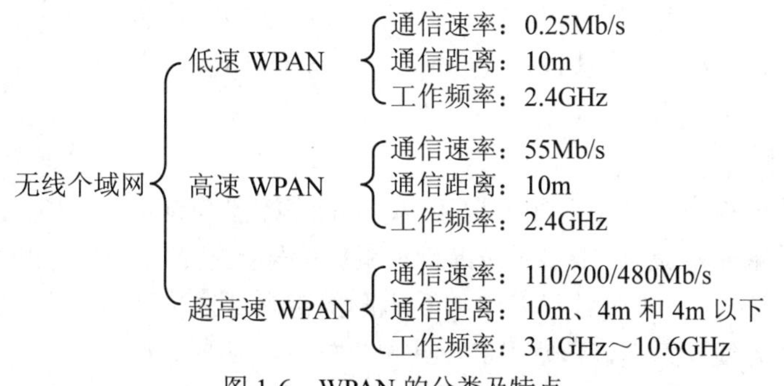

图 1-6　WPAN 的分类及特点

（1）低速 WPAN 主要为近距离网络互联而设计，采用 IEEE 802.15.4 标准。其结构简单、数据率低、通信距离近、功耗低、成本低，被广泛用于工业监测、办公和家庭自动化及农作物监测等。

（2）高速 WPAN 适合大量多媒体文件、短时的视频和音频流的传输，能实现各种电子设备间的多媒体通信。

（3）超宽带 WPAN 的目标包括支持 IP 语音、高清电视、家庭影院、数字成像和位置感知等信息的高速传输，具备近距离的高速率、较远距离的低速率、低功耗、共享环境下的高容量、高可扩展性等。

3. 无线个域网关键技术

支持无线个域网的技术包括：蓝牙、ZigBee、超频波段（UWB）、IrDA、HomeRF 等，其中蓝牙技术在无线个域网中使用得最广泛。每一项技术只有被用于特定的用途、应用程序或领域才能发挥最佳的作用。此外，虽然在某些方面，有些技术被认为是在无线个域网空间中相互竞争的，但是它们常常相互之间又是互补的。

（1）蓝牙技术。

蓝牙是 1998 年 5 月由爱立信、英特尔、诺基亚、IBM 和东芝等公司联合主推的一种短距离无线通信技术，运行在全球通行的、无须申请许可的 2.4GHz 频段，采用 GFSK 调制技术，传输速率达 1Mb/s；它可以用于在较小的范围内通过无线连接的方式实现固定设备或移动设备之间的网络互联，从而在各种数字设备之间实现灵活、安全、低功耗、低成本的语音和数据通信，如图 1-7 所示。蓝牙技术的一般有效通信范围为 10m，强的可以达到 100m 左右。

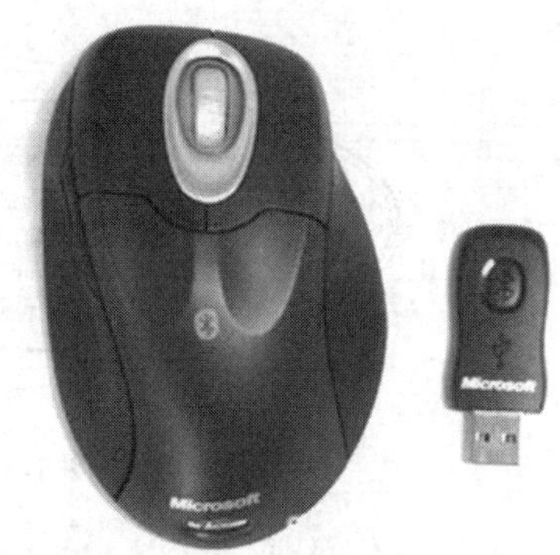

图 1-7　蓝牙鼠标及接收器

使用蓝牙传输数据时的功耗很低，它可以应用到无线传感器网络中。同时，也可以广泛应用于无线设备（如 PDA、手机、智能电话）、图像处理设备（如照相机、打印机、扫描仪）、安全产品（智能卡、身份识别、票据管理、安全检查）、消遣娱乐（蓝牙耳机、MP3、游戏）、汽车产品（GPS、动力系统、安全气袋）、家用电器（电视机、电冰箱、电烤箱、微波炉、音响、录像机）、医疗健身、智能建筑、玩具等领域。

（2）红外技术。

红外技术很早就被广泛使用，如电视和 VCD 的遥控器等设备即使用红外线，近几年来，家用电脑的红外设备非常流行。比如无线键盘和鼠标等输入设备使得工作和游戏可以不受电脑连线的约束。通常情况下，红外线设备连接到电脑的键盘或鼠标连接器上。无线键盘或无线鼠标有一个内置的红外线发射器。当使用键盘或鼠标输入指令时，将其信号转变为红外信号，并发送到接收器。许多笔记本电脑都有一个红外线接口，使其他笔记本电脑或红外设备可以通过红外线传输来互换信息，如图 1-8 所示为红外适配器。

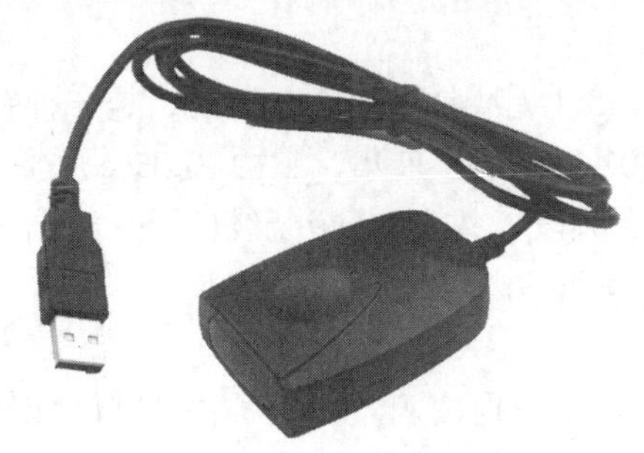

图 1-8　IR750 USB 接口 FIR 高速红外适配器

红外局域网使用红外信号来发送数据。这些局域网既可以采用点到点配置，也可以采用漫反射配置来建立。点对点配置通常提供两种配置中较高的数据传输速率。

红外线的优缺点都不多，不过，在 WLAN 的情况下，其缺点非常严重。红外线的最大优势在于它能够传输很高的带宽。最大的弱点是会被阻塞。因为红外线在形式上是一种光线，所以很容易被阻隔。和光线一样，它不能穿越实心物体。因为红外线能够高速连接，因此有时用作点对点连接，但采用红外线通信这种方案费用很昂贵。因为红外线距离和覆盖范围的限制，更多的红外设备有必要提供和无线接收设备相同的覆盖范围。

红外线数据标准协会（Infrared Data Association，IrDA）成立于1993年。是一个致力于建立无线传播连接的国际标准非营利性组织。如今，几乎所有使用红外线作为通信手段的消费类电子产品都和IrDA兼容。典型的红外线设备使用叫作漫射红外传输的方法，该方法无需使接收机和发射机相对对准，也无需清楚的可视视线。其范围最大约为10m（室内），而速度从2400b/s到4Mb/s不等。

（3）超宽带技术。

超宽带（Ultra Wide Band，UWB）技术是一种超高速、短距离无线接入技术。具有抗干扰性能强、传输速率高、带宽极宽、消耗电能小、保密性好、发送功率小等诸多优势。它在较宽的频谱上传送极低功率的信号，实现每秒数百兆比特的数据传输率。UWB 目前已成为 WPAN 领域的热门技术之一。如图 1-9 所示为 UWB 常见设备。

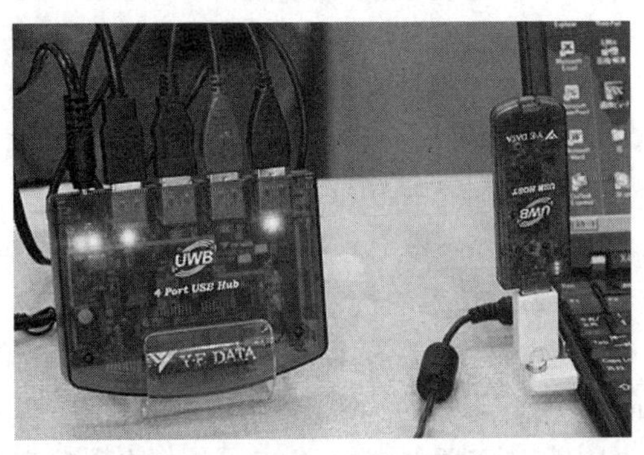

图 1-9　UWB 无线 USB HUB

（4）ZigBee 技术

ZigBee 是基于 IEEE 802.15.4 无线标准研制开发的，是一种新兴的短距离、低功率、低速率无线接入技术。是 IEEE 802.15.4 的扩展集，它由 ZigBee 联盟与 IEEE 802.15.4 工作组共同制定。ZigBee 运行在 2.4GHz 频段，共有 27 个无线信道，数据传输速率为 20～250KB/s，传输距离为 10～75m，如图 1-10 所示。

（5）RFID 技术。

RFID 是一种非接触式的自动识别技术，通过射频信号自动识别目标对象并获取相关数据。也就是人们常说的电子标签。RFID 由标签、解读器和天线三个基本要素组成。RFID 在物流、交通运输、医药、食品等各个领域被广泛地应用。由于制造技术复杂，生产成本高；标准尚未统一；应用环境和解决方案不够成熟，安全性将接受考验，如图 1-11 所示。

图 1-10　ZigBee 温度湿度光亮传感器

图 1-11　RFID 识别技术笔记本

DELL Latitude E6400 笔记本电脑使用了 RFID 技术，可以称得上是笔记本电脑在数据安全机制上一次新的尝试。而在传统笔记本电脑上，RFID 识别、指纹识别、SmartCard、TPM 安全芯片、人脸识别构成目前移动平台的五重安全机制。

4. 无线个域网应用实例

这里介绍一个超市用于电子秤的 ZigBee 网络应用实例。

超市运用 ZigBee 技术，在原有基础上增加或组建 WPAN，使所有电子秤都在无线信号覆盖内，任何电子秤的数据都实时连通，极大方便了消费者，将电子秤故障造成的影响降到最低。而且依托 ZigBee 的近距离、低功耗、低速率、低成本的技术特点，对于增加和减少电子秤，提高超市运营效率，保证超市防盗安全等都很便利，其优势在于：

（1）电子秤任意分布。在一个无线网络覆盖的超市内，可以任意增加或减少电子秤的配置，可以迅速接入数据库系统，及时传输数据。

（2）提高盘货效率。通过 ZigBee 技术，工作人员使用无线通信设备可以在任意时间、任意地点检查存货，或直接访问商场/超市的货物管理系统，现场录入破损、缺失货物等信息。

（3）安全性好。基于 ZigBee 无线网络的监控系统，实现短距离的视频数字信号实时传输，在超市内形成一个强大的安全网络。

整个应用系统组成结构如图 1-12 所示。各个电子秤、收银机中嵌入的 ZigBee 模块，使超市的各个零售终端接入到 ZigBee 无线网络中。ZigBee 网络中一个主节点可管理大量子节点，传输范围一般介于 10～100m 之间。可通过增加 ZigBee 基站的方式来减少信号盲区和提高数据传输速率，此外还可以通过增加冗余来提高系统安全性。ZigBee 技术的应用使网络组建非常灵活，商品摆设区域改变时只需要移动相应的电子秤和收银机，不需要改变现有网络。超市零售终端管理的无线化具有明显的优势，ZigBee 的一系列优点使其在这一领域有广阔的应用前景。

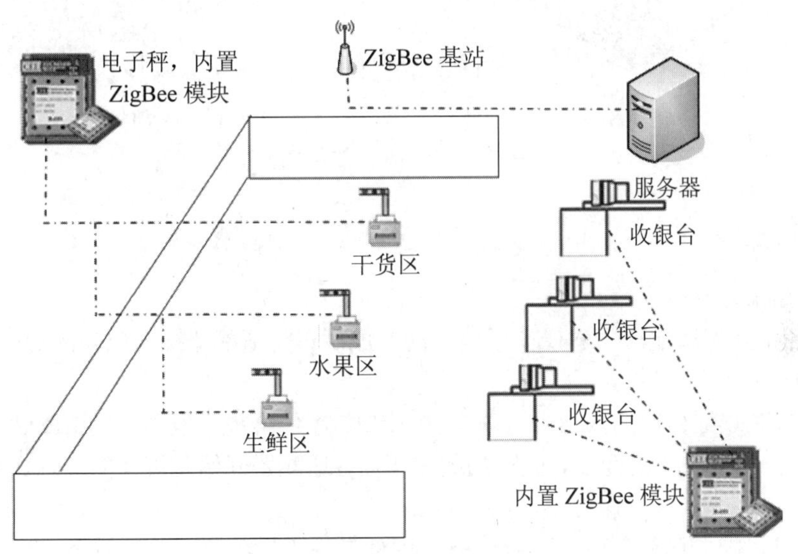

图 1-12　基于 ZigBee 网络的超市零售系统

工作任务

任务一　使用红外组建无线个域网

〖任务分析〗

在北京中关村某 IT 公司工作的员工小王，新买一台笔记本电脑，购买时商家随机带了一个红外适配器，员工小王使用笔记本电脑在互联网下载了很多歌曲和图片，他想将这些歌曲和图片上传到手机上，但却愁于没有移动存储设备，正好这台笔记本有红外适配器，而且手机也支持红外功能，所以想通过使用红外来传输数据。

〖实施设备〗

1 台安装 Windows XP 系统的电脑、1 块 USB IR750 红外适配器、1 部支持红外的手机。

〖任务拓扑〗

拓扑如图 1-13 所示。

图 1-13　任务一实施拓扑

〖任务实施〗

1. 红外适配器硬件安装

先不要插上红外适配器，建议在系统启动完成后再将适配器插入电脑的 USB 接口。

驱动安装：

（1）将 IR750 红外适配器插入电脑 USB 接口，系统会提示发现新的 IrDA/USB Bridge 设备。并且会自动安装设备的驱动，驱动加载完毕后，适配器开始有规律的闪烁。无需重新启动即可使用了。

（2）执行“控制面板”→“系统”→“硬件”→“设备管理器”命令，打开“设备管理器”窗口，如图 1-14 所示。

（3）打开手机或者是其他红外设备的红外功能（以下操作以手机为例），将手机红外口对着红外适配器，系统提示发现新设备，然后会自动加载驱动。加载完毕，在“设备管理器”窗口里会多出一项 Standard Modem over IR link，如图 1-15 所示。

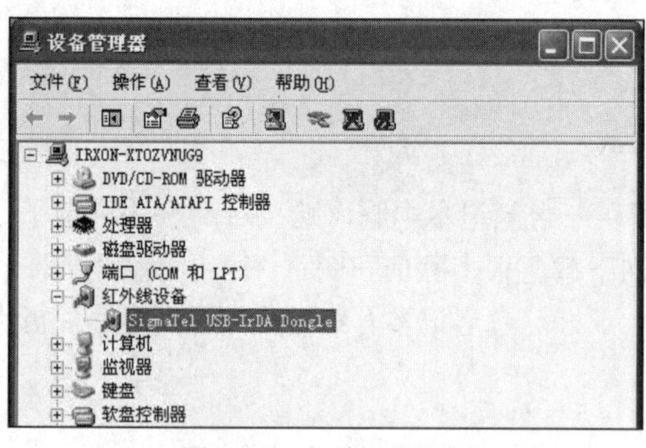

图 1-14　查看红外设备

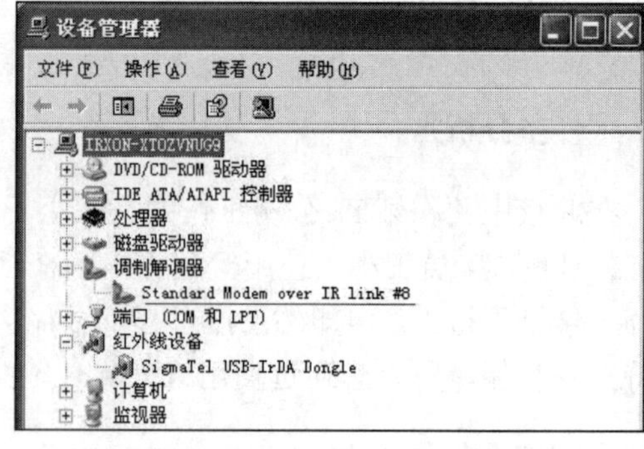

图 1-15　查看配置完成红外设备

其实，这是 XP 系统自动安装的手机红外 MODEM。

2. Windows XP 红外通信基本操作

（1）红外通信。

①驱动安装完成后，打开手机红外功能，将红外口对着红外适配器，系统提示附近有另一台计算机，并且在桌面和任务栏里都会出现新的图标，如图 1-16 所示。

图 1-16　查看红外连接

②单击任务栏里的红外图标，系统会弹出一个“无线链接”对话框，如图 1-17 所示。

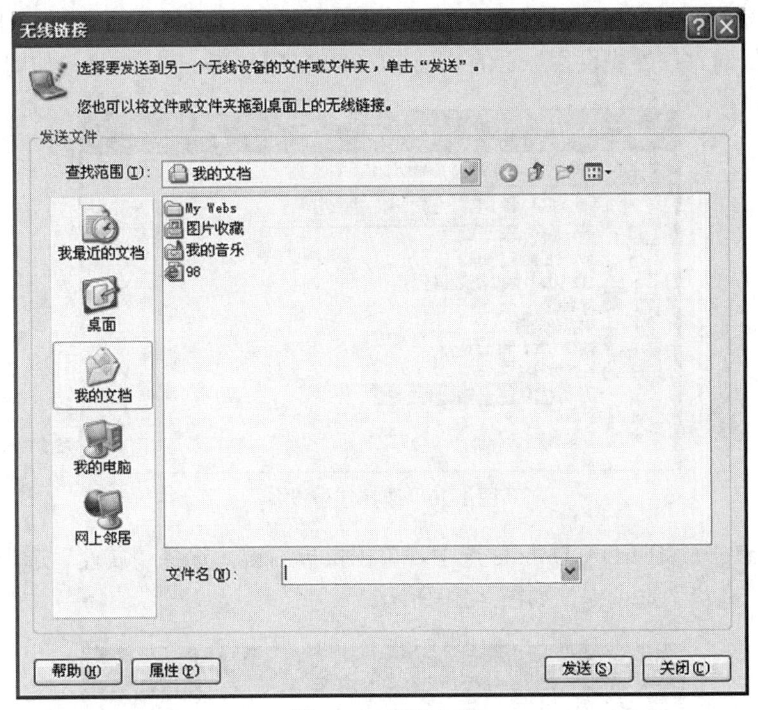

图 1-17　发送文件

③选择要发送的文件，单击“发送”按钮即可（注意：有的手机不支持红外直接传输，需要在电脑上运行专用的手机管理软件才能进行红外通信）。在传输文件时，任务栏的红外图标也会发生变化，如图 1-18 所示。

或者可以直接选中要发送的文件，单击鼠标右键，选择“发送到”→“一台附近的计算机”命令，如图 1-19 所示。

图 1-18　查看红外连接

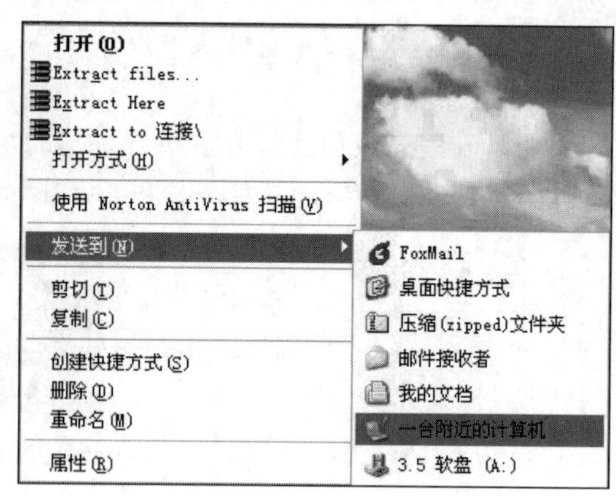

图 1-19　发送文件

（2）调整红外传输速率。

①执行“控制面板”→“系统”→“硬件”→“设备管理器”命令，在打开的“设备管理器”窗口中找到“红外线设备”里的 SigmaTel USB-IrDA Dongle 项目，如图 1-20 所示。

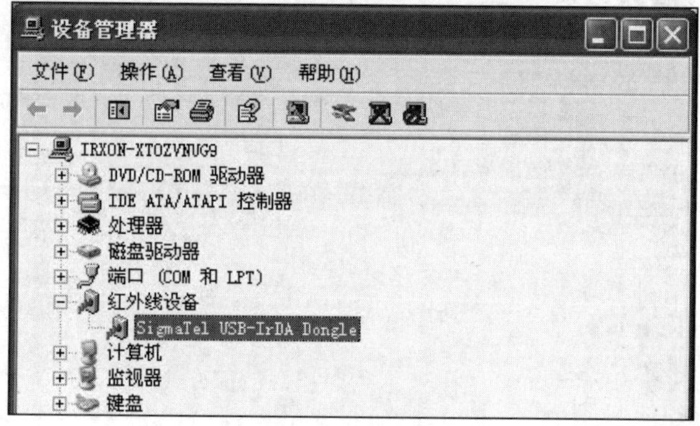

图 1-20　选择红外设备

②将 SigmaTel USB-IrDA Dongle 选中。单击鼠标右键，选择“属性”选项。在弹出的对话框中，选择“高级”选项卡，如图 1-21 所示。

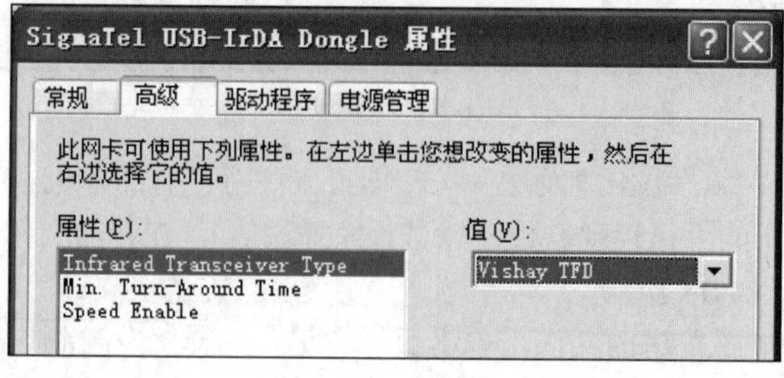

图 1-21　调整速率

③选择 Infrared Transceiver Type，将其右侧的值改为 Vishay TFDU6101E 即可解决与 NOKIA 新款手机的红外连接问题。选择 Speed Enable 可以调整红外通信速率，如图 1-22 所示。

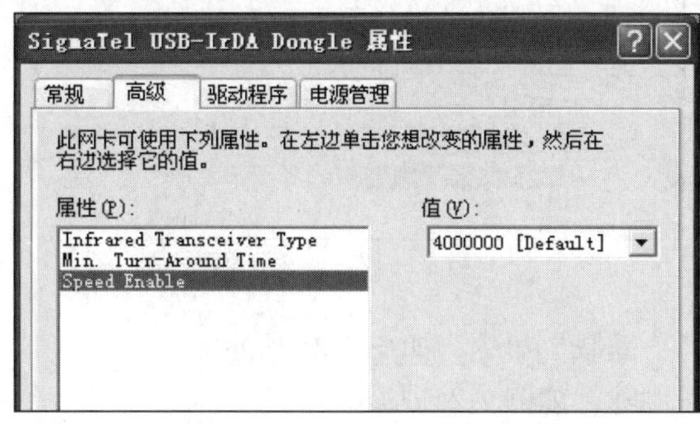

图 1-22　指定红外速率

④如果用户暂时不用该红外适配器，则在“常规”选项卡的“设备用法”下拉列表中选择“不要使用这个设备（停用）”，单击“确定”按钮即可将设备禁用，如图 1-23 所示。

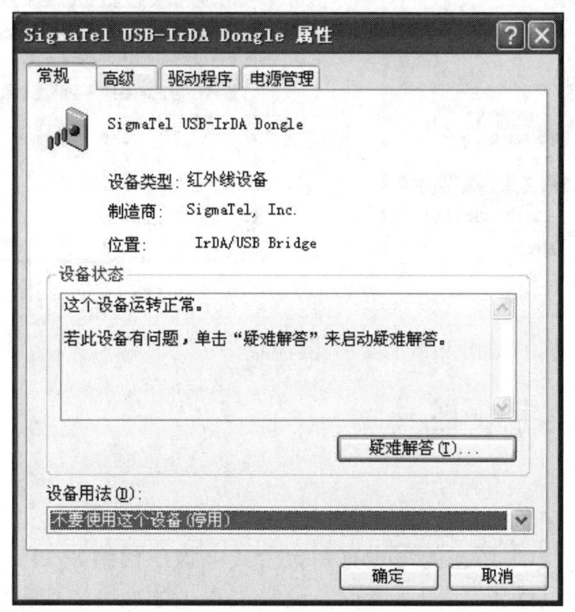

图 1-23　选择红外设备用法

⑤如果用户再次使用，请先将设备插上，在“常规”选项卡的“设备用法”下拉列表中选择“使用这个设备（启用）”，然后单击“确定”按钮，此设备就可以再次工作了。

（3）驱动卸载。

①打开“设备管理器”窗口，在“红外线设备”下找到 SigmaTel USB-IrDA Dongle 项目，如图 1-24 所示。

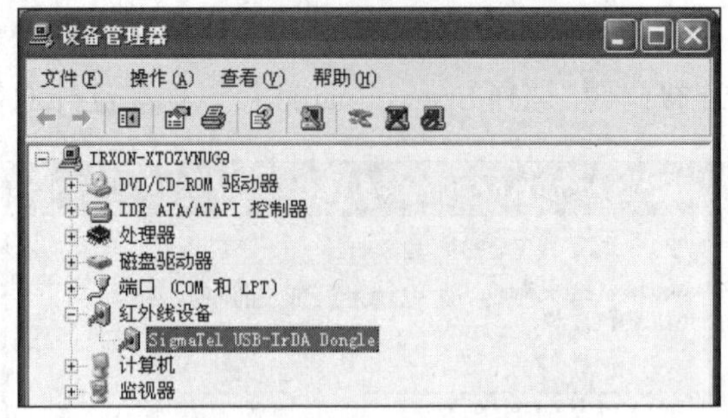

图 1-24　选择删除红外设备

②单击鼠标右键选择“卸载”命令，如图 1-25 所示。

③系统提示确认设备删除，如图 1-26 所示。

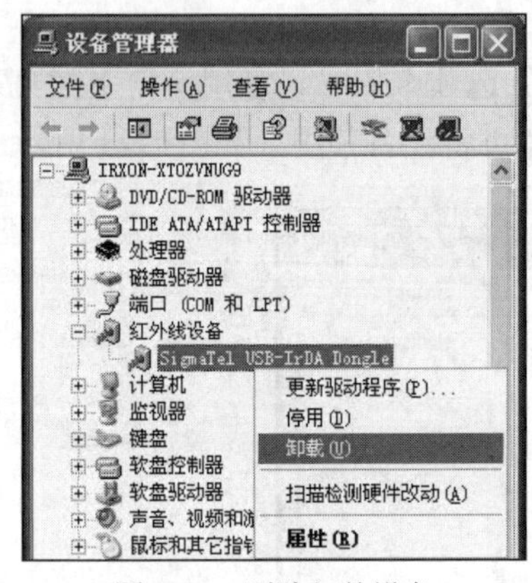

图 1-25　删除红外设备

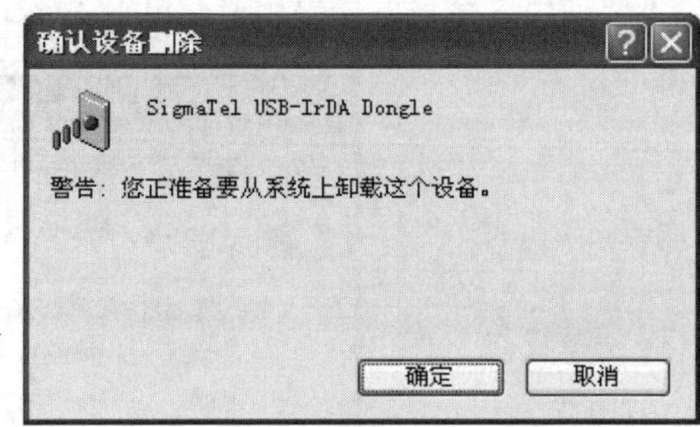

图 1-26　确定删除红外设备

④单击“确定”按钮，即可卸载该适配器驱动。

任务二　使用蓝牙组建无线个域网

〖任务分析〗

北京某 IT 公司员工小王所在的科室有两台台式电脑，距离 8～10 米，中间隔一堵墙，一台在主任办公室，通过 ADSL 访问互联网。而员工小王的办公室中既没有网络接口，也没有无线网络，所以员工小王不能访问互联网。但这两台电脑都有蓝牙适配器，员工小王想使用蓝牙通过主任办公室的 ADSL 上网，因此他需要构建一个 WPAN 网络。

〖实施设备〗

2 台安装 Windows XP 系统的台式电脑、2 块 USB 蓝牙适配器、1 条能够访问互联网的 ADSL 线路。

〖任务拓扑〗

拓扑如图 1-27 所示。

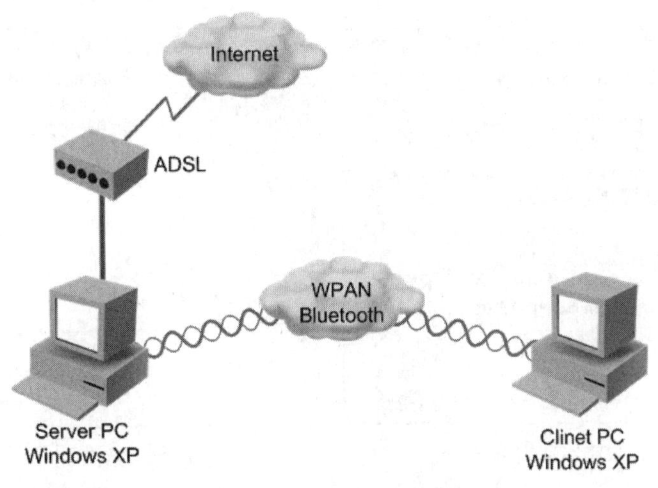

图 1-27　任务二实施拓扑

〖任务实施〗

1. 准备工作

（1）需要两个蓝牙适配器，设置服务器的蓝牙适配器要具有 WIDCOMM 驱动程序，由于市场上的蓝牙适配器品种多样，在购买时需要特别注意。

（2）两台计算机。

2. 安装服务器 WIDCOMM 的驱动程序

（1）将买蓝牙时附带的驱动盘放入光驱，开始安装驱动程序。

（2）放入光盘到光驱后，一般会自动运行安装程序，如果没有自动安装请自己运行安装程序，如图 1-28 所示。

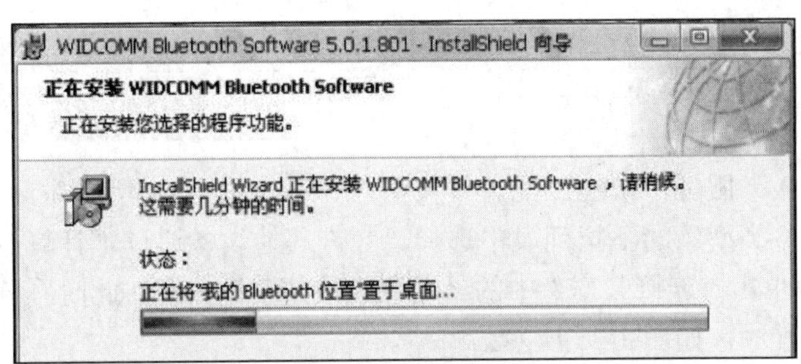

图 1-28　安装蓝牙驱动

3. 设置 Bluetooth

右击系统托盘上的“蓝牙”图标，启动蓝牙设备。弹出“初始 Bluetooth 配置向导”对话框，如图 1-29 和图 1-30 所示，并单击“下一步”按钮。

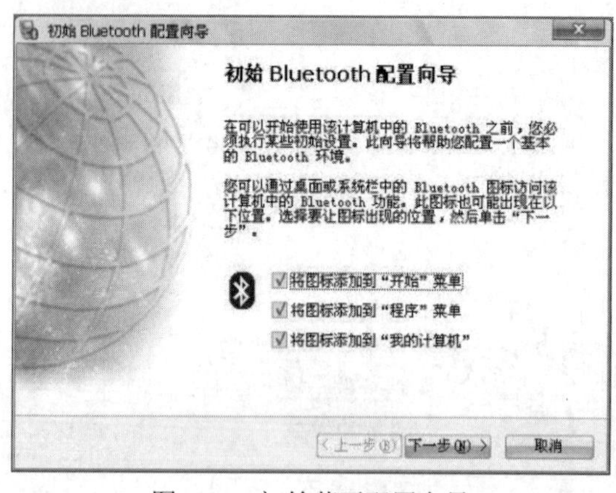

图 1-29　初始蓝牙配置向导

图 1-30　配置蓝牙设备

设置设备名称和类型，单击“下一步”按钮，如图 1-31 所示。

设置服务器的服务，这里选择“网络接入”，如图 1-32 所示，单击“下一步”按钮。

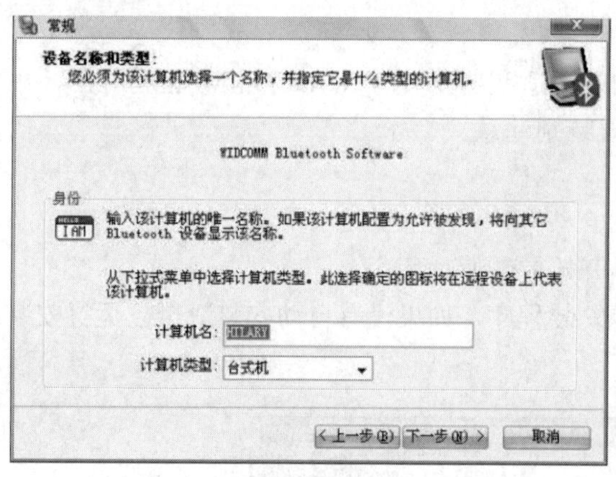

图 1-31　蓝牙设备名称和类型

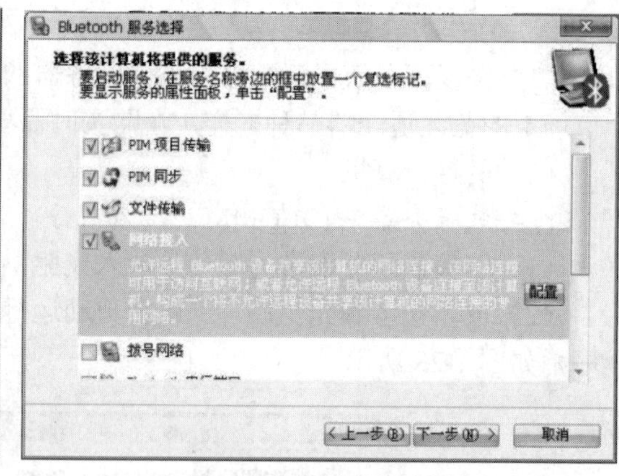

图 1-32　蓝牙服务选择

配置“网络接入”服务，单击“配置”按钮，弹出如图 1-33 所示对话框。在“选择要为远程设备提供的服务类型”的下拉列表中选择“允许其他设备通过本计算机创建专用网络”，如图 1-34 所示。再单击“连接共享”中的“配置连接共享”按钮。此时系统会检测到新网卡，并且自动安装驱动程序，如图 1-35 所示。

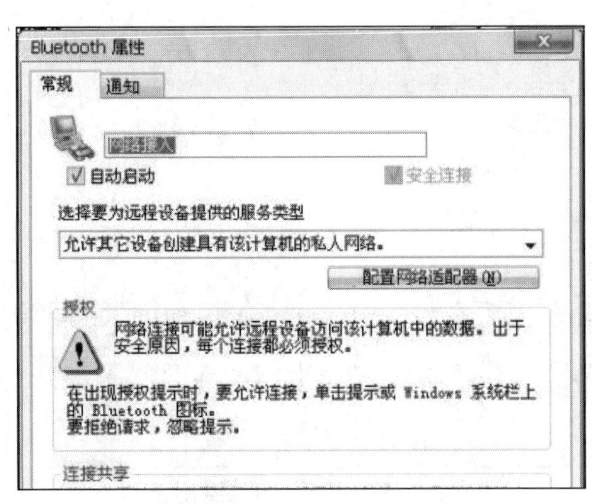

图 1-33 蓝牙属性

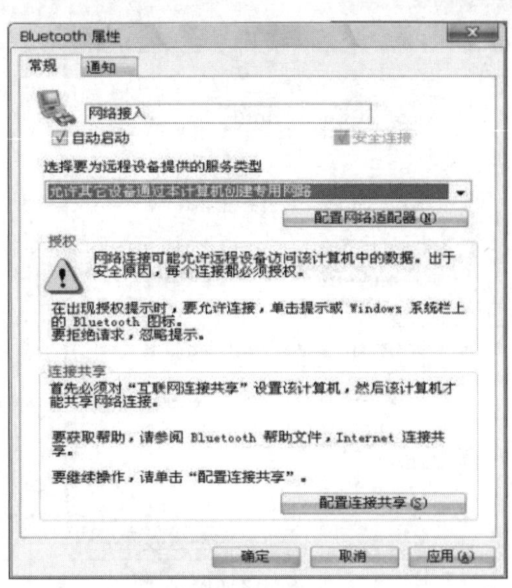

图 1-34 远程设备提供的服务类型

安装完驱动程序之后，会出现名为 Bluetooth Network 的“网络连接”，如图 1-36 所示。

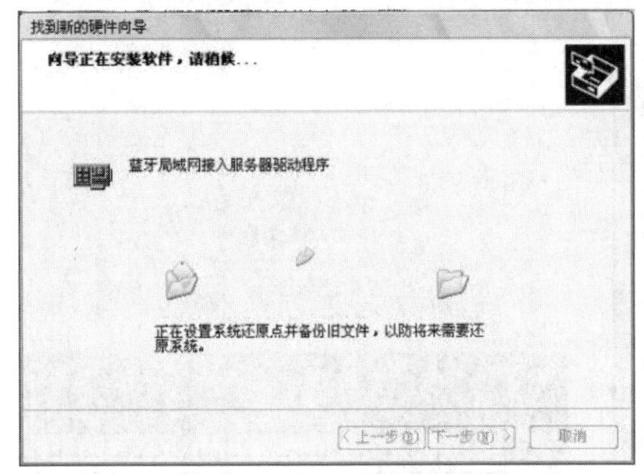

图 1-35 蓝牙设备硬件向导

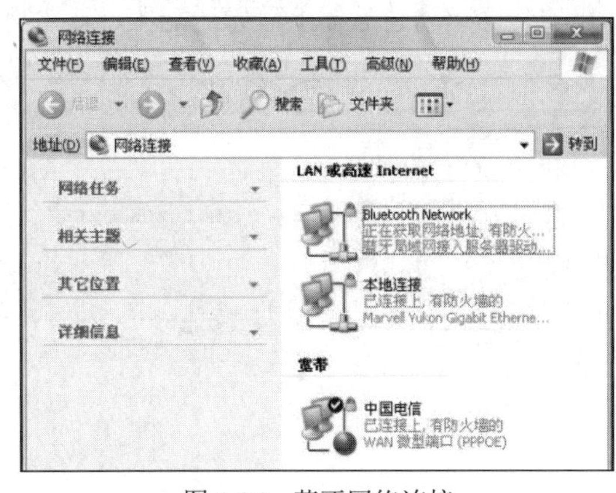

图 1-36 蓝牙网络连接

这里是用中国电信 ADSL 上网，所以右击“中国电信”图标。在弹出的快捷菜单中选择“属性”命令，随即弹出“属性”对话框，然后单击“高级”选项卡，如图 1-37 所示。

选中“Internet 连接共享”中的“允许其他网络用户通过此计算机的 Internet 连接来连接”复选框。然后单击“家庭网络连接”的下拉菜单按钮，选择 Bluetooth Network 选项。也就是刚才发现的新网络连接，就是蓝牙的网络连接。最后单击“确定”按钮，会弹出如图 1-38 所示的提示。直接单击“确定”按钮，再回到“初始 Bluetooth 配置向导”对话框。下面开始客户机的配置。

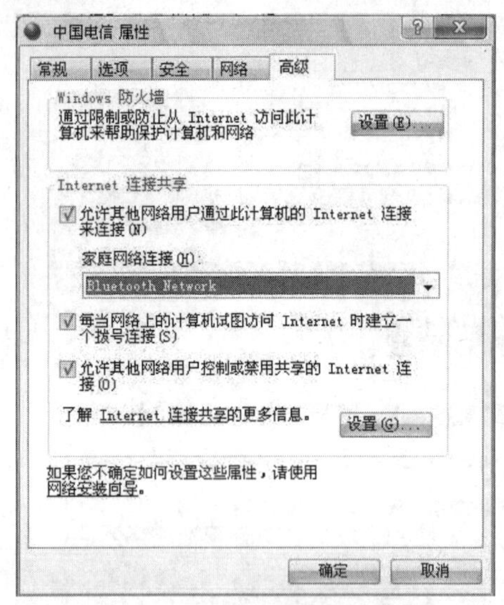

图 1-37　蓝牙网络连接属性

图 1-38　确定蓝牙连接配置

首先也是安装驱动程序。这里使用的是 BlueSoleil 的驱动，也可以使用服务器上的驱动，如图 1-39 所示。

安装好驱动之后插上蓝牙适配器，双击桌面上的蓝牙图标，启动它，如图 1-40 所示。

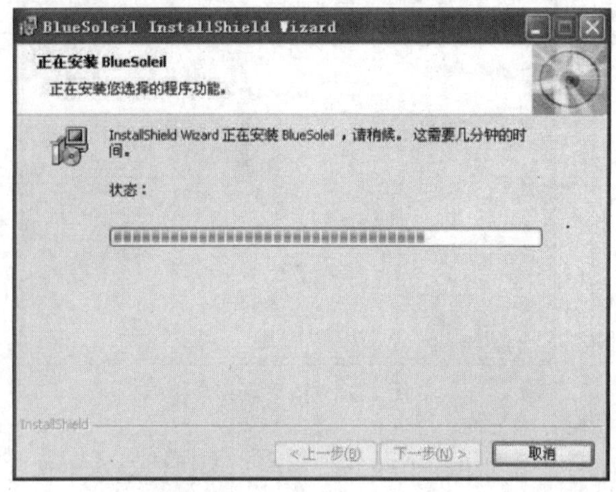

图 1-39　安装蓝牙设备驱动

图 1-40　启动蓝牙

弹出“欢迎使用蓝牙”对话框，设置好设备名称和设备类型后单击“确定”按钮，如图 1-41 所示。

然后看到的是“IVT Corporation BlueSoleil 主窗口”界面，如图 1-42 所示。

单击窗口中的红球，开始搜索附近的蓝牙设备，如图 1-43 所示。

搜索到服务器上的蓝牙设备后双击此设备开始刷新服务，如图 1-44 所示。

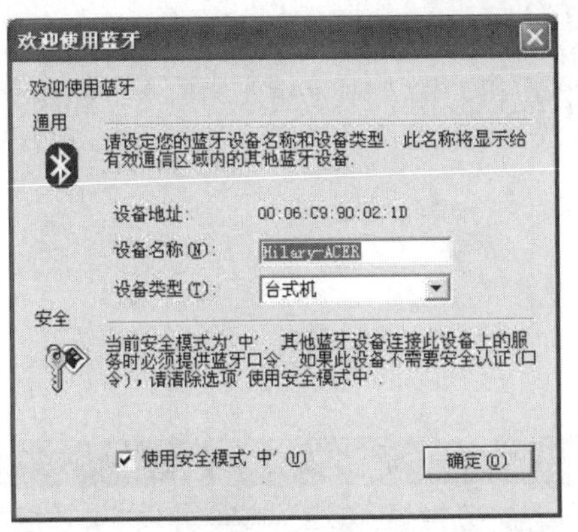

图 1-41 设置蓝牙设备名称和设备类型

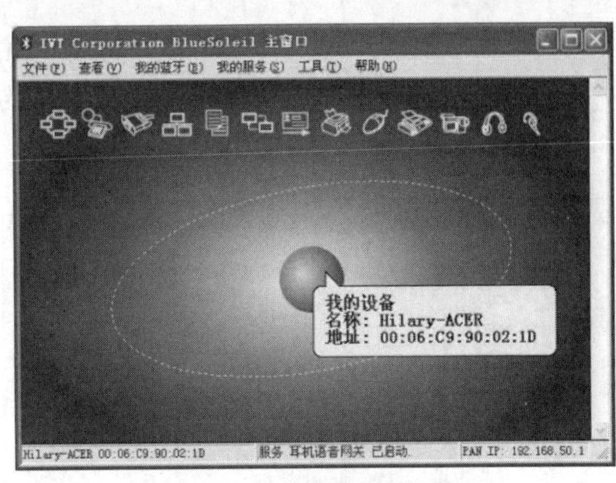

图 1-42 BlueSoleil 主窗口

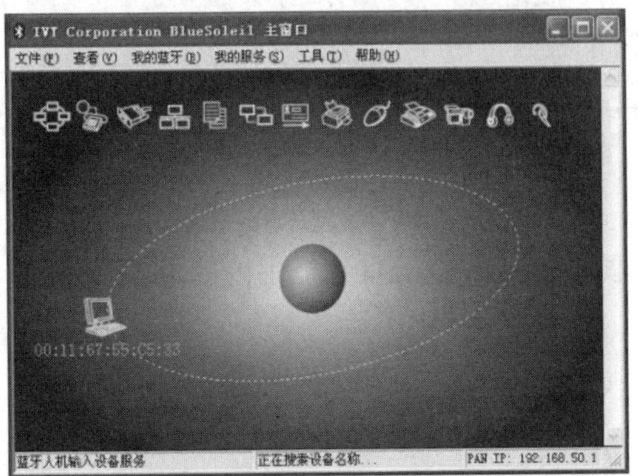

图 1-43 搜索蓝牙设备

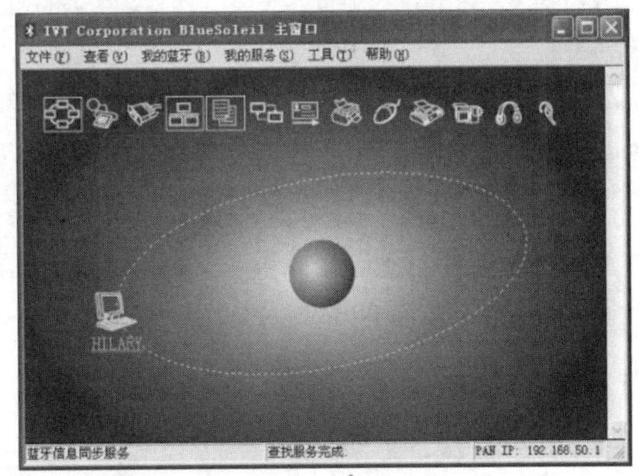

图 1-44 刷新服务

上面出现黄色方框的就是服务器开启的服务。再回到服务器上，如图 1-45 所示。

单击“下一步”按钮，设置检测到的客户机，如图 1-46 所示。

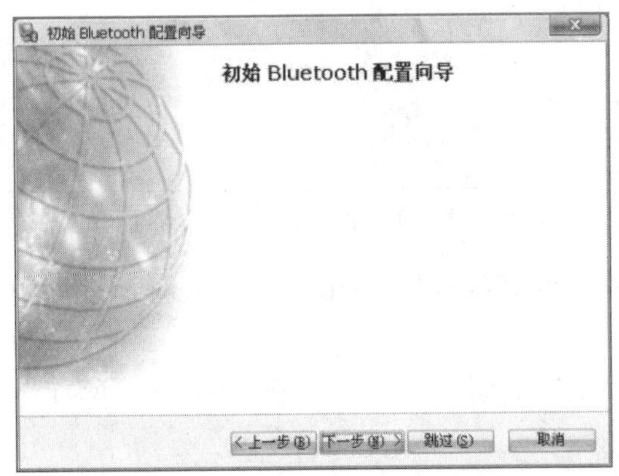

图 1-45 初始蓝牙配置向导

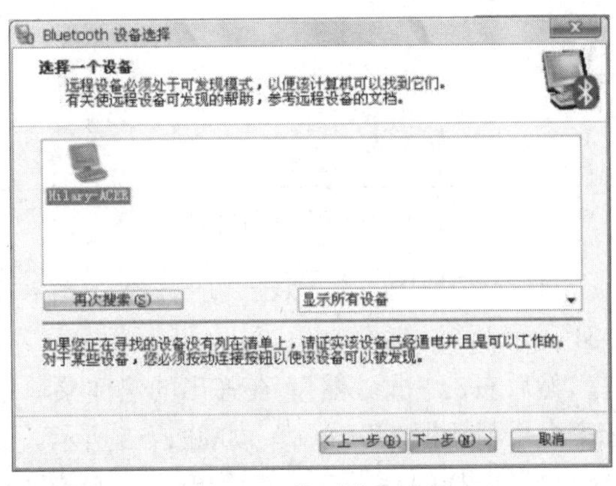

图 1-46 蓝牙设备选择

选中这个设备，单击“下一步”按钮，此时向导要求配对设备，如图 1-47 所示。

输入口令，然后单击“立即配对”按钮，再回到客户机，输入刚才输入的口令，如图 1-48 所示。

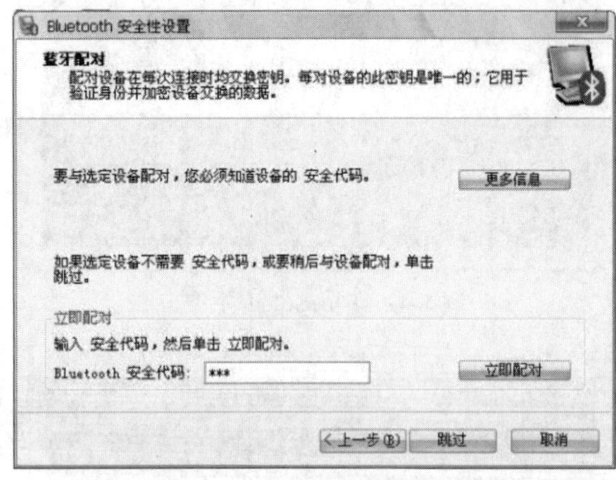

图 1-47　蓝牙设备安全性设置

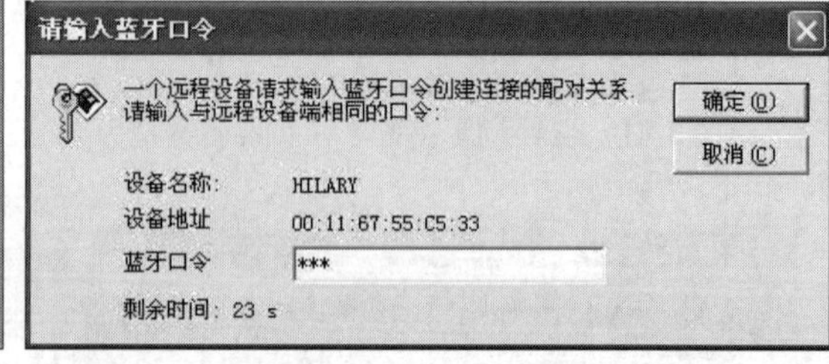

图 1-48　输入口令

再回到服务器。即会弹出如图 1-49 所示对话框，此时单击“跳过”按钮即可。再双击桌面上的“我的 Bluetooth 位置”图标，然后单击左侧的“搜索位于有效范围内的设备”。如果与图 1-50 相同，就证明配对成功了。

图 1-49　蓝牙配置向导

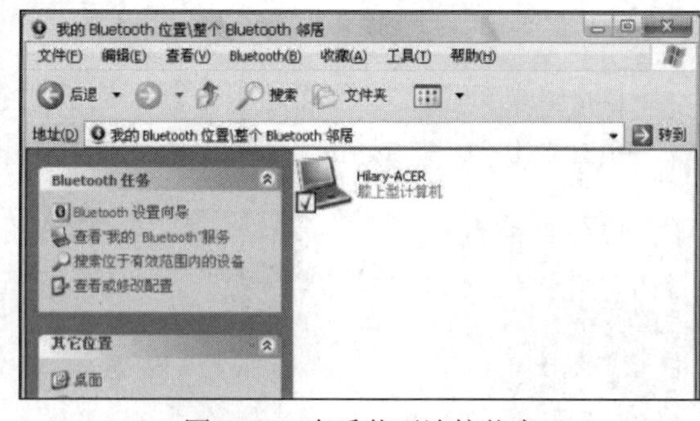

图 1-50　查看蓝牙连接状态

再回到客户机上，双击“服务器”（注：我这里的服务器名是 HILARY）刷新服务，如图 1-51 所示。

然后右击“服务器”，在弹出的快捷菜单中选择“连接”→“蓝牙网络接入服务”或者“蓝牙个人局域网服务”命令，如图 1-52 所示。

这里选择的是后者，然后单击“确定”按钮，如图 1-53 所示。

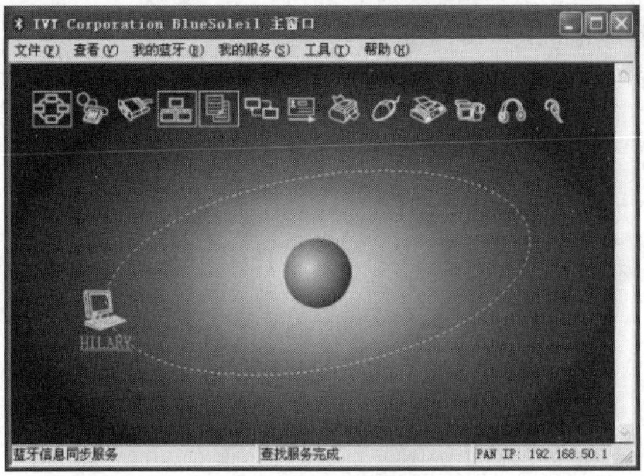

图 1-51 刷新服务

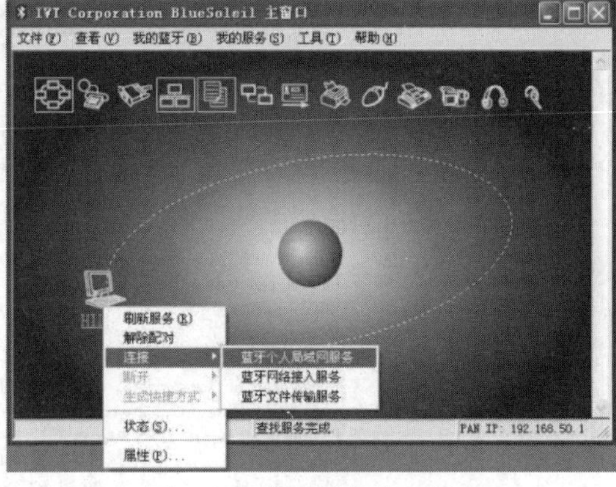

图 1-52 蓝牙网络接入服务

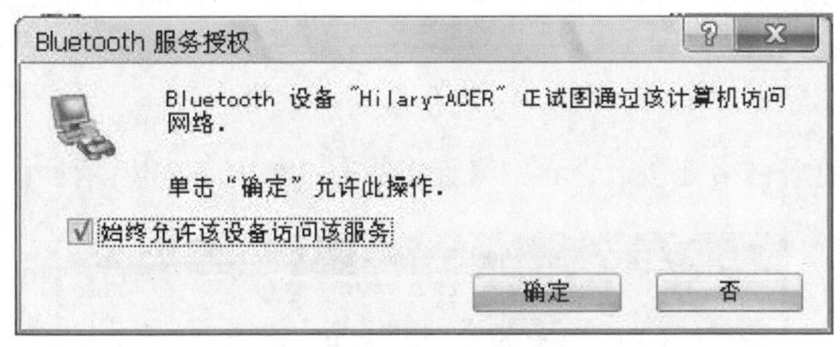

图 1-53 蓝牙服务授权

此时返回到客户机，出现如图 1-54 所示界面，表明已经正确与服务器连通。

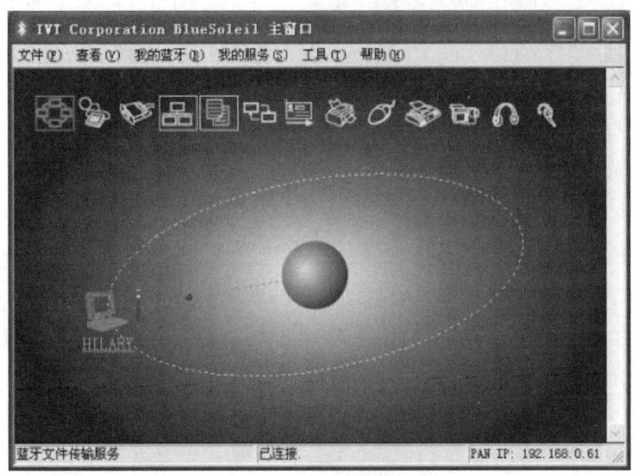

图 1-54 蓝牙连接

4. 验证测试

在服务器上使用命令 ipconfig /all 查看网络连接状态，如图 1-55 所示。

```
C:\WINDOWS\system32\cmd.exe
Ethernet adapter 无线网络连接:

        Connection-specific DNS Suffix  . :
        Description . . . . . . . . . . . : Intel(R) PRO/Wireless 3945ABG Network Connection
        Physical Address. . . . . . . . . : 00-1C-BF-19-91-71
        Dhcp Enabled. . . . . . . . . . . : Yes
        Autoconfiguration Enabled . . . . : Yes
        IP Address. . . . . . . . . . . . : 192.168.2.100
        Subnet Mask . . . . . . . . . . . : 255.255.255.0
        Default Gateway . . . . . . . . . : 192.168.2.1
        DHCP Server . . . . . . . . . . . : 192.168.2.1
        DNS Servers . . . . . . . . . . . : 192.168.2.1
        Lease Obtained. . . . . . . . . . : 2014年3月14日 23:20:51
        Lease Expires . . . . . . . . . . : 2014年3月14日 23:21:21
Ethernet adapter Bluetooth Network:
        Connection-specific DNS Suffix  . :
        Description . . . . . . . . . . . :蓝牙局域网接入驱动程序
        Physical Address. . . . . . . . . : 00-11-67-55-C5-33
        Dhcp Enabled. . . . . . . . . . . : No
        IP Address. . . . . . . . . . . . : 192.168.0.1
        Subnet Mask . . . . . . . . . . . : 255.255.255.0
        Default Gateway . . . . . . . . . :
```

图 1-55　查看本地网络连接

在控制面板中打开网络连接，查看网络连接状态，如图 1-56 所示。

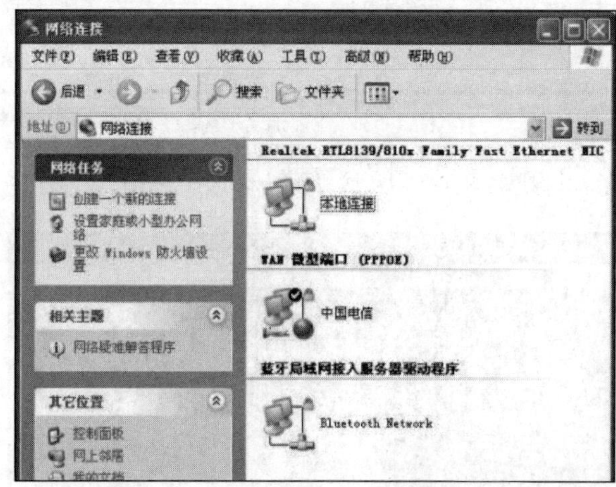

图 1-56　查看本地连接状态

思考与操作

一、判断题

1．无线网络是利用电磁波发送和接收数据的。　（　　）

2．无线网络与有线网络的作用是相同的，不同点是传输数据的介质不同。　（　　）

3．现在高速无线网络的传输速率已达到 54Mb/s。（　　）

4．CMCC 的全称为 China Mobile Communications Corporation，代表“中国移动通信集团公司”。（　　）

5．IrDA 是一种视距传输技术，也就是说在两个具有 IrDA 端口的设备之间传输数据，中间不能有阻挡物。（　　）

6．蓝牙技术的传输速率最高可达 2Mb/s，有效通信范围在 10m 之内。（　　）

7．ZigBee 技术主要用于构建近距离、低传输速率的无线数据传输网络。（　　）

8．UWB（Ultra Wide Band）技术的传输距离通常在 10m 以内，通信速度可以达到几百 Mb/s 以上。（　　）

9．射频识别技术（RFID）利用射频信号实现无接触信息传递并通过所传递的信息达到识别目的。（　　）

二、简答题

1．按覆盖范围进行分类，无线网络可分为哪几类？

2．应用于无线个域网的常见技术有哪些？试从工作频段、传输速率、通信距离和应用前景等几个方面进行比较。

3．为什么说无线城域网解决了最后一千米的接入问题？

4．无线网络和有线网络最根本的区别是什么？

5．无线网络与移动计算是否一样？

6．在将来，无线网络能否完全取代有线网络？请说明理由。

三、实践题

1. 如果你的手机只支持蓝牙功能，你想把电脑的资料通过蓝牙上传到手机中，如何实现？请将其操作的过程记录下来，写成一个实施报告。

2. 如果你的两台电脑都支持红外功能，如何实现通过红外实现两台电脑之间的数据传输，请写个项目实例，并将实施过程写成实施报告。

2

SOHO 无线局域网组建

无线局域网（Wireless Local Area Network，WLAN）是目前常见的无线网络之一，其原理、结构、应用和传统的有线计算机网络较为接近，它以无线信道作为传输介质，如无线电波、激光和红外等，所需的基础设施不需再埋在地下或隐藏在墙壁里，而且可以随需要移动或变化，为通信的移动化、个性化提供了潜在的手段，满足了人们实现移动应用的梦想，创造了一个丰富多彩的自由天空。

随着无线通信技术的发展和对WLAN速率要求的不断提高，WLAN的标准也在不断发展。从WLAN的支持者和被采用的地域范围来看，可以说WLAN标准有三大阵营：IEEE（Institute for Electrical and Electronic Engineers，电气和电子工程师协会）的802.11系列标准、ETSI（European Telecommunication Standards Institute，欧洲电信标准协会）的HiperLAN1/ HiperLAN2标准和日本的MMAC（Multimedia Mobile Access Communication，多媒体移动接入通信）系列标准。2003年5月，两项中国WLAN标准正式颁布，这两项国家标准在原则上采用IEEE 802.11/802.11 b系列标准的前提下，在充分考虑和兼顾WLAN产品互联互通的基础上，给出了技术解决方案和规范要求。IEEE 802.11的系列标准是WLAN的主流标准。

项目描述

南华科技有限公司是一家主要从事电子产品销售的私营企业，公司员工从原来的 5 人发展到现有的 15 人，其中经理 1 人，财务人员 3 人，办公人员 2 人，其余 9 人为销售人员，年销售额已达 240 万元以上。公司原有局域网拓扑结构如图 2-1 所示。公司产品报价、产品资料和销售情况等信息放在数据库服务器上，信息点数 5 个，网线埋设在墙体内，通过 ADSL 接入 Internet。王先生作为该公司的经理，需要经常在公司的办公室、会议室接待客户，甚至有时在接待室的沙发上都需要和客户面对面交流。同时，通过自己或者客户的笔记本电脑展示信息，由于位置不固定，接入公司的网络十分麻烦；公司网络的连接又十分有限，频繁插拔网线不仅很不方便，而且也令公司的形象受损，因此公司决定自己建设无线网络。

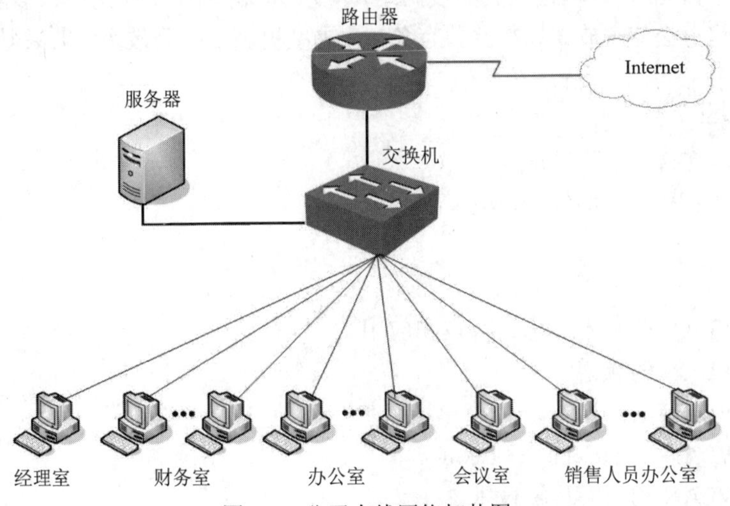

图 2-1 公司有线网络拓扑图

公司员工李小华在接受经理交给的网络改造任务后，考虑公司办公和业务的需要，购置了两台无线路由器和 15 块网卡，开始着手组建无线网络。改造后的拓扑结构如图 2-2 所示。在财务人员所在的办公室，采用 Ad-Hoc 模式构建办公网络，相关的财务报表数据，通过连接有网线的计算机上传到公司服务器，供经理查阅；在经理、办公人员及销售人员办公室的适当位置各放置一个无线路由器，采用 Infrastructure 模式组建无线网络，满足日常办公和访问 Internet 的需要；为了确保公司内任何一个地方都能相互访问，李小华使用了专业的无线网络信号强度测试软件对无线接入设备的安放位置进行了调测。

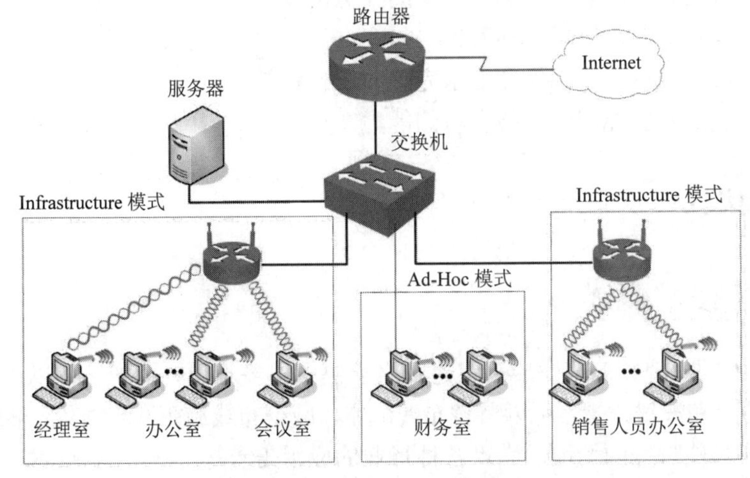

图 2-2 公司网络改造后的网络拓扑图

公司在进行无线网络改造之后，问题得到解决，而且打印机、投影仪等都实现了无线化，通过它们可以把用户的计算机接入到无线网络，享受随时随地、无拘无束、移动式的网络接入服务。整个“网络办公室”被规划得井井有条，大幅度提高了办公效率，也深得客户们的称赞。

学习目标

通过本项目的学习，读者应到达如下目标：

知识目标

- 了解 WLAN 的基本概念、特点和应用
- 掌握 WLAN 的频谱
- 掌握 WLAN 的结构
- 掌握 WLAN 的 802.11 系列标准
- 了解 WLAN 的关键传输技术

技能目标

- 掌握无线网卡和无线路由器的使用
- 会组建对等结构无线局域网
- 会构建基础结构无线局域网
- 会构建 WDS 无线局域网

素质目标

- 形成良好的合作观念，会进行简单的业务洽谈
- 形成按操作规范进行操作的习惯
- 形成严谨细致的工作态度和追求完美的工作精神
- 学会自我展示的能力和查阅资料的能力

专业知识

2.1 WLAN 技术概述

WLAN 技术的出现和高速发展为组建网络解决了很多难题。例如，可以进行自由网络连接，不受限于端口和缆线位置；可以节省布线成本，减少布线施工和缆线维护的工作量；部署在不利于布线或其他特殊的场地，满足各种行业的应用需求等。WLAN 技术的确在改变着世界，改变着人们的生活方式。

2.1.1　WLAN 的定义

WLAN 是指应用无线通信技术将计算机设备在一定的局部范围内互联起来，构成可以互相通信和实现资源共享的网络体系，如图 2-3 所示。之所以称其为无线局域网，是因为受到无线连接设备与计算机之间距离的限制而影响覆盖范围，必须在一定区域内才能组网。

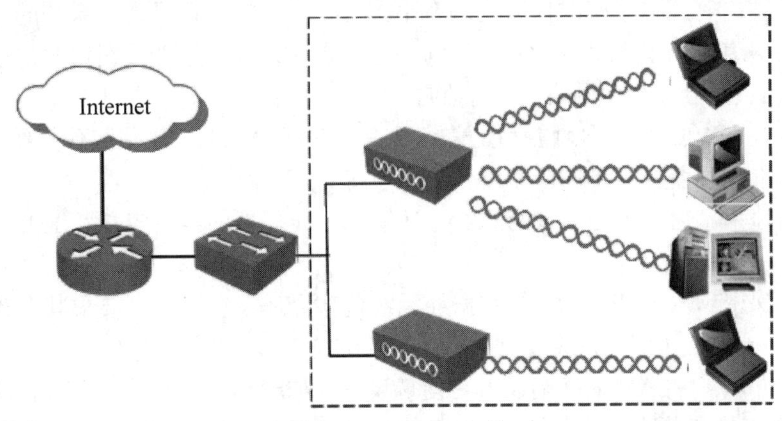

图 2-3　WLAN 拓扑

WLAN 的本质特征是通过无线技术和无线传输介质将计算机、无线通信设备互联起来，提供有线局域网的功能。WLAN 使网络的构建、终端的接入和移动更加方便与灵活。

WLAN 和有线网络的本质区别是：WLAN 使用无线传输介质（电磁波）；有线网络使用通信缆线（双绞线、同轴电缆、光缆等）做传输介质。

2.1.2　WLAN 的特点

相对于有线网络，WLAN 的组建、配置和维护更容易。主要特点如下：

（1）灵活性和移动性。在有线网络中，网络终端设备安放的位置受网络信息点的限制，而 WLAN 在无线信号覆盖区域内的任何一个位置都可以接入；WLAN 另一个优点在于其移动性，连接到 WLAN 的用户可以在移动的同时和网络保持连接。

（2）安装便捷。WLAN 可以最大程度地减少网络布线的工作量，一般只要安装一个或多个接入点设备，就可建立整个区域的无线覆盖。

（3）易于进行网络规划和调整。对于有线网络来说，办公地点或网络拓扑的改变通常意味着重新建网。重新建网是一种资源浪费，花钱、费时、费事、影响工作，WLAN 可以避免或减少以上情况的发生。

（4）故障定位容易。有线网络一旦出现物理故障，尤其是由于线路连接不良而造成的网络中断，往往很难查明，而且检修线路需要付出很大的代价。WLAN 则不需要检修线路连接，很容易定位故障。

（5）易于扩展。WLAN 有多种配置方式，可以很快从只有几个用户的小型局域网扩展到上千用户的大型网络，并且能够提供节点间“漫游”等有线网络无法实现的特性。

2.1.3 WLAN 的局限性

WLAN 尽管有很多优点，但也存在一些不足，具体包括：

（1）可靠性。有线局域网的信道误码率小到 10^{-9}，这样保证了通信系统的可靠性和稳定性。WLAN 的信道误码率应尽可能低，否则，当误码率过高而不能被纠错时，该错误分组将被重发，大量的重发分组会使网络的实际吞吐性能大打折扣。

（2）兼容性。WLAN 应尽可能满足兼容现有的有线局域网、网络操作系统和网络软件，多种 WLAN 标准相互兼容，不同厂家设备的兼容等。

（3）数据速率。为了满足局域网的业务环境，无线局域网至少应具备 1Mb/s 以上的数据速率。

（4）通信保密。由于 WLAN 的数据经无线传输介质发往空中，要求其有较高的通信保密能力，应在不同层次采取措施来保证通信的安全性。

（5）节能管理。WLAN 的终端设备是便携设备，如笔记本电脑等。为节省便携设备内电池的消耗，网络应具有节能管理功能。即当某站不处于数据收发状态时，应使机内收发信机处于休眠状态，当要收发数据时，再激活收发功能。

（6）电磁环境。WLAN 使用电磁波做传输介质，应考虑电磁波对于人体健康的损害及其他电磁环境影响。无线电管理部门规定了 WLAN 使用频段、发射功率等发射和接收电磁波的技术指标。WLAN 的发射设备必须严格按照国家无线电管理委员会批准的频率范围和额定功率运行。

2.1.4 WLAN 与有线局域网的比较

无论是现在还是将来，无论是局域网还是城域网，无线网络都不会完全代替有线网络。这两者之间永远是互补的关系，表 2-1 是无线局域网和有线局域网的比较。

表 2-1 无线局域网和有线局域网的对比

比较项目	有线局域网	无线局域网
布线	布线繁琐，办公室电缆线泛滥	对于临时租用办公室或者不允许线缆铺设的环境是非常理想的解决方案
吞吐量（理想状态）	10、100、1000 Mb/s	1、2、11、54、300 Mb/s
成本	安装、维护成本高，设备成本低	安装成本非常低，设备、维护成本较高
移动性	没有移动性	移动性强
二层漫游	不支持	支持
三层漫游	不支持	支持

续表

比较项目	有线局域网	无线局域网
扩充性	较弱	较强
线路费用	对于远距离连接，如果采用租用线路的方式，费用高，传输速度也低	不需要增加任何租用费用，只需要架设天线等一次性投资
安全性	高，主要在三层及以上实现	高，二层和三层共同实现

2.2 无线电频谱

无线信号是能够在空气中进行传播的电磁波，无线信号不需要任何物理介质，它在真空环境中也能够传输，就如同在办公大楼的空气中传播一样。无线电波不仅能够穿透墙体，还能够覆盖比较大的范围，所以无线技术成为一种组建网络的通用方法，如图 2-4 所示展示了电磁波。无线电频谱资源是人类共享的自然资源，在一定的时间、空间、地点都是有限的，我国已颁布专门的法规来保护、开发和管理无线电频谱资源，由专设机构予以执行。

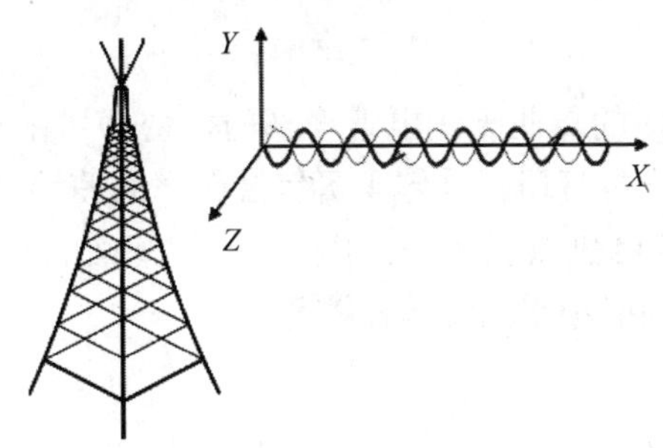

图 2-4 电磁波

2.2.1 无线电管理部门

1. FCC

联邦通信委员会（Federal Communication Commission，FCC）是美国专门负责管理其国内及其对外有线、无线和电视通信业务的行政机构。FCC 管理无线电广播、电视、电信、卫星和电缆等业务，协调国内和国际通信，涉及美国各州和所属地区。FCC 的工程技术部负责技术支持和设备认证事务。各种无线通信和数字产品进入美国市场，都需要 FCC 认可。

2. ETSI

欧洲电信标准协会（European Telecommunication Standards Institute，ETSI）是一个将欧洲以及许多其他国家使用的频率和功率电平进行标准化的非盈利组织。欧洲委员会（European Commission，EC）承认 ETSI 为官方欧洲标准组织。许多无线的应用都是由 EC 授权的，ETSI 在此基础上还制定了各种标准。根据统计，ETSI 有将近 700 个成员分布于 60 个国家。

3. IEEE

电气与电子工程师协会（The Institute of Electrical and Electronics Engineers，IEEE）是一个在全世界拥有 37 万成员的非盈利组织。IEEE 有 319 个部门分布于 10 个地理区域。它已经制定了 900 多种标准，还有 400 种标准处于开发阶段。

IEEE 的“无线标准区域（Wireless Standards Zone）”致力于与无线技术相关的标准。

4. Wi-Fi

Wi-Fi（Wireless-Fidelity），是一个非盈利性的机构，主要工作是测试基于 IEEE 802.11（包括 IEEE 802.11b、802.11a、802.11g 和 802.11n）标准的无线设备，以确保 Wi-Fi 产品的互操作性。Wi-Fi 认证的意义在于，经过 Wi-Fi 认证的产品，就能够在家、办公室、公司、校园，或者在机场、旅馆、咖啡店及其他公众场所里随处连接上网。Wi-Fi 认证商标作为唯一的保障，说明该产品符合严谨操作性的测试，并保证能和不同厂家的产品互相操作。也就是说，只要购买的无线设备有 Wi-Fi 认证商标，如图 2-5 所示，就可以保证能够融入其他无线网络，也可以保证其他无线设备能够融入本地的无线网络，实现彼此之间的互通。

图 2-5　Wi-Fi 认证图标

5. 中国无线电管理

中国无线电电管局是我国的专业无线电管理部门，依据《中华人民共和国无线电管理条例》等法律、法规，负责无线电管理。具体职责包括频率的使用和管理、固定台的布局规划、台站设置认可、频率分配、电台执照管理、公用移动通信基站的共建共享、监督无线电发射设备的研制与销售、无线电波辐射和电磁环境监测等。

2.2.2　无线电频段的划分

1. FCC 频段分配

包括美国在内的世界多数发达国家已经将无线电分成若干频段，然后再通过许可和注册的方式将这些频段分配给特定的用途。图 2-6 列出了一些由 FCC 管理的常用无线电频段。

2. 无线电频段许可

（1）许可付费使用频段。

由于 FCC 和其他的国家通信权威机构所分配的许多频段相当窄，所以将这些频段授权给特定的地域性或当地的运营商。在许多情况下（例如移动电话和点对多点的固定无线通信），在 FCC 举行公开拍卖之后授予运营商一个许可证，获胜的竞标运营商将获得频段使用许可证。

（2）ISM 免费使用频段。

ISM 频段是工业、科研和医疗的发射设备使用的频段。这里的 ISM 取自 Industrial（工业的），Scientific（科学的）和 Medical（医学的）的第一个字母。该频段是依据 FCC 的定义，使用它无需许可证授权，属于免费使用。只要遵守一定的发射功率（一般小于 1W），并且不对其他频段造成干扰即可。无线局域网选择的是 ISM 频段。

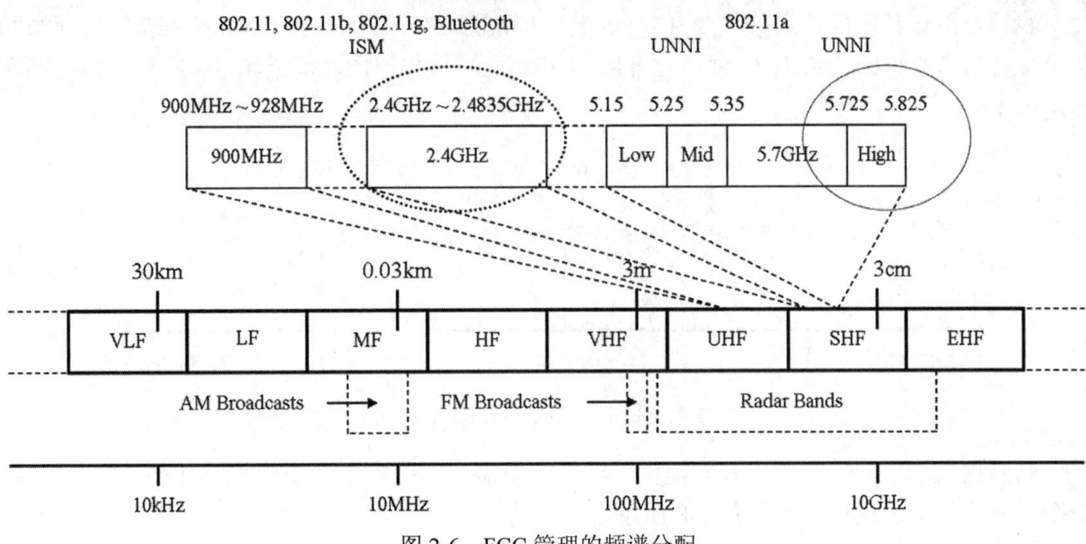

图 2-6　FCC 管理的频谱分配

ISM 频段在各国的规定并不统一。如在美国有三个频段：902～928MHz（用于工业）、2400～2483.5MHz（用于科研）和 5150～5825MHz（主要用于医疗）。而在欧洲，900MHz 的频段则有部分用于 GSM 通信。我国的 5GHz ISM 频段则使用 5725～5850MHz。

2.4GHz 为各国共同的 ISM 频段，但各国使用该频段时，所包含的信道数量是不一样的。如表 2-2 所示的是 2.4GHz 频段信道分布情况及一些国家使用信道的数量。

表 2-2　2.4GHz 频段信道分布情况及一些国家使用信道的数量

信道（Channel）	信道中心频率（MHz）	信道低端/高端频率（MHz）	北美/FCC	欧洲/ETSI	中国
1	2412	2401/2423	√	√	√
2	2417	2406/2428	√	√	√
3	2422	2411/2433	√	√	√
4	2427	2416/2438	√	√	√
5	2432	2421/2443	√	√	√
6	2437	2426/2448	√	√	√
7	2442	2441/2453	√	√	√
8	2447	2446/2458	√	√	√
9	2452	2441/2463	√	√	√
10	2457	2446/2468	√	√	√
11	2462	2451/2473	√	√	√
12	2467	2456/2478	×	√	√
13	2472	2461/2483	×	√	√

我国使用该频段的信道数量为 13，信道分布如图 2-7 所示，含三个互不重叠的信道组和两个补盲信道组，即信道组 1：1、6、11，信道组 2：2、7、12，信道组 3：3、8、13；补盲信道组 1：4、9，补盲信道组 2：5、10。

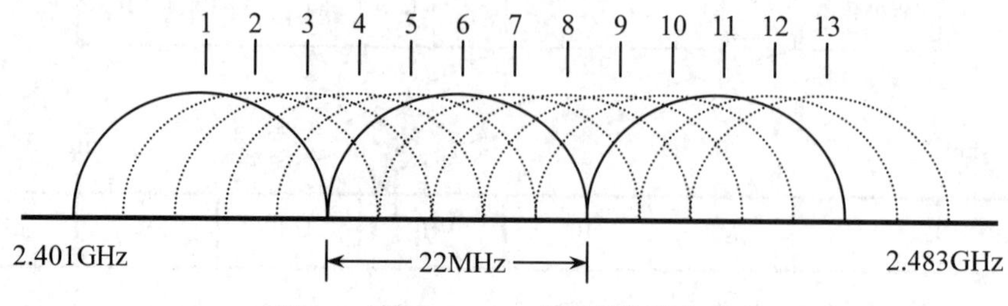

图 2-7　我国 2.4GHz 频段的信道定义

只要我们合理规划信道，就能提供无线的全覆盖，确保多个无线接入点共存于同一区域。一个典型的全覆盖规划例子如图 2-8 所示。

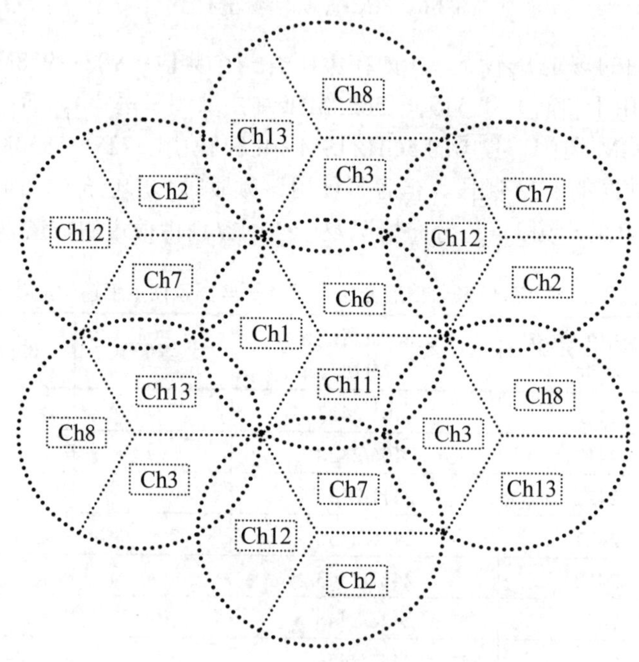

图 2-8　无线全覆盖信道规划

（3）UNII 免费频段许可。

无许可证国家信息基础设施（Unlicensed National Information Infrastructure，UNII，发音为“you-nee”）是第二个无许可证频段，主要用于无线联网。但是，由于 UNII 是无许可证使用的，它可以用于其他的用途，例如宽带多媒体广播。UNII 分配在 5.15～5.825GHz 频段，如图 2-9 所示，但是通常指 5GHz 频段。

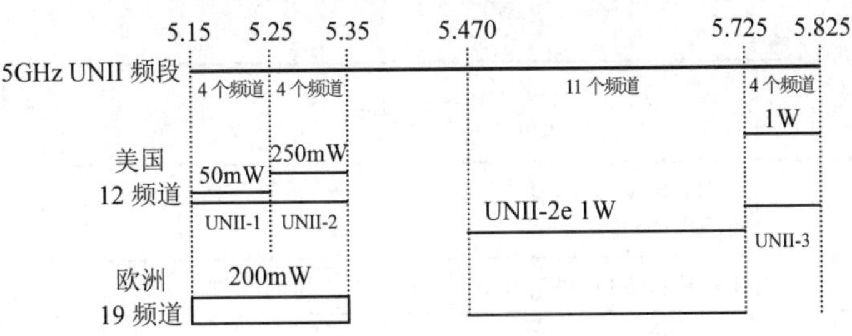

UNII-1：室内应用

UNII-2：室内或短距离室外应用

UNII-3：长距离室外应用

图 2-9　UNII 频段的划分

注意：我国使用的 5725～5850MHz 频段（也称 5.8GHz 频段），可用带宽为 125MHz，划分为 5 个信道，每个信道带宽为 20MHz，如表 2-3 所示。

表 2-3　5.8GHz 频段 WLAN 信道配置表

信道	中心频率（MHz）	信道低端/高端频率（MHz）
149	5745	5735/5755
153	5765	5755/5775
157	5785	5775/5795
161	5805	5795/5815
165	5825	5815/5835

2.3　802.11 协议标准

1990 年 IEEE 802.11 工作组成立，1993 年形成基础协议，1997 年完成该协议，1999 年 IEEE 批准并公布了第一个正式版本，此后，IEEE 802.11 协议标准一直在不断发展和更新之中。

2.3.1　802.11 系列标准

IEEE 802.11 标准在十几年的发展过程中，形成了许多子集，如表 2-4 所示。

表 2-4　IEEE 802.11 系列标准（部分）

标准名称	发布时间/年	简要说明	在 IEEE 网络协议体系结构中的位置
802.11	1997	2.4GHz 微波和红外标准，提供了 1Mb/s、2Mb/s 和许多基础信号传输方式与服务的传输速率规格	已不再使用
802.11a	1999	5 GHz 波段上的物理层规范，速率达 54MHz	物理层

续表

标准名称	发布时间/年	简要说明	在 IEEE 网络协议体系结构中的位置
802.11b	1999	2.4GHz 波段上更高速率的物理层规范，传输速度提升至 11Mb/s	物理层
802.11c	2000	IEEE 802.11 网络和普通以太网之间的互通	网络层以上
802.11d	2000	国际间漫游的规范	MAC 层
802.11e	2005	改进和管理 WLAN 的服务质量（QoS）	MAC 层
802.11f	2003	在多个厂商的无线局域网内实现访问互操作	网络层以上
802.11g	2003	2.4GHz 微波标准，速率达 54MHz	物理层
802.11h	2003	增强 5GHz 频段的 802.11 MAC 规范及 802.11a 高速物理层规范	MAC 层
802.11i	2004	增强 WLAN 的安全和鉴别机制	MAC 层
802.11j	2004	日本所采用的等同于 802.11h 的协议	MAC 层
802.11k	2008	微波测量规范	MAC 层
802.11n	2009	使用 MIMO 技术的高吞吐量规范（100Mb/s）	物理层

2.3.2　802.11 的物理层和数据链路层

IEEE 802.11 的物理层和数据链路层结构如图 2-10 所示。物理层由物理汇聚子层、物理介质相关子层和物理管理子层构成。物理汇聚子层主要进行载波侦听和对不同物理层形成不同格式的分组；物理介质相关子层识别介质传输信号使用的调制与编码技术；物理管理子层为不同的物理层选择信道。数据链路层分为逻辑链路子层（LLC）、介质访问控制子层（MAC）和 MAC 管理层。MAC 层主要控制节点获取信道的访问权，逻辑链路子层负责建立和释放逻辑连接、提供高层接口、差错控制、为帧添加序号等。MAC 管理层负责越区切换、功率管理等。此外，还有站点管理层以协调物理层和链路层的交互。

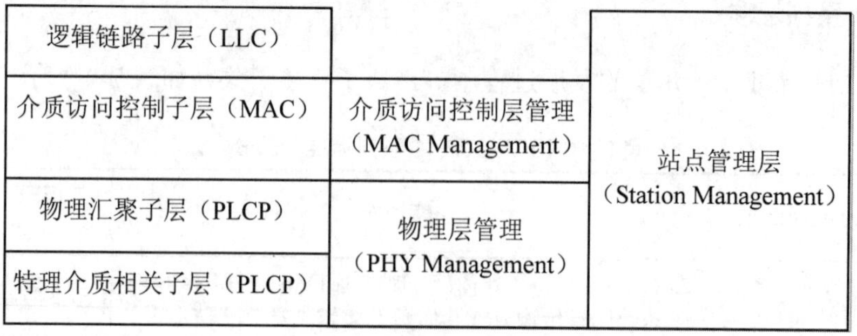

<table>
<tr><td>逻辑链路子层（LLC）</td><td></td><td rowspan="5">站点管理层
（Station Management）</td></tr>
<tr><td>介质访问控制子层（MAC）</td><td>介质访问控制层管理
（MAC Management）</td></tr>
<tr><td>物理汇聚子层（PLCP）</td><td rowspan="2">物理层管理
（PHY Management）</td></tr>
<tr><td>特理介质相关子层（PLCP）</td></tr>
</table>

图 2-10　IEEE 802.11 的物理层和数据链路层结构

1. 802.11 物理层关键技术

802.11 无线局域网物理层的关键技术主要涉及传输介质、频率选择和调制技术。早期使用的传输技术有跳频扩频（Frequency Hopping Spread Spectrum，FHSS）技术、直接序列扩频（Direct Sequence Spread Spectrum，DSSS）技术和红外传输技术。现在红外传输技术和跳频扩频用得非常少。新一代的 802.11 无线局域网采用了正交频分复用技术（Orthogonal Frequency Division Multiplexing，OFDM）和多输入多输出（Multiple Input Multiple Output，MIMO）技术，增加了频谱利用率和抗干扰能力。

（1）DSSS 技术。

扩频（Spread Spectrum，SS）是一种重要的通信技术，可用于传输模拟和数字信息。图 2-11 所示的是扩频系统的工作过程。发送方的数据进入信道编码器后，生成窄带模拟信号，然后使用伪随机序列生成器产生的扩展码进行调制，调制后的信号带宽显著增加了（即扩展了）频谱。经信道传输至接收方后，使用同一数字序列对扩频信号进行解调，最终还原为数据。

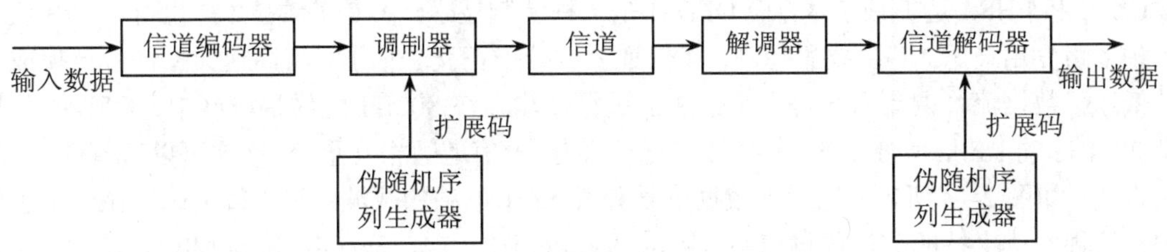

图 2-11　扩频系统的工作过程

在 DSSS 中，传输信号被扩展到正在使用的整个频谱上。例如，使用信道 1 发送数据的一个 AP，将其载波信号频率扩展到 22MHz 带宽（2.401GHz～2.423GHz）范围。

为了利用 DSSS 对数据进行编码，需要使用一个码片（或碎片）序列（Chip Sequence）。码片和比特本质上是一样的，但比特代表数据，而码片用于载波编码。编码是将信息从一种形式转换成另一种形式的过程。

如图 2-12 所示，当便携式计算机通过无线网络发送数据时，该数据必须利用码片序列进行编码处理，随后通过无线电波进行调制。在此图中，比特值为 1 的碎片代码被扩展为 00110011011 码片序列，比特值为 0 的碎片代码被扩展为 11001100100 码片序列。因此，在数据位发送之后，1001 生成的码片序列如下：

00110011011	11001100100	11001100100	00110011011
1	0	0	1

位于接收端的 AP 上可将码片序列解码恢复成 1001 这个值。记住，由于存在干扰，码片序列中一些码位有可能丢失或出现颠倒，也就是说 1 可能会变为 0，0 可能变为 1。但这并无大碍，因为需要颠倒的位超过 5 个比特时，该值才会在 1 和 0 之间发生改变。因此，利用直接序列扩频（DSSS）的码片序列技术可以使 802.11 网络更能对抗干扰。同样，由于用于码片（载波）发送的位数要比实际数据的位数多，所以码片速率比数据速率高。

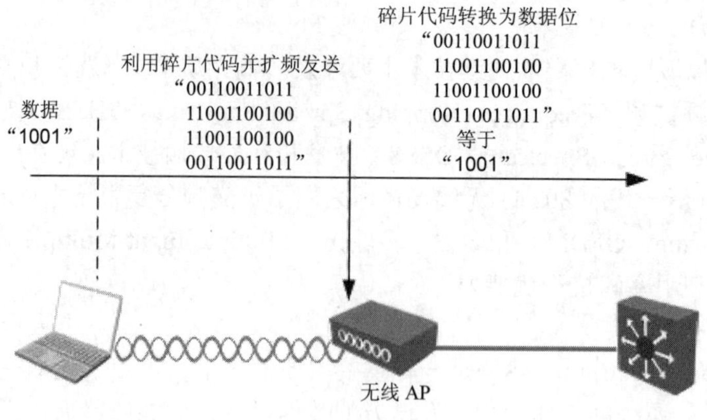

图 2-12　码片序列

（2）正交频分复用技术。

DSSS 和 FHSS 是扩频技术，而 OFDM 是一种调制技术，不是扩频技术，也可以将其认为是一种多路复用技术。其主要思想是：将信道分成若干正交子信道，将高速数据信号转换成并行的低速子数据流，调制后在每个子信道上进行传输。在 802.11 无线局域网中，OFDM 是把一个 20MHz 的 RF 信道分成 52 个窄带正交子信道，子信道间相互重叠，这样可以节省 50% 的可用带宽，如图 2-13 所示。然后把数据信号分成 52 个单独的载波传输，每个载波在一个子信道中。这种安排支持的数据传输速率有：6、9、12、18、24、36、48 和 54Mb/s，其中 6、12 和 24Mb/s 数据传输速率在 802.11x 设备中是必需的。

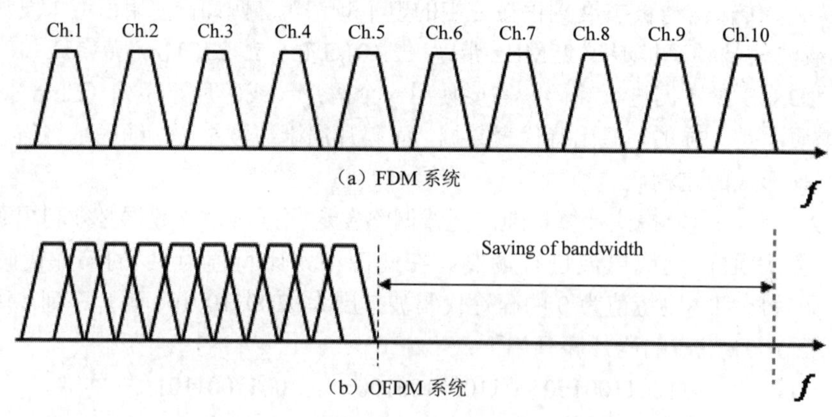

图 2-13　正交频分复用系统频谱示意图

（3）MIMO 技术。

传统的无线设备使用一个发射信号的天线和一个接收信号的天线，这种传输方式称为单进单出。MIMO 是一种独特的技术，在发射端和接收端分别使用多根发射天线和多根接收天线，如图 2-14 所示。该技术利用多根天线来抑制信道衰落，将多径传播变为有利因素，有效地使用随机衰落和多径时延扩展，在不增加频谱资源和天线发射功率的情况下，不仅可以利用 MIMO 信道提供的空间复用增益提高信道的容量，同时还可以利用 MIMO 信道提供的空间分集增益提高信道的可靠性。目前 MIMO 是一种应用于 802.11n 的核心技术。

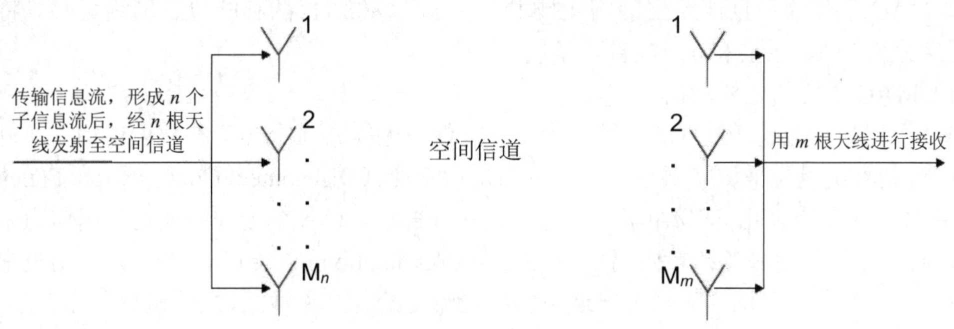

图 2-14　MIMO 示意图

在 IEEE 802.11a/b/g 标准的网络中，一个使用 MIMO 技术的无线接入点能够和一个无 MIMO 功能的设备通信，其性能方面提高大约 30%。

2. 动态速率切换

在 WLAN 的实际部署过程中，可以使用不同技术达到更高的数据速率。但是，一旦无线客户端远离无线接入点，无线客户端获得的数据速率就很低，不管使用何种技术都是如此。现在的无线产品都能够支持一种被称为动态速率切换（Dynamic Rate Switch，DRS）的功能，支持多个客户端以多种速率运行，如图 2-15 所示。在 IEEE 802.11b 网络中，无线客户端远离无线接入点时，数据速率从 11Mb/s 切换到 5.5Mb/s，甚至切换到 2Mb/s 和 1Mb/s；然后再移动无线客户端靠近该无线接入点，那么传输速率又会恢复至 11Mb/s，这种速率切换无需断开连接。动态速率切换过程同样适用于 IEEE 802.11a/g/n 网络中。

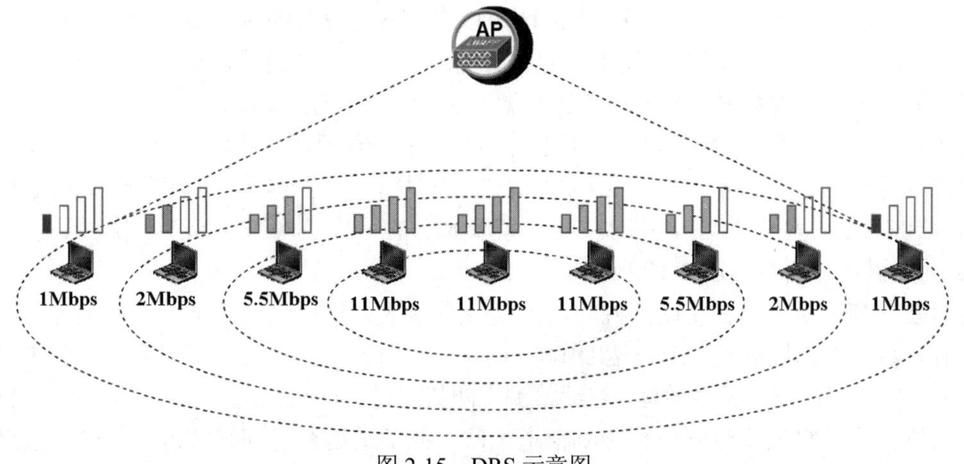

图 2-15　DRS 示意图

3. 802.11 数据链路层关键技术

802.11 的数据链路层分为两个子层：逻辑链路控制（LLC）层和介质访问控制（MAC）层，使用与 802.2 完全相同的 LLC 层以及 48 位 MAC 地址，这使得无线和有线之间的桥接非常方便。MAC 层作为数据链路层的构建技术，决定了 802.11 的吞吐量、网络延时等特性。MAC 层又分为 MAC 子层和 MAC 管理子层。

（1）MAC 子层的主要功能。

MAC 子层的功能是通过 MAC 帧交换协议来保障无线介质上的可靠数据传输，通过两种访问控制机制来实现公平访问共享介质：分布协调功能（Distributed Coordination Function，DCF），在每一个节点使用 CSMA 机制的分布式接入算法，让各个无线站通过争用信道来获取发送权，向上提供争用服务；点协调功能（Point Coordination Function，PCF），使用集中控制的接入算法，用类似于探询的方法把发送数据权轮流交给各个无线站，从而避免了碰撞的产生，如图 2-16 所示。

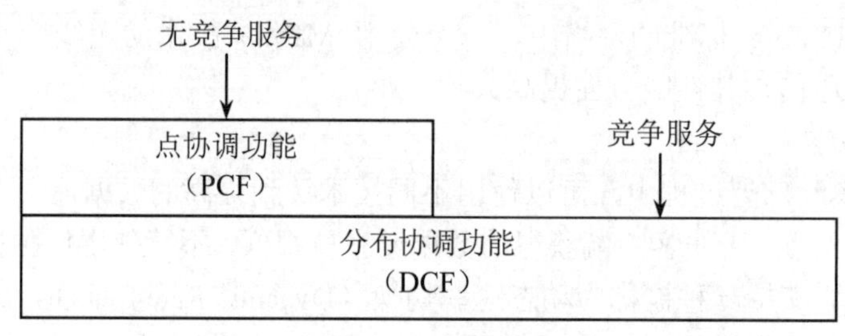

图 2-16　MAC 子层

（2）802.11 MAC 接入协议。

1）在 802.11 中不能使用 CSMA/CD 方法。在 802.3（以太网中）中所有的节点共享传输介质，采用 CSMA/CD（Carrier Sense Multiple Access with Collision Detection，载波监听多路访问/冲突检测）协议，检测和避免当两个或两个以上的网络设备同时需要进行数据传送时产生的冲突。在 802.11 无线局域网协议中，冲突的检测存在一定的问题，这是由于要检测冲突，设备必须能够一边接收数据信号一边传送数据信号，而这在无线局域网中是无法办到的。即使无线设备使用两根天线，一根天线发送数据，同时用另一根天线监听冲突信号，但是从一个天线发射的信号将会淹没在另一个天线上接收到的信号中，因此导致不能监听到冲突信号。

2）CSMA/CA 协议的工作机制。鉴于和以太网的差异，802.11 MAC 接入协议是采用 CSMA/CA。其工作机制如图 2-17 所示。

主机首先侦听信道是否空闲，判断当前是否有其他主机在发送数据。若信道忙，则主机必须进行延迟，直到检测到一个长达 DIFS（DCF Inter Frame Space，DCF 帧间隔）的介质空闲期之后，启动随机访问退避规程，继续检测在随机退避时间内信道是否空闲，若空闲则发送数据；否则当在随机退避时间内检测到信道忙时，此随机退避时间将被冻结起来，直至再发现介质空闲时，即又检测到一个长达 DIFS 的介质空闲期之后，再启动此随机退避时间，随机退避时间一到，即可将信息送出。当一个主机在一次发送成功后还想发送下一帧，也必须进行退避。

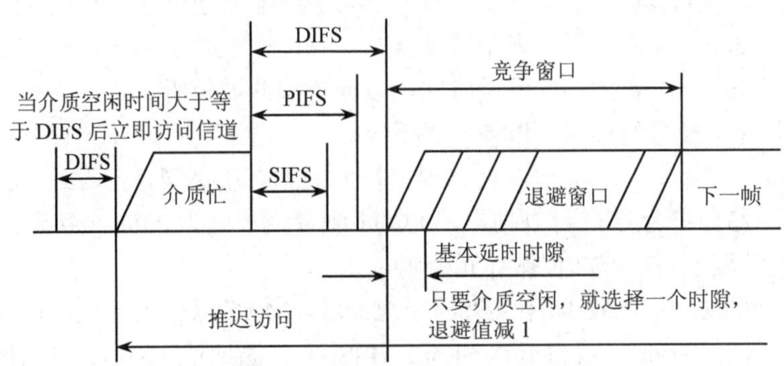

图 2-17　CSMA/CA 工作机制

不同类型的报文可以通过采用不同 IFS 时长来区分访问介质的优先级，最终的效果是控制报文比数据报文优先获得介质发送权，接入点比主机优先获得介质发送权。

- SIFS（Short IFS）：用于优先级最高的时间敏感的控制报文（例如 CTS，RTS，ACK）。
- PIFS（PCF IFS）：用于接入点发送报文。
- DIFS（DCF IFS）：用于一般的主机发送报文。

（3）MAC 帧格式。

802.11 无线局域网中所有无线节点必须按照规定的帧结构发送帧和接收帧。802.11 的 MAC 帧格式由 MAC 帧头、帧体和校验三部分组成，如图 2-18 所示。

2	2	6	6	6	2	6	0～2312	4　byte
Frame Control	**Duration/ID**	**Address1**	**Address2**	**Address3**	**Sequence Control**	**Address4**	**Frame Body**	**FCS**
帧控制域	持续时间/标识	地址域			序列控制域	地址域	帧体	校验域
MAC Header								

图 2-18　MAC 帧基本格式

1）Frame Control（帧控制域）格式。

帧控制域格式如表 2-5 所示。包括：

- 协议版本：在 802.11 标准中该值为 0。

表 2-5　帧控制域格式

协议版本	类型	子类型	To DS	From DS	多段标志	重传标记	功率管理	更多数据	WEP 标记	顺序
2bit	2bit	4bit	1bit	1bit	1bit	1bit	1bit	1bit	1bit	1bit

- 类型和子类型：共同确认该帧的功能，类型中 00-管理帧，01-控制帧，10-数据帧。
- To DS：在数据帧中被设置为 1 表示该帧发送给 DS，其他帧时设置为 0。
- From DS：在数据帧中被设置为 1 表示该帧从 DS 发送出来，其他帧时设置为 0。
- To DS、From DS 同时为 1 表示该帧从一个 AP 发送到另一个 AP。

2）持续时间表示一个帧的持续发送时间，以便虚拟载波侦听。

3）序列号是对分段号的标识，以便按序重组。

4）Frame Body（帧体部分）：包含信息根据帧的类型有所不同，主要封装的是上层的数据单元，长度为 0～2312 个字节，可以推出，802.11 帧最大长度为 2346 个字节。

5）FCS（校验域）：包含 32 位循环冗余码。

6）地址域。802.11 的 MAC 帧中共有四个地址域，MAC 帧中的地址类型共有五种：基本服务集识别码（Basic Service Set Identification，BSSID），源地址（SA）、目的地址（DA）、发送站点地址（TA）、接收站点地址（RA）。BSSID 为每个 BSS 确定唯一的地址，在 BSS 中采用该 BSS 的 AP 中 STA 的 MAC 地址，在 IBSS 中该域的值，按照捕获同步、扫描等方法产生一个随机的 46bit 号码，最前面 2bit 为 01。所以，某些帧只包含部分类型的地址，BSSID、TA、RA 是为了实现间接的帧传送，从而提供透明的移动及过滤多播帧的机制。

表 2-6 为数据帧的地址格式，地址 1 总是预定接收方的地址，地址 2 总是发送本帧的发送方地址。

表 2-6　数据帧地址格式

	To DS	From DS	地址 1	地址 2	地址 3	地址 4
Ad-Hoc	0	0	RA=DA	TA=SA	BSSID	（N/A）
AP→STA	0	1	RA=DA	TA=BSSID	SA	（N/A）
STA→AP	1	0	RA=BSSID	TA=SA	DA	（N/A）
WDS	1	1	RA	TA	DA	SA
			物理接收者	物理发送者	逻辑发送者	逻辑接收者

（4）MAC 管理子层。

在无线网络中，当站点接入网络时，MAC 管理子层负责客户端与无线接入点之间的通信，主要功能包括：扫描、认证、接入、加密、漫游和同步。站点首先通过主动/被动扫描进行接入，在通过认证和关联两个过程后才能和 AP 建立连接，如图 2-19 所示。

无线的连接就是站点（STA）与无线接入点（AP）的无线握手过程，包括如下几个阶段：

- 无线 STA 通过广播 BEACON（无线信标）帧，在网络中寻找 AP；
- 当网络中的 AP 收到了 STA 发出的广播 BEACON 帧之后，无线 AP 也发送广播 BEACON 帧用来回应 STA；
- 当 STA 收到 AP 的回应之后，STA 向目标 AP 发起 REQUEST BEACON（请求帧）；
- 无线 AP 响应 STA 发出的请求，如果符合 STA 连接的条件，给予应答，即向无线 AP 发出应答帧，否则将不予理睬。

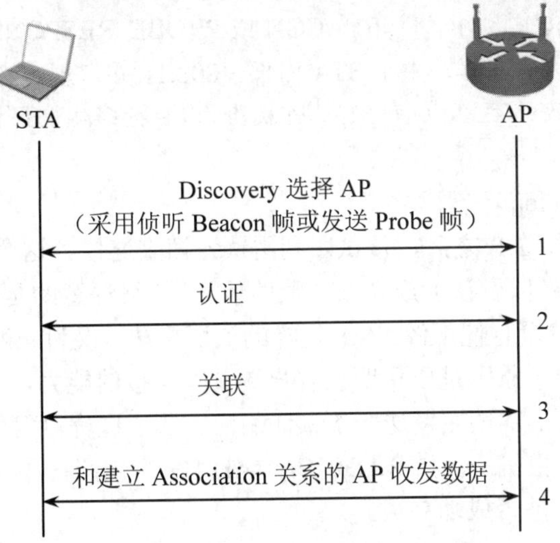

图 2-19　建立无线连接过程

1）扫描（Scanning）。

Scanning 可分为主动扫描（Active Scanning）与被动扫描（Passive Scanning）。Active Scanning 是由 STA 发出一个 PROBE REQUEST 帧，如图 2-20 所示，如果是单一 SSID 的 PROBE REQUEST 帧，则 SSID 相同的 AP 才回应。如 PROBE REQUEST 帧中的 SSID 属于广播型，则所有的 AP 都会响应。Passive Scanning 是指 STA 通过侦听 AP 定期发送的 BEACON 帧来发现网络，如图 2-21 所示，用户预先配有用于扫描的信道列表，在每个信道上监听 BEACON。Passive Scanning 要求 AP 周期性发送 BEACON 帧。当用户需要节省电量时，可以使用被动扫描。一般 VoIP 语音终端通常使用被动扫描方式。

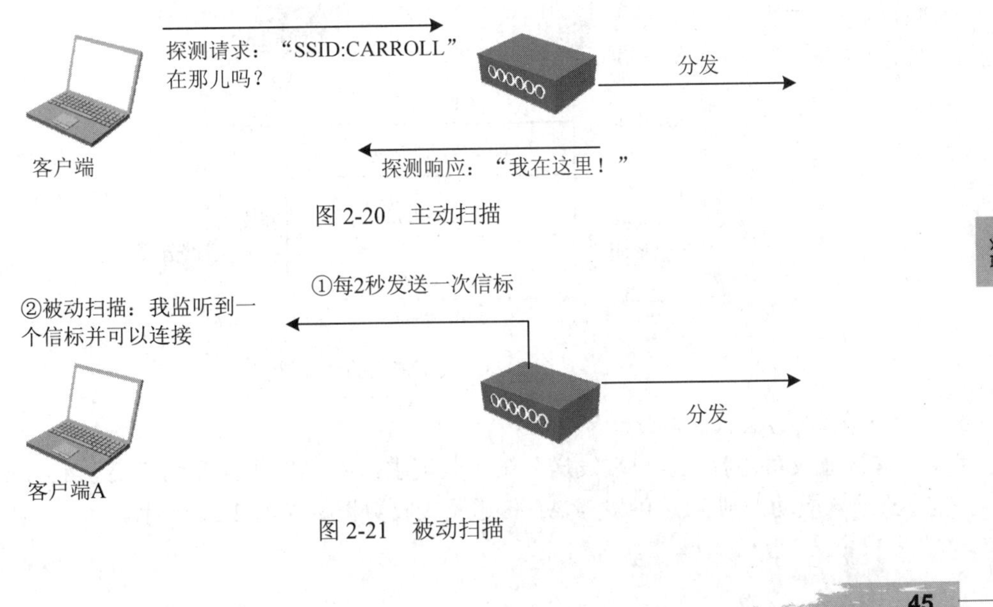

图 2-20　主动扫描

图 2-21　被动扫描

当 STA 通过 Scanning 得到了多个 BEACON 或 PROBE RESPONSE 的信息，STA 考虑应加入到哪一个 WLAN，这个过程发生于 STA 内部。802.11 并未规定考虑站点的优先级，而由厂商自行来定义。很多生产厂商都以信号好坏作标准，也有很多生产厂商是以 STA 的多个 SSID 的顺序作首选标准。

2）认证（Authentication）。

在 STA 已经找到一个 AP 之后，便试图利用认证帧来连接。这个帧包含的内容有用于认证的算法、认证处理的编号以及认证成功或失败的信息。值得注意的是，认证是公开的（Open），如图 2-22 所示，这意味着没有使用像 WEP 这样的认证算法，仅为一般 AP 与网卡出厂的预设状态。使用认证消息的唯一原因是要指明该客户端具有连接的能力，如图 2-23 中，客户端正在发送一条认证请求，而 AP 正在发送一条认证响应。认证过程可发生在 AP，或 AP 将认证请求再传送到上游的认证主机。例如 RADIUS，RADIUS 会依照程序透过 AP 而认证 STA，最后通过 AP 告诉 STA 认证是否成功完成。

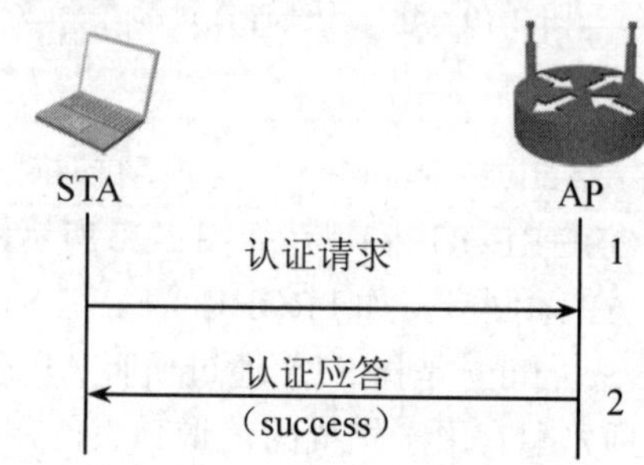

图 2-22　开放系统的认证过程

图 2-23　共享密钥的认证过程

3）关联（Association）。

在认证成功之后，客户端发送一条关联请求，而 AP 用关联响应消息来响应。如果 STA 与 AP 结合成功，则 STA 可以与 AP 传送及接收数据，如图 2-24 所示。

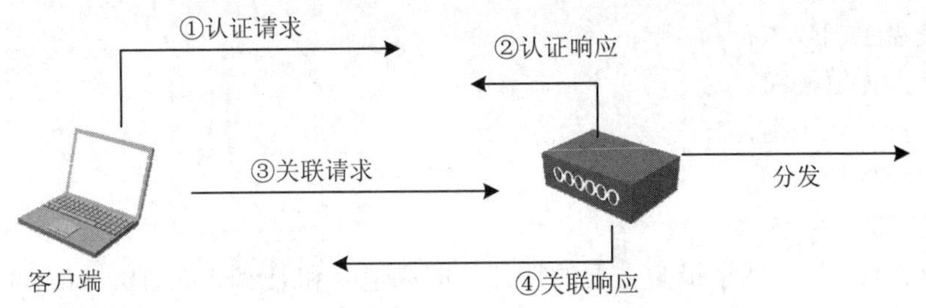

图 2-24　关联过程

未认证且未关联是指在网络初始状态，节点与网络完全不相关，且无法与 AP 沟通。AP 保存有一个名单称为关联名单，每家厂商在此名单中分别以不同名称表示各状态。一般以“未认证”表示未认证且未关联的 STA，或是认证失败的 STA。

已认证但未关联是指 STA 已通过了认证程序，但尚未与 AP 做关联。此时 STA 尚未被允许对 AP 传送或接收数据。AP 的关联名单一般显示“已认证”。因为 STA 已通过认证阶段，而且可能在千分之几秒之内就可能关联成功，故通常见不到这种状态。最常见的是第一种“未认证”与第三种“已关联”。

已认证且已关联是指在最后阶段，STA 与 AP 完全联机成功，且 STA 能与 AP 传送与接收数据。一般在 AP 的关联名单中，此状态被称为“已关联”，表示此 STA 已完全与网络关联。

2.3.3　802.11b/g/a/n 协议标准

2009 年 IEEE 定义了速率更高的 802.11n 标准，该标准可以支持高达 600Mb/s 的物理层发送速率。不过由于 802.11n 产品价格较高，因此 802.11n 的产品和 802.11b、802.11g 的产品在市场上一直共存。

1. IEEE 802.11b 标准

IEEE 802.11b 标准工作于 2.4GHz，包含 13 个信道，每个信道的宽度为 22MHz，相邻信道都有重叠，中心间隔为 5MHz。支持最高 11Mb/s 的传输速率。传输速率会因环境干扰或传输距离不同而有变化，在速率为 1Mb/s、2Mb/s 时与 IEEE 802.11 兼容。802.11b 最大的贡献在于增加了两个新的速率：5.5Mb/s 和 11Mb/s。为了实现这个目标，DSSS 被选作该标准的唯一的物理层传输技术。

为了支持在有噪声的环境下能够获得较好的传输速率，802.11b 采用了动态速率调节技术，允许用户在不同的环境下自动使用不同的连接速度来弥补环境的不利影响。在理想状态位置，用户以 11Mb/s 的速率运行，然而，当用户潜在地受到干扰或者远离此处时，传输速率会自动按序降低为 5.5Mb/s、2Mb/s、1Mb/s。同样，当用户回到理想位置时，传输速率也会以反向增加直至 11Mb/s。速率调节机制是在物理层自动实现而不会对用户和其他上层协议产生任何影响。

IEEE 802.11b 标准具有以下特点：

（1）传输速率较 802.11 高；

（2）覆盖范围较大；

（3）支持无缝漫游；

（4）支持负载平衡；

（5）安全性较高。

2. IEEE 802.11g 标准

IEEE 802.11g 具有两个最为主要的特征，即高速率和兼容 802.11b。802.11g 采用 OFDM 调制技术，从而可以得到高达 54Mb/s 的数据通信带宽。另外，802.11g 工作在 2.4GHz 频段，并保留了 802.11b 所采用的 CCK（Complementary Code Keying，补码键控）技术，采用了“保护”机制，因此，可与 802.11b 产品兼容。

注意：IEEE 802.11b 与 IEEE 802.11g 必须借助于无线 AP 才能进行通信，如果只是单纯地将 IEEE 802.11g 和 IEEE 802.11b 产品混合使用，它们彼此之间将不能通信。

IEEE 802.11g 标准具有以下特点：

（1）高数据速率；

（2）完全兼容 802.11b 标准；

（3）传输距离更远；

（4）便于设计双频设备。

3. IEEE 802.11a 标准

IEEE 802.11a 是 802.11 标准的一个修订标准，于 1999 年获得批准。802.11a 标准采用与 802.11 标准相同的核心协议，工作频段为 5GHz，每个信道使用 52 个正交频分多路复用载波，如图 2-25 所示，最大数据传输率为 54Mb/s。随着传输距离的延长或背景噪声的增加，数据传输速率可降为 48、36、24、18、12、9、6Mb/s。802.11a 拥有 4、8 或 12 个不相互重叠的信道，如图 2-26 所示，8 个用于室内，4 个用于点对点传输。802.11a 不能与 802.11b 进行互操作，除非使用了对两种标准都支持的设备。

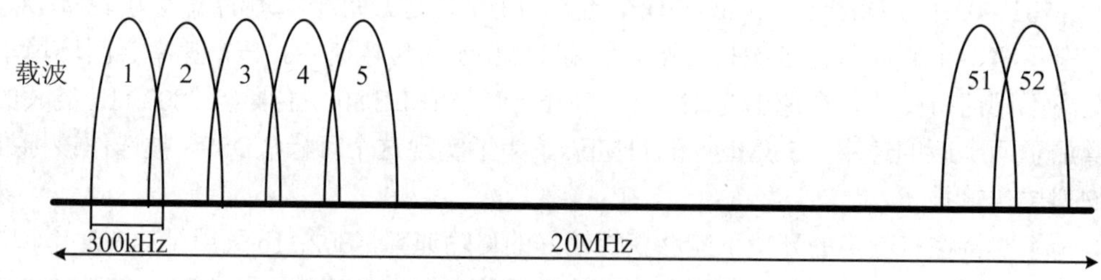

图 2-25　OFDM 调制产生的 52 个载波

IEEE 802.11a 标准具有以下特点：

（1）传输速率较高；

（2）不兼容 802.11b/g/n；

（3）传输距离较近。

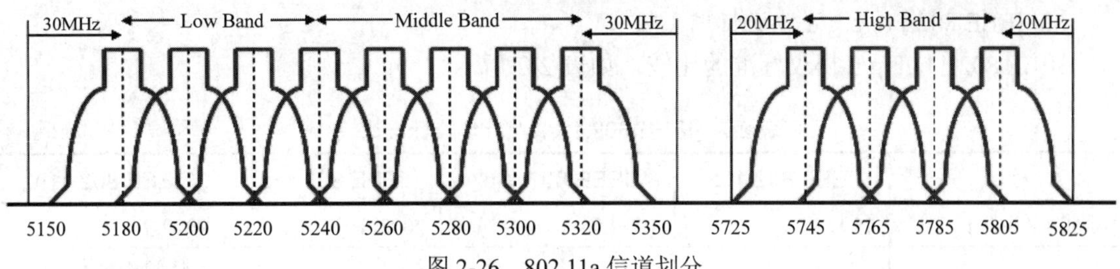

图 2-26 802.11a 信道划分

4. IEEE 802.11n 标准

802.11n 标准具有高达 600MHz 的速率，可提供支持对带宽最为敏感的应用所需的速率、范围和可靠性。802.11n 结合了多种技术，其中包括 Spatial Multiplexing MIMO（空间多路复用多入多出）、20MHz 和 40MHz 信道和双频带（2.4GHz 和 5GHz），以便形成更高的速率。多入多出（MIMO）或多发多收天线（MTMRA）技术，是无线移动通信领域智能天线技术的重大突破，能够在不增加带宽的情况下成倍提高通信系统的容量和频谱利用率。MIMO 系统可以创造多个并行空间信道，解决带宽共享的问题。802.11n 天线数量可以支持到 3×3 个，比 802.11g 的 3 个增加了 3 倍。

802.11n 产品能够在包含 802.11g 和 802.11b 产品的混合模式下运行，且具有向下兼容性。在一个 802.11n 无线网络中，接入用户可以包括 802.11b、802.11g 和 802.11n 的用户，而且所有用户都用自己的标准同时与无线接入点进行通信。也就是说，在连接过程中，所有类型的传输可以实现共存，从而能够更好地保障用户的投资。由此可见，IEEE 802.11n 拥有比 IEEE 802.11g 更高的兼容性。

IEEE 802.11n 标准具有以下特点：

（1）传输速率提升。

802.11n 可以将 WLAN 的传输率提高至 108Mb/s，甚至高达 600Mb/s，即在理想状态下，802.11n 提供的传输速率要比 802.11g 高 10 倍。

（2）覆盖范围增加。

802.11n 采用智能天线技术，通过多组独立天线组成的天线阵列系统，动态地调整波束的方向，保证让用户接收稳定的信号，并减少其他噪声信号的干扰，覆盖范围可扩大到几平方千米。这使得原来需要多台 802.11g 设备才能覆盖的地方，现在只需要一台 802.11n 产品即可，不仅方便了使用，还减少了原来多台 802.11g 设备交叉覆盖信号盲区，移动性大大增强。

（3）全面兼容各标准。

802.11n 通过采用软件无线电技术，解决了不同标准采用不同的工作频段、不同的调制方式所造成系统间难以互通、移动性差等问题。这样，不仅保障了与以往的 802.11a、802.11b、802.11g 标准的兼容，而且还可以实现与无线广域网络的结合，极大地保护了用户的投资。软件无线电技术使得 WLAN 的兼容性得到极大改善，将根本改变网络结构，实现无线局域网与无线广域网融合，并能容纳各种标准、协议，提供更为开放的接口，最终大大增加网络的灵活性。

5. IEEE 802.11a/b/g/n 协议标准比较

IEEE 802.11a/b/g/n 协议标准的比较，如表 2-7 所示。

表 2-7　IEEE 802.11a/b/g/n 协议标准比较

标准	IEEE 802.11b	IEEE 802.11a	IEEE 802.11g	IEEE 802.11n
标准发布时间	1999.9	1999.9	2003.6	2009.9
工作频率范围	2.4～2.4835GHz	5.150～5.850GHz	2.4～2.4835GHz	2.4～2.4835GHz 5.150～5.850GHz
可用频宽	83.5MHz	300MHz	83.5MHz	83.5MHz 300MHz
非重叠信道数	3	4、8 或 12	3	3 或 12
最高速率（Mb/s）	11	54	54	600
实际吞吐量（Mb/s）	6	24	24	100 以上
受干扰机率	高	低	高	低
环境适应性	差	较好	好	很好
传输距离	100 米	80 米	150 米以上	100 米以上
调制方式	CCK/DSSS	OFDM	CCK/OFDM	MIMO/OFDM
兼容性	802.11b	802.11a	802.11b/g	802.11a/b/g/n

6. 802.11 优化技术

虽然 WLAN 发展迅速，但性能与传统的以太网相比还存在较大的差距，因此如何提高和优化网络性能就显得非常的重要。

（1）物理层优化。

如前所述，802.11a 和 802.11b 工作在不同的频段，采用不同的调制方式，当一个采用了 802.11b 的无线站进入一个 802.11a 的覆盖区域，将无法和接入点建立连接。这种不同物理层标准导致的网络兼容性问题可以通过双频多模技术解决，如图 2-27 所示。

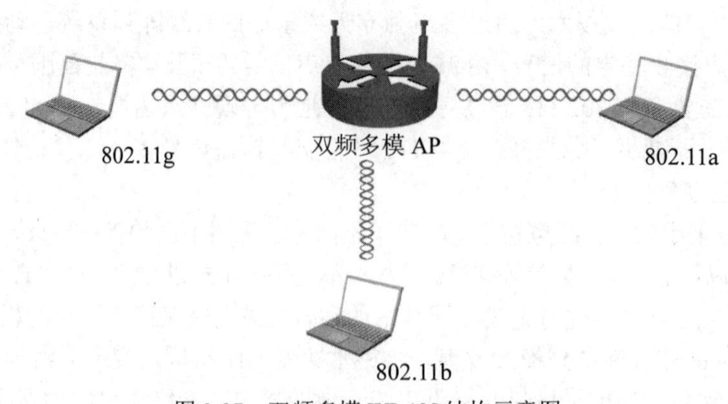

图 2-27　双频多模 WLAN 结构示意图

双频指同时支持 2.4GHz 和 5.8GHz 频段，双模指同时支持 802.11b、802.11a 两种模式；三模指同时支持 802.11b、802.11a、802.11g 三种模式，即 AP 运行在两个频段，同时支持 802.11a/b/g 标准的 WLAN 自适应技术，就好像有线网的“10/100M 自适应”一样。

（2）MAC 优化。

如前所述，当一个站只能侦听到部分其他站时，就存在隐藏节点的问题，为解决这个问题，802.11 也提供了一种可选机制，即利用了 RTS/CTS 帧。

4 次握手的 RTS/CTS 方式工作过程如图 2-28 所示。假设站点 A 要发送数据到 B，A 向 B 先发送 RTS 信号，表明自己准备向 B 发送数据。B 收到 RTS 后，会向所有的站发送 CTS 信号，表明准备接收就绪。此时 A 可以发送数据，其余站处于静止状态。B 收完数据后，向所有站广播 ACK 帧。所有站又开始监听信道，开始新一轮的信道竞争。

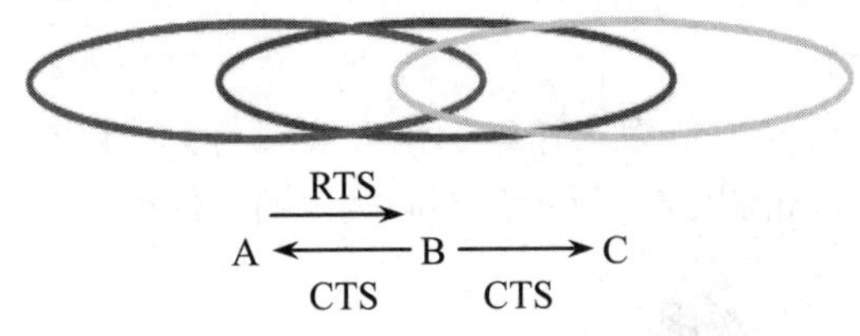

图 2-28　RTS/CTS 工作过程

2.4　WLAN 的组成

WLAN 可独立存在，也可与有线局域网共同存在并进行互联。WLAN 由无线站、无线网卡、无线路由器、分布式系统、无线接入点、无线控制器及天线等组成，这里只介绍前四个组件，后三个组件将在项目 3 中进行介绍。

2.4.1　STA

STA（Station，工作站）是配置支持 802.11 协议的无线网卡的终端。最简单的 WLAN 仅仅由 STA 组成，STA 之间能够直接相互通信或通过 AP（Access Point，接入点）进行通信。实际上，AP 是一种特殊的、能提供分布式服务（Distribution Service，DS）的 STA。

STA 之间的通信距离由于天线辐射能力和应用环境不同而受到很大的限制。WLAN 覆盖的区域范围称为服务区（Service Area，SA），由移动站的无线收发信机及地理环境确定的通信覆盖区域称为基本服务区（Basic Service Area，BSA）或无线蜂窝（Wireless Cell），是网络的最小单元。一个 BSA 内相互联系、相互通信的一组主机组成了基本服务集（Basic Service Set，BSS），并且 STA 只能和同一个 BSS 通信。如图 2-29 所示为三个 STA 和一个 AP 构成的一个 BSS。

网络中不需要 AP 来分发信息，STA 之间可以直接进行通信，组成了独立基本服务集（Independent BSS，IBSS）网络，如图 2-30 所示。

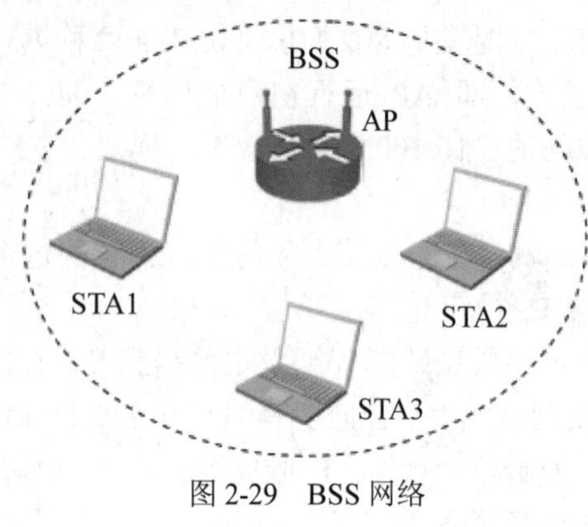

图 2-29　BSS 网络

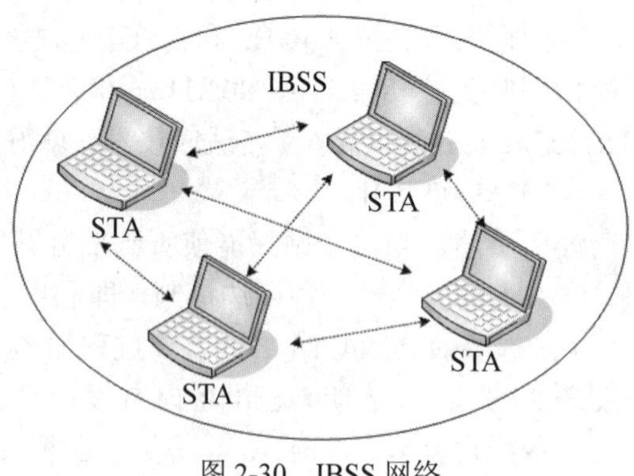

图 2-30　IBSS 网络

2.4.2　无线网卡

无线网卡能收发无线信号，作为工作站的接口实现与无线网络的连接，网络作用类似于有线网络中的以太网网卡。如图 2-31 所示为不同接口的无线网卡。

Cisco LINKSYS USB

D-Link PCMCIA

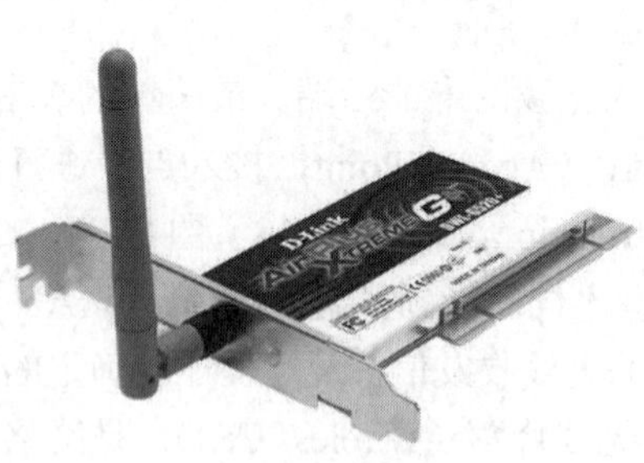

D-Link PCI

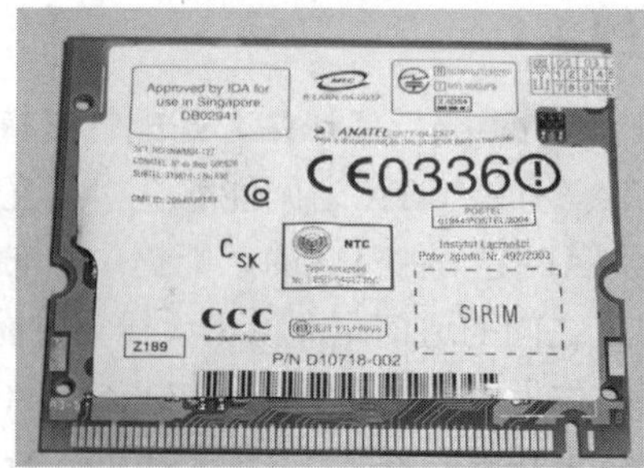

Intel Mini PCI

图 2-31　不同接口的无线网卡

按无线标准可以将无线网卡分为 IEEE 802.11b、IEEE 802.11a、IEEE 802.11g、IEEE 802.11n 无线网卡等。按接口类型分为 PCMCIA、USB 和 PCI 无线网卡三类。PCMCIA 接口无线网卡

主要用在具有 PCMCIA 接口盒的笔记本电脑上。PCI 接口无线网卡用于台式机，固定安装在计算机主板上，需要拆开计算机机箱，并安装驱动程序；Mini 型接口的无线网卡安装在笔记本电脑内的主板接口上。USB 接口无线网卡可用于有 USB 接口的台式机或笔记本电脑上，USB 接口无线网卡安装方便，直接插在计算机的 USB 口上即可。不过，USB 接口的无线网卡信号接收面窄，可能会影响一定的性能。

2.4.3 无线路由器

无线路由器（Wireless Router）好比将单纯性无线 AP 和宽带路由器合二为一的扩展型产品，如图 2-32 所示，它不仅具备单纯性无线 AP 所有功能，如支持 DHCP 客户端、支持 VPN、防火墙、支持 WEP 加密等，而且还具备网络地址转换（NAT）功能，可支持局域网用户的网络连接共享，实现家庭无线网络中的 Internet 连接共享，实现 ADSL 和小区宽带的无线共享接入。

图 2-32 TP-Link 无线路由器

1. 无线路由器的互联

大多数无线路由器还包括一个 WAN 端口以及 4 个 LAN 端口，可以连接多台使用有线网卡的计算机，实现有线和无线网络的互连通信。无线路由器的 WAN 端口用于和 Cable Modem、ADSL、以太网等连接，LAN 端口用于和其他计算机连接。其内置有简单的虚拟拨号软件，可以存储用户名和密码拨号上网，实现为拨号接入 Internet 的 ADSL Modem、Cable Modem 等提供自动拨号功能，而无需手动拨号或占用一台计算机做服务器使用。

2. 无线路由器的覆盖范围

目前无线路由器主要遵循 IEEE 802.11b、IEEE 802.11a、IEEE 802.11g、IEEE 802.11n 等网络标准。根据 IEEE 802.11 标准，一般无线路由器所能覆盖的最大距离通常为 300 米，不过覆盖范围主要与环境的开放与否有关，在设备不加外接天线的情况下，在视野所及之处约 300 米；若属于半开放性空间，或有隔离物的区域，传输距离为 35～50 米。如果借助于外接天线（做链接），传输距离则可以更远，这要视天线本身的增益而定。因此，需视用户的需求而加以应用。

3. 无线路由器的选择

在购买无线路由器时，需要关注该产品支持的协议标准，最好能支持 802.11g 或 802.11n；

能支持 LAN 防火墙和 WAN 防火墙功能，前者主要通过采用 IP 访问限制、MAC 地址过滤等手段来限制局域网内的计算机访问 Internet，后者则采用网址过滤、动态包过滤等手段来阻止网络上黑客的攻击；另外，最好还具有 DHCP 服务器、动态 DNS、虚拟服务器等高级功能，比如通过动态 DNS 可以将动态 IP 地址解析为一个固定的域名；最后，还需要注意无线路由器的管理功能，至少应该支持 Web 浏览器的管理方式。目前 D-Link、TP-Link、NETGEAR、华硕等品牌都有很多符合条件的无线路由器产品可供选择。

2.4.4 分布式系统

DS 是指一个 STA 如何接入 Internet、文件服务器、打印机以及有线网络中任何可用资源。当一个以上的 AP 连接到公共分布式系统上时，该覆盖区域被称为扩展服务区域（Extended Service Area，ESA）。如果 WLAN 的规模已经大到需要两个或多个接入点（其中至少有一个接入点可以连接到其他网络的），可以通过 DS 互联的属于同一 ESA 的所有主机组成一个扩展服务集（Extended Service Set，ESS），如图 2-33 所示。ESS 是一个含有两个或者多个接入点的无线局域网，即它合并了两个或者多个 BSS 无线局域网，STA 可以在 ESS 内移动漫游。

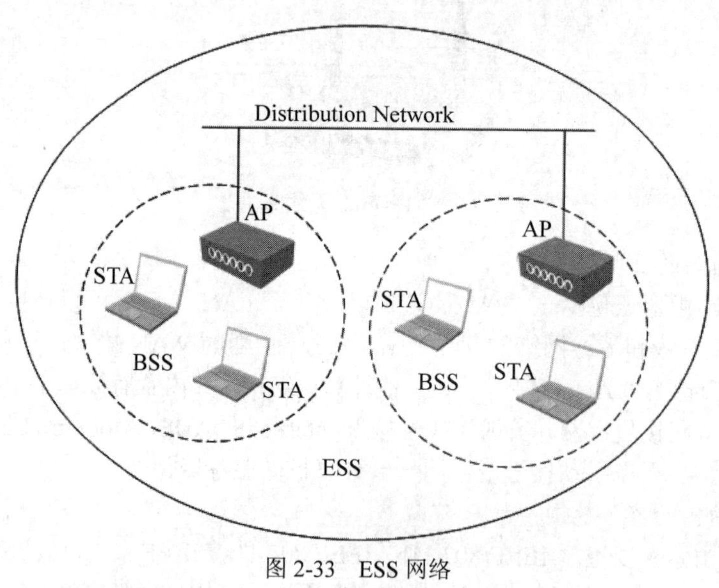

图 2-33　ESS 网络

2.5 WLAN 拓扑结构

网络拓扑结构反映了网络中设备的物理连接特性。802.11 无线局域网包含两种拓扑结构，一种是类似于对等网的 Ad-Hoc 模式，STA 是在对等的基础上进行通信；另一种则是类似于有线局域网中星型结构的 Infrastructure 模式，无线终端通过无线接入点与骨干网相连。

2.5.1　Ad–Hoc 模式

Ad-Hoc 模式是点对点的对等结构，相当于有线网络中的两台或多台计算机直接通过网卡互联，中间没有 AP，采用非集中式的 MAC 协议，信号直接点对点传输，如图 2-34 所示。这种拓扑的网络无法接入到有线网络中，只能独立使用，安全等功能由客户端自行维护。

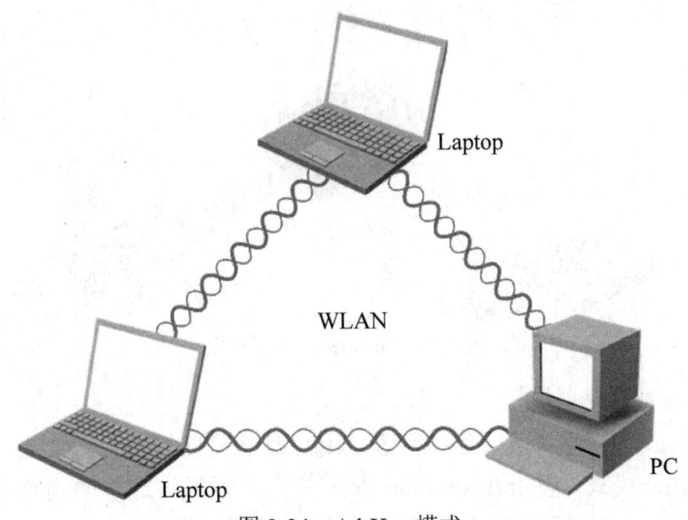

图 2-34　Ad-Hoc 模式

在 WLAN 中，没有物理传输介质，而是以电磁波的形式传播的，所以在 WLAN 中的 Ad-Hoc 模式具有组网灵活、快捷的优点，广泛应用于临时通信的环境。其缺陷也很明显：

（1）当网络中用户数量过多时，信道竞争会严重影响网络性能。

（2）路由信息随着用户数量的增加快速上升，严重时严重阻碍数据通信的进行。

（3）一个节点必须能同时“看”到网络中任意的其他节点，否则认为网络中断。

（4）网络在可管理性和扩展性方面受到一定的限制。

此外，为了达到无线连接的最佳性能，所有主机最好都使用同一品牌、同一型号的无线网卡，并且要详细了解一下相应型号的网卡是否支持 Ad-Hoc 网络连接模式，因为有些无线网卡只支持下面将要介绍的基础结构 Infrastructure 模式，当然绝大多数无线网卡是同时支持两种网络结构模式的。

2.5.2　Infrastructure 模式

1. Infrastructure 网络概念

Infrastructure 模式属于集中式结构，其中无线 AP 相当于有线网络中的交换机或集线器，具有集中连接无线节点和数据交换的作用。通常无线 AP 都提供了一个有线以太网接口，用于与有线网络设备的连接，如以太网交换机。Infrastructure 模式网络如图 2-35 所示。

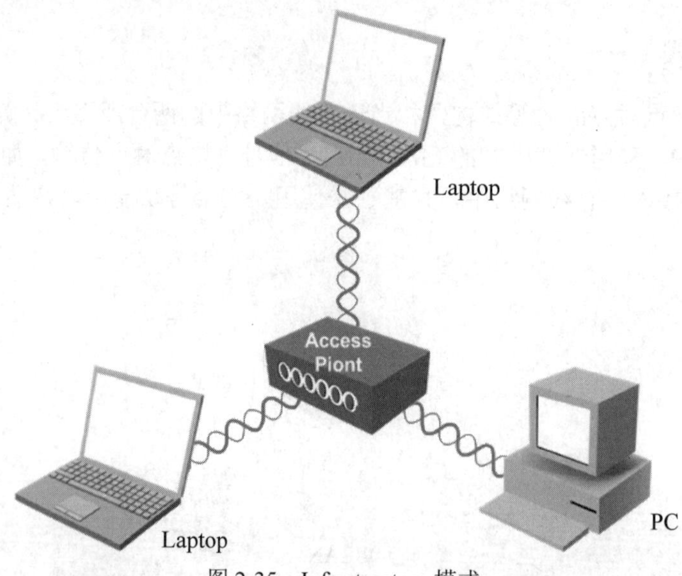

图 2-35 Infrastructure 模式

2. Infrastructure 网络特点

Infrastructure 模式在网络扩展、集中管理、用户身份验证等方面有优势，另外数据传输性能也明显高于 Ad-Hoc 模式。在 Infrastructure 模式中，可以通过速率的调整来发挥相应网络环境下的最佳连接性能。AP 和无线网卡还可针对具体的网络环境调整网络连接速率，如 11Mb/s 的 IEEE 802.11b 的速率可以调整为 1Mb/s、2Mb/s、5.5Mb/s 和 11Mb/s。Infrastructure 网络也使用非集中式 MAC 协议，但由于中心网络拓扑的抗摧毁性差，AP 的故障容易导致整个网络瘫痪。

3. Infrastructure 网络的标识

在 Infrastructure 模式中，BSS（Basic Service Set，基本服务集）是一个 AP 提供的覆盖范围所组成的局域网，多个 BSS 组成一个扩展服务集 ESS。在 BSS 内，STA 必须匹配 AP 的服务集识别码（Service Set ID，SSID），AP 使用基本服务识别码（Basic SSID，BSSID）来标识特定的区域；在 ESS 内所有 AP 共享同一个扩展服务集标识符（Extended Service Set Identifier，ESSID）。

（1）SSID：SSID 是区别其他 WLAN 的一个标识。SSID 包括 32 个大小写敏感的字母、数字式字符。无线设备利用 SSID 来建立和维持连接。作为关联过程的一部分，STA 必须与 AP 的 SSID 相同。传统的 AP 只能支持一个 SSID。

（2）BSSID：BSSID 是 AP 的 MAC 地址，BSSID 也是 STA 识别 AP 的标志之一。现在很多先进一些的公司提供企业级的 AP，它可以支持多 SSID 和多 BSSID，在逻辑上把一个 AP 分成多个虚拟的 AP，但工作在同一个硬件平台上。网管人员可以为不同的 SSID 分配不同的策略和功能，增加了网络结构的灵活性。

（3）ESSID：ESSID 是 SSID 的一种扩展形式，它被特定地用于 ESS，同一个 ESS 内的所有 STA 和 AP 都必须配置相同的 ESSID 才能接入到无线网络中。

2.5.3 无线分布式系统

1. 无线分布式系统的概念

无线分布式系统（Wireless Distribution System，WDS）是指用多个无线网络相互连接的方式构成一个整体的无线网络。简单地说，WDS 就是利用两个（或以上）无线 AP 通过相互连接的方式将无线信号向更深远的范围延伸。

WDS 把有线网络的信息通过无线网络传送到另一个无线网络环境，或者另外一个有线网络。因为是通过无线介质形成的网络连接，所以有人称这是无线网络桥接功能。严格说起来，无线网络桥接功能通常指的是一对一，但是 WDS 架构可以做到一对多，并且桥接的对象可以是无线网卡或者是有线系统。所以 WDS 最少要有两台相同功能的 AP，最多数量则要视厂商设计的架构来决定。

2. WDS 的规划

IEEE 802.11 标准将 WDS 定义为用于连接接入点的基础设施。要建立分布式无线局域网，需要在两个或多个接入点配置相同的 SSID。相同 SSID 的接入点在二层广播域中组成了一个单一逻辑网络。分布式系统就是把它们连接起来，使它们能够无线通信。

在使用 WDS 来规划网络时，首先所有 AP 必须是同品牌、同型号才能很好地工作在一起。WDS 工作在 MAC 物理层，两个设备必须相互配置对方的 MAC 地址。WDS 可以被连接在多个 AP 上，但对等的 MAC 地址必须配置正确，并且对等的两个 AP 须配置相同的信道和相同的 SSID。

3. WDS 的应用

WDS 具有无线桥接（Bridge）和无线中继（Repeater）两种基本的应用模式。

Bridge 模式是用于连接两个不同的局域网，桥接两端的无线 AP 只与另一端的 AP 沟通，不接受其他无线网络设备的连接。

Repeater 模式的目的是扩大无线网络的覆盖范围，通过在一个无线网络覆盖范围的边缘增加无线 AP，达到扩大无线网络覆盖范围的目的。中继模式和桥接模式最大的区别是，中继模式中的 AP 除了接受其他 AP 的信号，还会接受其他无线网络设备的连接。

支持 WDS 技术的无线 AP 还可以工作在混合的无线局域网工作模式，既可以支持在点对点、点对多点、中继应用模式下的无线 AP，同时工作在两种工作模式状态，即：中继桥接模式+AP 模式。

在大型商业区或企业用户的无线组网环境，选用 WDS 技术的解决方案，可以在本区域做到无线覆盖，又能通过可选的定向天线来连接远程支持 WDS 的同类设备。这样就大大提高了整个网络结构的灵活性和便捷性，只要更换天线就可以随意扩展无线网络，使无线网络建设者可以购买尽可能少的无线设备，达到无线局域网的多种连接组网工程，实现组网成本的降低。

（1）多 AP 模式。

多 AP 模式也称为“多蜂窝结构”。各个蜂窝之间建议有 15%的重叠范围，便于无线工作站的漫游，如图 2-36 所示。AP 的信道数不能配置相同，否则相互之间会形成干扰，最好信道数之间的差值为 5。

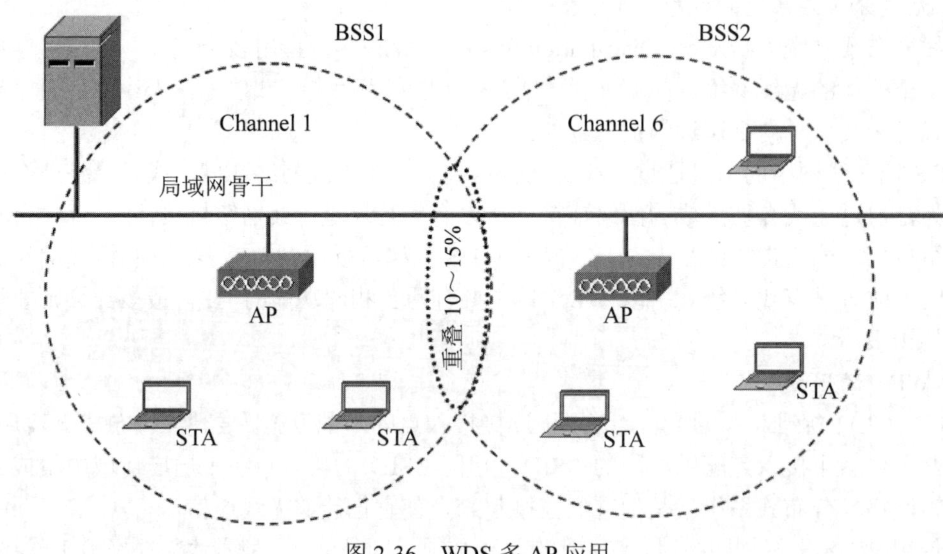

图 2-36　WDS 多 AP 应用

漫游时必须进行不同 AP 接入点之间的切换。切换可以通过交换机以集中的方式控制，也可以通过监测移动站点的信号强度来控制（非集中控制方式）。

（2）WDS 点对点应用模式。

利用一对无线网桥连接两个有线或无线局域网网段，如图 2-37 所示。使用放大器和定向天线可以覆盖距离增大到 50km。

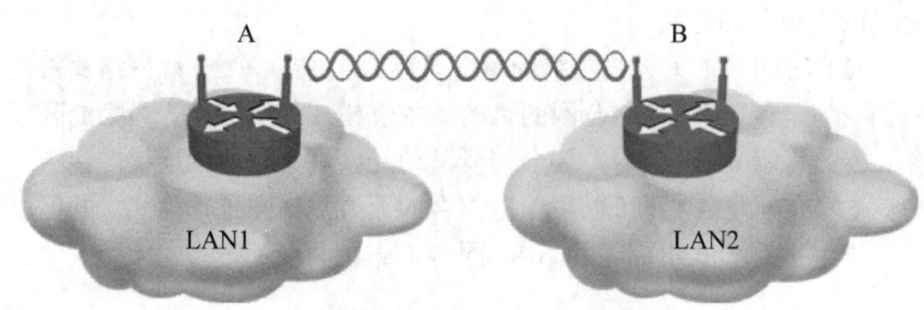

图 2-37　WDS 一对一应用

（3）Repeater 模式。

在有线不能到达的环境，可以采用多蜂窝无线中继结构。但这种结构中要求蜂窝之间要有 50%的信号重叠，同时客户端的使用效率会下降 50%，如图 2-38 所示。

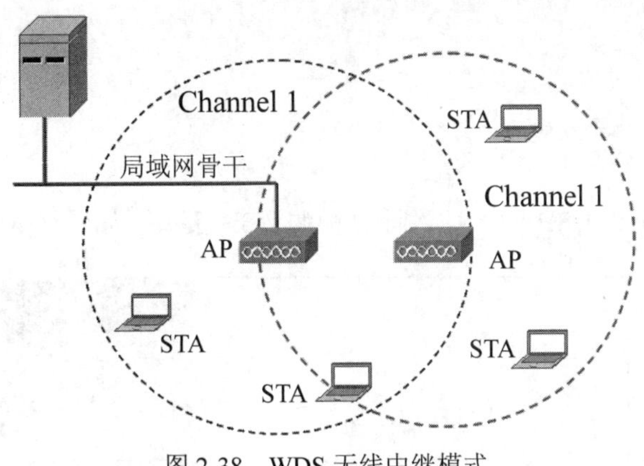

图 2-38　WDS 无线中继模式

工作任务

任务一　构建对等结构无线局域网

〖项目分析〗

某大学学生小赵从学校毕业后进入重庆一家 IT 公司担任网络管理员。一次工作时，三台笔记本电脑有大量的资料需要相互传输，但此时三台笔记本电脑又不能使用有线网络。他发现每台笔记本电脑上都有无线网卡，于是就组建 Ad-Hoc 无线网络来快速地传输资料。

〖实施设备〗

3 台安装 Windows XP 系统的电脑；3 块 Tenda 无线网卡（W541U V2.0）。

〖任务拓扑〗

任务拓扑如图 2-39 所示。

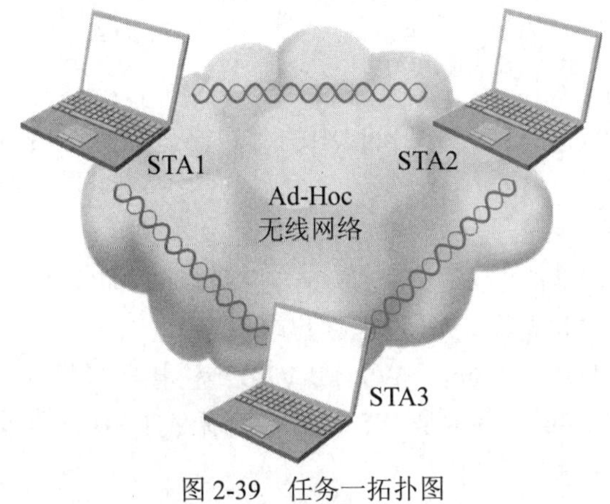

图 2-39　任务一拓扑图

〖任务实施〗

1. 安装无线网卡的驱动程序

（1）安装无线网卡。

将 W541U V2.0 无线 USB 网卡插入计算机的 USB 接口，如图 2-40 所示。

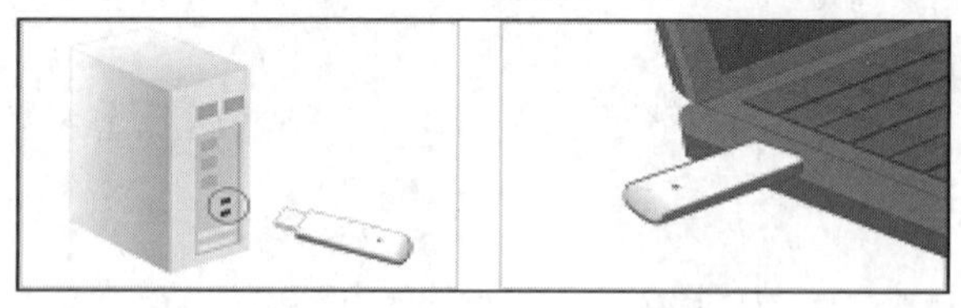

图 2-40　把无线网卡插入计算机的 USB 接口

（2）安装驱动程序。

双击 Tenda 无线网卡驱动程序文件夹中的文件，进入安装的欢迎界面，如图 2-41 所示。按照安装提示安装，直到安装完成，如图 2-42 所示。

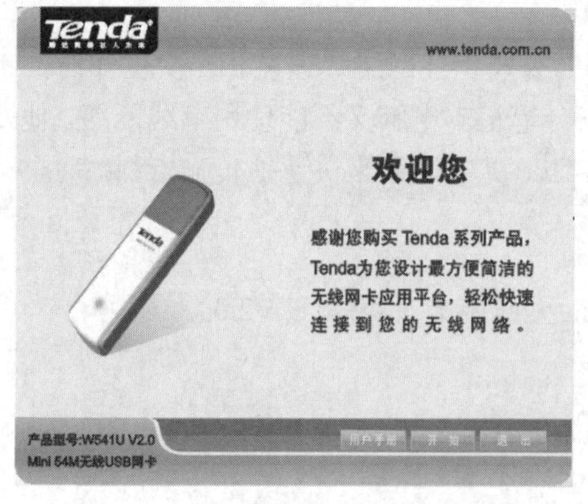

图 2-41　无线网卡驱动程序安装界面

图 2-42　安装完成对话框

（3）查看已安装的无线网卡。

①在 Windows XP“设备管理器”窗口中的“网络适配器”项中可以查看到安装的无线网卡，如图 2-43 所示。

②在任务栏可以看到 Tenda 无线网卡按钮，如图 2-44 所示。

③在“网络连接”窗口中可以看到无线网卡连接图标，如图 2-45 所示。

（4）运行 W541U V2.0 无线 USB 网卡客户端程序。

选择“开始”→“程序”→Tenda→W541U V2.0 或直接双击桌面上的 W541U V2.0 快捷方式图标来运行，如图 2-46 所示的是 W541U V2.0 无线 USB 网卡的客户端程序的配置管理界面。

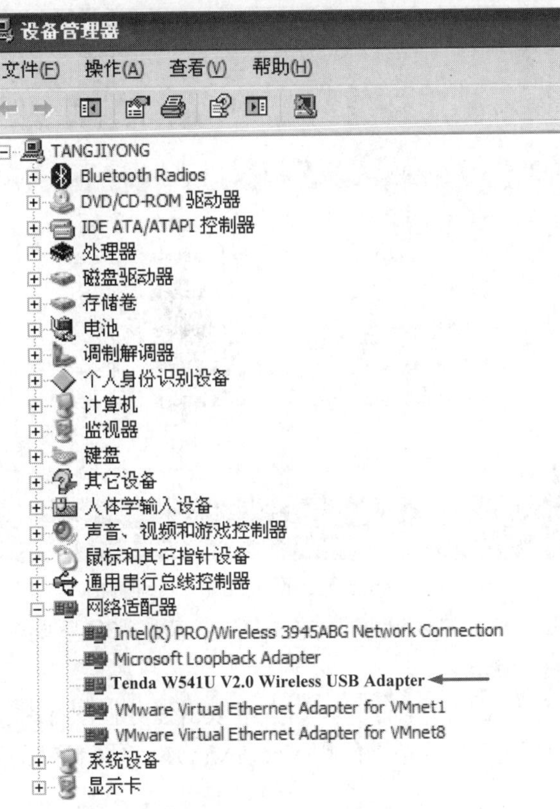

图 2-43　计算机已安装了无线网卡驱动程序

图 2-44　任务栏可以看到无线网卡按钮

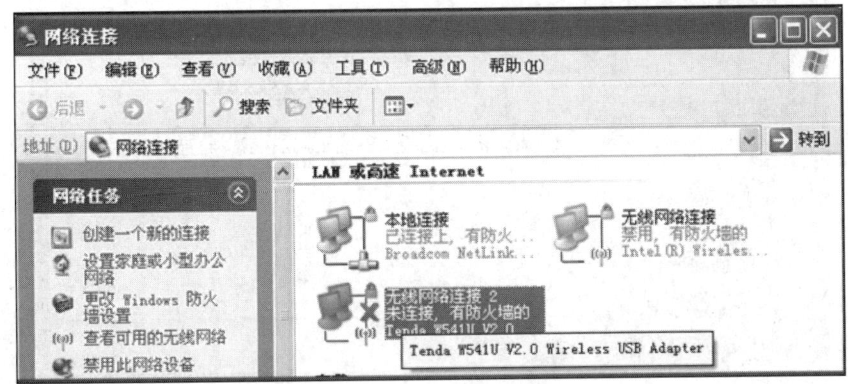

图 2-45　“网络连接”窗口中的无线网卡连接图标

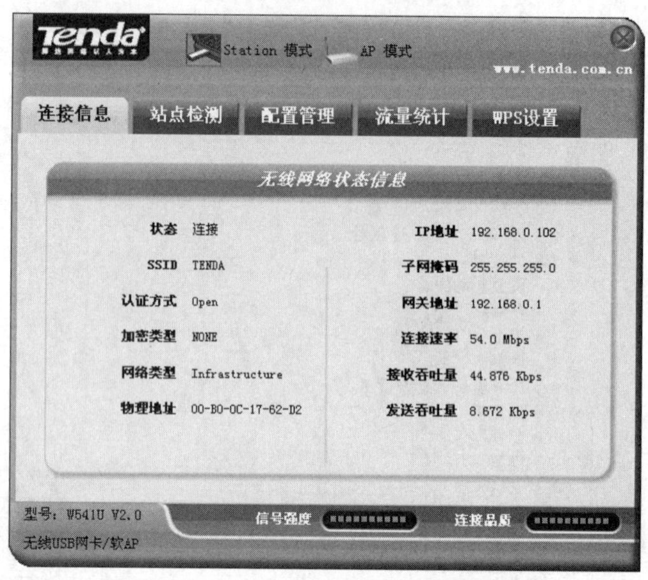

图 2-46　Tenda 无线网卡的配置管理界面

注意：在 Windows XP 下，可以选择 W541U V2.0 客户端程序或者 Windows XP 系统自带的无线配置程序对网卡进行配置。

①当 W541U V2.0 客户端程序运行时，如直接双击任务栏图标，将弹出“无线网络连接”对话框，如图 2-47 所示。此时是不能用 Windows XP 系统自带的无线配置程序对网卡进行配置的。

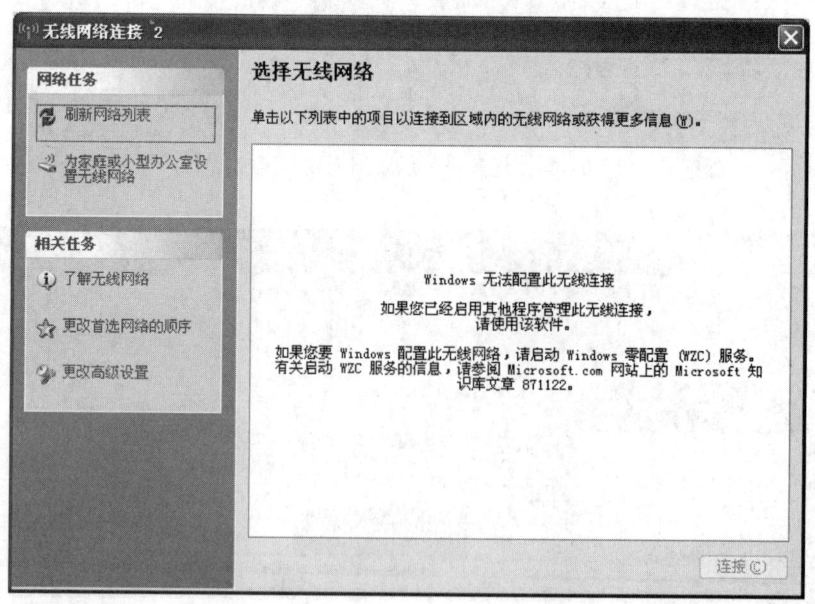

图 2-47　Windows 无法配置无线连接

②当关闭 W541U V2.0 客户端程序，然后再双击任务栏图标，弹出“无线网络连接”对话框，如图 2-48 所示，此时就可以用 Windows XP 系统自带的无线配置程序对网卡进行配置。

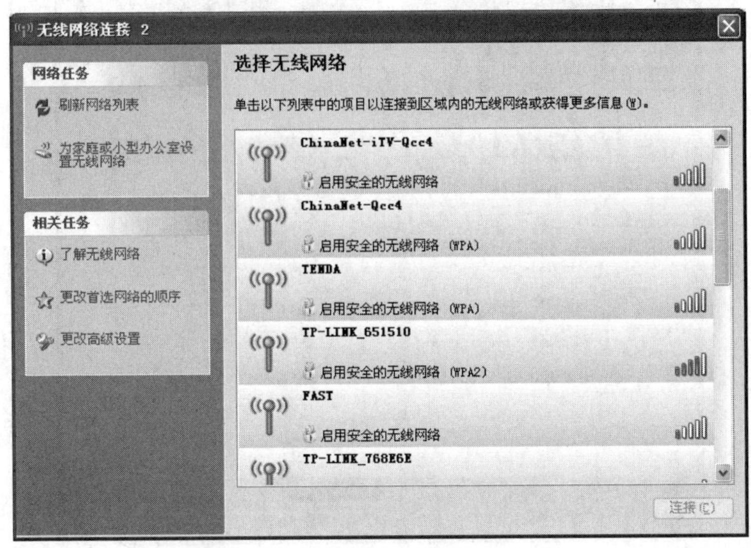

图 2-48 Windows 可以配置无线连接

2. 熟悉无线网卡客户端应用程序

W541U V2.0 客户端应用程序可以进行两种模式的设置，一种是 Station Mode（客户端模式）设置，一种是 AP Mode（软 AP 模式）设置。

（1）Station Mode（客户端模式）。

W541U V2.0 作为客户端接收信号是一种较常用的方式。如图 2-49 所示为 Station Mode（客户端模式）连接示意图。

图 2-49 Station Mode（客户端模式）连接示意图

1）连接信息。

图 2-50 所示的是 Station 模式“连接信息”界面，主要显示无线网卡与无线网络的连接状

态，无线网络的 SSID、认证方式、加密类型，无线网卡的 IP 地址、子网掩码、网关地址等信息。

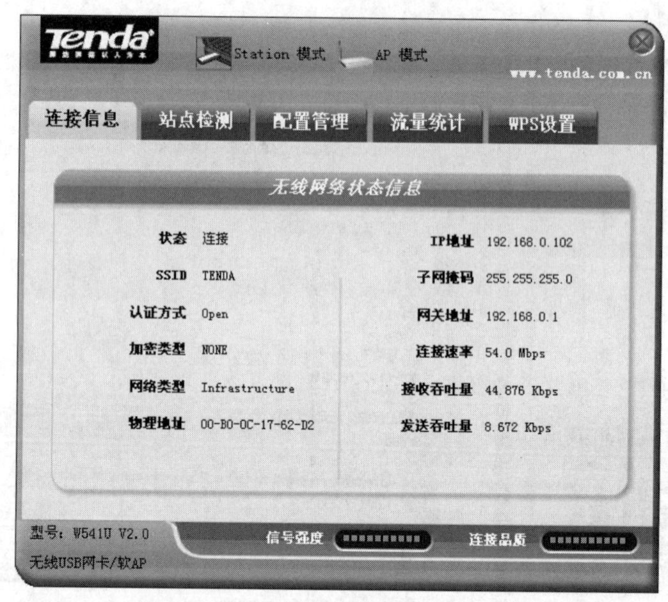

图 2-50　Station 模式“连接信息”界面

2）站点检测。

图 2-51 所示的“站点检测”选项卡界面，使用“站点检测”功能，可以扫描附近可用的无线网络，显示无线网络的信号强度及其他详细信息，为无线网卡接入无线网络提供依据。

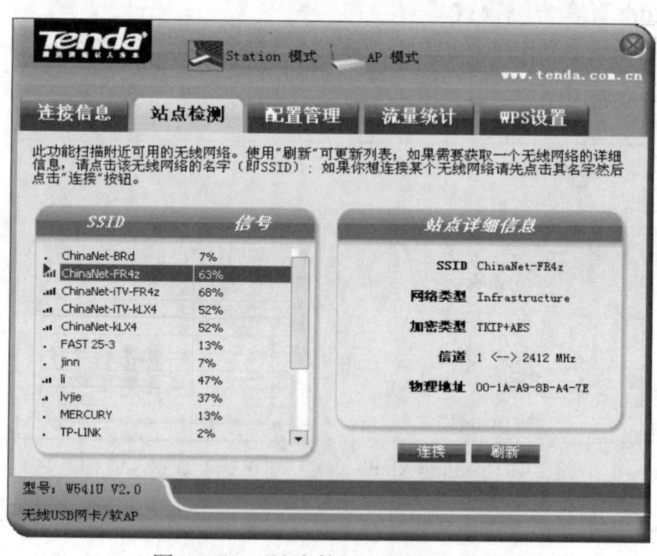

图 2-51　“站点检测”选项卡界面

连接：选择站点检测列表中的一个无线网络，然后点击“连接”按钮，使无线网卡连接到该无线网络；刷新：重新扫描附近可用的无线网络。

3）配置管理。

图 2-52 所示的是“配置管理”选项卡界面，其中保存常用的无线网络参数信息，使无线网卡适应不同无线环境下的快速接入。该界面可进行如下配置：

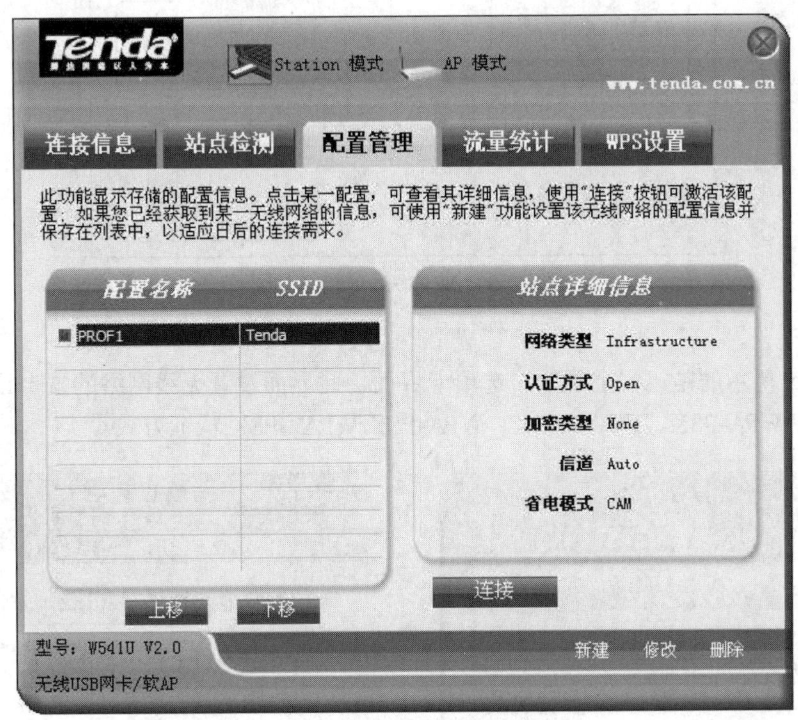

图 2-52　“配置管理”选项卡界面

- 上移/下移：改变配置文件的排列顺序；
- 连接：激活一个配置；
- 新建：新建一个配置文件，可以根据无线网络的要求更改“站点信息”和“安全设置”；
- 修改：修改一个已存在的配置文件；
- 删除：删除一个已存在的配置文件。

（2）AP Mode 的配置。

AP Mode 连接示意图如图 2-53 所示，无线网卡作为一个 AP 发射无线信号，创建一个无线网络，并允许其他无线客户端接入。在配置界面上单击 AP 模式，进入 AP 模式设置界面。

1）基本配置。

如图 2-54 所示的是“基本配置”选项卡界面，此界面设置 AP 的基本参数，包括 SSID、无线模式、信道。

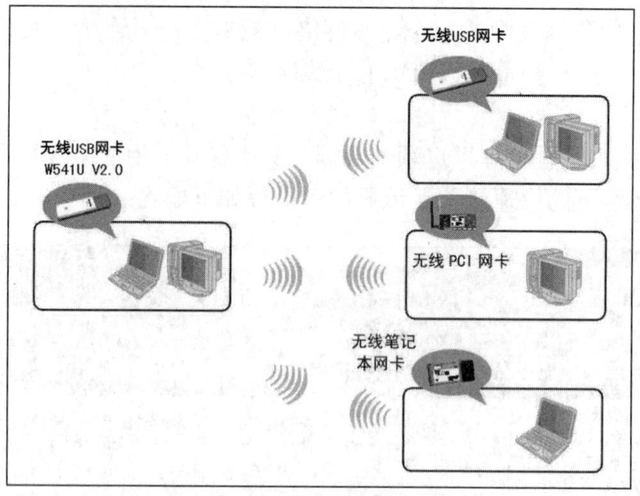

图 2-53　AP Mode 连接示意图

2）安全设置。

如图 2-55 所示的是“安全设置”选项卡界面，此界面设置无线网络的安全认证信息，本无线网络支持 WPA-PSK、WPA2-PSK、WPA-PSK/WPA2-PSK 认证方式。

图 2-54　“基本配置”选项卡界面

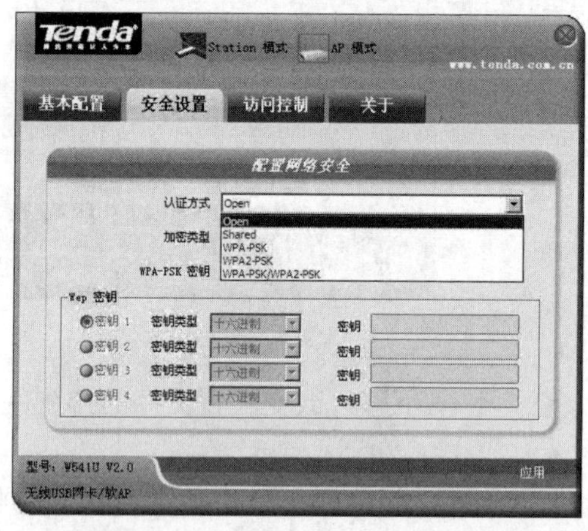

图 2-55　“安全设置”选项卡界面

3）访问控制。

如图 2-56 所示的是“访问控制”选项卡界面，访问控制功能以 MAC 地址为条件允许指定的客户端接入到本无线网络，或禁止指定的客户端接入到本无线网络。连接过滤策略包括以下设置：

- 选择“禁用”关闭本功能；
- 选择“全部允许”允许列表中的客户端接入本无线网络；
- 选择“全部拒绝”拒绝列表中的客户端接入本无线网络。

图 2-56　“访问控制”选项卡界面

4）参数查看。

如图 2-57 所示的是“关于”选项卡界面，在此界面可以查看到无线网卡的物理地址和配置的 IP 地址、子网掩码、默认网关等参数。

图 2-57　“关于”选项卡界面

3. 建立自组网（Ad-Hoc）模式无线网络

（1）在 STA1、STA2、STA3 上安装好无线网卡的驱动程序。

（2）STA1、STA2、STA3 上配置。

（3）将 STA1 按 AP Mode 配置。

①在“基本配置”选项卡界面，设置 STA1 的 AP 基本参数如下：

- SSID：设为“网络 1001”；
- 无线模式：设为 802.11B&G 混合模式；
- 信道：设为 1。
- 单击“应用”按钮，使设置生效，如图 2-58 所示。

②在“安全设置”选项卡界面可以设置认证方式为 Open，加密类型为 Not Use，如图 2-59 所示。

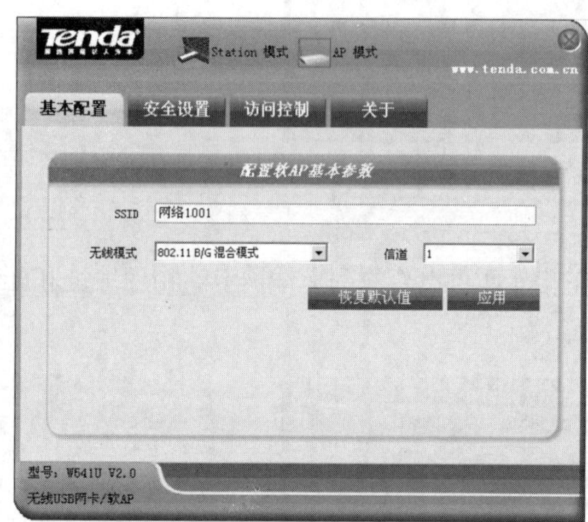

图 2-58 “基本配置”选项卡界面设置

图 2-59 “安全设置”选项卡界面设置

③“访问控制”选项卡可暂不设置。

（4）在“网上邻居”中的“网络连接”窗口中，通过“无线网络连接”属性，去设置该 STA1 AP 的 IP 地址：192.168.1.1、子网掩码：255.255.255.0、默认网关：192.168.1.1，如图 2-60 所示。

（5）对 STA2、STA3 做 Station 模式配置。

（6）在 STA2 和 STA3“网上邻居”中的“网络连接”窗口中，通过“无线网络连接”属性设置 STA2 和 STA3 的 IP 地址参数，如下：

STA2 的 IP 地址：192.168.1.2；子网掩码：255.255.255.0；默认网关：192.168.1.1。

STA3 的 IP 地址：192.168.1.3；子网掩码：255.255.255.0；默认网关：192.168.1.1。

（7）在 STA2、STA3 的 Station 模式中的“站点检测”选项卡界面，使用“站点检测”功能，扫描到 STA1 AP 的 SSID“网络 1001”并连接。

（8）在“配置管理”选项卡界面，新建无线网络“网络 1001”的配置信息并保存到列表中，以便于以后的连接使用。

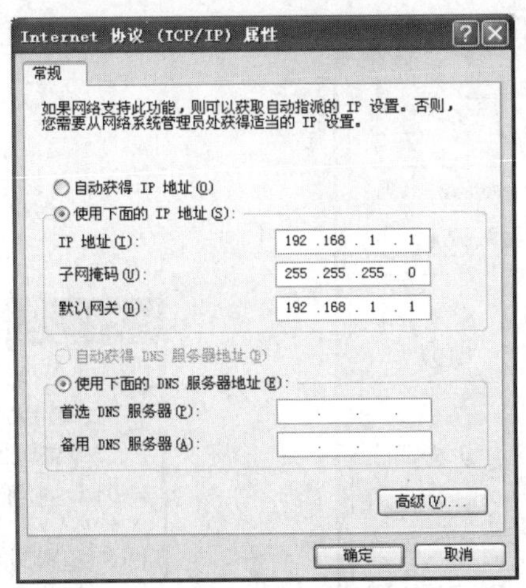

图 2-60　设置 STA1 AP 的 TCP/IP 属性

4. 建立连接并使用

（1）在“配置管理”选项卡界面中选择配置列表中的“网络 1001”的配置建立连接。

（2）查看建立的连接。

（3）STA1、STA2、STA3 相互能 Ping 通。注意：要关闭 Windows 防火墙再 Ping。

（4）使用建立的网络。

5. Ad-Hoc 模式组网（Windows XP 配置）

用 Windows XP 系统自带的无线配置程序对网卡进行配置。两台笔记本电脑无线网卡规范相同（如 IEEE 802.11g）。

（1）两台笔记本电脑安装好无线网卡，把无线网卡的 IP 地址设置在同一网段。

（2）设置无线连接方式。

单击任务栏右侧的无线网络连接状态指示图标，在弹出的“无线网络连接”窗口中单击“更改高级设置”（见图 2-61），弹出“无线网络连接属性”对话框（见图 2-62），单击右下角的“高级”按钮，在弹出的“高级”对话框中选中“仅计算机到计算机（特定）”单选按钮（见图 2-63），单击“关闭”按钮。两台笔记本电脑都须进行此步操作。

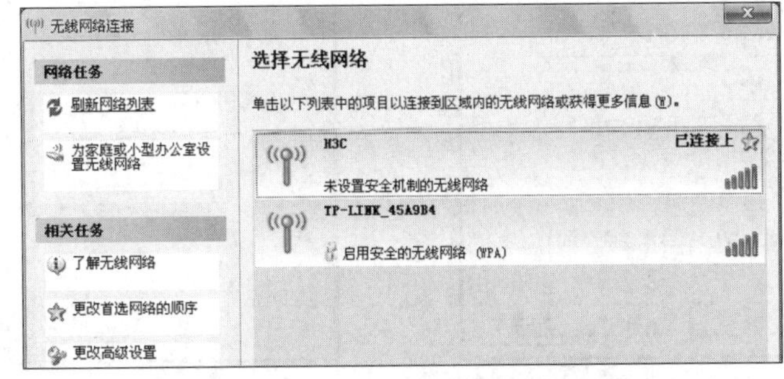

图 2-61　设置 STA1 AP 的 TCP/IP 属性

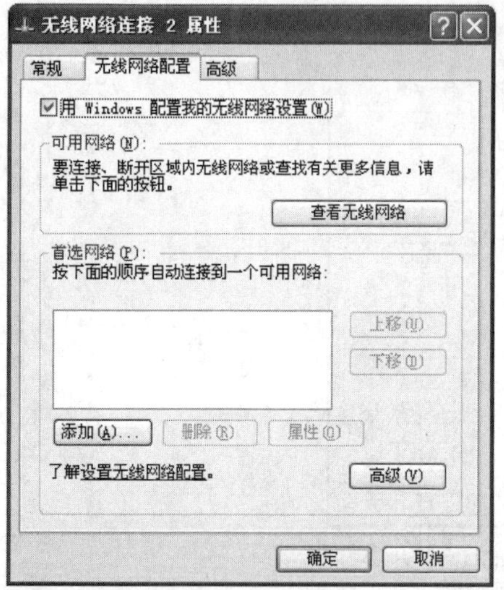

图 2-62 “无线网络连接属性”对话框

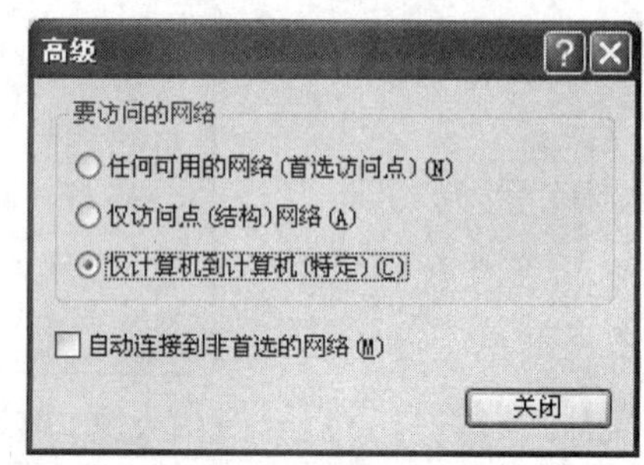

图 2-63 “高级”选项卡

（3）选择其中一台计算机，右击桌面上的“网上邻居”图标，选择“属性”命令，弹出“网络连接”对话框，右击“无线网络连接”图标，选择“属性”命令，弹出“无线网络连接属性”对话框，单击“无线网络配置”选项卡，单击“首选网络”下方的“添加”按钮，弹出“无线网络属性”对话框，在“网络名（SSID）”文本框中输入一个标识，如“网络 1001”。将“网络身份验证”设为“共享式”，“数据加密”设为 WEP，将“自动为我提供此密钥”复选框取消勾选，在“网络密钥”处输入 123456，确认网络密钥，依次单击“确定”按钮退出（见图 2-64）。也可以在“连接”选项卡中设置自动连接，如图 2-65 所示。

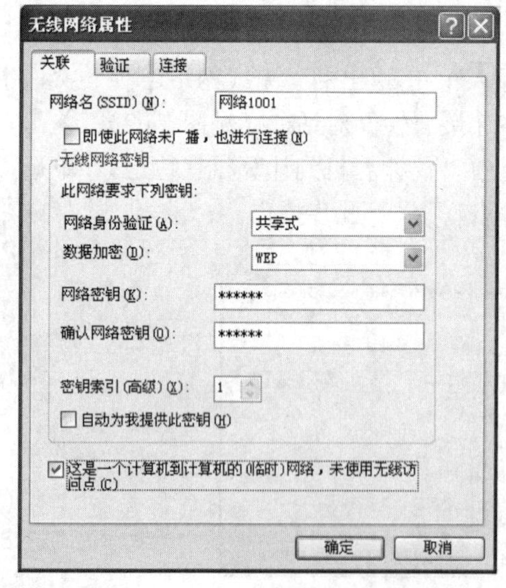

图 2-64 “无线网络属性”对话框

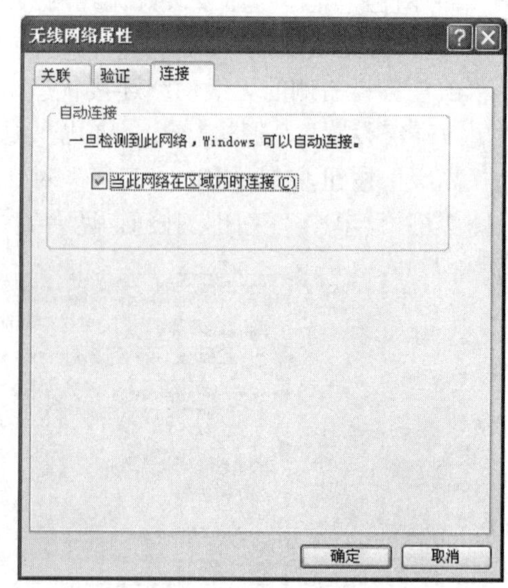

图 2-65 设置自动连接

项目 2

（4）连接使用。在另一台计算机上，打开“无线网络连接”对话框，“选择无线网络”列表中已经有了一个标志为“网络 1001”的可用无线网络，选中它并在“允许我连接到选择的无线网络，即使它是不安全的”选项前打上“√”，然后单击“连接”按钮。这时，如果把鼠标指针指向任务栏上的无线网络连接状态指示图标，可以看到两台计算机无线连接的有关情况，如速度、信号强度等。

打开网上邻居，两台计算机均可看到包括对方在内的两台机器的图标。把需要交换数据的硬盘或文件夹设成共享之后，两台计算机就可以交换资料了（也可通过反斜杠\IP 方式获取资料）。

在某些情况下，网上邻居中并看不到对方电脑，这和电脑设置了隐藏属性、客户被关掉有关。

（5）可以使用 Ping 测试网络的互通性。

任务二　构建基础结构无线局域网

〖任务分析〗

小刘在一个小公司兼职网络管理员。公司最近租用了一个新房间来做小会议室。这个房间只有两个网络接口和一个电话接口。为了方便大家开会时的交流和信息互通，公司希望在会议室能让 10 台左右的计算机上网。小刘考虑到：如果用有线上网，需要在会议室穿墙凿洞，重新布线，会破坏已装修好的环境，并且需要一定的施工时间，而且联网也需要购置网络设备和缆线。小刘建议在会议室里采用无线上网，公司接受了他的建议，用无线路由器很快在会议室架设了 SOHO 无线网络，受到大家的欢迎。

单就上网这个需求来讲，可以有无线与有线两个选择，有线网络可采用交换机、路由器等常见网络设备组网，无线网络则可采用无线路由器或无线 AP 来架设。

在不破坏环境的前提下，尽可能保证参会人员均能接入网络。有线网络的使用，布线是关键，并且需要一定的部署时间；架设无线网络方便快捷，而且部署灵活，适合移动办公或会议室场所。

〖实施设备〗

10 台安装 Windows XP 系统的台式电脑、10 块 Tenda（W541U V2.0）无线网卡、1 台 TP-LINK（TL-WR841N）无线路由器。

无线宽带路由器是专为满足小型企业、办公室和家庭的无线上网需要而设计的，它功能实用、性能优越、易于管理。

1. 外观结构

图 2-66 是 TL-WR841N 前面板和后面板示意图，主要有各种指示灯和接口。

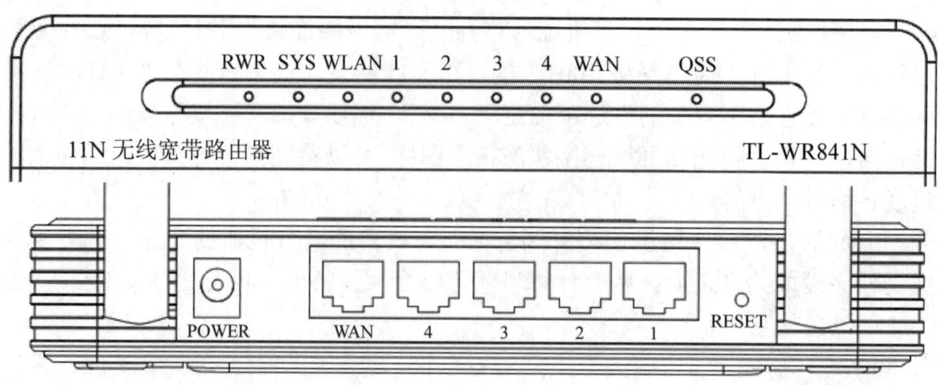

图 2-66　TL-WR841N 前面板（上）和后面板（下）示意图

（1）前面板的指示灯名称及功能如表 2-8 所示。

表 2-8　指示灯名称及功能

指示灯	描述	功能
PWR	电源指示灯	常灭－没有上电 常亮－已经上电
SYS	系统状态指示灯	常灭－系统存在故障 常亮－系统初始化故障 闪烁－系统正常
WLAN	无线状态指示灯	常灭－没有启用无线功能 闪烁－已经启用无线功能
1/2/3/4	局域网状态指示灯	常灭－端口没有连接上 常亮－端口已正常连接 闪烁－端口正在进行数据传输
WAN	广域网状态指示灯	常灭－相应端口没有连接上 常亮－相应端口已正常连接 闪烁－相应端口正在进行数据传输
QSS	安全连接指示灯	慢闪－表示正在进行安全连接，此状态持续约 2 分钟 慢闪转为常亮－表示安全连接成功 慢闪转为快闪－表示安全连接失败

（2）后面板的接口及功能如下：

①POWER：电源插孔，用来连接电源，为路由器供电。

②1/2/3/4：局域网端口插孔（RJ-45）。该端口用来连接局域网中的集线器、交换机或安装了有线网卡的计算机。

③WAN：广域网端口插孔（RJ-45）。该端口用来连接以太网电缆或 xDSL Modem 或 Cable

Modem。

④RESET：复位按钮。用来使设备恢复到出厂默认设置。

如果想要将路由器恢复到出厂默认设置，请在路由器通电的情况下，使用一尖状物按压 RESET 按钮，保持按压的同时观察 SYS 灯，大约等待五秒钟后，当 SYS 灯由缓慢闪烁变为快速闪烁状态时，表示路由器已成功恢复出厂设置，此时松开 RESET 键，路由器将重启。

⑤天线：用于无线数据的收发。

2. 功能特性

TL-WR841N 无线宽带路由器基于 IEEE 802.11n 标准 draft 2.0，它能扩展无线网络范围，提供最高达 300Mb/s 的稳定传输，同时兼容 IEEE 802.11b 和 IEEE 802.11g 标准。传输速率的自适应性提高了 TL-WR841N 与其他网络设备进行互操作的能力。

〖任务拓扑〗

任务拓扑如图 2-67 所示。

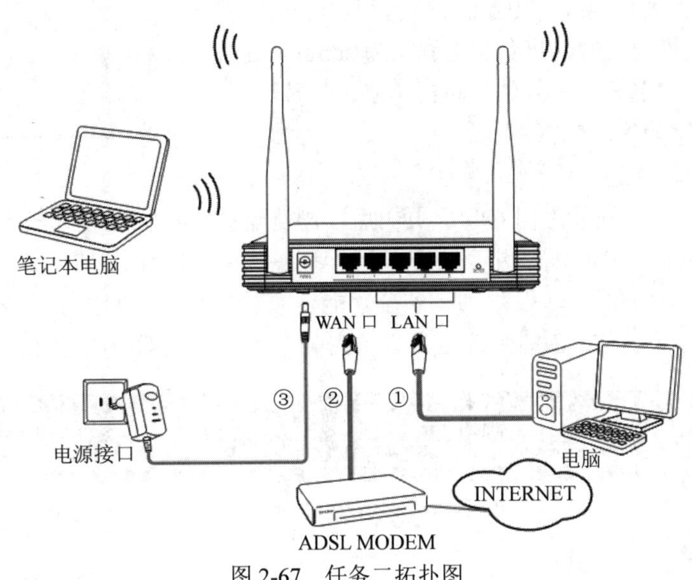

图 2-67　任务二拓扑图

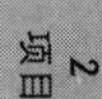

〖任务实施〗

1. 硬件连接和配置准备

（1）建立局域网连接。

用一根网线连接无线路由器的 LAN 口和局域网中的交换机或集线器，也可以用一根网线将无线路由器与计算机网卡直接相连。

（2）建立广域网连接。

用网线连接无线路由器和 xDSL/Cable Modem 或以太网。

（3）连接电源。

连接好电源，无线路由器将自行启动。

（4）连接配置计算机。

首先用一根双绞线将一台计算机的网卡和无线路由器的一个局域网端口连接，并设置计算机的 IP 地址。无线路由器默认 IP 地址是 192.168.1.1，默认子网掩码是 255.255.255.0。那么这台计算机的 IP 地址可以设置为 192.168.1.X（X 是 2～254 之间的任意整数）。

在设置好 TCP/IP 协议后，可以使用 Ping 命令检查计算机和路由器之间是否连通，直到计算机已与路由器成功建立连接。

（5）基于 Web 浏览器的配置。

无线宽带路由器支持基于 Web 浏览器的配置。激活浏览器，在浏览器的地址栏中输入路由器的 IP 地址：http://192.168.1.1。连接建立起来后，将会看到图 2-68 所示的登录界面。这里需要以无线路由器的系统管理员的身份登录，出厂设置系统管理员的用户名和密码均为 admin。在登录界面正确输入用户名和密码，然后单击“确定”按钮。

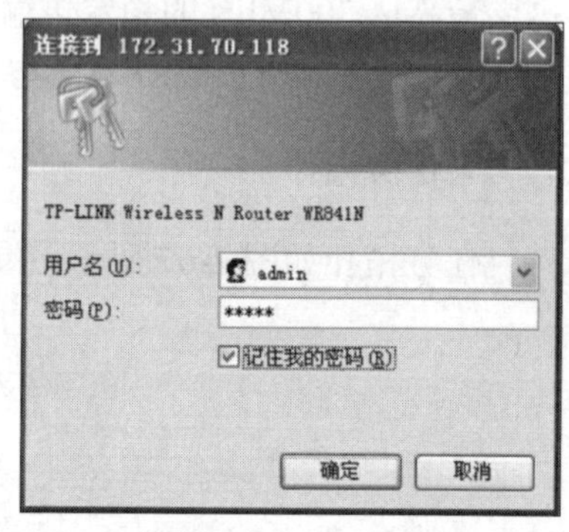

图 2-68　登录界面

2. 无线路由器的管理配置

（1）管理模式界面。

启动路由器并成功登录路由器管理页面后，浏览器会显示管理模式的界面，如图 2-69 所示。在左侧菜单栏中，共有如下几个菜单：运行状态、设置向导、QSS 安全设置、网络参数、无线设置、DHCP 服务器、转发规则、安全功能、家长控制、上网控制、路由功能、IP QoS、IP 与 MAC 绑定、动态 DNS 和系统工具。单击某个菜单项，即可进行相应的功能设置。

图 2-69　管理模式界面

（2）查看运行状态。

选择运行状态菜单，可以查看无线路由器当前的状态信息，包括 LAN 口状态、无线状态、WAN 口状态和 WAN 口流量统计信息，如图 2-70 所示的是无线路由器运行状态信息。

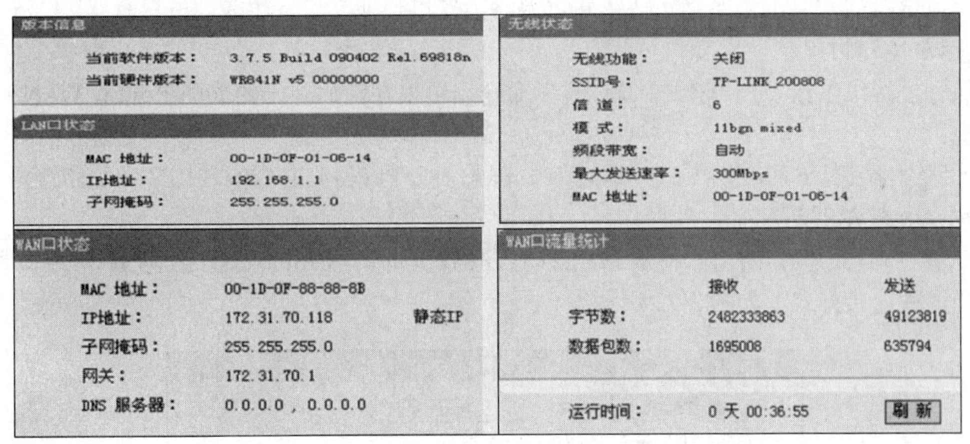

图 2-70　运行状态信息

①版本信息：显示路由器当前的软硬件版本号。

②LAN 口状态：显示路由器当前 LAN 口的 MAC 地址、IP 地址和子网掩码。

③无线状态：显示路由器当前的无线设置状态，包括 SSID、信道和频段带宽等信息。

④WAN 口状态：显示路由器当前 WAN 口的 MAC 地址、IP 地址、子网掩码、网关和 DNS 服务器地址。

⑤WAN 口流量统计：显示当前 WAN 口接收和发送的数据流量信息。

（3）网络参数设置。

选择“网络参数”菜单，单击子项，可以选择进行 LAN 口、WAN 口和 MAC 克隆设置。

①LAN 口设置。

执行“网络参数”→“LAN 口设置”命令，在弹出的如图 2-71 所示界面中配置 LAN 口的网络参数。如果需要，可以更改 LAN 接口 IP 地址以符合实际网络环境的需要。

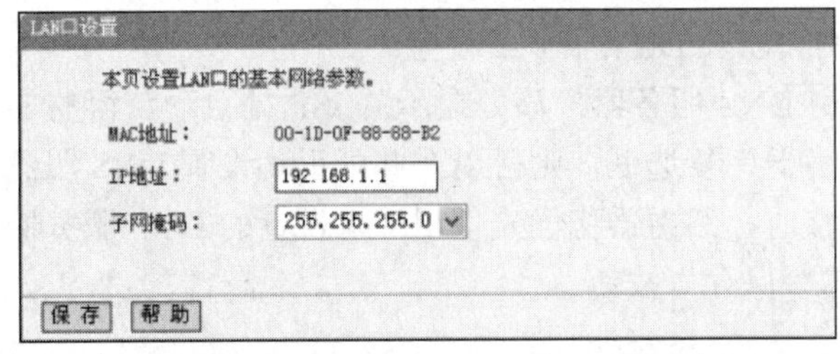

图 2-71　LAN 口设置

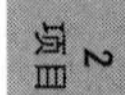

MAC 地址：本路由器对局域网的 MAC 地址，用来标识局域网，不可更改。

IP 地址：本路由器对局域网的 IP 地址。该 IP 地址出厂默认值为 192.168.1.1，可以根据需要改变它。

子网掩码：本路由器对局域网的子网掩码。可以根据实际的网络状态输入不同的子网掩码。

完成更改后，单击“保存”按钮并重启路由器以使现有设置生效。

②WAN 口设置。

执行“网络参数”→“WAN 口设置”命令，可以在随后弹出的界面中配置 WAN 口的网络参数。

本路由器支持 6 种上网方式：动态 IP、静态 IP、PPPoE、L2TP、PPTP 和 DHCP+。

- 动态 IP 设置

选择“动态 IP”，路由器将从 ISP 自动获取 IP 地址。当 ISP 未提供任何 IP 网络参数时，请选择这种连接方式，如图 2-72 所示。

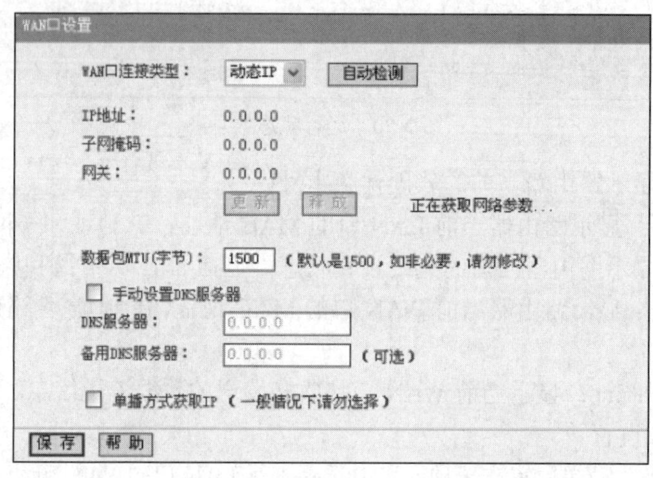

图 2-72　WAN 口动态 IP 设置

更新：单击“更新”按钮，路由器将从 ISP 的 DHCP 服务器动态得到 IP 地址、子网掩码、网关以及 DNS 服务器，并在界面中显示出来。

释放：单击“释放”按钮，路由器将发送 DHCP 释放请求给 ISP 的 DHCP 服务器，释放 IP 地址、子网掩码、网关以及 DNS 服务器设置。

DNS 服务器、备用 DNS 服务器：该处显示从 ISP 处自动获得的 DNS 服务器地址。若选中“手动设置 DNS 服务器”复选框，则可以在此处手动设置 DNS 服务器和备用 DNS 服务器（至少设置一个），连接时，路由器将优先使用手动设置的 DNS 服务器。

完成更改后，单击“保存”按钮。

- 静态 IP 设置

当 ISP 提供了所有 WAN IP 信息时，请选择“静态 IP”，并在图 2-73 所示界面中输入 IP 地址、子网掩码、网关和 DNS 地址（一个或多个）。

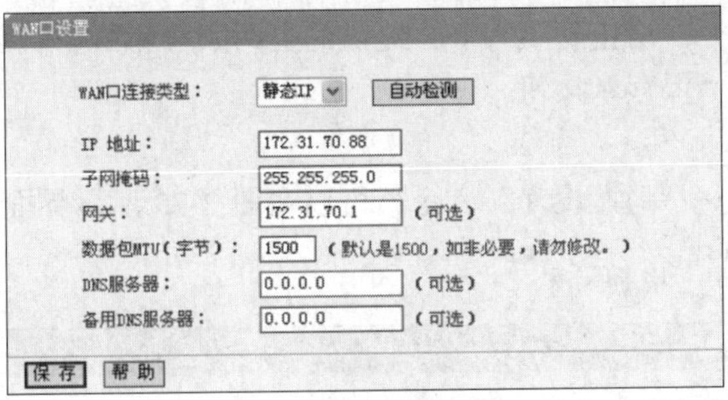

WAN口设置

WAN口连接类型： 静态IP 自动检测

IP 地址： 172.31.70.88

子网掩码： 255.255.255.0

网关： 172.31.70.1 （可选）

数据包MTU（字节）： 1500 （默认是1500，如非必要，请勿修改。）

DNS服务器： 0.0.0.0 （可选）

备用DNS服务器： 0.0.0.0 （可选）

保存 帮助

图 2-73　WAN 口静态 IP 设置

IP 地址：本路由器对广域网的 IP 地址。请填入 ISP 提供的公共 IP 地址，必须设置。

子网掩码：本路由器对广域网的子网掩码。填入 ISP 提供的子网掩码。不同的网络类型子网掩码不同。

网关：请填入 ISP 提供的网关。它是连接 ISP 的 IP 地址。

数据包 MTU：MTU 全称为数据传输单元，缺省为 1500。一般不要更改。

DNS 服务器、备用 DNS 服务器：ISP 一般至少会提供一个 DNS（域名服务器）地址，若提供了两个 DNS 地址则将其中一个填入“备用 DNS 服务器”栏。

完成更改后，单击“保存”按钮。

- PPPoE

如果 ISP 提供的是 PPPoE（以太网上的点到点连接），还会提供上网账号和上网口令。具体设置时，若不清楚，请咨询 ISP，如图 2-74 所示。

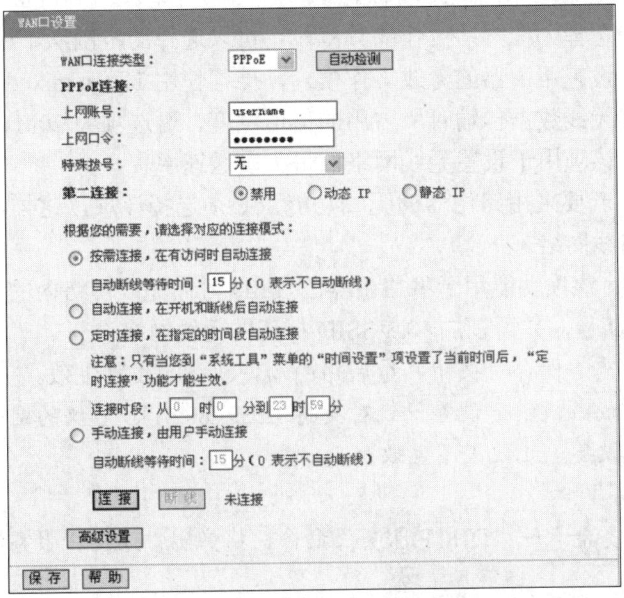

WAN口设置

WAN口连接类型： PPPoE 自动检测

PPPoE连接：

上网账号： username

上网口令： ●●●●●●●●

特殊拨号： 无

第二连接： ⊙禁用 ○动态 IP ○静态 IP

根据您的需要，请选择对应的连接模式：

⊙ 按需连接，在有访问时自动连接

自动断线等待时间：15 分（0 表示不自动断线）

○ 自动连接，在开机和断线后自动连接

○ 定时连接，在指定的时间段自动连接

注意：只有当您到“系统工具”菜单的“时间设置”项设置了当前时间后，“定时连接”功能才能生效。

连接时段：从 0 时 0 分到 23 时 59 分

○ 手动连接，由用户手动连接

自动断线等待时间：15 分（0 表示不自动断线）

连接 断线 未连接

高级设置

保存 帮助

图 2-74　WAN 口 PPPoE 设置

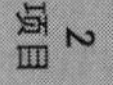

上网账号、上网口令：请正确填入 ISP 提供的上网账号和口令，必须填写。

完成更改后，单击“保存”按钮。

（4）无线设置。

执行“无线设置”→“基本设置”命令，可以在图 2-75 所示界面中设置无线网络的基本参数和安全认证选项。

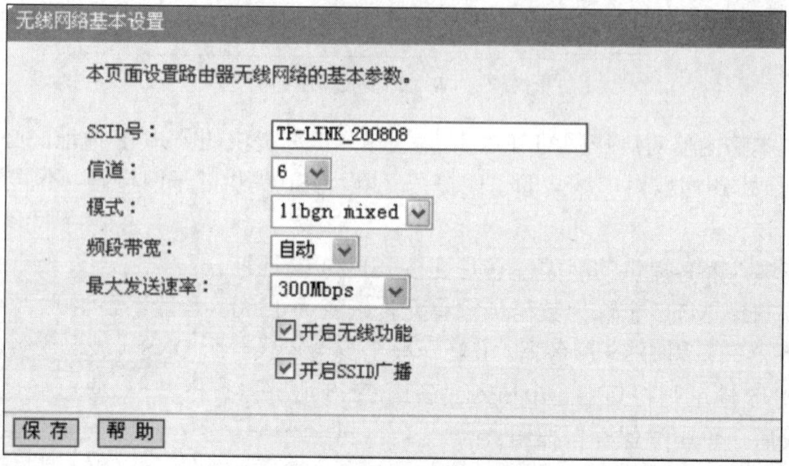

图 2-75　无线网络的基本设置

SSID（Service Set Identification）和信道是路由器无线功能必须设置的参数。

SSID：该项标识无线网络的网络名称。

信道：该项用于选择无线网络工作的频率段，可以选择的范围从 1～13。

模式：该项用于设置路由器的无线工作模式，推荐使用 11bgn mixed 模式。

频段带宽：设置无线数据传输时所占用的信道宽度，可选项为 20M、40M 和自动。

最大发送速率：该项用于设置无线网络的最大发送速率。

开启无线功能：若要采用路由器的无线功能，必须选择该项，这样，无线网络内的主机才可以接入并访问有线网络。

开启 SSID 广播：该项功能用于将路由器的 SSID 号向无线网络内的主机广播，这样，主机将可以扫描到 SSID 号，并可以加入该 SSID 标识的无线网络。

完成更改后，单击“保存”按钮并重启路由器使现在的设置生效。

注意：以上提到的频段带宽设置仅针对支持 IEEE 802.11n 协议的网络设备；对于不支持 IEEE 802.11n 协议的设备，此设置不生效。

（5）DHCP 服务。

执行“DHCP 服务器”→“DHCP 服务”命令，将弹出“DHCP 服务”对话框，如图 2-76 所示。

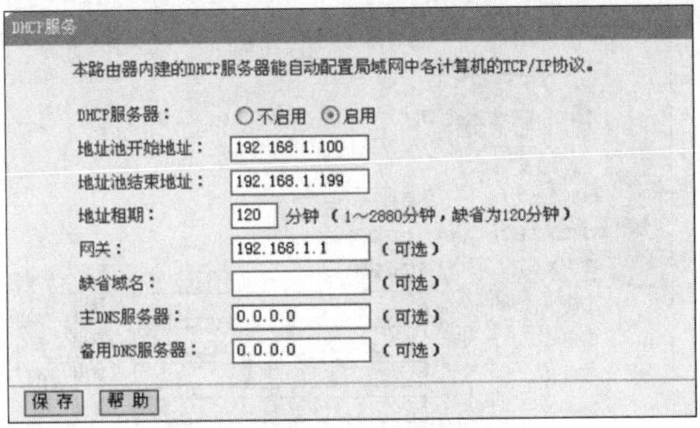

DHCP服务

本路由器内建的DHCP服务器能自动配置局域网中各计算机的TCP/IP协议。

DHCP服务器： ○不启用 ⊙启用
地址池开始地址： 192.168.1.100
地址池结束地址： 192.168.1.199
地址租期： 120 分钟（1～2880分钟，缺省为120分钟）
网关： 192.168.1.1 （可选）
缺省域名： （可选）
主DNS服务器： 0.0.0.0 （可选）
备用DNS服务器： 0.0.0.0 （可选）

保存 帮助

图 2-76 DHCP 服务设置

DHCP 指动态主机控制协议（Dynamic Host Control Protocol）。TL-WR841N 有一个内置的 DHCP 服务器，它能够自动分配 IP 地址给局域网中的计算机。对用户来说，为局域网中的所有计算机配置 TCP/IP 协议参数并不是一件容易的事，它包括 IP 地址、子网掩码、网关，以及 DNS 服务器的设置等。若使用 DHCP 服务则可以解决这些问题。可以按照下面各子项说明正确设置这些参数。

地址池开始地址、地址池结束地址：这两项为 DHCP 服务器自动分配 IP 地址时的起始地址和结束地址。设置这两项后，内网主机得到的 IP 地址将介于这两个地址之间。

地址租期：该项指 DHCP 服务器给客户端主机分配的动态 IP 地址的有效使用时间。在该段时间内，服务器不会将该 IP 地址分配给其他主机。

网关：此项应填入路由器 LAN 口的 IP 地址，缺省是 192.168.1.1。

缺省域名：此项为可选项，应填入本地网域名（默认为空）。

主 DNS 服务器、备用 DNS 服务器：这两项为可选项，可以填入 ISP 提供给您的 DNS 服务器，不清楚可以向 ISP 询问。

完成更改后，单击“保存”按钮并重启路由器使现在的设置生效。

注意：若使用本路由器的 DHCP 服务器功能，局域网中计算机的 TCP/IP 协议项必须设置为“自动获得 IP 地址”。

（6）无线安全设置。

执行“无线设置”→“无线网络安全设置”命令，可以在图 2-77 所示界面中设置无线网络安全选项。在“无线网络安全设置”页面，可以选择是否关闭无线安全功能。

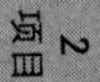

有三种无线安全类型供选择：WEP、WPA/WPA2 以及 WPA-PSK/WPA2-PSK。在不同的安全类型下，安全设置项不同。

①WEP 安全设置。

选择 WEP 安全类型，路由器将使用 IEEE 802.11 基本的 WEP 安全模式。这里需要注意的是此加密方式经常在老的无线网卡上使用，而新的 IEEE 802.11n 不支持此加密方式。所以如果选择了此加密方式，路由器可能工作在较低的传输速率上。

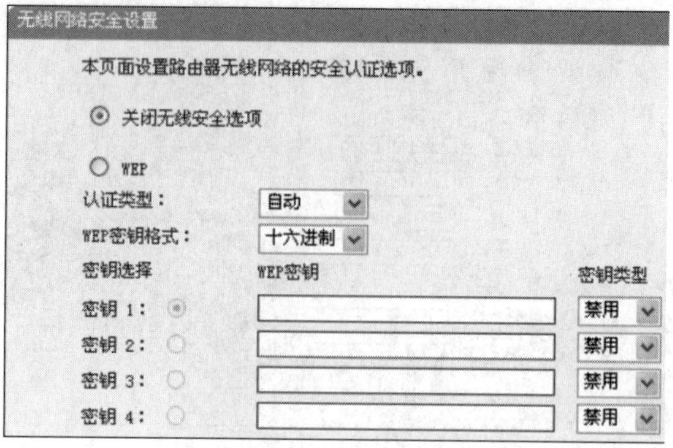

图 2-77　WEP 安全设置

认证类型：该项用来选择系统采用的安全方式，即自动、开放系统、共享密钥。

- 自动：若选择该项，路由器会根据主机请求自动选择开放系统或共享密钥方式。
- 开放系统：若选择该项，路由器将采用开放系统方式。此时，无线网络内的主机可以在不提供认证密码的前提下，通过认证并关联上无线网络，但是若要进行数据传输，必须提供正确的密码。
- 共享密钥：若选择该项，路由器将采用共享密钥方式。此时，无线网络内的主机必须提供正确的密码才能通过认证，否则无法关联上无线网络，也无法进行数据传输。

WEP 密钥格式：该项用来选择即将设置的密钥的形式，即十六进制、ASCII 码。若采用十六进制，则密钥字符可以为 0～9，A、B、C、D、E、F；若采用 ASCII 码，则密钥字符可以是键盘上的所有字符。

密钥内容、密钥类型：这两项用来选择密钥的类型和具体设置的密钥值，密钥的长度受密钥类型的影响。

密钥长度说明：选择 64 位密钥需输入十六进制字符 10 个，或者 ASCII 码字符 5 个；选择 128 位密钥需输入十六进制字符 26 个，或者 ASCII 码字符 13 个；选择 152 位密钥需输入十六进制字符 32 个，或者 ASCII 码字符 16 个。

②WPA/WPA2 安全设置。

选择 WPA/WPA2 安全类型，路由器将采用 Radius 服务器进行身份认证并得到密钥的 WPA 或 WPA2 安全模式，其具体设置项如图 2-78 所示。

认证类型：该项用来选择系统采用的安全方式，即自动、WPA、WPA2。

- 自动：若选择该项，路由器会根据主机请求自动选择 WPA 或 WPA2 安全模式。
- WPA：若选择该项，路由器将采用 WPA 的安全模式。
- WPA2：若选择该项，路由器将采用 WPA2 的安全模式。

加密算法：该项用来选择对无线数据进行加密的安全算法，选项有自动、TKIP、AES。默认选项为自动，选择该项后，路由器将根据网卡端的加密方式来自动选择 TKIP 或 AES 加密方式。

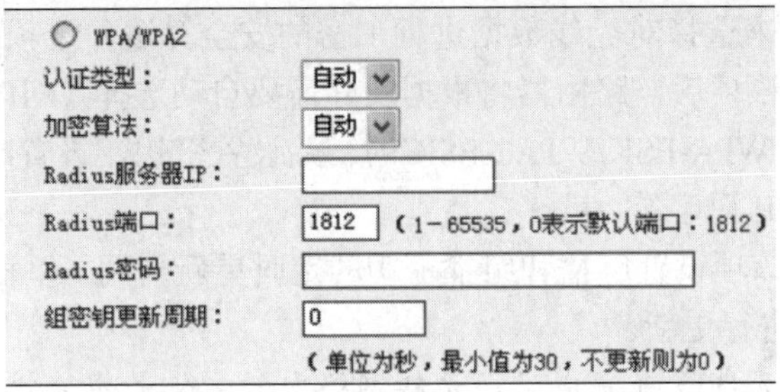

WPA/WPA2
认证类型：自动
加密算法：自动
Radius服务器IP：
Radius端口：1812（1－65535，0表示默认端口：1812）
Radius密码：
组密钥更新周期：0
（单位为秒，最小值为30，不更新则为0）

图 2-78　WPA/WPA2 安全设置

这里需要注意的是，WPA/WPA2 TKIP 加密方式经常在老的无线网卡上使用，新的 IEEE 802.11n 不支持此加密方式。所以如果你选择了此加密方式，路由器可能工作在较低的传输速率上，建议使用 WPA2-PSK 等级的 AES 加密。

Radius 服务器 IP：Radius 服务器用来对无线网络内的主机进行身份认证，此项用来设置该服务器的 IP 地址。

Radius 端口：Radius 服务器用来对无线网络内的主机进行身份认证，此项用来设置该 Radius 认证服务采用的端口号。

Radius 密码：该项用来设置访问 Radius 服务的密码。

组密钥更新周期：设置广播和组播密钥的定时更新周期，以秒为单位，最小值为 30，若该值为 0，则表示不进行更新。

③WPA-PSK/WPA2-PSK。

选择 WPA-PSK/WPA2-PSK 安全类型，路由器将采用基于共享密钥的 WPA 模式，其具体设置项如图 2-79 所示。

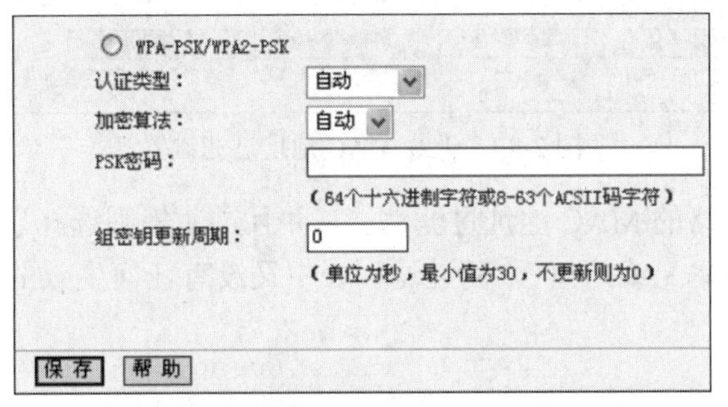

图 2-79　WPA-PSK/WPA2-PSK 设置

认证类型：该项用来选择系统采用的安全方式，即自动、WPA-PSK、WPA2-PSK。

- 自动：若选择该项，路由器会根据主机请求自动选择 WPA-PSK 或 WPA2-PSK 安全模式。
- WPA-PSK：若选择该项，路由器将采用 WPA-PSK 的安全模式。
- WPA2-PSK：若选择该项，路由器将采用 WPA2-PSK 的安全模式。

加密算法：该项用来选择对无线数据进行加密的安全算法，选项有自动、TKIP、AES。默认选项为自动，选择该项后，路由器将根据实际需要自动选择 TKIP 或 AES 加密方式。

PSK 密码：该项是 WPA-PSK/WPA2-PSK 的初始设置密钥，设置时，要求为 64 个十六进制字符或 8～63 个 ASCII 码字符。

组密钥更新周期：该项设置广播和组播密钥的定时更新周期，以秒为单位，最小值为 30，若该值为 0，则表示不进行更新。

注意：当路由器的无线设置完成后，无线网络内的主机若想连接该路由器，其无线设置必须与此处设置一致，如 SSID 号。若该路由器采用了安全设置，则无线网络内的主机必须根据此处的安全设置进行相应设置，如密码设置必须完全一样，否则该主机将不能成功连接该路由器。

（7）无线 MAC 地址过滤。

执行“无线设置”→“无线 MAC 地址过滤”命令，可以在图 2-80 所示界面中查看或添加无线网络的 MAC 地址过滤条目。

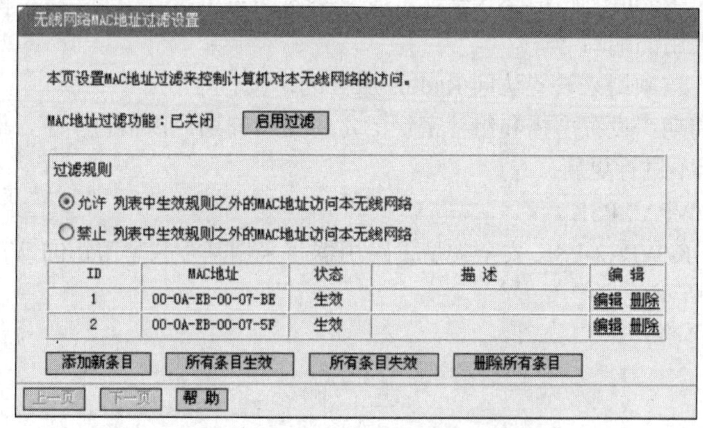

图 2-80　无线 MAC 地址过滤设置

如果开启了无线网络的 MAC 地址过滤功能，并且过滤规则选择了“禁止列表中生效规则之外的 MAC 地址访问本无线网络”，而过滤列表中又没有任何生效的条目，那么任何主机都不可以访问本无线网络。

3. 工作站连接使用

（1）将配置好的路由器安放在会议室适当位置，各 PC 能就近连接无线。

（2）如路由器启动了 DHCP 服务，则各 PC 设置为自动获取 IP 地址。否则就设置 IP 地址和子网掩码（与路由器局域网在同一网段），并注意默认网关和主 DNS 服务器都要填入路由器的局域网 IP 地址，如 192.168.1.1。

（3）可以使用 Ping 命令检查连通性。

（4）PC 之间使用建立的无线局域网传输数据信息。

（5）PC 无线上网。

（6）更改路由器的设置，验证使用效果。

任务三　构建 WDS 无线局域网

〖任务分析〗

一小型企业无线局域网，A、B、C 三个部门如果只使用一个无线路由器，由于无线路由器的无线信号覆盖范围有限，可能会出现一些计算机搜到信号很弱或者搜不到信号，导致无法连接无线网络。解决方法是：A、B、C 三个部门区域各使用一台无线路由器，通过 WDS 技术，将三个无线路由器组成一个覆盖范围更大的无线局域网，就可以实现该企业 A、B、C 三个部门区域的同一无线网络的覆盖和使用连接，如图 2-81 所示。

通过以上的这种“中继模式”设置，有利于扩大无线网络覆盖的范围，能够更好地为大型场所（如大型办公区、仓库、复式豪宅等）服务，实现无线局域网的最大利用，真正达到扩展无线网络覆盖范围的效果。

WDS 无线桥接就是可以把无线网络当中继架构来传输，藉此可将数据由一个无线网络覆盖范围传送到另一个无线网络覆盖范围。因为是通过无线网络形成虚拟的线路，所以通常被称为无线桥接功能。更简单地说：就是 WDS 可以让无线设备之间通过无线进行桥接（中继），同时具备覆盖的功能，使信号范围覆盖更远更广。

〖实施设备〗

10 台安装 Windows XP 系统的台式电脑、10 块 Tenda（W541U V2.0）无线网卡、3 台 TP-LINK（TL-WR841N）无线路由器。

〖任务拓扑〗

任务拓扑如图 2-81 所示。

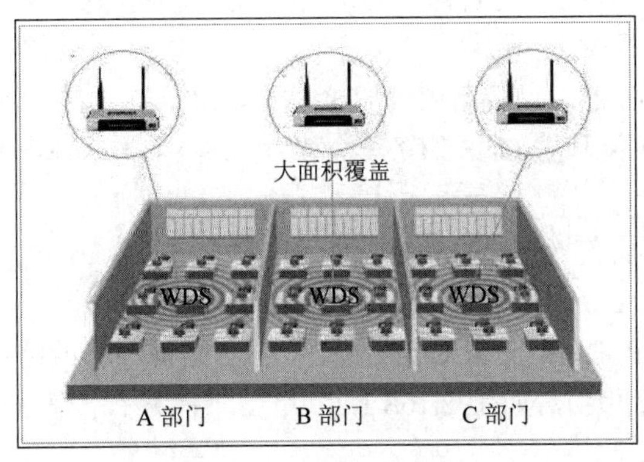

图 2-81　项目三拓扑图

〖任务实施〗

在 A、B、C 部门区域分别放置无线路由器 A、B、C。配置思路：无线路由器 B 作为中心无线路由器，无线路由器 A、C 与无线路由器 B 建立 WDS 连接。

1. 设置中心无线路由器 B

（1）设置 LAN 口 IP 地址。登录无线路由器 B 管理设置界面，设置无线路由器 B 的 IP 地址为 192.168.1.1，子网掩码为 255.255.255.0。

（2）依次单击“无线设置”、“无线基本设置”选项卡，弹出如图 2-82 所示“无线网络基本设置”对话框，设置 SSID 号、信道、模式等。

（3）依次单击“无线设置”、“无线安全设置”选项卡，弹出如图 2-83 所示对话框，设置认证类型、加密算法等。

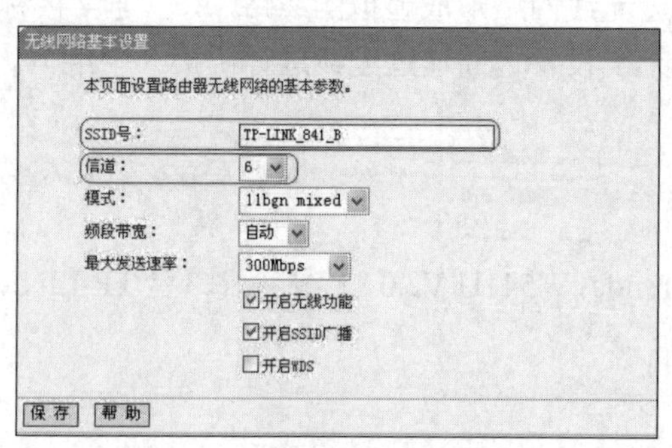

图 2-82　对无线路由器 B 做基本设置

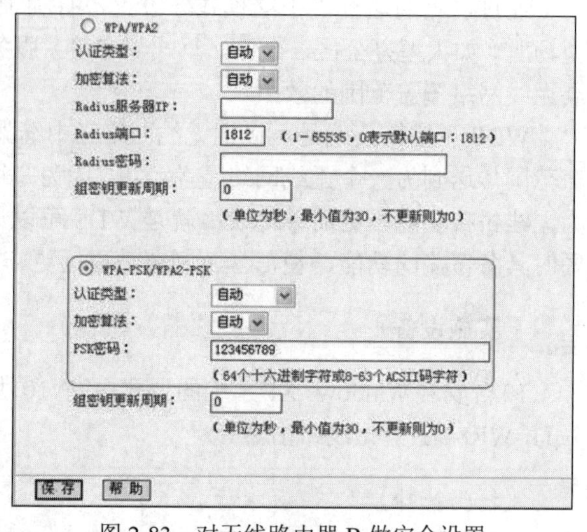

图 2-83　对无线路由器 B 做安全设置

记住无线路由器 B 设置的网络名称（SSID）、信道、安全模式和加密设置信息，在后续无线路由器 A、C 的配置中需要应用。

（4）启用 DHCP 服务器。只由路由器 B 负责 DHCP。在 DHCP 服务器中，选择“启用”，设置地址池范围，默认网关和主 DNS 服务器都要填入路由器的局域网 IP 地址，单击“保存”按钮，重启路由器。

（5）只在路由器 B 设置连接 Internet。

2. 设置无线路由器 A

（1）修改 LAN 口 IP 地址。在“LAN 口设置”对话框中修改路由器 A 的 IP 地址和 B 路由器不同（防止 IP 地址冲突），如 192.168.1.2，单击“保存”按钮，如图 2-84 所示，路由器会自动重启。

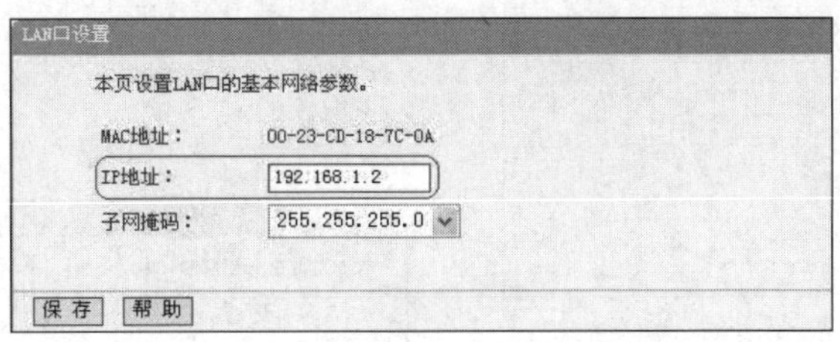

图 2-84　修改路由器 A 的 IP 地址

（2）启用 WDS 功能。重启完毕后，用更改后的 LAN 口 IP 地址重新登录无线路由器 A，在“无线网络基本设置”对话框中设置，如图 2-85 所示。勾选“开启 WDS”复选框，注意这里的 SSID 与路由器 B 的是不一样的，当然也可以设置成相同的。这样在这三个路由器覆盖范围内可以漫游，也就是说只要你在这个范围内随意一点能上网，那么这个范围内的另一点也能上网，不用重新连接，重新输入 SSID 很方便形象的解释就是三个路由器组成了一个相同的大范围网络。

（3）WDS 设置。单击“扫描”按钮，搜索周围的无线信号。在扫描到的信号列表中选择路由器 B 的 SSID 号，如图 2-86 中的 TP-LINK_841_B，单击“连接”按钮。

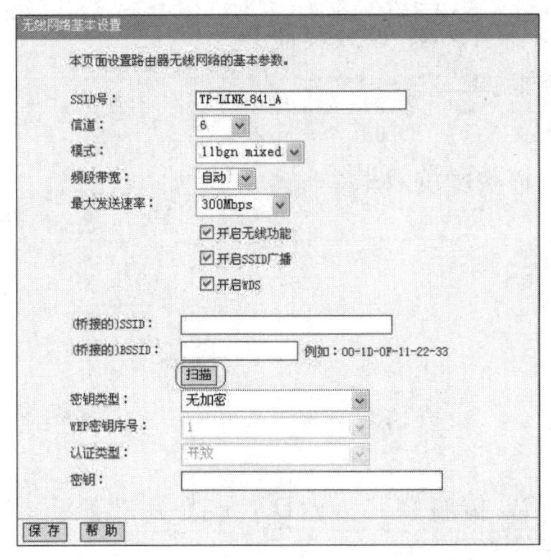

图 2-85　对无线路由器 A 做基本设置

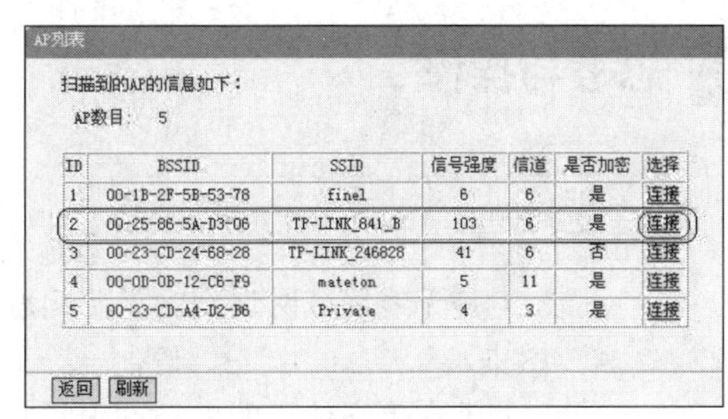
AP列表

扫描到的AP的信息如下：

AP数目： 5

ID	BSSID	SSID	信号强度	信道	是否加密	选择
1	00-1B-2F-5B-53-78	finel	6	6	是	连接
2	00-25-86-5A-D3-06	TP-LINK_841_B	103	6	是	连接
3	00-23-CD-24-68-28	TP-LINK_246828	41	6	否	连接
4	00-0D-0B-12-C6-F9	mateton	5	11	是	连接
5	00-23-CD-A4-D2-B6	Private	4	3	是	连接

返回 刷新

图 2-86　扫描到的信号列表

设置与路由器 B 相同的信道和相同的加密信息等后，单击“保存”按钮，如图 2-87 所示。

（4）关闭 DHCP 服务器。在 DHCP 服务器中，选择“不启用”单选按钮，单击“保存”按钮，重启路由器，如图 2-88 所示。

无线路由器 A 配置完成。此时无线路由器 A 与无线路由器 B 已成功建立 WDS。

3. 设置无线路由器 C

设置的方法与路由器 A 基本相同（IP 地址必须与路由器 A、B 以及网络中的其他计算机不同，否则会造成 IP 冲突，计算机无法上网）。

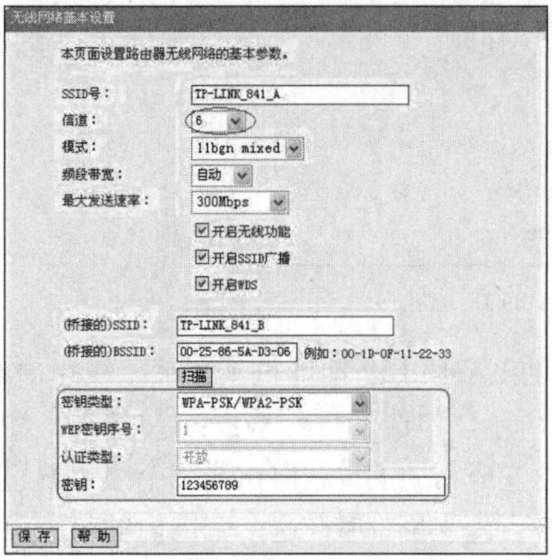

图 2-87　路由器 A 与路由器 B 的 WDS 设置

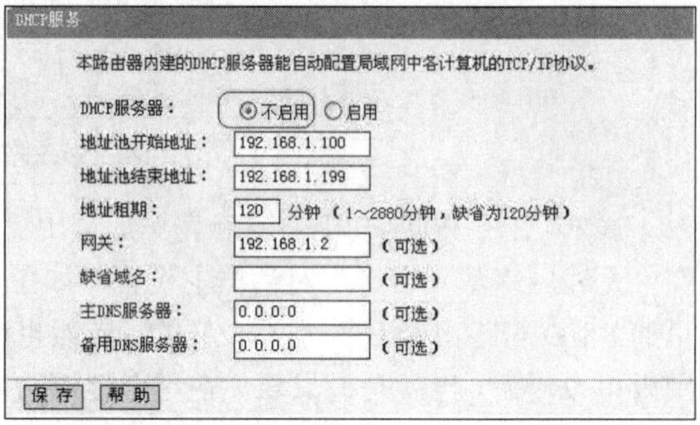

DHCP服务

本路由器内建的DHCP服务器能自动配置局域网中各计算机的TCP/IP协议。

DHCP服务器：⊙不启用 ○启用
地址池开始地址：192.168.1.100
地址池结束地址：192.168.1.199
地址租期：120 分钟（1～2880分钟，缺省为120分钟）
网关：192.168.1.2（可选）
缺省域名：（可选）
主DNS服务器：0.0.0.0（可选）
备用DNS服务器：0.0.0.0（可选）

保 存　帮 助

图 2-88　路由器 A 不启用 DHCP 服务器

4. 工作站连接使用

（1）设置各 PC 的无线网卡的 IP 地址（注意路由器 A、B、C 以及网络中各 PC 的 IP 地址不能相同）。

（2）可以用 Ping 命令检查连通性。Ping 路由器 A、B、C 或其他 PC。

（3）PC 之间使用建立的无线局域网传输数据信息。

（4）各 PC 无线连接 Internet。

（5）将 PC 在 A、B、C 区域移动连接网络，体验漫游效果。

思考与操作

一、选择题

1.（　　）是无线局域网遇到的重要问题。

A．感染　　B．管制　　C．传输　　D．干扰

2.（　　）是在美国使用的未经许可的频带。

A．2.0MHz　　B．2.4GHz　　C．7.0GHz　　D．6.8GHz

3. 2.4GHz 频段的每个信道的频带宽度是（　　）。

A．22MHz　　B．26MHz　　C．24MHz　　D．28MHz

4. 在 ISM 的 2.4GHz 频段内有（　　）无重叠信道。

A．9 个　　B．3 个　　C．17 个　　D．13 个

5. 我国使用 2.4GHz 频段的信道数量是（　　）。

A．11 个　　B．12 个　　C．13 个　　D．14 个

6. 802.11g 协议支持的最大数据速率是（　　）。

A．22Mb/s B．48Mb/s C．54Mb/s D．90Mb/s

7．802.11n 使用（ ）技术来支持多天线。

A．MIMO B．MAO

C．多重扫描天线输出 D．空间编码

8．当 STA 使用 DRS 且以 11Mb/s 接入速率工作的便携式计算机远离一个 AP 时，会发生（ ）情况。

A．这台计算机漫游到另一个 AP B．这台计算机失去连接

C．该速率动态转移为 5.5Mb/s D．该速率增加，提供更高的吞吐量

9．在 WLAN 技术中，BSS 表示（ ）。

A．基本服务信号 B．基本服务分离

C．基本服务集 D．基本信号服务器

10．如果一个 AP 未在无线网络中使用，称这种情况为（ ）。

A．独立基本服务集

B．孤立服务集

C．单一模式集（SMS，Single Mode Set）

D．基本个体服务集

11．当一个以上的 AP 连接到一个公共分布式网络时，该网络被称为（ ）。

A．扩展的服务区 B．基本服务区

C．本地服务区 D．WMAN

12．客户端连接到（ ）以通过一个无线 AP 接入 LAN。

A．SSID B．SCUD C．BSID D．BSA

13．当拓扑结构中电缆的长度限制了 AP 的安放位置时，可以使用（ ）。

A．在较近的位置上新安装一台交换机

B．安装一台集线器来代替

C．安装一台中继器

D．安装一台无线客户端

14．当使用一台无线中继器时，一台 AP 需要（ ）重叠。

A．10%～15% B．100% C．50% D．40%～80%

15．通过监听一个信标来连接的客户端使用（ ）扫描。

A．被动的 B．经典的（Classic）

C．主动的 D．快速的

二、填空题

1．ISM 5GHz 频段有__________个独立信道。

2．IEEE 802.11n 有__________个独立信道。

3．目前，IEEE 802.11 物理层采用的三种主要关键技术是__________、__________、__________。

4．IEEE 802.11 MAC 帧主要有：__________、__________、__________三种，它们之间时间间隔大小的关系为__________<__________<__________。

5．站点（STA）与无线接入点（AP）的无线握手过程，包括__________、__________、__________阶段。

6．IEEE 802.11 的两种基本结构是__________、__________。

7．IEEE 802.11 的 MAC 帧中共有__________个地址域，共有__________种地址类型。

8．WLAN 中的三种帧类型分别是__________、__________、__________。

三、简答题

1．简述 WLAN 的优点（不少于 5 点）。

2. 2.4GHz 频段的频率范围是 2.4～2.4835GHz，其宽度为 83.5MHz，容纳大约 3.8（83.5/22）个完整信道，请问 2.4GHz 频段如何提供 14 个信道？

3．IEEE 802.11a 和 IEEE 802.11g 使用了相同的速率和调制技术，为什么这两种标准不兼容？它们可以共存吗？

4．IEEE 802.11b 和 IEEE 802.11g 能够兼容的原因是什么？两者兼容的缺点是什么？

5．为什么需要将多个 AP 连接到同一个局域网？

6．在 WDS 的应用模式中，多 AP 模式和中继模式有何区别？

7．与 Ad-Hoc 模式相比，Infrastructure 有何优点？

8．说出 STA 与 AP 建立连接的几个过程。

9．画出 WLAN MAC 帧的结构，并注明每个字段的长度。

10．BSSID 与 ESSID 有何区别？

四、综合题

1．采用必要的 WLAN 组件，构建一个能满足 40 名学生同时使用的无线局域网，请画出你设计的网络拓扑图。

采用 Infrastructure 模式构建该网络，若数据传输速率要求不是太高，无线路由器的数量在 1～2 个。

2．公司已有一个满足 100 名用户需求的有线局域网。由于业务的发展，现有的网络不能满足，需要增加 40 个用户的网络连接，并在公司客户接待室连接网络以满足合作伙伴实时咨询的需求。现结合公司的实际情况组建无线局域网，具体拓扑如题图 2-1 所示。

（1）从工作的频段、数据传输速率、优缺点以及它们之间的兼容性等方面，对 IEEE 802.11a、IEEE 802.11b 和 IEEE 802.11g 进行比较。

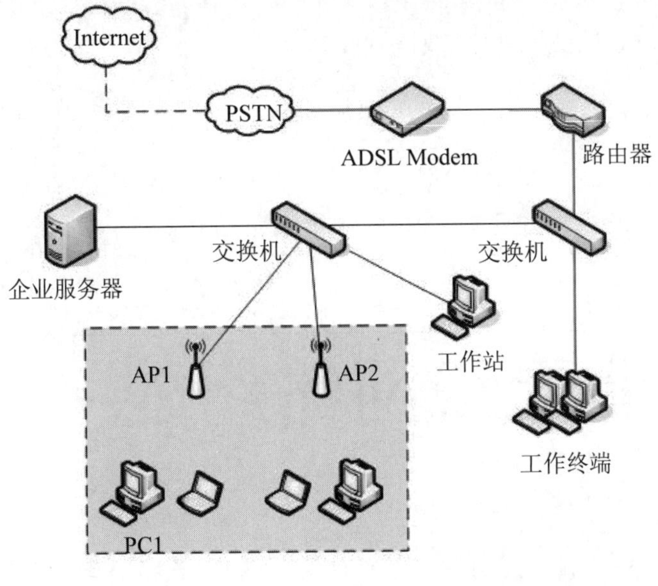

题图 2-1

（2）在题图 2-2 中，当有多个无线设备时，为避免干扰需设置哪个选项的值？

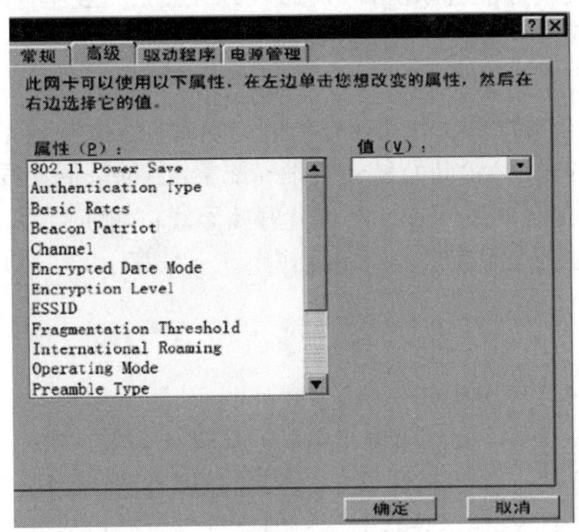

题图 2-2

（3）IEEE 802.11 中定义了哪两种拓扑结构？简述这两种拓扑结构的结构特点。在题图 2-2 中 Operating Mode 属性的值是什么？

（4）选项 ESSID（扩展服务集标识）的值如何配置?

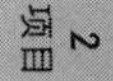

3

中型企业无线网络组建

在无线网络中，无线信号的传播能力是无线网络正常工作的关键。由于无线电波的固有传播机制，会对无线信号的传播速率、距离产生不良影响。在组建一个企业无线网络时，应根据网络的规模和投入的资金合理选择和部署无线网络设备。一般而言，小型企业网络，出于成本的考虑，通常不会购买专业性较强的无线控制器和瘦 AP，而采用胖 AP 部署无线网络，但胖 AP 需要逐个配置。随着网络规模的扩大，因为使用的胖 AP 数量会增多，如果依然采用胖 AP 的配置方法，其配置的难度和工作量是很大的。因此，在大中型无线网络中，通常采用无线控制器对无线网络内的无线 AP 进行统一管理和配置，从而降低无线网络的管理难度和工作量。用户一旦接入无线网络后，期望在一个位置开始无线传输连接后，在任意位置都不会中断无线网络连接，这就需要无线漫游功能来发挥作用。

项目描述

北京川海科技有限公司是一家从事家用电子产品设计和生产的中型企业，有员工 320 人。在重庆和上海设有两个分部，有员工 50 人。总部和分部通过有线网络互连在一起，分部可以通过 VPN 隧道，安全访问总部服务器资源。现因信息化建设和公司业务发展的需要，需要在公司总部建立无线网络全覆盖和重庆分公司与总部间组建无线网络。小李作为企业的 IT 技术工程师，需要对全公司的无线网络进行组建、维护和管理，网络拓扑如图 3-1 所示。

由于公司总部员工较多，要求实现无线网络全覆盖，有较高的无线上网速率，并确保关键业务的可靠运行，需要较多 AP 才能满足公司员工的无线接入需求，这会增加小李的工作量和难度，即便如此，也不便于小李日后维护管理无线网络。因此总公司的无线网络解决方案应采用“无线控制器+瘦 AP”的统一集中管理方式，选用思科的无线网络系列设备。

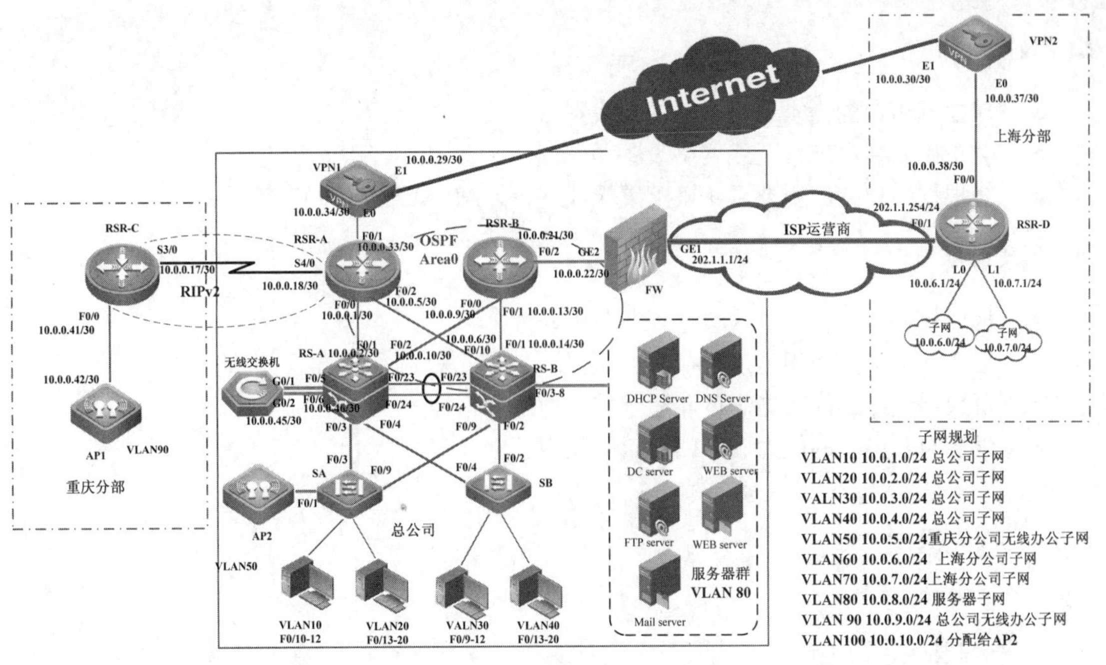

图 3-1　中型企业网络实施拓扑图

重庆分公司员工数量少，采用胖 AP 工作方式，完全符合员工无线上网需求。

本项目在具体实施时，需要完成胖瘦 AP 的相互转化、胖 AP 的基本配置、胖 AP 多个无线信号配置、无线控制器的基本配置、瘦 AP 加入无线控制器、无线漫游功能配置等工作任务。

学习目标

通过本项目的学习，读者应能达到如下目标：

知识目标

- 了解 RF 的工作原理及基本特征
- 掌握 RF 信号强度的描述方法
- 了解 WLAN 常见设备：无线网桥、AP、无线控制器、PoE 和天线等的功能、分类及主要技术指标
- 了解传统 WLAN 架构
- 掌握无线控制器+瘦 AP 组网模式
- 掌握 WLAN 漫游概念
- 了解 LDACP 和 CAPWAP 协议的工作机制

技能目标

- 能根据用户的需求选择合适的无线网络组件
- 会正确安装和连接无线网络设备
- 会根据用户的应用要求正确配置无线网桥、AP 和无线控制器等设备

素质目标

- 形成良好的合作观念，会进行业务洽谈
- 形成严格按操作规范进行操作的习惯
- 形成严谨细致的工作态度和追求完美的工作精神
- 学会自我展示的能力和查阅资料的能力

专业知识

3.1 无线射频简介

射频（Radio Frequency，RF）指具有远距离传输能力的高频电磁波，其工作频率范围是 300kHz～30GHz。WLAN 无线信号工作在 2.4GHz 和 5GHz 频段，在 RF 的工作范围内；而微波的工作频率范围是 300MHz～300GHz。因此，WLAN 的工作频段属于微波频段，并且 WLAN 的数据在空中的传播与微波传播的特性完全相同。

电磁波在开阔地带和在室内、城市地带中传播的差别很大。在开阔地带中，信号穿过小段距离或自由空间时，信号强度的损耗与距离的平方成正比。而在其他地带中，信号的强度是一个与环境和电磁波频率相关的距离函数，通常它的损耗速度很快。在这些地带中电磁波传播非常复杂，信号的强度与传播的距离、产生反射或穿透障碍物、周围环境中的建筑物以及发送方和接收方周围物体的位置相关。

从这里可以看出，电磁波的传播机制是多种多样的，因此掌握 RF 的工作原理和基本特征，为无线网络提供合理设计、部署和管理策略是极其重要的。

3.1.1 RF 的工作原理

1．RF 信号的传播

在射频（RF）通信中，一台设备发送振动信号，并由一台或多台设备接收，这种振动信号基于一个常数，被称为频率。发送方使用固定的频率，接收方可以调整到相同的频率，以便接收该信号。发送站有生成 RF 信号的发射器、天线以及连接两者的电缆，接收站与此相同，但通过天线和电缆接收信号。出于简化目的，假设无线工作站使用的天线非常小，且在所有方

向均匀地发送或接收 RF 信号，如图 3-2 上半部分所示。其中的每个弧表示发射器生成的无线电波的一部分，每个弧实际上是一个球，因为无线电波是在三维空间移动的，这也可以想象为表示 RF 信号的振动波，如图 3-2 下半部分所示。虽然该示意图从技术上来说不正确，但这里旨在说明 RF 信号是如何在两台设备之间传输的。

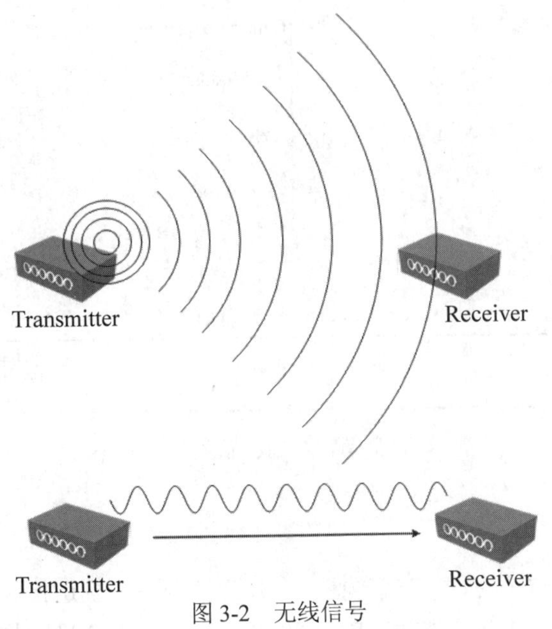

图 3-2　无线信号

2. RF 工作波段

用于类似功能的频率范围称为波段，例如，调幅无线波频率范围为 550～1720MHz。通常情况下的无线局域网通信使用的是 2.4GHz 的波段，而其他无线局域网使用的波段为 5GHz。在这里，波段是使用大概的频率表示的，2.4GHz 实际上表示的是频率范围 2.412～2.484GHz；而 5GHz 实际上指的是频率范围 5.150～5.825GHz。

3. RF 信号的调制

无线工作站发送的信号被称为载波信号。载波信号只是一种频率固定的稳定信号，本身不包含任何音频、视频或数据，因为它是用于承载其他东西的。要发送其他信息，发射器必须对载波信号进行调制，以独特的方式插入信息（对其进行编码），接收站必须进行相反的处理，对信号进行解调以恢复原始信息。

有些音频调制技术与 WLAN 中使用的调制技术相比要简单很多，因为音频信号的传输速率要比数据传输速率低得多。例如，调幅（AM）广播采用根据音频信息改变载波信号强度的调幅技术；FM 广播采用根据音频信息改变载波信号频率的调频技术。WLAN 主要用于数据通信，使用较为复杂的调制技术来减小传输的干扰或噪声，提高数据传输的可靠性、速率、吞吐量。

4. 载波、调制、信道和频段之间的关系

发送方和接收方载波的频率是固定的，并在规定的范围内变化，这种范围称为信道（channel），信道通常用数字或索引（而不是频率）表示，WLAN 信道是由当前使用的 802.11 标准决定的。图 3-3 说明了载波频率（中间频率）、调制、信道和频段之间的关系。

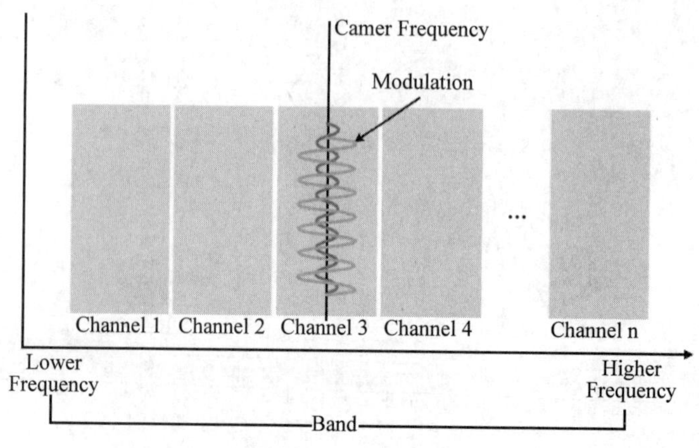

图 3-3　RF 信号

3.1.2 RF 特征

RF 信号以电磁波的方式通过空气传播。在理想情况下，到达接收方的信号与发送方发送的信号相同，实际情况往往并非如此。RF 信号在传播过程中会受到物体和材质的影响，产生多径时延扩展，导致 RF 信号传播机制的多样性。WLAN 应用中主要考虑以下几种传播机制。

1. 反射（Reflection）

无线信号以电波的方式在空气中传播时，如果遇到密集的反射材质，将发生反射，如图 3-4 所示。室内的物体，如金属家具、文件柜和金属门等可能导致反射，室外的无线信号可能在遇到水面或大气层时发生反射。

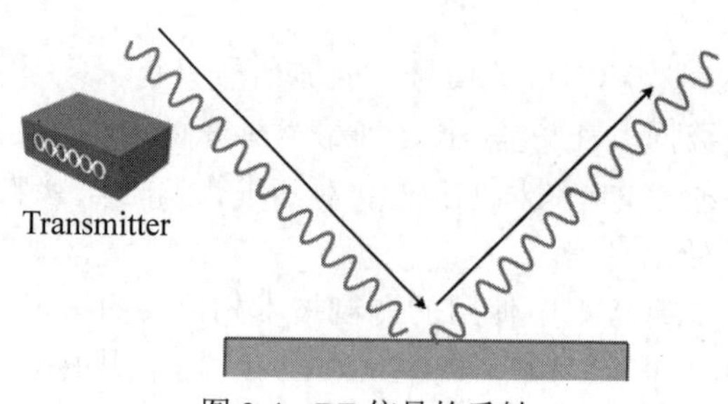

图 3-4　RF 信号的反射

2. 折射（Rafraction）

在两种密度不同的介质之间的边界上，RF 信号也可能发生折射。反射是遇到介质表面后弹回来，而折射是在穿过介质表面时发生弯曲。折射信号的角度与原始信号不同，传播速度也可能降低，图 3-5 说明了这种概念。例如，信号穿过密度不同的大气层或密度不同的建筑物墙面时，将发生折射。

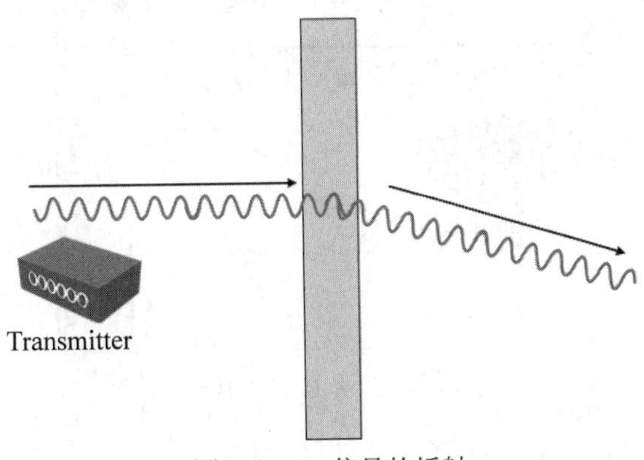

图 3-5　RF 信号的折射

3. 吸收（Absorption）

RF 信号进入能够吸收其能量的物质时，信号将衰减。材质的密度越高，信号的衰减越严重，图 3-6 说明了吸收对信号的影响，过低的信号强度将影响接收方。最常见的吸收情形是，无线信号穿过可能包含在无线传输路径中的树叶或无线设备附近的人体中的水份时，信号的强度将会衰减。体育馆、会展中心等人群密集区域需要考虑人体的吸收。

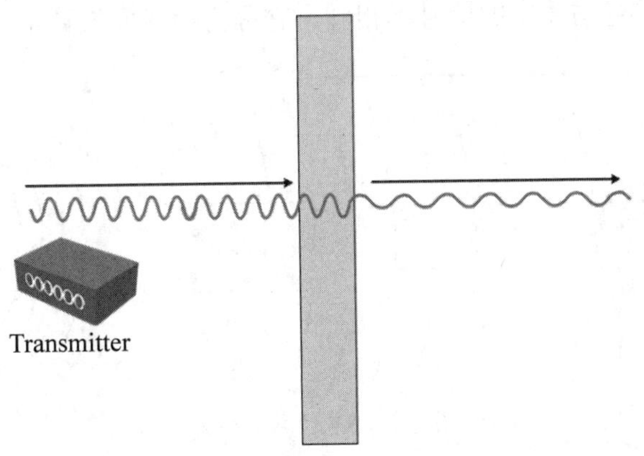

图 3-6　RF 信号的吸收

4. 散射（Scattering）

RF 信号遇到粗糙、不均匀的材质或由非常小的颗粒组成的材质时，可能向很多不同的方向散射，这是因为材质中不规则的细微表面将散射信号，如图 3-7 所示，无线信号穿过充满灰尘或砂粒的环境时将发生散射。散射对波长较短的无线信号（例如 2.4GHz 和 5.8GHz）影响比较大。

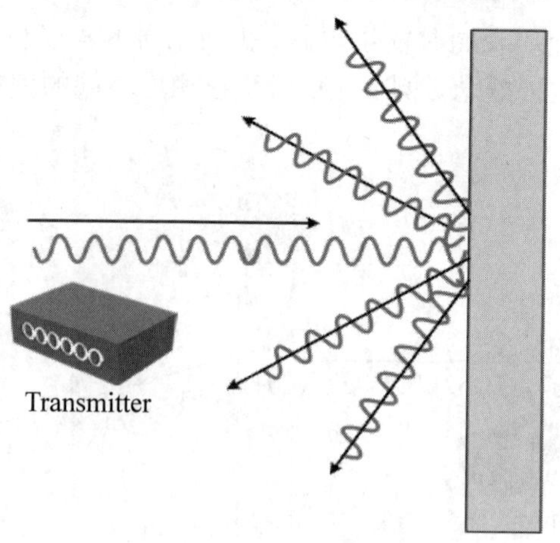

图 3-7　RF 信号的散射

5. 衍射（Diffraction）

RF 信号如果遇到其不能穿过的物体或能够吸收其能量的物体，读者可能认为将出现一个不能覆盖 RF 信号的盲区，如同光照射物体上时会导致阴影一样。然而，在 RF 传播中，信号通常会通过弯曲绕过物体，最终组合成完整的电波。

图 3-8 说明了不透明物体（阻断或吸收 RF 信号的物体）将导致 RF 信号发生衍射。衍射生成的是同心波而不是振动信号，因此将影响实际电波。在该图中，衍射导致信号能够绕过吸收它的物体，并完成自我修复。这种特殊性使得在发送方和接收方之间有建筑物时，仍能接收到信号。但是，这种信号与原来的信号不相同，它因为衍射而失真。

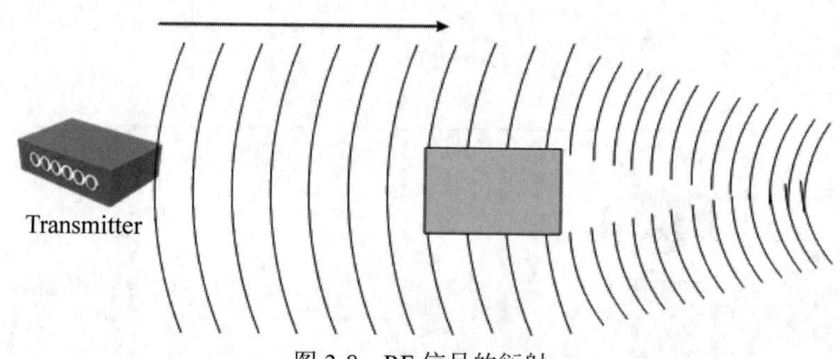

图 3-8　RF 信号的衍射

6. 菲涅耳区（Fresnel Zone）

如果物体是悬空的，平行于地面传播的RF信号将绕物体的上、下两端发生衍射，因此信号通常能够覆盖物体的“阴影”。然而，如果非悬空物体（如建筑物或山脉）阻断了信号，在垂直方向信号将受到负面影响。

在图 3-9 中，一座大楼阻断了信号的部分传输路径。由于在沿大楼前端和顶端发生的衍射，信号发生弯曲或衰减，导致信号无法覆盖大楼后面的大部分区域。

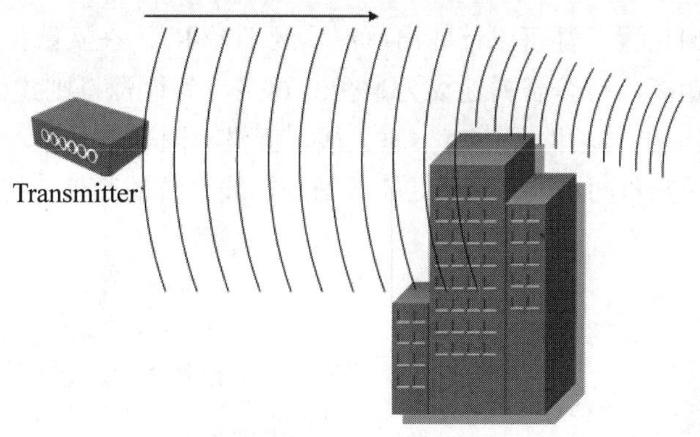

图 3-9　障碍物导致的信号衍射

在狭窄的视线（Line-of-Sight）无线传输中，必须考虑到这种衍射，信号不沿所有方向传输，而是聚焦成束，如图 3-10 所示。要形成视线路径，在发送方和接收方的天线之间，信号不能受任何障碍物的影响。在大楼或城市之间的路径中，通常有其他大楼、树木或其他可能阻断信号的物体。在这种情况下，必须升高天线，使其高于障碍物，以获得没有障碍的路径。

图 3-10　沿视线传输的无线信号

远距离传输时，弯曲的地球表面也将成为影响信号的障碍物，距离超过两公里时，将无法看到远端，因为它稍低于地平线。尽管如此，无线信号通常沿环绕地球的大气层以相同的曲度传播。即使物体没有直接阻断信号，狭窄的视线信号也可能受衍射的影响。在环绕视线的椭球内也不能有障碍，这个区域被称为菲涅耳区，如图 3-11 所示。如果菲涅耳区内有物体，部分 RF 信号可能发生衍射，这部分信号将弯曲，导致延迟或改变，进而影响接收方收到的信号。

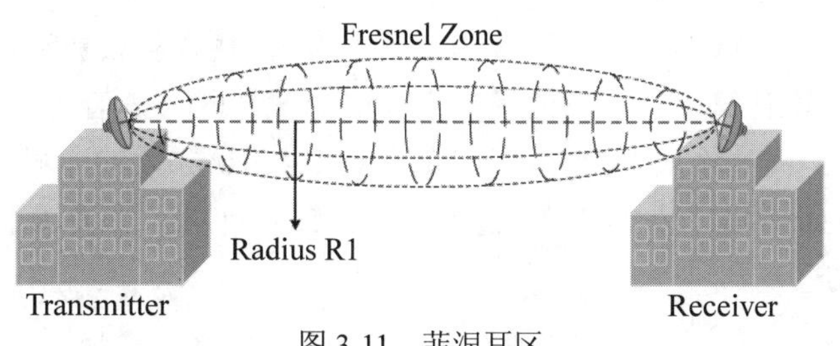

图 3-11　菲涅耳区

在传输路径的任何位置，都可以计算出菲涅耳区半径 R1。在实践中，物体必须离菲涅耳区的下边缘有一定的距离，有些资料建议为半径的 60%，其他资料则建议为 50%。

图 3-12 中，在信号的传输路径中有一座大楼，但没有阻断信号束，然而，它却位于菲涅耳区内，因此信号将受到负面影响。通常，应该增加视线系统的高度，使菲涅耳区的下边缘也比所有障碍物高。

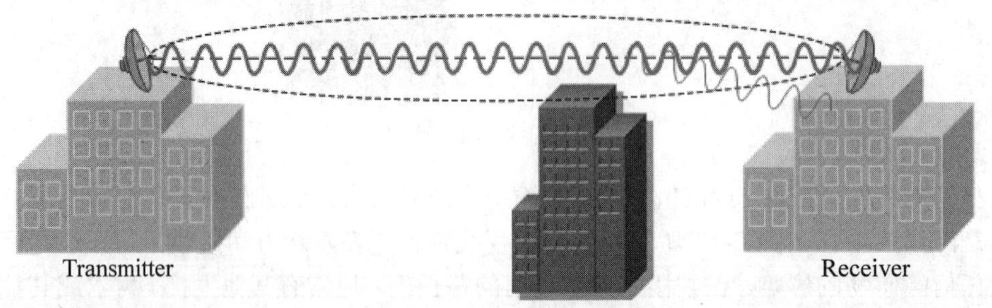

图 3-12　菲涅耳区的障碍物导致信号降低

可以使用一个复杂的公式来计算菲涅耳区的半径。然而，我们只需要知道存在菲涅耳区，且其中不能有任何障碍物。表 3-1 列出了使用频段 2.4GHz 时，无线传输路径中点处的菲涅耳区半径值。

表 3-1　菲涅耳区半径值

传输距离（英里）	路径中点处的菲涅耳区半径（英尺）
0.5	16
1.0	23
2.0	33
5.0	52
10.0	72

这里以使用频段为 2.4.GHz、传输距离为 1 英里为例，用思科公司提供的如图 3-13 所示菲涅耳区半径计算工具来计算无线传输路径中点处的菲涅耳区半径值。1 英里=1.609344 千米（km)，因此在图中距离处输入 1.609344，计算出在 2.4GHz 频段的菲涅耳区半径值为 7.09m。1 米=3.2808398950131 英尺，故 7.09 米=23.261154855643 英尺，取整为 23 英尺，即计算出的菲涅耳半径为 23 英尺。

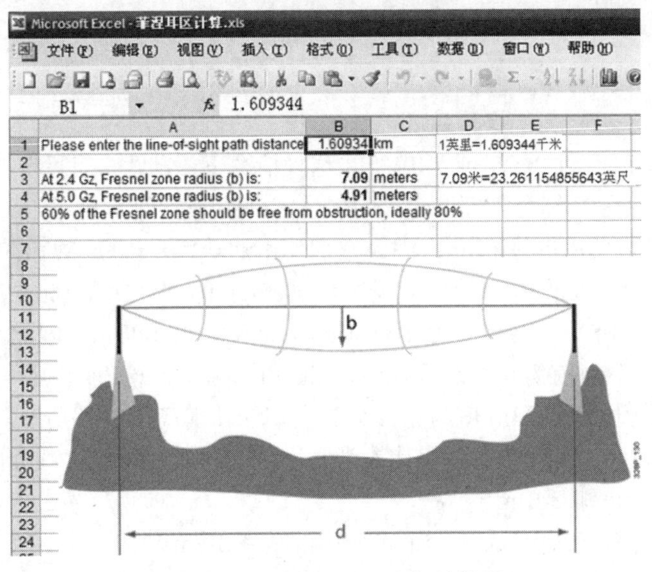

图 3-13　思科菲涅耳区半径计算器

3.2　RF 信号强度

3.2.1　RF 信号强度的表示方法

1. 使用 W 和 mW 表示信号强度

可以使用单位瓦（W）或毫瓦（mW）的功能或能量来度量 RF 信号的强度。为让大家对信号功能有深入的认识，表 3-2 列出了各种信号源的典型输出功率。

表 3-2　典型 RF 的输出功率

信号源	输出功率
短波广播站	500000 W
AM 广播站	50000 W
微波炉（2.4GHz）	600～1000 W
手机	200 mW
无线局域网 AP（2.4GHz）	1～100 mW

2. 使用 dB 表示信号强度

通过表 3-2 可以看出，RF 输出功率的范围非常大，这使得计算起来非常困难。分贝（dB）是一种灵活的表示功率的方式，它代表了实际功率和参考功率的比例，能够以线性方式表示更大范围的值。在计算以 dB 为单位的功率比例时，可以使用下述公式：

$$1\text{dB} = 10\lg(P_{\text{sig}} / P_{\text{ref}})$$

其中 P_{sig} 为实际信号功率，P_{ref} 为参考功率。

3．使用 dBm 和 dBw 表示信号强度

最常用的参考功率为 1.0mW 或 1.0W，在这种情况下，分贝的缩写将被修改为指出所用的参考功率，如 dBm 表示信号相对于 1mW 的强度，dBw 表示信号相对于 1W 的强度。

在 WLAN 中经常使用单位 dBm，因为它们使用的功率在 100mW 左右。例如，假设一个无线 AP 的发射功率为 100mW，则使用分贝表示时，输出功率为 10lg(100mW/1mW)，即 20dBm。如果输出功率降低到 1mW，结果将为 10lg(1mW/1mW)，即 0dBm。因此，0dBm 表示输出功率与参考功率相同。到目前为止，这里讨论的 dB 值都为正，这表示实际功率比参考功率高。在大多数情况下，发射器的 dBm 值为正，因为它们的功率高于参考功率，dB 值也可以为负，这并不意味着功率为负，而意味着功率比参考功率低。例如，信号功率为 0.5mW 时，dB 值将为 10lg(0.5mW/1mW)，即-3dBm。

在该示例中，功率 0.5mW 为前一个示例中的功率 1.0mW 的一半，而 dBm 值却从 0 变成了-3，这种变化幅度很重要，它说明了两个重要的经验规则：

（1）功率每减少一半，dB 值将减小大约 3。

（2）功率每增加一倍，dB 值将增大大约 3。

接收器的 dBm 值通常为负，因为接收器必须对低功率信号（功率比参考功率 1mW 低得多）非常敏感，这样才能消晰地接收到非常弱的信号，接收器的功率被称为接收器的灵敏度。

3.2.2 信号的衰减

1．影响信号衰减的因素

RF 信号离开发射器后，都将受到外部因素的影响而降低强度，这被称为信号衰减。导致信号衰减的因素如下：

- 发射器和天线之间的电缆衰减
- 信号在空气中传输时的自由空间衰减
- 外界的障碍物
- 外部的噪音或干扰
- 接收器和天线之间的电缆衰减

2．信号的路径衰减

信号从发射器传送到接收器的过程中会遇到各种各样的情况，衰减将不断累积，导致信号质量下降。端到端的总衰减称为路径衰减。

在室内无线局域网环境中，连接天线的电缆非常短，其带来的衰减可忽略不计。通常，天线内置在无线适配器或笔记本电脑中，或者直接连接到 AP 中的 RF 电子装置，主要的路径衰减是由房间或建筑物内的物体以及 AP 和无线客户端之间的距离引起的。

在室外环境中，可能存在上述各种因素引起的衰减。在视线无线路径中，AP 和天线之间

的电缆可能非常长，如果仔细选择了路径，外部物体带来的衰减可能不大，而外部干扰可能是个大问题，附近可能有无线装置、在信道的使用上可能发生冲突、天线也可能没有对准。

3. 自由空间信号衰减

在任何环境中，自由衰减都很大，RF 信号的功率与传输距离的平方成反比，这意味着随着接收器远离发射器，接收的信号强度将急剧降低。

接收器可能离发射器太远，无法接收到能够识别的信号，也可能它们之间有很多吸收或扭曲信号的物体，例如，即使是普通的建筑材料，如干饰面内墙、砖墙或水泥墙、木质或金属门、门框和窗户，都会导致信号衰减。因此，必须在实际环境中使用 WLAN 信号进行现场勘察。

3.2.3 信号增益

在传输路径中，RF 信号也可能受增加其强度的因素的影响，即信号增益。信号增益是由下列因素导致的：

- 发送方的天线增益
- 接收方的天线增益

天线本身并不能提高信号的功率，其增益指的是天线接收 RF 信号以及沿特定方向发射出去的能力。

然而，天线可以有不同的方向（辐射图）。那么，一种天线是否优于另一种天线取决于它聚焦信号的方向吗？不一定。通常，如果天线能够将 RF 能量聚焦到更窄的范围内，其增益就更高。因此，增益较高的天线通常能够将信号传输更远的距离。

天线增益指的是其聚焦信号能量的能力，这是相对于根本不聚焦能量的天线而言的，各向同性天线就是一种根本不聚焦的天线，其理论模型为一个点。它以相同的方式沿各个方向传播信号，辐射图为球形。它不能聚焦 RF 能量，可用于标准比较。

天线增益通常使用单位 dBi，其计算方法与 dBm 相同，唯一的差别是，参考功率为各项同性天线发射的信号功率（其中的 i 因此而来）。

3.2.4 无线路径的性能

1. EIRP

经常会在 AP 看到其发射功率标称，这通常指的是发射器的输出功率，没有考虑天线和电缆的影响，实际发射的信号的功率取决于使用的天线类型和天线电缆的长度。

一种更真实的标称是各向同性高效辐射功率（Effective Isotropic Radiated Power，EIRP），EIRP 的计算方法是，将发射器功率（单位为 dBm）加上发射天线的增益（单位为 dBi），再减去电缆衰减（单位为 dB）。例如，使用衰减为 3dB 的电缆将功率为 100mW（20dBm）的发射器连接到增益为 16dBi 的天线时，该发射系统的 EIRP 为 20dBm+16dBi-3dB=33dBm。

2. 系统增益计算

在设计完整的天线系统时，不能仅仅考虑发射器或AP的功率，还需要考虑整个无线链路中将导致增益或衰减的每个组件。为确定路径性能或总体增益，最简单的方法是将所有的增益或衰减dB值相加。可以参考下面的公式：

系统增益＝发射功率（dBm）+发射天线的增益（dBi）－发射端的电缆衰减（dB）+接收天线的增益（dBi）－传输损耗（dB）－接收端的电缆衰减（dB）－接收器的灵敏度（dB）

例如，每个组件的增益或衰减如图3-14所示，其系统增益=20dBm-1dB+17dBi+17dBi -100 dB -1dB-(-90dB)=42dB。

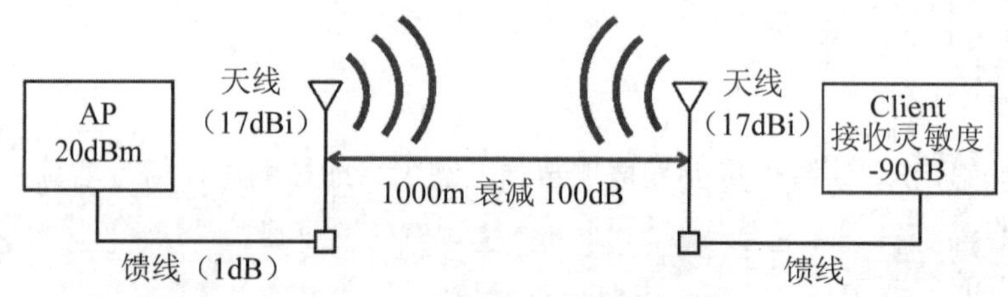

图3-14　系统增益计算示意图

注意，这里将接收器的灵敏度视为衰减，因此将其减去，接收器的灵敏度指的是可用信号的最低功率，因此必须减去它，以得到最终的增益。

天线链路的最大长度取决于整体路径性能。当总路径衰减等于或大于总路径增益时，接收器将无法收到信号。

3.3 WLAN天线

3.3.1 天线的作用

天线是能量置换设备，是无源器件，其主要作用是辐射或接收无线电波。辐射时将高频电流转换为电磁波，将电能转换为电磁能；接收时将电磁波转换为高频电流，将电磁能转换为电能。天线在无线网络布局工作中有很大的作用，天线的性能质量直接影响移动通信覆盖范围和服务质量；不同的地理环境、不同的服务要求要选用不同类型、不同规格的天线。要正确选择天线，首先要了解天线的主要技术指标。

3.3.2 天线的主要技术指标

天线的理论比较复杂，但在WLAN中，天线总是必不可少的，将用到各种各样的天线。对于WLAN天线，需要理解两个关键点：一是作为发送天线，将发射电路产生的电流电压转化为微波信号，同时作为接收天线将微波信号转化为能被接收电路监测到的电流电压；二是天线的物理尺寸、导体的形成和制作天线的材质，都直接关系到天线能够传播、接收的微波频率与天线接收的特性。表征天线性能的主要参数有方向图、增益、输入阻抗、驻波比、极化等。

1. 方向图

天线方向图是表征天线辐射特性空间角度关系的图形。以发射天线为例，天线方向图就是从不同角度方向辐射出去的功率或场强形成的图形。一般用包括最大辐射方向的两个相互垂直的平面方向图来表示天线的立体方向图，其分为水平面方向图和垂直面方向图。平行于地面在波束场强最大的位置剖开的图形叫做水平面方向图；垂直于地面在波束场强最大的位置剖开的图形叫做垂直面方向图，如图 3-15 所示。

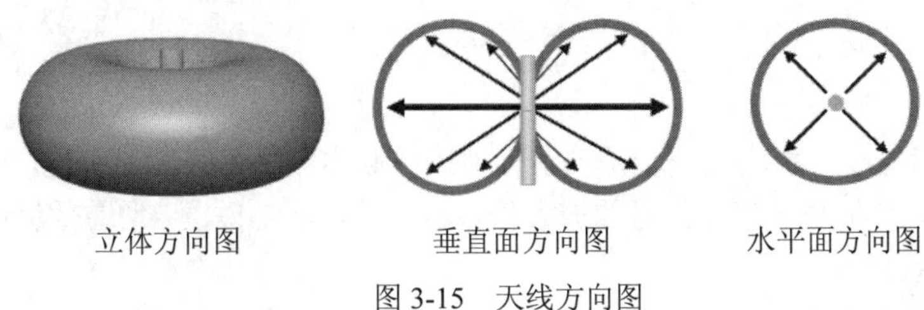

图 3-15　天线方向图

不同辐射模式的天线在空中会产生不同的模式覆盖区域。例如，定向天线在天线所指向的方向上以线性模式调制信号，而全向天线以放射模式覆盖在天线周围，如图 3-16 所示。

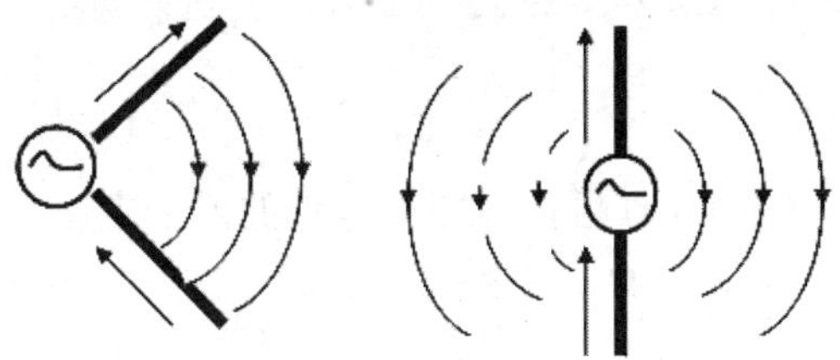

图 3-16　电磁波的幅射

描述天线辐射特性的另一重要参数，即半功率宽度，在天线辐射功率分布在主瓣最大值的两侧，功率强度下降到最大值的一半（场强下降到最大值的 0.707 倍，3dB 衰耗）的两个方向的夹角，其表征了天线在指定方向辐射功率的集中程度。一般地，GSM 定向基站水平半功率波瓣宽度为 65°，在 120° 的小区边沿，天线辐射功率要比最大辐射方向上低 9～10dB，如图 3-17 所示。

2. 方向性参数

不同的天线有不同的方向图，为表示它们集中辐射的程度和方向的尖锐程度，我们引入了方向性参数。理想的点源天线辐射没有方向性，在各方向上辐射强度相等，方向是个球体。我们以理想的点源天线作为标准与实际天线进行比较，在相同的辐射功率下某天线产生于某点的电场强度平方 E^2 与理想的点源天线在同一点产生的电场强度平方 E_0^2 的比值称为该点的方向性参数：$D=\frac{E^2}{E_0^2}$。

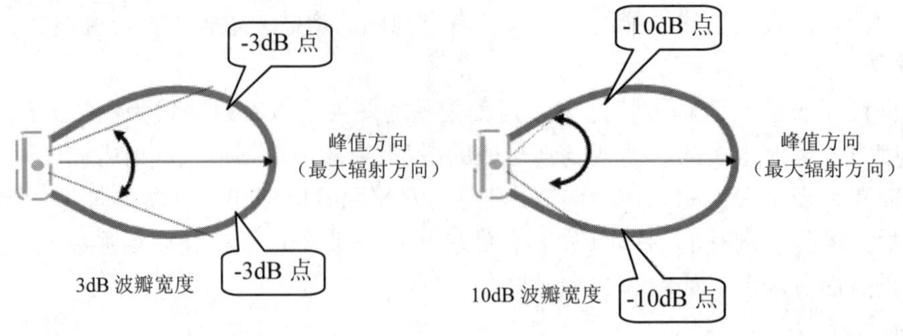

图 3-17　天线波瓣

3. 天线增益

增益是天线的主要技术指标之一，是天线辐射或接收电波信号强度的表现。此参数表示天线功率的放大倍数，数值越大表示信号的放大倍数越大。也就是说，当增益数值越大，信号就越强，传输质量也就越好。

增益和方向性系数都是表征辐射功率集中程度的参数，但两者又不尽相同，增益是在同一输出功率条件下加以讨论的，而方向性系数是在同一辐射功率条件下加以讨论的。由于天线各方向的辐射强度并不相等，天线的方向性系数和增益随着观察点的不同而变化，但其变化趋势是一致的。一般在实际应用中，取最大辐射方向的方向性系数和增益作为天线的方向性系数和增益。

4. 输入阻抗

输入阻抗是指天线在工作的高频阻抗，即馈电点的高频电压与高频电流的比值，可用矢量网络测试分析仪测量。2.4G 天线的标准阻抗为 50Ω，因此与该天线连接的电缆和连接器的阻抗也应是 50Ω。

5. 电压驻波比

电压驻波比（Voltage Standing Wave Ratio，VSWR）是在两个微波系统设备之间阻抗不匹配时阻止电流的能力。电压驻波比是一个比率，表现为两个数字的关系。一个典型的电压驻波比是 1.5:1。这个比值相当于匹配阻抗和正确阻抗的比率。第二个数字往往是 1，表示正确匹配，和第一个数字有所不同。第一个数字较小（接近于 1），说明我们的系统有更好的阻抗匹配。例如，电压驻波比值是 1.1:1 要比 1.4:1 好。测量出一个电压驻波比是 1:1，则表明它是一个正确的阻抗匹配，并且没有电压延迟出现在信号的路径上。

6. 极化方向

一个无线电波实际由两个区域组成：一个是电场平面；另一个是磁场平面。这两个平面是相互垂直的，这两个区域的总和叫做电磁场。能量从一个区域到另一个区域传入和传出的过程叫做振动。与无线元件平行的平面叫做“E 平面”，与天线元件垂直的平面叫做“H 平面”。电场相对于地球表面（地面）放置的位置和方向决定了波的极化。无线电波的电场方向称为电波的极化方向。如果电波的电场方向垂直于地面，就称它为垂直极化波。如果电场的方向平行于地面，就称它为水平极化波，此时无线电波是向垂直方向传播的，如图 3-18 所示。

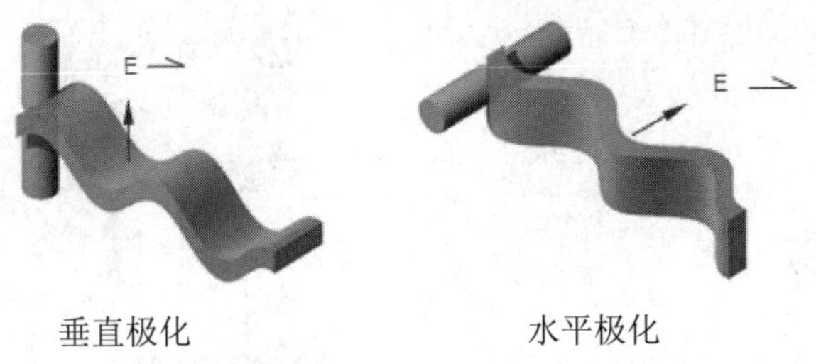

图 3-18　天线极化

由于电波的特性，决定了水平极化传播的信号在贴近地面时，会在大地表面产生极化电流，极化电流因受大地阻抗影响产生热能而使电场信号迅速衰减，而垂直极化方式则不易产生极化电流，从而避免了能量的大幅衰减，保证了信号的有效传播。因此，在使用天线的时候一般采用垂线。需要注意的是，绝大部分的无线接入点 AP 垂直竖起的两根天线都是垂直极化的。

没有在同一个方向极化的天线相互之间不能有效地通信。垂直极化波要由具有垂直极化特性的天线来接收，水平极化波要由具有水平极化特性的天线来接收。当电波的极化方向与接收天线的极化方向不一致时，在接收过程中通常都要产生极化损失。例如，嵌入在 PCMCIA 无线网卡中的天线几乎不能提供一个独立的覆盖，特别是当无线网卡正在漫游的时候。PCMCIA 无线网卡的极化和无线接入点 AP 的极化有时是不一样的，这也是为什么使用笔记本电脑的时候在不同的方向上通常能够获得不同的接收效果和不同数据速率的原因。

7. 频率范围

频率范围是指天线工作在哪个频段，这个参数决定了它适用于哪个无线标准的无线设备。比如某天线的技术指标中频率范围为 2400～2485MHz，表示它适用于工作频率在 2.4GHz 的 802.11b 和 802.11g 标准的无线设备。而 802.11a 标准的无线设备则需要频率范围在 5GHz 的天线来匹配，所以在购买天线时一定要认准这个参数对应的产品。

3.3.3　天线附属设备

1. 馈线

馈线将天线与无线 AP 或无线网卡连接起来，如图 3-19 所示。在馈线的端接处，通常还需要使用连接器。馈线一般用同轴电缆，电视用的同轴电缆一般是 75Ω的同轴电缆，而 WLAN 中用 50Ω的同轴电缆。这一点特别要注意，一定要选用和 WLAN 中其他设备组件具有同样阻抗的线缆，否则会产生不匹配。

在使用同轴电缆时，应使电缆尽可能短，以避免信号衰减。信号在馈线里传输，除了有导体的电阻损耗外，还有绝缘材料的介质损耗。这两种损耗随馈线的长度增加和工作频率的提高而增加，所以应合理布局缩短馈线的长度。

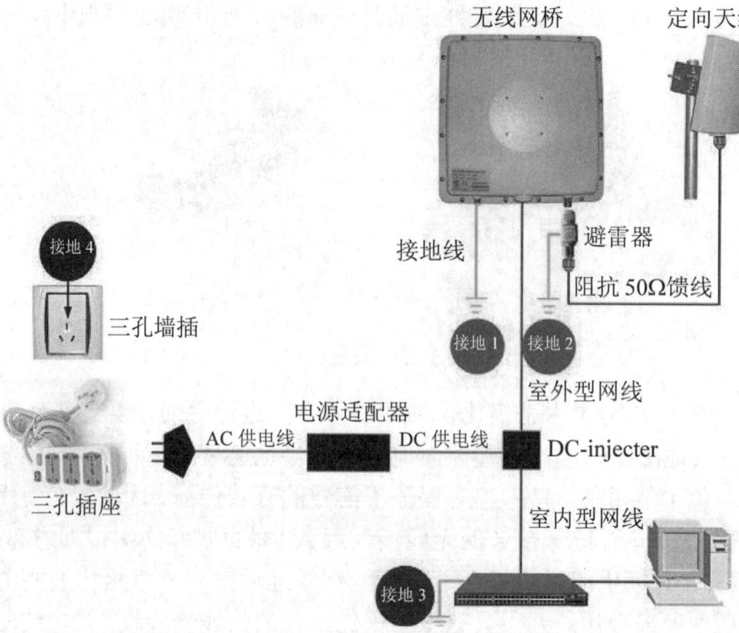

图 3-19　天线馈线

必须考虑连接线缆的频率响应区间，比如，在 2.4GHz 的无线局域网中，应该使用速率为 2.4GHz 的连接线缆。在 5GHz 的无线局域网中，应该使用速率为 5GHz 的连接线缆。

2. 连接器

连接器与同轴电缆是配套使用的。与同轴电缆一样，连接器也有信号损失，不过连接器的信号损失比同轴电缆要小得多。最常使用的连接器有 SMA、TNC 和 N 连接器，如图 3-20 所示。

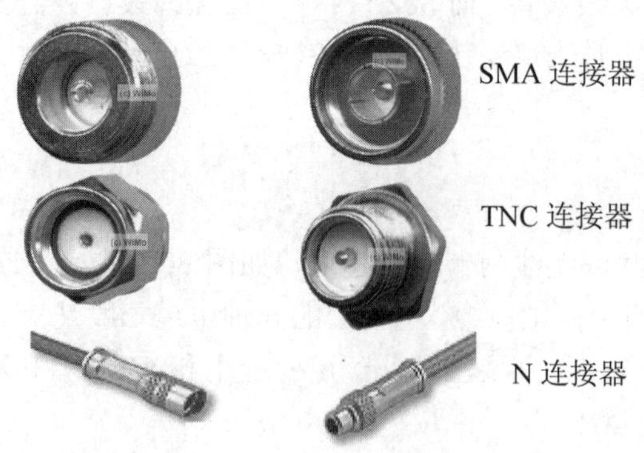

图 3-20　常见天线连接器

3. 功分器

有时为了扩大无线局域网的覆盖范围，可以把几个天线组合起来使用。这就要用到功率分配器（简称功分器）和耦合器。功分器有四功分器、三功分器、二功分器等，如图 3-21 所示。使用时应依据天线的个数加以选择。

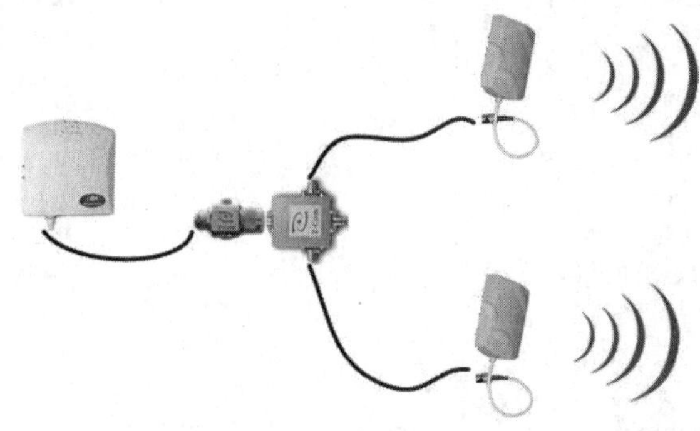

图 3-21　一分二功分器

4. 避雷器

如图 3-22 所示，避雷器在天馈系统受到连续雷击时，能及时放掉浪涌电压来保障系统设备的安全。避雷器安装在馈线和设备之间，安装时避雷器引出接地线接至地极。地极接地电阻要求 4Ω以下，安装时一定要连接牢固，以确保受雷击时可以可靠放电。然后再将避雷器标有 ANTENNA（天线）字样的一端连接到天线，将标有 EQUIPMENT（设备）字样的一端通过馈线连接到设备。

图 3-22　2.4GHz、5GHz 双频天馈避雷器

3.3.4　天线的分类

天线品种繁多，以供不同频率、不同用途、不同场合、不同要求情况下使用。如图 3-23 所示是一些常见的天线。

对于众多品种的天线，进行适当的分类是必要的。

- 按用途分类，可分为通信天线、电视天线、雷达天线等。
- 按工作频段分类，可分为短波天线、超短波天线、微波天线等。
- 按方向性分类，可分为全向天线、定向天线等。
- 按外形分类，可分为线状天线、面状天线等。

高增益栅状抛物面天线

板状天线

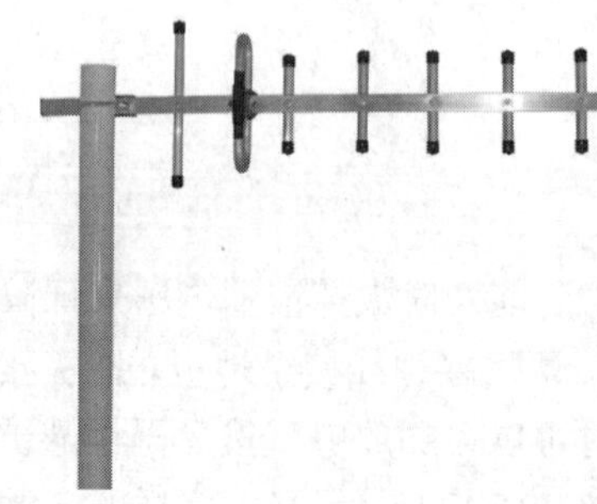

八木定向天线

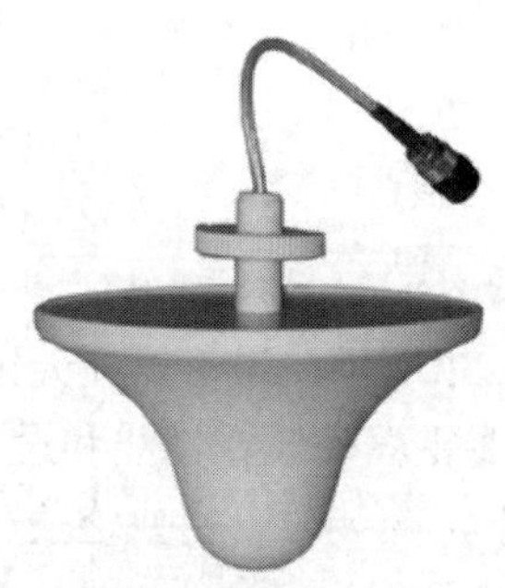

室内吸顶天线

图 3-23 常见 WLAN 天线

3.3.5 WLAN 天线产品实例

1. 室内全向天线

TL-ANT2405C 室内台式全向天线，适用于 2.4GHz 无线局域网通信系统的信号传输，该天线结构小巧，外观美观，安装非常方便。

产品特性

- 增益： 5dBi
- 驻波比： <1.92
- 输入阻抗： 50Ω
- 极化方式： 垂直
- 最大功率： 1W
- 接头形式： REVERSE SMA 母座（倒置）
- 电缆长度： 1 米

2. 室内定向天线

TL-ANT2406A 6dBi 室内定向天线，采用宽带技术设计，适用于 2.4GHz 扩频通信系统的信号转发。该天线为壁挂式安装，也可定位于水平台面上使用。

产品特性

- 增益： 6dBi
- 驻波比： <1.92
- 输入阻抗： 50Ω
- 极化方式： 垂直
- 最大功率： 1W
- 接头形式： REVERSE SMA 母座（倒置）
- 电缆长度： 1米

3. 壁挂定向天线

TL-ANT2414A 14dBi 壁挂定向天线，采用宽带技术设计，适用于 2.4GHz 扩频通信系统的信号转发。该天线外形美观，可根据需要安装于墙壁上或放置于桌面上。

产品特性

- 增益： 14dBi
- 驻波比： <1.92
- 输入阻抗： 50Ω
- 最大功率： 1W
- 接头形式： REVERSE SMA 母座（倒置）
- 电缆长度： 1米

4. 室外全向天线

玻璃钢全向天线是为 5800MHz 频段通信系统设计开发的。该天线经过优化设计和精心调试。具有增益高、频带宽等特点，天线采用高强度玻璃钢封装，结构牢靠，具有很好的防震动冲击和防水、防腐能力，外形尺寸小，安装方便。

产品特性

- 频率范围： 5725～5850MHz
- 带宽： 125MHz
- 增益： 8dBi
- 水平面波瓣宽度： 360°
- 垂直波瓣宽度： 16°
- 电压驻波比： ≤1.5
- 标称阻抗： 50Ω
- 极化方式： 垂直
- 最大功率： 100W
- 接头型号： N 座
- 尺寸： ф20×350mm
- 重量： 200g

5. 室外定向天线

为固定无线接入系统设计开发的扇形板状天线。该天线经过优化设计和精心测试。驻波性能好、增益高。前后比大，结构牢靠，具有很好的防震动冲击和防水、防腐能力，外套尺寸小。安装方便。无论安装在铁塔上或楼顶上其方向图都不受影响。

产品特性

- 频率范围：5725～5850MHz
- 带宽：125MHz
- 增益：16dBi
- 波瓣宽度：E 面 90° H 面 8°
- 驻波比：≤1.5
- 输入阻抗：50Ω
- 极化方式：水平
- 最大功率：100W
- 接头型号：N 座
- 尺寸：550×160×60mm
- 重量：3.0kg

3.4 无线局域网部署

3.4.1 无线接入点

1. AP 概述

（1）AP 的基本概念。

AP 为 Access Point 的简称，一般翻译为“接入点”。AP 是无线网和有线网之间沟通的桥梁，主要用来提供无线工作站对有线局域网工作站的访问，以及在接入点覆盖范围内的无线工作站之间的通信。在无线网络中，AP 就相当于有线网络的集线器，它能够把各个无线客户端连接起来。在逻辑上，它是一个无线单元的中心点，该单元内的所有无线信号都要通过它才能进行交换。但 AP 没有控制的作用，不能直接和 ADSL、MODEM 相连，所以在使用时必须再添加一台交换机。另外，无线 AP 的覆盖范围是一个向外扩散的圆形区域，按照协议标准本身来说，IEEE 802.11b 和 IEEE 802.11g 的 AP 覆盖范围是室内 100m、室外 300m，这个数值仅是理论值。在实际应用中，会碰到各种障碍物，其中以玻璃、木板、石膏墙对无线信号的影响最小，而混凝土墙壁和铁对无线信号的屏蔽最大，所以通常实际使用范围是室内 30m、室外 100m（没有障碍物）。

（2）AP 的分类。

AP 是 WLAN 的中心设备，用来与网络中的其他站点进行通信。AP 常常也与有线网络连接，作为有线和无线设备之间的网桥。在 WLAN 结构中，AP 有“胖”、“瘦”之分。在传统的 WLAN 结构中，网络中的每个 AP 都是独立的（或自主的），不依赖于集中控制装置，以将其同更高级的模式区别开来，称工作于这种模式的 AP 为“胖”AP（Fat AP）。在如今的 WLAN 部署中，AP 仅保留基本的射频通信功能，依赖于集中控制装置的集中控制功能，使 AP 的管理更加趋于智能化和自动化，减少了人工的投入，相应地也可使总成本下降，称工作于这种模式的 AP 为“瘦”AP（Fit AP）。

2.“胖”AP

（1）“胖”AP 的主要功能。

第一代接入点被称为“胖”AP，出现于 1999 年 IEEE 802.11b 标准出台后，在每个单元内提供了全范围的处理和控制功能，包括安全、QoS、接入控制、负载均衡和 SNMP 配置等功能。值得注意的一点是，“胖”AP 不会通过隧道向其他设备“返回”流量，这个特点非常重要。另外，“胖”AP 还能提供“类似于路由器”的功能，例如动态主机配置协议（DHCP）服务器功能。

（2）“胖”AP 的管理方式。

“胖”AP 是网络中的一个可以寻址的节点，在其接口上具有自己的 IP 地址，它能在有线和无线接口之间转发流量。它还可以拥有多个有线接口，在不同的有线接口之间转发流量——类似于一台第二/三层交换机。AP 的管理是通过一种协议和一个命令行接口进行的。接入点要求的用户配置参数、如发射功率设定、RF 信道选择、安全加密和其他配置参数通常通过 Web 界面进行配置。

（3）“胖”AP 的不足。

“胖”AP 通常建立在功能强大的硬件的基础上，需要复杂的软件，使得这些设备的安装和维护成本很高。另外“胖”AP 的可扩展性也存在问题，因为管理员管理众多“胖”AP 的 RF 运行方式是极其困难的，需要负责选择和配置 AP 信道，需要检测并确定可能带来干扰的恶意 AP，还必须管理 AP 的输出功率，确保覆盖范围足够大，同时重叠不大，且没有未被覆盖的地方，即便某个“胖”AP 出现故障。

3.“瘦”AP

（1）“瘦”AP 的主要功能。

“瘦”AP 通常又被称为“智能天线”，它们的主要功能是接收和发送无线流量。WLAN 中使用“瘦”AP 的目的是降低 AP 部署的复杂性，对其进行简化的一个重要原因是 AP 的位置，如很多企业对 AP 采用了高密度安装的方式，以便为每个基站提供最佳的射频连接，在仓库等特殊环境中，这种现象表现得更加明显。由于这些原因，网络管理人员希望只安装一次 AP，而不需要对其进行复杂的维护。

（2）“瘦”AP 的管理方式。

运行在“瘦”AP 模式下的“瘦”AP 从控制器上获得其配置，并且在“瘦”AP 和控制器之间传输控制和数据流量的协议是专用的，无法在网络的第二/三层上将“瘦”AP 作为一个统一的实体加以管理，但它可以通过 HTTP、SNMP 或者 CLI/Telnet 方式与控制器进行管理。一个控制器可以管理和控制多个 AP，这意味着控制器应当基于功能强大的硬件，并且通常能够执行交换和路由功能。另外一个重要的要求是，“瘦” AP 和控制器之间的连接和隧道应当确保这两个实体之间的分组延时保持在很低的水平。

（3）“瘦” AP 的优点。

使用无线控制器来管理“瘦” AP，为大规模 WLAN 应用提供了很多有利条件，既可以随着环境的变化动态更新 AP，也可以允许所有的“瘦” AP 共享一个通用的配置，从而增加无线网络的一致性。“瘦” AP 的优点如表 3-3 所示。

表 3-3 “瘦” AP 优点

优点	描述
低成本	“瘦” AP 经过优化，只高效地完成无线通信功能，降低了最初的硬件成本以及未来的维护和升级成本
简化的接入管理	“瘦” AP 配置，包括安全功能都采用集中式，简化了网络管理任务
改善漫游性能	比传统 AP 的漫游切换速度要快得多，改善了语音服务性能
简化网络升级	集中式的命令和控制能力使得为适应 WLAN 标准而对网络进行的升级变得更加的简单，因为升级只需在交换层次上进行，而不是每个“瘦” AP 上

4. 无线 AP 产品实例

Cisco AP 为业界所熟知，能够提供最好的覆盖范围和吞吐量以及许多其他厂商设备所不具备的安全特性。Cisco AP 提供多个配置选项，其中一些支持外接天线，一些支持内置天线，一些部署在室外，还有一些部署在室内。一些 AP 是为实现广域网互联和桥接而设计的，当作为网桥运行时，可能也允许客户端连接。关键是 Cisco AP 能够服务于很多目的，一种模型是包括 1130AG、1240AG、1250、1300 以及 1400 系列无线网桥等。其中 1130、1240 和 1250 既是“胖” AP 又是“瘦” AP，然而 1300 和 1400 系列都是作为网桥而设计的，1300 系列也可以支持无线客户端。相反，1400 系列只支持桥接。另一种模型是室外 mesh 1500 系列，它只能用于“瘦” AP 方案。

（1）1130AG。

如图 3-24 所示，1130AG 是拥有集成天线的双频 802.11a /b/g AP。1130AG 可以作为“胖” AP 或“瘦” AP 模式运行。1130AG 遵从 802.11 i/WPA2 协议，并且具有 32 MB RAM 和 16 MB 闪存。1130 AP 通常被部署在办公室或医院中。当然，内置天线提供的覆盖范围和距离与为外接天线设计的 AP 并不相同，如工作在 2.4GHz 和 5GHz 的 1130AG，采用内置天线和外接天线，分别提供 3dB 增益和 4.5dB 增益。

（2）1240AG。

如图 3-25 所示，1240AG 系列 AP 与 1130AG 类似，也是双频 802.11a/b/g 设备；但是，它仅支持外接天线。这些外置天线利用 RP-TNC 连接器进行连接。1240AG 可作为“胖” AP 运行，也可以“瘦”AP 模式运行。与 1130AG 类似，也遵从 802.11i/WPA2 协议。

图 3-24　1130AG 系列集成 AP

图 3-25　1240AG 系列 AP

（3）1250 系列 AP。

如图 3-26 所示，1250 系列 AP 是支持 802.11n 标准草案 2.0 版的首个企业级 AP 之一。因为 1250 系列 AP 支持 802.11n 标准草案，所以可以在每一个频段上获得大约 300Mb/s 的数据速率和 2×3 多输入多输出技术，2×3 多输入多输出技术在项目 2 中已经讨论过。同样，由于 1250 是模块化的，所以它可以很容易实现升级，并且它在基于控制器和独立模式下运行，也遵循 802.11 i/WPA2 协议。1250 用于更为复杂的室内环境，如在一些工厂或医院里需要放置天线的危险位置可以看到它的应用。它有 64 MB 的 DRAM 和 32 MB 的闪存，工作于 2.4GHz 和 5GHz 无线电频段。

（4）1300 系列 AP/网桥。

如图 3-27 所示，Cisco Aironet 1300 系列室外 AP/网桥是作为客户端 AP 以及网桥而设计的，它能够抵抗外界因素的影响，用于部署具有室外用户和移动客户的方型大学校园区域内的无线网络或在公共场所的公园、商务会展的临时无线网络。1300 系列 AP/网桥是非常好的点到点和点到多点的网桥，可以用来互相连接建筑物以及连接没有有线网络设施的建筑物。1300 系列 AP/网桥需要特殊的电源，该电源通过同轴电缆向 1300 系列 AP/网桥提供电源，应将其放置在室内或至少有外壳保护的地方。另外，1300 系列 AP/网桥仅工作在 802.11b/g 模式下，有两种可用版本：一种采用集成天线；另一种采用天线连接器。

图 3-26　1250 系列 AP

图 3-27　1300 系列集成天线

（5）1400 系列无线网桥。

如图 3-28 所示，Cisco Aironet 1400 系列无线网桥有一个能够抵制恶劣环境的密封外壳，是为工作于室外环境的点到点或点到多点无线网络而设计的。它可以被安装在柱子、墙壁甚至屋顶上，还可以依据无线网桥的安装方式改变极化方式，这也是部署该无线网桥最重要的方面。Cisco Aironet 1400 系列无线网桥有一个高增益的内部频段，允许采用 N 型连接器进行专业的无线安装，这意味着可以连接一个高增益碟形天线。

图 3-28　Cisco 1400 系列 AP

（6）Cisco AP 系列比较。

表 3-4 汇总了各种类型的 Cisco AP 技术指标。

表 3-4　Cisco AP 系列比较

AP	支持的模式	环境	支持的天线	支持的 802.11 协议	支持的最大速率
1130AG	自主轻型 AP-HREAP	室内	集成	a/b/g	54Mb/s
1240AG	自主轻型 AP-HREAP	复杂室内	外接	a/b/g	54Mb/s
1250AP	自主轻型 AP	复杂室内	外接	a/b/g/n	54Mb/s
1300AP	自主轻型 AP、网桥	室外	内置或外接	b/g	54Mb/s
1400AP	网桥（非 AP）	室外	内置或外接	a/b/g	N/A

3.4.2　无线局域网控制器

在大规模无线网络中，例如拥有几十甚至几百个 AP 的集团环境中，需要对每个 AP 单独配置 RF 信道、发射功率、漫游和安全等功能，这就使得 WLAN 的管理非常复杂。由于无线网络技术起源于结构化的有线网络架构，因此它为用户提供了类似的控制模型，带来了一种企业无线网络管理的新方法。

1. 无线局域网控制器概述

（1）传统 WLAN 架构。

传统的企业级 WLAN 采用的是以太网交换机+“胖”AP 的二级模式，如图 3-29 所示，由 AP 来实现无线局域网和有线网络之间的桥接工作。整个网络的无线部分，是以 AP 为中心的多个覆盖区域组合而成的。这些区域各自独立工作，AP 作为该区域的中心节点，承担着数据的接收、转发、过滤、加密，客户端的接入、认证、断开等任务。AP 的所有管理工作，比如信道管理和安全性设置，都必须针对每一台 AP 单独进行，当企业的 WLAN 规模较大时，这就成为网络管理员相当繁重的负担。

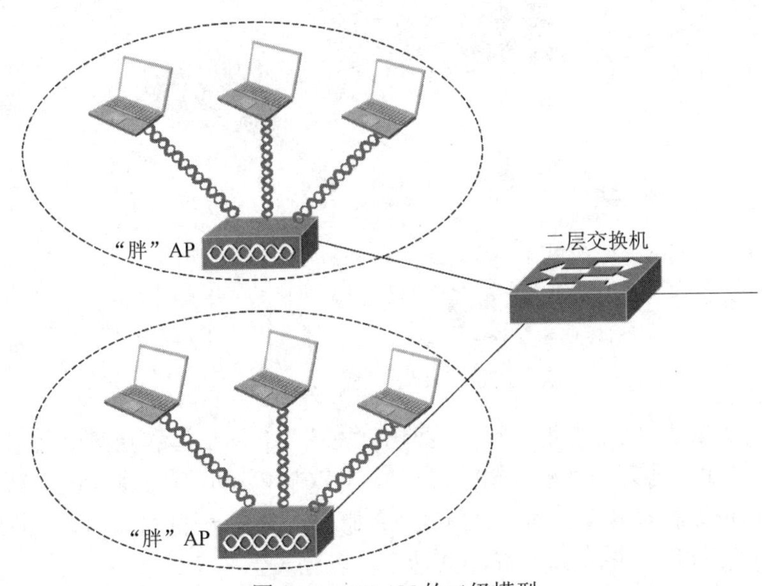

图 3-29　WLAN 的二级模型

（2）现代 WLAN 架构。

新出现的无线局域网控制器（Wireless Local area network Controller，WLC）通过集中管理"瘦"AP 来解决这个问题。在这种架构中，WLC 替代了原来二层交换机的位置，"瘦"AP 取代了原有的"胖"AP，如图 3-30 所示。AP 在 MAC 层和无线客户端交互，完成发送和接收 IEEE 802.11 帧、AP 信标和探针消息、数据加密等功能。由于管理功能并非是 RF 信道发送和接收帧的有机组成部分，而应集中进行管理，因此，这些功能被移到一个远离 AP 的中央平台中，也即由 WLC 来集中管理。通过这种方式，WLC 成为中央枢纽，为众多 AP 所共享，主要完成如下工作：

①提高安全性。安全性能包括 802.1x、WEP、TKI 协议和 AES 等，囊括了从第二层验证和加密到第三层 VPN 安全机制。如采用 WLC 时，当非法接入点连接到网络，WLC 会验证它是否是允许的设备或用户，如果 WLC 确定该设备是非法的，它将关闭非法接入点并自动告警。

②自动配置。由于所有的处理能力都集中在 WLC 上，分布的"瘦"AP 只是非常简单的受控设备，只负责发送与接收无线信号，因此无需很强的处理能力。另一方面，WLC 可以在"瘦"AP 开启时候，自动给"瘦"AP 升级固件或更新配置，而不像普通的 AP 那样，需要由管理员来一台一台地进行固件升级或更新配置，大大减少了管理的重复劳动强度，减少了管理开支。

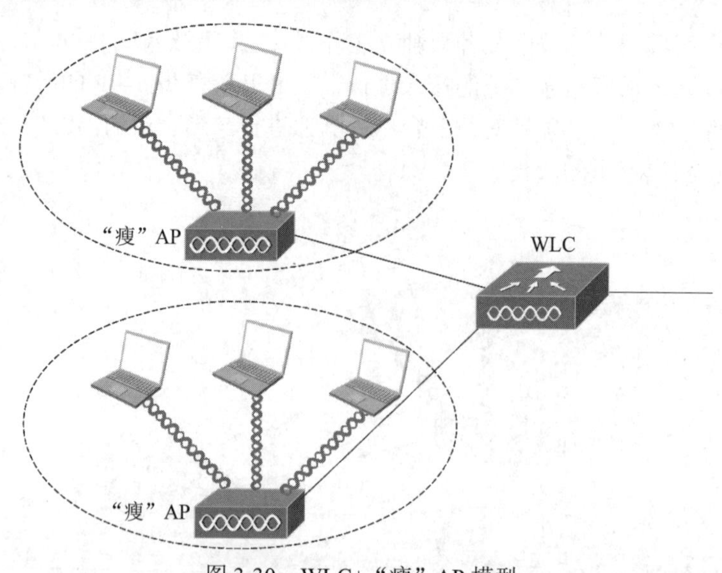

图 3-30 WLC+"瘦"AP 模型

③RF 管理。WLC 可以动态地、智能地调整"瘦"AP 的信道和功率，这项突破性的技术是独一无二的。例如，当某个"瘦"AP 失效时，WLC 将自动探测失败点，指导附近的"瘦"AP 调整功率和信道设置来补偿。当一个新的 AP 加入，WLC 可自动探测，上载适当的功率和信道设置，并调整附近 AP 的信道和减小其功率，以免发生冲突。

④漫游管理。由于无线客户端是移动的，因此，需要使用基于身份而非端口或设备的组网方式，通过共享 WLC 中的用户数据库来提供网络服务，以便跨越整个网络时执行一致的访问和安全策略，使得用户位置、安全性以及访问详细信息迅速地在 WLC 之间传输，而不再重新连接和重新认证，保持无缝安全性和会话完整性的情况下实现快速漫游。

虽然 WLC 采用和普通交换机类似的方式与 AP 实现连接，但在 802.11 帧处理上与传统方式不同：WLC 不将 802.11 帧转换为以太帧，而是将其封装进 802.3 帧当中，然后通过专用隧道传输到 WLC 上。从有线网络的角度看，WLC+"瘦"AP 更像一台伸展出很多外接天线的增强型 AP。

2. WLC 的发现过程

WLC 的集中式命令和控制需要引入控制器和"瘦"AP 之间的通信协议，而且为满足互操作性要求，协议应基于工业标准。轻量级接入点协议（Light Weight Access Point Protocol，LWAPP）将控制器与接入点间的通信标准化，最早由互联网工程任务组（Internet Engineering Task Force，IETF）开发。LWAPP 的初始草案规范已于 2004 年 3 月终止，IETF 又建立了新的称为无线接入点的控制和配置（Control And Provisioning of Wireless Access Points，CAPWAP）工作组。工作组的大多数成员以 LWAPP 协议为基础，在 2009 年 4 月正式发布了 CAPWAP 协议。

（1）LWAPP。

LWAPP 作为"瘦"AP 和 WLC 之间通信的隧道化协议的早期版本，能够以二层 LWAPP

模式或三层 LWAPP 模式进行操作。二层模式已经过时，三层模式是大多数 Cisco 设备默认的 LWAPP 模式。

①LWAPP 的主要功能。

IETF 规范了 LWAPP 协议实现的功能：AP 设备的发现及信息交换，AP 验证、配置和软件控制，数据帧和管理帧的封装、分段及重组，AP 和关联设备之间的通信与管理等。

②LWAPP 的二层操作。

当以二层模式进行操作时，LWAPP 具有以下特征和要求。

- AP 与 WLC 之间的 LWAPP 通信位于本地的第二层以太网帧。这就是所谓的二层 LWAPP 模式。
- 在二层 LWAPP 模式下，虽然 AP 可通过 DHCP 获得一个 IP 地址，但 AP 与 WLC 之间的所有 LWAPP 通信都在封装的以太网帧中，而不是在 IP 数据包中。
- AP 与 WLC 必须位于同一个以太网中。这意味着二层模式不具有良好的可扩展性。源 MAC 地址和目的 MAC 地址依赖于帧的传输方向。
- 从 AP 发送至 WLC 的 LWAPP 控制帧使用 AP 的以太网 MAC 地址作为源地址，并使用 WLC 的 MAC 地址作为其目的地址。
- 从 WLC 发送至 AP 的 LWAPP 控制帧使用 WLC 的 MAC 地址作为源地址，并使用 AP 的 MAC 地址作为其目的地址。

WLAN 客户端与其他主机之间的数据包通常是 IP 数据包。图 3-31 所示为客户端在逻辑拓扑中发送帧的过程。在这里不要关注底层网络，只需关注设备之间将要发生的过程。

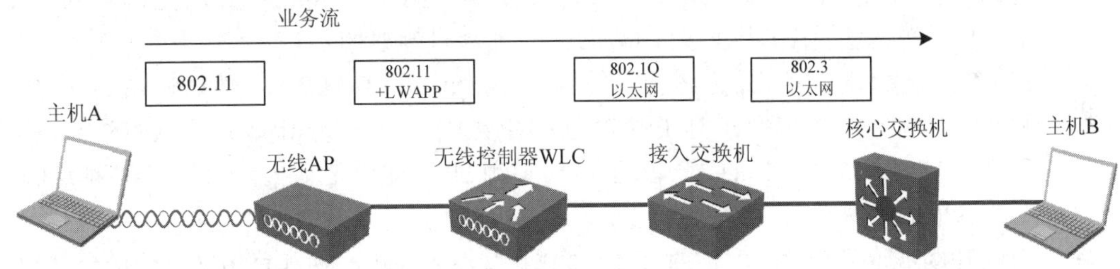

图 3-31　主机 A 向主机 B 发送数据

在此图中，主机 A 正在向主机 B 发送一个数据包，过程如下。

- 主机 A 在 802.11 RF 接口上发送一个 IP 数据包，此 IP 数据包封装在 802.11 帧中，主机 A 的 MAC 地址作为源地址，AP 无线接口的 MAC 地址作为目的地址。
- 在 AP 上，AP 对该帧添加一个 C 比特位设置为 0 的 LWAPP 头，然后将 LWAPP 头和 802.11 帧一起封装到以太网帧中。该以太网帧使用 AP 以太网 MAC 地址作为源 MAC 地址，并将 WLC 的 MAC 地址作为目的 MAC 地址。
- 在 WLC 上，移除以太网和 LWAPP 头，并处理原 802.11 帧。
- 在处理完 802.11 MAC 头之后，WLC 提取有效负载（IP 数据包），将其封装到一个以太网帧中，且通常添加一个 802.1q VLAN 标记，然后将该帧转发到适当的有线网络中。

- 该数据包然后通过有线交换与路由选择的网络架构传送至主机 B。

主机 B 接收到该帧后可能会作出答复，返回一个数据包给主机 A 的过程如下。

- 该数据包从主机 B 开始传送，经由有线交换与路由选择网络到达 WLC，这里以太网帧用主机 A 的 MAC 地址作为目的 MAC 地址。来自主机 B 的 IP 数据包被封装在以太网帧中。
- WLC 取出整个以太网帧，添加 C 比特位设置为 0 的 LWAPP 头，然后将组合的帧封装到 LWAPP 以太网帧中。该 LWAPP 以太网帧用 WLC 的 MAC 地址作为源 MAC 地址，并用 AP 以太网 MAC 地址作为目的 MAC 地址。该帧经交换网络发送至 AP。
- 在 AP 上，移除并处理以太网和 LWAPP 头。
- 然后将有效负载（IP 数据包）封装到一个 802.11 MAC 帧中，并由 AP 通过空中传送至主机 A。

③LWAPP 的三层操作。

三层 LWAPP 控制和数据消息以 UDP 数据包形式在 IP 网络上传输，唯一的要求是要在 AP 与 WLC 之间建立 IP 连接。LWAPP 隧道的源和目的地址使用 AP 的 IP 地址和 WLC 的 AP 管理器接口的 IP 地址。在 AP 侧，LWAPP 控制和数据消息均使用一个临时端口作为 UDP 端口，此临时端口来自 AP 的 MAC 地址的一个哈希值。在 WLC 侧，LWAPP 数据消息总是使用 UDP 端口 12222，LWAPP 控制消息总是使用 UDP 端口 12223。客户端在三层 LWAPP 模式下发送帧的过程与二层模式类似。然而，此时帧是封装在 UDP 中的，这个过程如下所述。

- 主机 A 在 802.11 RF 接口上发送数据包。该数据包封装在 802.11 帧中，主机 A 的 MAC 地址作为源地址，AP 无线接口 MAC 地址作为目的地址。
- 在 AP 上，AP 对该帧添加一个 C 比特位设置为 0 的 LWAPP 头，然后将该 LWAPP 头和 802.11 帧一起封装到基于 IP 传输的 UDP 数据包中。该源 IP 地址是 AP 的 IP 地址，而目的 IP 地址是 WLC 的 AP 管理地址。该源 UDP 端口是基于 AP 的 MAC 地址的一个哈希值的临时端口，该目的 UDP 端口为 12222。
- 当该 IP 数据包离开 AP 时被封装在以太网中，然后经过交换和路由网络传送至 WLC。
- 在 WLC 上，将以太网、IP、UDP 和 LWAPP 头从原 802.11 帧中移除。
- 在处理 802.11 MAC 头之后，WLC 提取有效负载（来自主机 A 的 IP 数据包），将其封装到一个以太网帧中，然后通常添加一个 802.1q VLAN 标记，将其转发到相应的有线网络上。
- 该数据包然后经由有线交换与路由选择网络传输至主机 B。

当主机 B 接收该数据包时，主机 B 很可能作出响应，因此反向的过程如下。

- 该数据包经由有线交换与路由选择网络传送至 WLC，此处到达的以太网帧用主机 A 的 MAC 地址作为目的 MAC 地址。
- WLC 移除以太网帧头并提取有效负载（去往主机 A 的 IP 数据包）。

- 将来自主机 B 的原始 IP 数据包与一个 C 比特位置 0 的 LWAPP 头一起封装起来，然后以 UDP 数据包格式经由 IP 网络传送至 AP。该数据包使用 WLC AP 管理器的 IP 地址作为源 IP 地址，而用 AP 的 IP 地址作为目的地址，源 UDP 端口为 12222，而目的 UDP 端口是一个来自 AP 的 MAC 地址哈希值的临时端口。
- 这个数据包经由交换与路由选择网络传送至 AP。
- AP 移除以太网、IP、UDP 和 LWAPP 头，并提取有效负载，然后将其封装到 802.11 帧中，并通过 RF 网络传送给主机 A。

（2）CAPWAP。

①CAPWAP 的主要功能。

实际上，CAPWAP 由两个隧道组成，分别为控制信息隧道和数据隧道，如图 3-32 所示。CAPWAP 控制消息用于配置“瘦”AP 和管理其运行方式，对控制消息进行认证和加密，确保 WLC 能够可靠控制“瘦”AP，控制隧道主要实现如下功能。

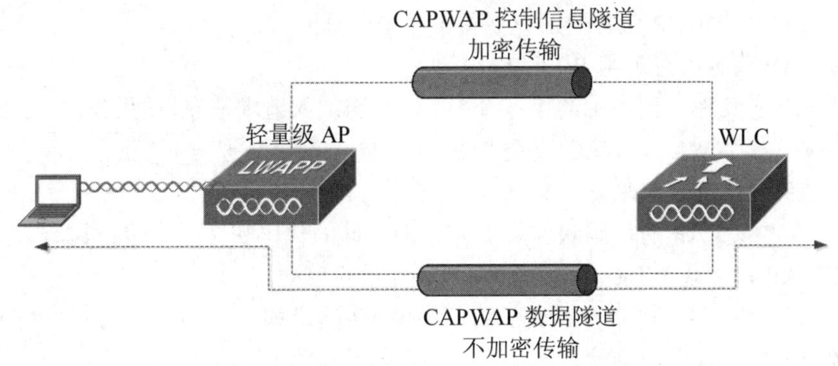

图 3-32　使用 CAPWAP 连接 WLC 和“瘦”AP

- AP 通过控制隧道发现 WLC
- 在 AP 和 WLC 之间建立相互信任
- AP 使用控制隧道下载固件
- AP 使用控制隧道下载配置文件
- WLC 收集 AP 的各项统计数据
- 移动和漫游相关的任务
- AP 发送给 WLC 的通知及警告信息
- 其他一些任务

CAPWAP 的数据隧道用来封装前往和来自与“瘦”AP 相关联的无线客户端的数据，但没有进行加密。

②CAPWAP 的二层操作。

二层 CAPWAP 通信报文可以直接被封装在以太网帧中，虽然在 RFC 的草案中被定义，但是二层的 CAPWAP 模式在 Cisco 的实施中已经逐步被废弃，只有 Cisco 1000 系列的 AP 可以支持二层的 CAPWAP 模式，Cisco 2000 系列的 WLC 不支持二层的 CAPWAP 协议。支持二层 CAPWAP 发现的 AP 首先广播一个 CAPWAP 的请求报文，如果本地网络中有支持二层 CAPWAP 模式的 WLC，控制器将会应答，AP 将会进入加入 WLC 阶段。

③CAPWAP 的三层操作。

如果不支持二层 CAPWAP 或二层发现模式失败，AP 将会使用三层 CAPWAP。三层 CAPWAP 使用不同的选项来发现 WLC。三层 CAPWAP 用来创建一个控制器的列表，列表创建好以后，AP 选择一个 WLC 并且尝试加入并关联。三层 CAPWAP 模式一直重复直到成功找到一个 WLC 并加入。

3. “瘦” AP 的工作原理

“瘦” AP 被设计为无需通过控制台端口或网络对其进行配置，那么“瘦” AP 必须能够找到一个 WLC 并获得所有的配置参数。下面的步骤详细描述了“瘦” AP 进入活动状态之前必须完成的启动过程：

- “瘦” AP 从 DHCP 服务器那里获得一个 IP 地址。
- “瘦” AP 获悉所有可用 WLC 的 IP 地址。
- “瘦”AP 向其地址列表中的第一个 WLC 发送加入请求消息，如果该 WLC 没有应答，将尝试下一个 WLC，WLC 接受“瘦” AP 时，将向“瘦” AP 发回加入响应消息，这将把两台设备绑定起来。
- WLC 将“瘦” AP 的代码映像版本同本地存储的代码映像版本进行比较，如果不同，“瘦” AP 将下载 WLC 存储的代码映像并重新启动。
- WLC 和“瘦” AP 建立一条加密的 CAPWAP 隧道和一条不加密的 CAPWAP 隧道，前者用于传输管理数据流，而后者用于传输无线客户端的数据。

AP 要能正常工作，首先要与 WLC 进行一个建立连接的过程，这个过程是“瘦” AP 去寻找 WLC。默认情况下，“瘦” AP 使用 TCP/IP 协议进行通信，因此“瘦” AP 首先要获得一个 IP 地址和 WLC 的 IP 地址。

- “瘦” AP 首先会发出一个 DHCP Discover 报文的请求。
- DHCP 服务器回送一个包含 IP 地址、掩码、网关、DNS 和域名的 DHCP Offer 报文给“瘦” AP。
- 随后，“瘦” AP 会发送一个 DHCP Request 报文给服务器并且收到服务器发回的 ACK 报文。
- “瘦” AP 在本地网络上发送一个寻找 WLC 的三层 CAPWAP 广播报文，本地网络上任何一个配置了三层 CAPWAP 模式的 WLC 都会收到此发现请求。
- 任何收到此发现请求报文的 WLC 将会采用单播的形式向“瘦” AP 发送一个发现响应报文。
- 如果“瘦” AP 没有收到应答请求，那么此时“瘦” AP 有两种选择。

（1）使用 DHCP Option 43 字段指定 WLC 地址的通信过程。

在如图 3-33 所示的这种情况下，假定 WLC 在 172.16.1.0/16 网段，“瘦”AP 和 DHCP 服务器在网段 192.168.1.0/24，两个网段之间路由可达，DHCP 服务器已经配置好了使用 Option 43 来提供 WLC 的地址信息。当“瘦”AP 加电启动时，它首先发送 DHCP 请求以便从 DHCP 服务器获得一个 IP 地址，DHCP 应答报文中包含了 WLC 的地址信息，“瘦”AP 将向 Option 43 中的每个 WLC 发送一个单播的发现请求，接收到请求的 WLC 将向“瘦”AP 发送发现响应报文，开始整个注册过程。

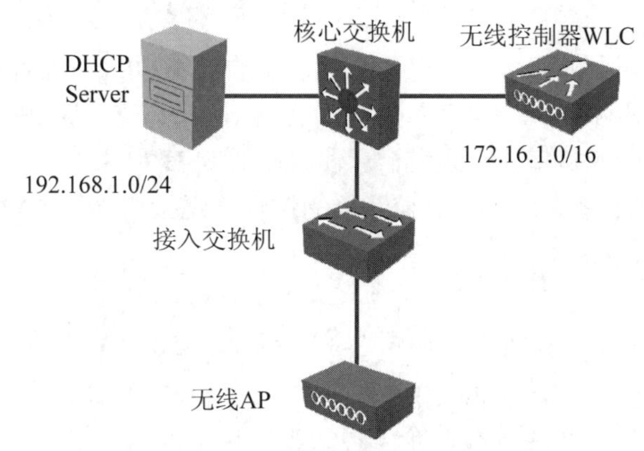

图 3-33　DHCP Option 43 的网络拓扑示例

（2）使用 DNS 服务器来返回 WLC 地址的通信过程。

如果没有 Option 43 字段内容，“瘦”AP 会通过 DNS 查找的方式寻找 WLC。“瘦”AP 发送请求解析域名为 cisco.com 的请求给 DNS 服务器，如果 DNS 中有对应的 A 记录，那么 AP 同样会得到 WLC 的地址。随后，“瘦”AP 向每一个 WLC 发送三层的 CAPWAP 发现请求，收到发现请求的 WLC 发送一个单播 CAPWAP 的发现响应给“瘦”AP。此时，“瘦”AP 与 WLC 之间就建立了 CAPWAP 隧道。

“瘦”AP 与 WLC 建立连接后，“瘦”AP 会向 WLC 请求是使用本地存储的操作系统还是从 WLC 上下载新的操作系统。一旦操作系统导入完毕，“瘦”AP 就会请求 WLC 下发配置文件。然后“瘦”AP 将配置值应用到 RAM 中，“瘦”AP 开启并运行。

4. WLC 产品实例

WLC 是为可扩展性而设计的，与“瘦”AP 之间的通信使用 CAPWAP，可以应用在任意类型的二层或三层网络架构上。Cisco 系列 WLC 分为模块化 WLC 和独立 WLC。3750-G 是模块化的 WLC，可以安装在 6500 系列交换机或集成服务路由器（Integrated Services Routers，ISR）上。独立 WLC，包括 44xx 系列 WLC 和 2100 系列 WLC 等。一个 WLAN 所需要的 WLC 数量取决于需要部署多少个 AP，该值可以是每 WLC 6～300 个 AP 的任意数字，这是一个固定值且不能通过许可来升级。很多平台都支持 Cisco WLC，主要差别在于管理“瘦”AP 的数量。

（1）Cisco 44xx 系列 WLC。

Cisco 44xx 系列 WLC 是一种独立设备，如图 3-34 所示。

图 3-34　Cisco 4400 系列 WLC

它被设计成占据一个机架单元，有两个或四个吉比特以太网上行链路，而且它们使用迷你 GBIC FSG 插槽。根据型号，4400 系列可以支持 12、25、50 或 100 个 AP。4400 系列有一个称为服务端口的 10/100 接口，它被用于管理用途的 SSH 和 SSL 连接，还可以用来作为带外管理，但不要求它管理设备，可以通过控制器的逻辑管理接口来管理设备。还有一个控制台端口，可以通过超级终端来连接。

（2）3750-G WLC。

3750-G WLC 集成于交换机中，如图 3-35 所示。3750-G 由两个配件组成：WS-C3750G-24PS-E 和 AIR-WLC4402-*-K9。这两个配件都连接到 SEPAPCB 部件上，SEPAPCB 有两个吉比特以太网链路，通过 SFP 电缆和两个 GPIO 控制电缆连接。这种集成到交换机平台的主要优点如下。

- 节省空间
- 控制器和交换机背板集成
- 节省端口

（3）Cisco WiSM。

Cisco WiSM 是一个服务模块，安装在带有 Cisco 管理引擎 720 的 6500 系列交换机或 7600 系列路由器中，如图 3-36 所示。

图 3-35　Cisco 3750-G 系列 WLC

图 3-36　Cisco WiSM

Cisco WiSM 与 4400 系列独立 WLC 具有相同的特性，不同之处是 Cisco WiSM 支持多达 300 个 AP。WiSM 支持每 WLC 150 个 AP，每个刀锋服务器有两个控制器。因此，WiSM 总共可以有 300 个 AP。还可以将 12 个 Cisco WiSM 聚集到一个移动域中，这允许在一个移动域中有多达 3600 个“瘦”AP。

（4）Cisco 2106 WLC。

Cisco 2106 WLAN 控制器也是一个单机架单元，带有 8 个 10/100 以太网端口，如图 3-37 所示。

Cisco 2106 可以支持多达 6 个一级（primary）AP，它有一个 RJ-45 控制台端口和两个支持 PoE 的 RJ-45 端口。它几乎拥有 4400 系列控制器的所有特性，还拥有 8 个内置的交换端口，可以经常在小的企业网络环境中看到这种 WLC。

（5）Cisco WLCM。

WLAN 控制器模块（Wireless LAN Controller Module，WLCM）是为 ISR 路由器设计的，如图 3-38 所示。

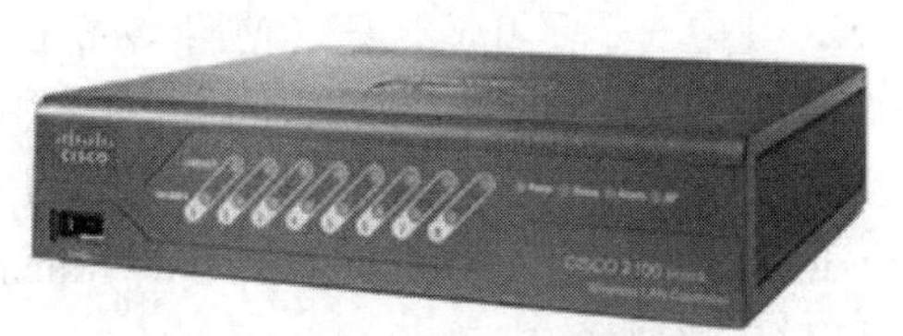

图 3-37　Cisco 2106 系列 WLC

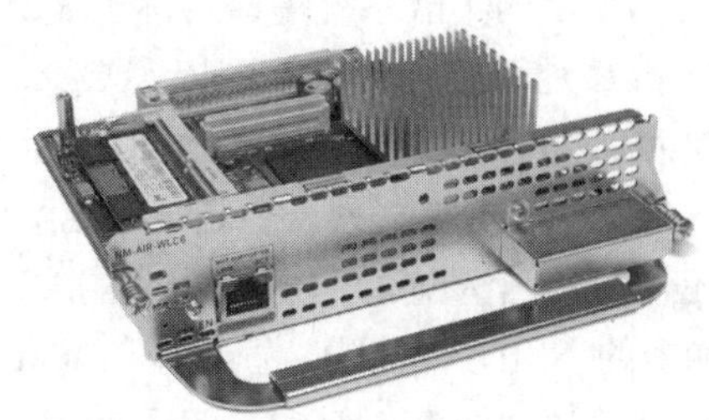

图 3-38　Cisco WLCM

Cisco WLCM 与 2106 功能相同，但没有直接连接的 AP 和控制台端口。它支持 6 个 AP。增强型 WLCM（WLCM-Enhanced，WLCM-E）支持 8 个或者 12 个 AP，这取决于所使用的模块。

4. WLC 的部署

对于 Cisco WLC 而言，端口（Port）是一个实实在在可以触摸到的物理接口。接口（Interface）是逻辑的，并且可以是静态的，如管理接口、“瘦”AP 管理接口、虚拟接口等服务于特定的目的，不能被移出；也可以动态的，由管理员自定义，如 VLAN 接口等。无论硬件型号如何，Cisco WLC 都包含下述接口类型。

（1）管理接口：在网络中控制所有物理端口的通信，用于建立到 WLC 的 Web、安全外壳（SSH）或 Telnet 会话。“瘦”AP 使用管理接口来发现 WLC。

（2）AP 管理接口：分配给此接口的 IP 地址用作 WLC 与“瘦”AP 之间通信的原地址，WLC 也在该接口上侦听“瘦”AP 试图发现控制器时发送的子网广播。

（3）虚拟接口：用于中继来自无线客户端的 DHCP 请求的逻辑接口，给该接口分配一个伪造（但唯一）的静态 IP 地址，这样客户端将把该虚拟地址视为其 DHCP 服务器，在同一个移动组中，所有 WLC 都必须使用相同的虚拟接口地址。

（4）集散系统接口：若将 WLC 连接到园区网中交换机的一个接口，该接口通常是一个中继端口，用于传输覆盖了“瘦”AP 和 VLAN 的数据流。

（5）动态接口（也称为用户接口），使用的 IP 地址属于无线客户端 VLAN 的子网。

通常，预留一个管理 VLAN 和子网供 WLC 和 CAPWAP 使用，可以将管理子网中的 IP 地址分配给管理接口和“瘦”AP 管理器接口。所有来自外部的管理数据流（基于 Web 的、Telnet、SSH 或 AAA）和 CAPWAP 隧道数据流都将到达这些地址。“瘦”AP 将被放置到网络的各个地方，甚至是不同的交换模块中，因此应将“瘦”AP 数据流视为外部的。

分配给“瘦”AP 的 IP 地址不必属于“瘦”AP 管理的子网，在小型网络中，“瘦”AP 和 WLC 可能位于同一个子网中，因此它们在第二层是相邻的，在大型网络中，“瘦”AP 将分散在不同的交换模块中，“瘦”AP 和 WLC 的 IP 地址将各不相同，因为它们不是第二层邻居，这些地址将不属于“瘦”AP 管理子网。

图 3-39 说明了一种情景，其中包含各种 WLC 接口以及这些接口的 IP 地址和所属的 VLAN，WLC 的集散系统端口实际上是条中继链路，它承载 WLC 和 AP 管理子网。在这个例子中，WLC 通过物理端口 1 连接到 Cisco 3750 交换机的 gig1/0/1 千兆端口，WLC 上所有的接口都映射到物理接口 1。WLC 上配置了两个 WLAN，其中一个是开放认证（使用 Web portal 认证，SSID 为 open），另一个是采用 EAP 认证（SSID 为 secure）。分别为开放的 SSID 和 EAP SSID 创建了一个动态接口并同相应的 VLAN 相关联，开放的 SSID 同 VLAN 3 相关联，VLAN 4 同加密的 SSID 相关联，管理接口（management interface）和 AP 管理接口（AP Manager interface）都使用 VLAN 60。为了使配置简单，我们忽略了服务端口（service-port），所有的网络服务（AAA，DHCP，DNS）都使用 VLAN 50，AP 连接到 VLAN 5。

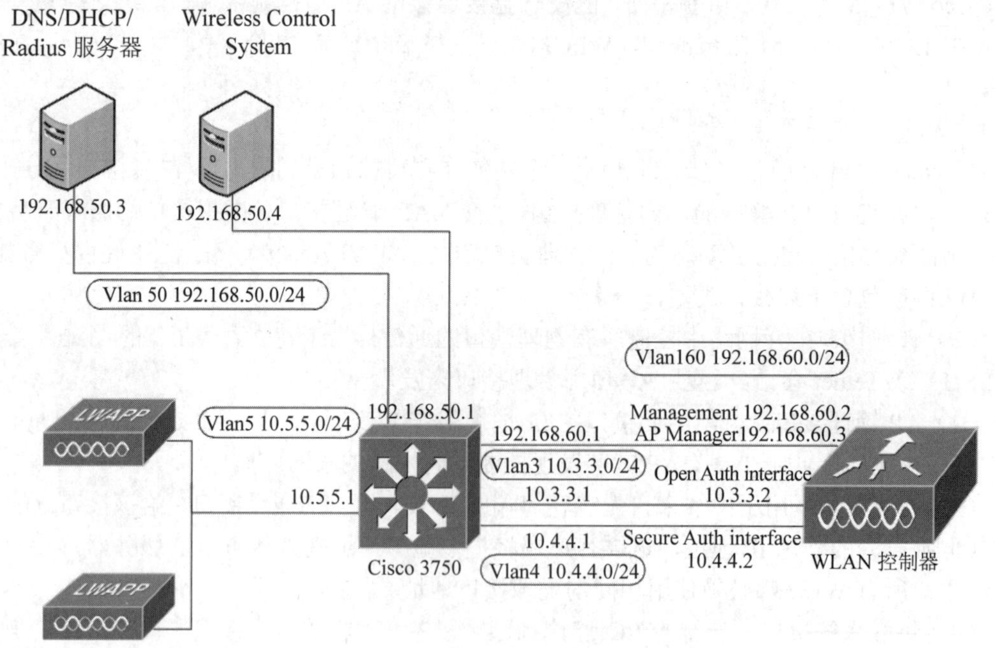

图 3-39　WLC 接口布局示例

5. “瘦”AP 与 WLC 的连接方式

根据 WLAN 规模的大小，“瘦”AP 与 WLC 的连接方式分为直接连接和分布式连接两大类。

（1）直接连接：指的是 WLC 与“瘦”AP 通过以太网接口直接相连，如图 3-40 所示。

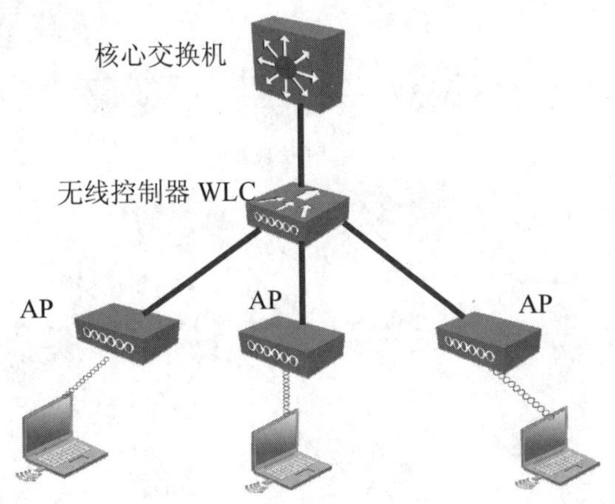

图 3-40　AP 与 WLC 直连

（2）分布式连接：是指 WLC 与“瘦”AP 之间的连接跨越了二层网络或三层网络，因此分为分布式二层模式和分布式三层模式。

①分布式二层模式。分布式二层模式下 WLC 与“瘦”AP 之间的连接跨越了二层网络。特点是它们都接入二层交换机，WLC 与“瘦”AP 的 IP 地址在同一网段，如图 3-41 所示。

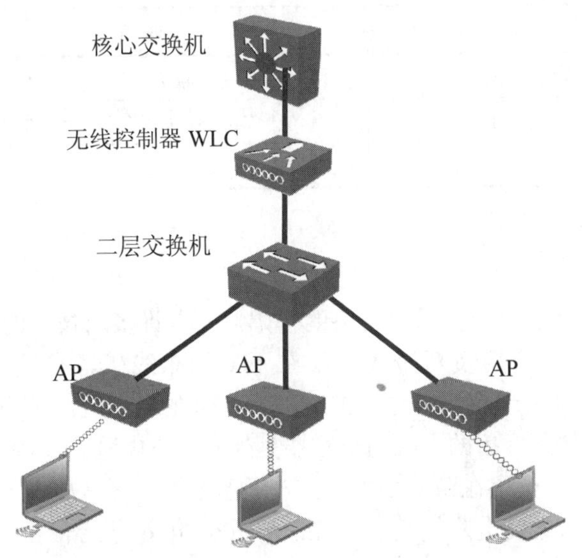

图 3-41　AP 与 WLC 分布式二层部署模式

②分布式三层模式。分布式三层模式下 WLC 与“瘦”AP 之间的连接跨越三层网络。特点是 WLC 接入三层交换机或路由器，AP 接入二层交换机，二层交换机与三层交换机相连，WLC 与“瘦”AP 的 IP 地址不在同一网段，如图 3-42 所示。

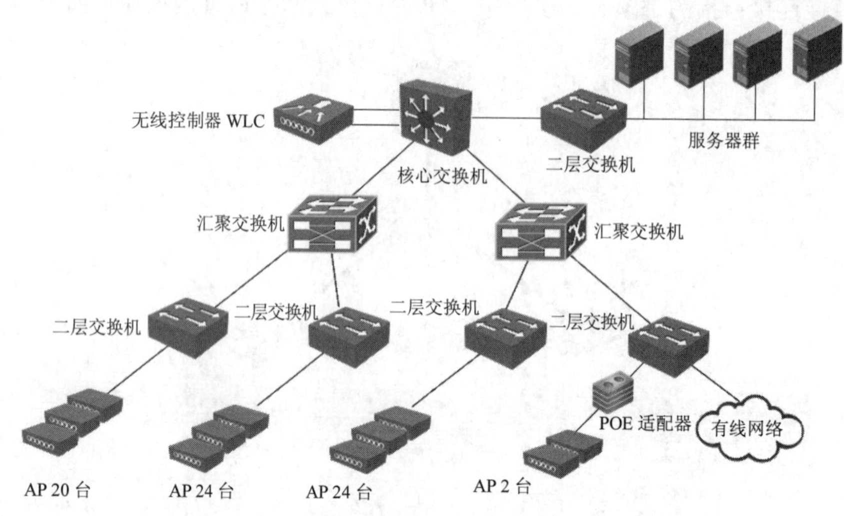

图 3-42　AP 与 WLC 分布式三层部署模式

（3）三种连接方式的比较。

WLC 与“瘦”AP 的连接方式比较如表 3-5 所示。

表 3-5　WLC 与“瘦”AP 的连接方式比较

组网模式	优点	缺点	应用场合
直连模式	配置最简单	支持 AP 数量有限	实验室/测试
分布式二层模式	配置简单	随着 AP 数量增多，容易引起网络风暴	小型网络/测试
分布式三层模式	支持大量 AP	配置复杂	大型网络

3.4.3　PoE 技术

结构化布线是当今所有数据通信网络的基础，随着许多新技术的发展，现在的数据网络正在提供越来越多的新应用及新服务：如在不便于布线或者布线成本比较高的地方采用 WLAN 技术可以有效地将现有网络进行扩展，基于 IP 的电话应用也为用户提供了增强的企业级应用。所有这些支持新应用的设备由于需要另外安装供电装置，特别是如无线局域网的 AP 及 IP 网络摄像机等都是安置在距中心机房比较远的地方，更是加大了整个网络组建的成本。为了尽可能方便及最大限度地降低成本，IEEE 于 2003 年 6 月批准了一项新的以太网供电标准（PoE，Power Over Ethernet）IEEE 802.3af，确保用户能够利用现有的结构化布线为此类新的应用设备提供供电的能力。

1. PoE 的概念

PoE 是指在现有以太网 CAT-5 布线基础架构不作任何改动的情况下，能保证如 IP 电话机、无线局域网接入点 AP、安全网络摄像机以及其他一些基于 IP 的终端传输数据信号的同时，还能为此类设备提供直流供电的能力。

PoE 技术用一条通用以太网电缆同时传输以太网信号和直流电源，将电源和数据集成在同一有线系统当中，在确保现有结构化布线安全的同时保证了现有网络的正常运作。

大部分情况下，PoE 的供电端输出端口在非屏蔽的双绞线上输出 44～57V 的直流电压、350～400mA 的直流电流，为一般功耗在 15.4W 以下的设备提供以太网供电。典型情况下，一个 IP 电话机的功耗约为 3～5W，一个无线局域网访问接入点 AP 的功耗约为 6～12W，一个网络安全摄像机设备的功耗约为 10～12W。

一个典型的 PoE 以太网供电的连接示意图如图 3-43 所示。

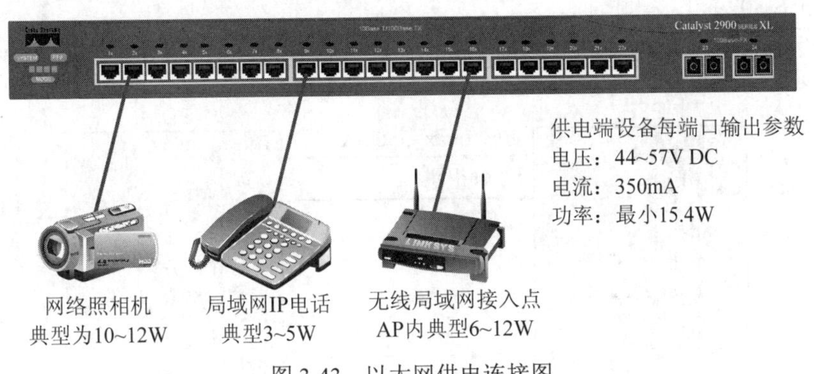

图 3-43　以太网供电连接图

2. PoE 的优势

（1）节约成本。

因为它只需要安装和支持一条而不是两条电缆。一个交流电源接口的价格大约为 100～300 美元，许多带电设备，例如视频监控摄像机等，都需要安装在难以部署交流电源的地方。随着与以太网相连设备的增加，如果无需为数百或数千台设备提供本地电源，将大大降低部署成本，并简化其可管理性。

（2）易于安装和管理。

客户能够自动、安全地在网络上混用原有设备和 PoE 设备，能够与现有以太网电缆共存。

（3）安全。

因为 PoE 供电端设备只会为需要供电的设备供电，只有连接了需要供电的设备，以太网电缆才会有电压存在，因而消除了线路上漏电的风险。

（4）支持更多增强的应用。

随着 IEEE 802.3af 标准的确立，其他大量的应用也将快速涌现出来，包括蓝牙接入点、网络打印机、IP 电话机、Web 摄像机、无线网桥、门禁读卡机与监测系统等。用户在当前的以太网设备上融合新的供电装置，就可以在现有的网线上提供 48V 直流电源，降低了网络建设的总成本，并且保护了投资。

3. PoE 的组成

（1）PSE 与 PD。

一个完整的 PoE 系统包括供电端设备（Power Source Equipment，PSE）和受电端设备（Powered Device，PD）两部分，两者基于 IEEE 802.3af 标准建立有关受电端设备 PD 的连接情况、设备类型、功耗级别等方面的信息联系，并以此控制供电端设备 PSE 通过以太网向受电端设备 PD 供电。

供电端设备 PSE 可以是 End-span（已经内置了 PoE 功能的以太网供电交换机）和 Mid-span（用于传统以太网交换机和受电端设备 PD 之间的具 PoE 功能的设备，比如 PoE 适配器）两种类型，而受电端设备 PD 是具备 PoE 功能的无线局域网 AP、IP 电话机等终端设备。

（2）IEEE 802.3af 技术指标。

供电端设备 PSE 与受电端设备 PD 的连接参数按照 IEEE 802.3af 的规范如图 3-44 所示。

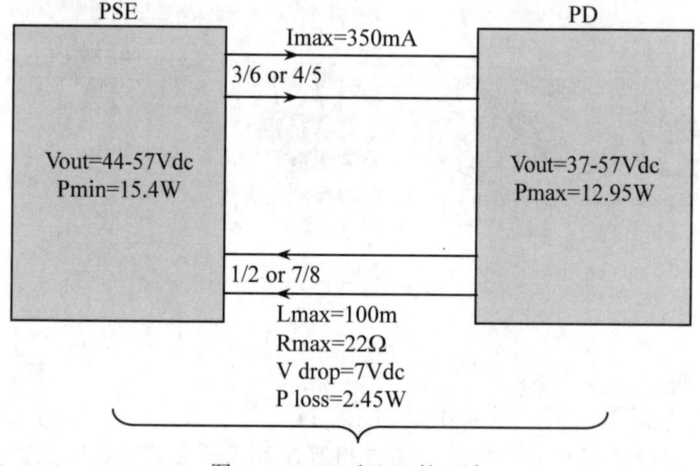

图 3-44　PSE 和 PD 的互连

- 电压值在 44～57V 之间，典型工作电压为 48V，不能超过 60V。
- 允许最大电流为 10～350mA，最大启动电流为 500mA。
- 典型工作电流为 10～350mA，超载检测电流为 350～500mA。
- 在空载条件下，最大需要电流为 5mA。
- 为 PD 设备提供 3.84～12.95W 五个等级的电功率请求，最大不超过 13W。

（3）PoE 以太网供电的线对选择。

根据 IEEE 802.3af 的规范，有两种方式选择以太网双绞线的线对来供电，分别称为选择方案 A 与选择方案 B，如图 3-45 所示。

Pin	Alternative A	Alternative B
1	Vport Negative	
2	Vport Negative	
3	Vport Positive	
4		Vport Positive
5		Vport Positive
6	Vport Positive	
7		Vport Negative
8		Vport Negative

图 3-45　RJ-45 PoE 线对选择

方案 A 是在传输数据所用的电缆对（1/2&3/6）之上同时传输直流电，其信号频率与以太网数据信号频率不同以确保在同对电缆上能够同时传输直流电与数据。方案 B 使用局域网电缆中没有被使用的线对（4/5&7/8）来传输直流电，因为在以太网中，只使用了电缆中四对线中的两对来传输数据，因此可以用另外两对来传输直流电。

4. PoE 系统以太网供电工作过程

供电端设备 PSE 是整个 PoE 以太网供电过程的管理者。当在一个网络当中布置 PSE 供电端设备时，PoE 以太网供电工作过程如下。

（1）检测过程。

刚开始的时候，PSE 设备在端口只是输出很小的电压，直到检测到其线缆的终端连接了一个支持 IEEE 802.3af 标准的受电端设备。

（2）PD 端设备分类。

当检测到受电端设备 PD 之后，供电端设备 PSE 可能会为 PD 设备进行分类，并且评估此 PD 设备所需的功率损耗。

（3）开始供电。

在一个可配置的时间（一般小于 15μs）的启动期内，PSE 设备开始从低电压开始向 PD 设备供电，直至提供到 48V 的直流电源。

（4）供电。

为 PD 设备提供稳定可靠的 48V 直流电，满足 PD 设备不超过 15.4W 的功率消耗。

（5）断电。

如果 PD 设备被物理或逻辑上从网络上去掉，PSE 会快速地（一般在 300～400ms 之内）停止为 PD 设备供电，并且又开始检测线缆的终端是否连接 PD 设备。在整个过程当中，如 PD 设备功率消耗过载、短路、超过 PSE 的供电负荷等，会造成断电情况发生。

（6）PoE 供电端设备电源管理。

如果一个 24 端口的 End-span 交换机在每个端口都提供 15.4W 的电源输出的话，整个交换机则要求提供高达 370W 的功率输出，这会导致整个交换机要处理过热的问题。而在一个企业的典型应用当中，可能需要连接 20 个 IP 电话（一般每个为 4～5W），连接两个 WLAN 接入点 AP（一般每个约为 8～10W），连接两个网络摄像机（一般每个约为 10～13W），总计需要约 146W。考虑到成本因素及其他，一般的 End-span 以太网供电交换机的输出功率设计在 150～200Watts 之间，如一些公司的三层以太网供电交换机就能提供 170W 的直流电输出。另外，也可以根据各种情况，对各个不同端口的输出直流电进行管理以满足用户的不同需要。

3.5 无线网桥

3.5.1 无线网桥

无线网桥就是无线网络的桥接，它可在两个或多个有线网络之间搭起通信的桥梁，为使用无线（微波）进行远距离点对点网间互联而设计的。它是一种在链路层上实现局域网互联的存储转发设备，可用于固定数字设备与其他固定数字设备之间的远距离（可达 20km）、高速（可达 11Mb/s）无线组网。无线网桥工作在 2.4GHz 或 5.8GHz 的非注册频段，因而具备比其他有线网络设备更方便部署的优点。

无线网桥的传输标准采用 802.11a、802.11g 和 802.11b 标准，802.11b 标准的数据速度是 11Mb/s，但通常能够提供 4～6Mb/s 的实际数据速率；而 802.11g、802.11a 标准的无线网桥都具备 54Mb/s 的传输带宽，其实际数据速度可达 802.11b 的 5 倍左右。

3.5.2 无线网桥的组成

无线网桥是无线 AP 的一种分支，安装在室外的无线 AP 通常称为无线网桥。无线网桥主要由无线收发器和天线组成。无线收发器由发射机和接收机组成，发射机将从局域网获得的数据编码成特定的频率信号，再通过天线发送出去，接收机则相反，它将从天线获取的频率信号解码，还原成数据，再送到局域网中。

网桥设备中的无线收发器可以分为组合式和固装式两种。固装式无法升级换代，组合式收发器通过简单的新旧更换就能够升级换代，它们大多做成 CF 或 PCMCIA 标准接口的插入式无线网卡，有的产品还支持多块网卡（单点对多点型）。

无线网桥往往由于构建网络时的特殊要求，很难就近找到供电。因此，无线网桥设备具有 PoE 能力就显得非常重要。

3.5.3 无线网桥应用环境

1. 应用构建远距离传输网络

如建筑物和建筑物之间的距离比较远，当超过 100m 时，一般需要铺设光缆来进行连接，对于一些已经建成的网络环境来说，开挖道路或者铺设线路都是费钱费力的事情。如果采用无线网桥来实现网络互联既经济，实施起来又简单、方便。无线网桥使物理性的障碍不复存在，如公路、铁路、河流、沟壑，这些障碍对于有线网桥来说几乎是难以逾越的。而利用长距离天线选件，无线网桥还可大大降低布线安装费用，保证了在设备扩展或地点移动时能够快速地重新部署设备。

2. 临时场所进行的临时网络传输

比如常见的新闻网络直播，由于场所的临时性和不固定性，期待采用传统的有线方式在直播现场布置网线，不仅布线、维护很困难，而且会给现场网络管理带来很多麻烦，这时无线网桥就起到了作用。

3.5.4 无线网桥的传输模式

无线网桥在传输模式上主要分为点对点型和单点对多点型。

- 点对点型（PTP）无线网桥设备可用来连接分别位于不同建筑物中的两个固定的网络，如图 3-46 所示，一般由一对桥接器和一对天线组成。两个天线必须相对的放置，室外的天线与室内的桥接器之间用电缆相连，而桥接器与网络之间则是物理连接。

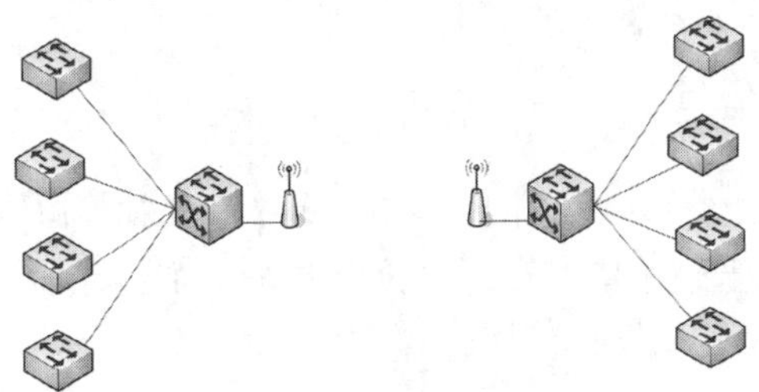

图 3-46　点对点无线网络

- 单点对多点型（PTMP）无线网桥设备能够把多个外围建筑物的网络连成一体，如图 3-47 所示，但结构更为复杂，需要使用全向天线或多无线网卡和天线。

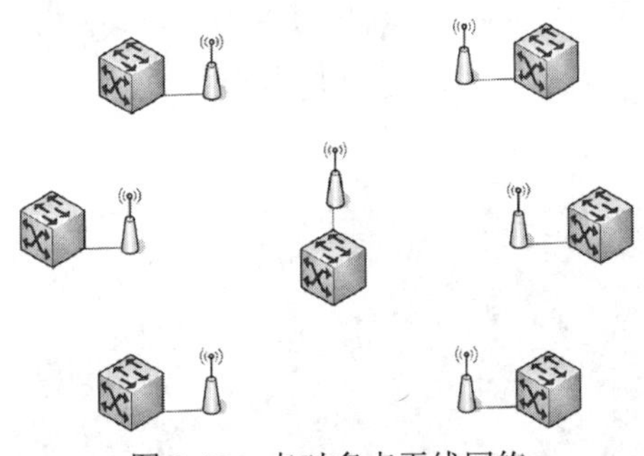

图 3-47　点对多点无线网络

目前多数无线网桥设备能够兼具上述两种桥接功能。而在实际架设时，无线网桥主要可采用下面两种架设方案。

1. 点对点方式直接传输

建筑物 A 和建筑物 B 两点之间可视，没有障碍物阻挡，无电磁干扰或电磁干扰小，建筑物A和建筑物B两点之间距离符合网桥设备通信距离的要求，便可采用点对点方式直接传输。在建筑物A大楼放置一台无线网桥，顶部放置一面定向天线；建筑物B大楼同样放置一台无线网桥，顶部放置一面定向天线。两地的无线网桥分别通过馈线与本地天线连接后，两点的无线通信可迅速地搭建起来。无线网桥分别通过超五类双绞线连接各地的网络交换机，这样建筑物A和建筑物B两点的网络即可连为一体。

2. 中继方式间接传输

建筑物A和建筑物C两点之间不直接可视，但两者之间可以通过一座B楼间接可视。并且A、B两点之间与C、B两点之间满足网桥设备通信的要求，可采用中继方式，B楼作为中继点。建筑物A和建筑物C处各放置网桥和定向天线。B点可选方式有：①放置一台网桥和一面全向天线，这种方式适合对传输带宽要求不高、距离较近的情况；②如果B点采用的是点对多点型无线网桥，可以在中心点B的无线网桥上插两块无线网卡，两块无线网卡分别通过馈线接两部天线，两部天线分别指向A网和C网；③放置两台网桥和两面定向天线。

3.6 无线局域网漫游

从前面的内容中我们已经知道，由于吸收、折射、散射等原因，无线信号不可能传播到“任何地方”。终端用户越来越希望，在一个位置开始一个传输后，随后又可以无缝地改变位置继续传输，这需要漫游功能来发挥作用。

3.6.1 漫游概念

IEEE 802.11无线局域网的每个无线STA都与一个特定的AP相关，如果无线STA从一个AP覆盖无线区域切换到另一AP覆盖无线区域，并提供对无线STA透明的无缝连接，这就是漫游（Roaming），如图3-48所示。漫游包括基本漫游和扩展漫游。基本漫游是指无线STA的移动仅局限在一个扩展服务区内部。扩展漫游是指无线STA从一个扩展服务区中的一个BSS移动到另一个扩展服务区的一个BSS。

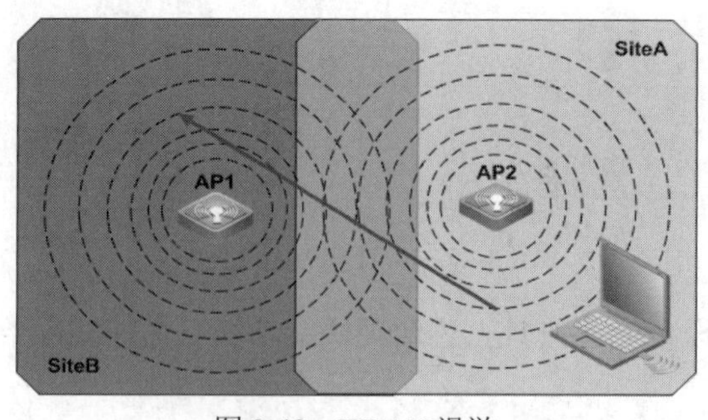

图3-48　WLAN漫游

注意到，AP为实现漫游这一过程而需要重叠的方式，并且WLC会毫无疑问参与到“瘦”

AP 的部署中，那么 WLC 是如何参与的呢？一般而言，所有 AP 不必连接到同一交换机，甚至不必划分至同一 VLAN，只要所有 AP 逻辑地连接在一起，并能够实现与 WLC 设备的通信，即可实现无线漫游。

3.6.2 漫游实现

要实现无线漫游，无线网络必须具备一定的功能，所有的无线 STA 与 AP 必须为收到的封包进行回答，所有无线 STA 必须保持与 AP 的定期联系。当出现以下现象时会发生漫游：

- 无线 STA 离开了当前 AP 的覆盖区。
- 当前使用的无线频段受到严重的干扰。
- 当前连接的 AP 停止了工作。
- 正在使用的频段非常繁忙，此时还有可选的负载较轻的频段。

当发生漫游时，每个无线 STA 会自动搜寻最佳的 AP，分析与各个 AP 之间的信号强度及负载量，然后选最佳连接点。当用户移动时，无线 STA 会不断检测是否有原来的 AP 保持联系，如果不能再从原来 IP 获得任何信息时，会开始新的搜索，寻找可用 AP，使通信能够继续维持。无线 STA 是基于组合通信质量与负载（Combined Communications-Quality & Load，CCQL）条件决定是否发起漫游的改变，CCQL 数值基于以下参数进行计算：

- SNR（Signal to Noise Ratio，信噪比）：根据接收到的 BEACON（信标）帧显示的平均信号等级，与当前信道接收到的数据的平均噪音等级。
- 负载。
- 扫描的结果：根据 PROBE RESPONSES（探测响应）的信噪比。

IETF 制定了 802.11f 协议，详细阐述了接入点间协议（Inter-Access Point Protocol，IAPP）。IAPP 协议旨在向用户提供 AP 间的移动功能，以满足用户对移动性日益增长的需求。IAPP 协议包含以下 3 个元素：

- WMP（WaveLAN Management Protocol），是工作站发出的重新建立新的联合关系的信号协议。
- Announce Protocol，在同一区域内，AP 间相互确认和交换信息的通告协议。
- Hand-over Protocol，一个无线工作站和 AP 重新建立连接时，在 AP 间交换信息的双向协议。

3.6.3 漫游类型

1. 现代无线网络架构支持漫游功能的条件

WLC 必须满足以下条件才支持漫游。

- 控制器需要位于同一移动域。
- 控制器需要运行相同的代码版本。
- 控制器需要运行在相同的 CAPWAP 模式下。

- 网络中的访问控制列表必须是相同的。
- SSID 需要相同。

2. *漫游的分类*

基于 WLC 架构的漫游，可以分为控制器内漫游和控制器间漫游，也可以分为二层漫游和三层漫游。当用户漫游到不同 AP 并保持现有 IP 地址时，将发生二层漫游。当客户端离开一个子网上的 AP 并与另一个子网上的 AP 关联，但仍使用相同的 SSID 时，将发生三层漫游。

3. *二层漫游和三层漫游的对比*

比较不同厂商产品性能好坏通常使用切换延迟作为一个重要指标。二层漫游实现比较简单，通过由 WLC 缓存认证信息，客户端在不同 AP 切换时无需重新认证，不出现中断及重新关联的现象。三层漫游实现起来比较麻烦，除了与二层一样利用了 CAPWAP 等 AP 和控制器间的隧道协议以外，还要使用类似于 GRE 协议的 IPinIP 协议。

3.6.4 二层漫游过程

1. *WLC 内漫游*

如上所述，当用户移动到另一个 AP，却仍保持在同一 VLAN 和同一 IP 子网中时，将发生二层漫游。对于用户而言，没有什么特别的情况发生，客户端不会被通知其正在进行漫游，用户继续保持其 IP 地址，且所有活动着的传输仍然保持活动，该过程称为控制器内部漫游，且所花费的时间不超过 10ms。在这种情况下，当客户端漫游到一个新的 AP 时，将发送查询以请求认证。该查询从 AP 发送到控制器，控制器了解到客户端已经通过另一个 AP 认证过。图 3-49 描述了这一场景。

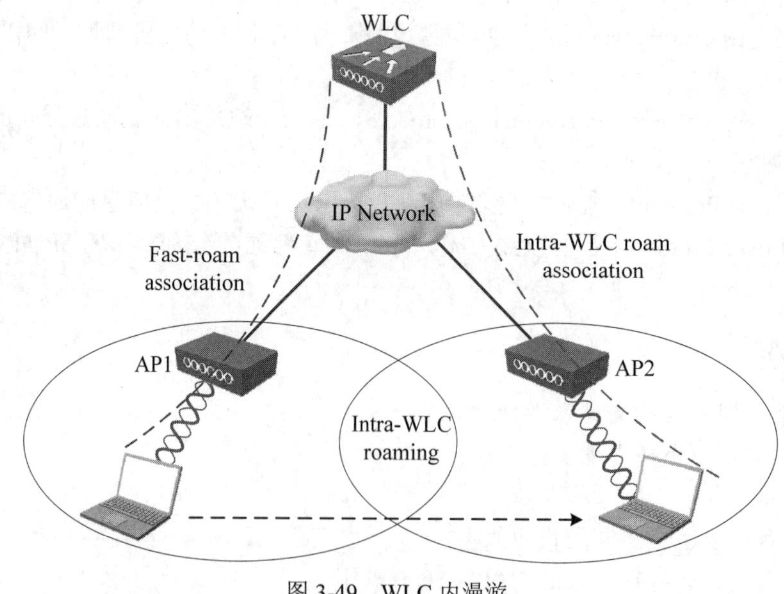

图 3-49　WLC 内漫游

- 一个终端通过可快速漫游方式关联到 AP1，后者连接 AC。
- 该终端断开与 AP1 的关联，漫游到与同一无线控制器 AC 相连的 AP2 上。
- 该终端关联到 AP2 的过程即为 AC 内漫游。

2. WLC 间漫游

如图 3-50 所示场景，客户端关联到 VLAN 10 上的控制器 1，当漫游到由控制器 2 管理的 AP2 时，该关联仍然保持活动，这种情况下将发生 WLC 间漫游。该漫游在用户从一台 WLC 漫游到另一台 WLC，而仍保持在同一 VLAN 时发生，且该漫游过程不需要再次执行中断 DHCP 进程。这两台 WLC 通过交换移动性消息，将 WLC1 上的客户端数据库条目转移到 WLC2 上，该过程的持续时间不超过 20ms，对用户是透明的。

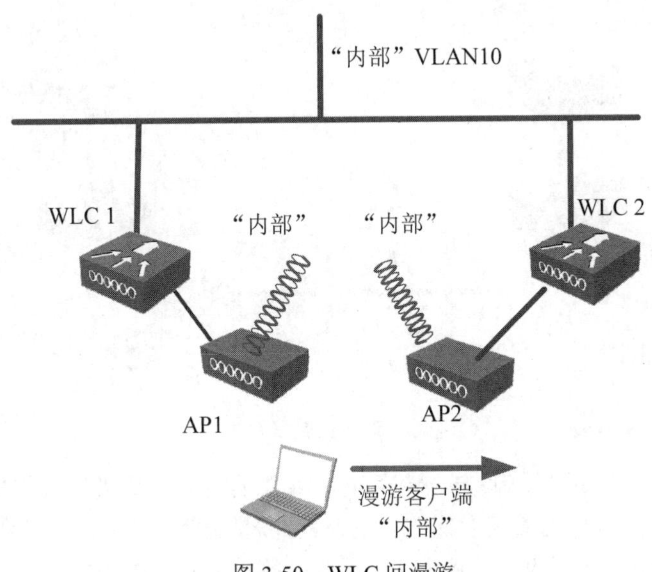

图 3-50　WLC 间漫游

3.6.5　三层漫游过程

与二层漫游相同，三层漫游的目标也是为了使客户端透明地漫游。不同之处在于漫游是在不同的子网上的多台 WLC 上发生的。关键点在于虽然 WLC 在不同的子网，用户却不用修改 IP 地址，而是由 WLC 通过隧道将流量送回初始的 WLC，因此这是具有欺骗性的配置，表面上使网络相信用户没有漫游。三层漫游包括两类隧道方法，如下所示。

- 非对称隧道：无论来自客户端的流量的源地址是什么，均将其路由到目的地，并将返回流量发送到初始的WLC，又称为锚点（anchor），然后再经隧道传输给新的 WLC。
- 对称隧道：所有流量均从客户端经隧道去往锚点控制器，再发送到目的地，然后再返回到锚点控制器，最后通过外部 WLC 经隧道返回客户端。

1. 非对称隧道

当客户端发生 WLC 内部漫游时，数据库条目转移到新的 WLC 上，这并不是三层漫游。在三层漫游情况下，初始 WLC 中的客户端条目被标记为锚点条目，然后并不移动数据库条目，而是将数据库条目复制给外部 WLC。在外部 WLC 上，该条目被标记为 Foreign。然后重新认证该客户端，该条目在新的 AP 内更新，于是该客户端可以良好运行，客户端的 IP 地址保持不变。所有这一切对用户来说都是透明的。图 3-51 描述了这一过程。

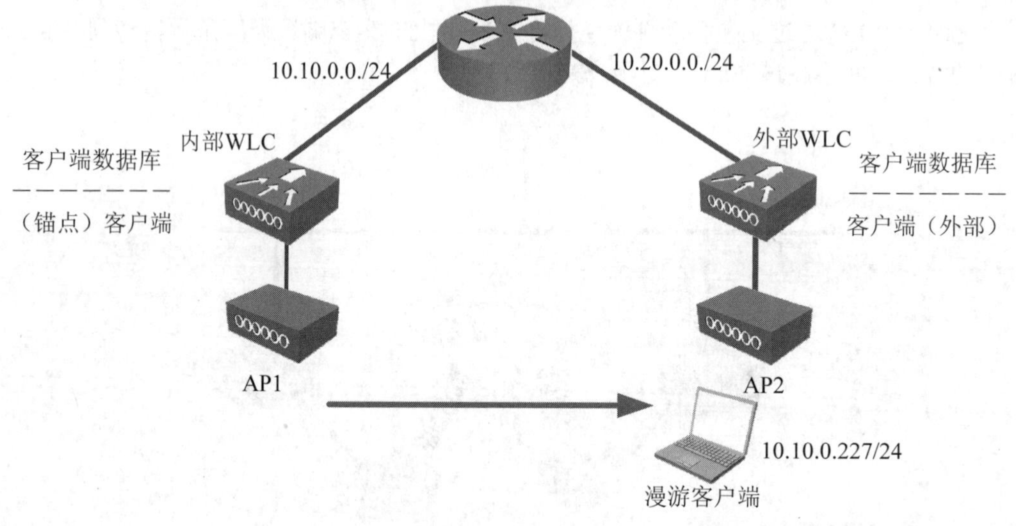

图 3-51　三层漫游

通常当客户端发送流量时，假定该流量正在离开子网，然后去往目的地，流量将被发到一个默认网关。而返回流量沿着其发送路径的反向路径回到客户端。也就是说，若 WLC1 发送流量先到达路由器 1，然后再到达服务器 1，则服务器 1 先经路由器 1 再到达 WLC1 来返回流量，如图 3-52 所示。

在客户端漫游到新的 WLC 和新的 AP 上之后，返回流量不会被送往正确的 WLC。因此当锚点控制器看到返回流量是发往一个条目标记为锚点的客户端，便知道需要通过隧道将此流量传送到外部 WLC。外部 WLC 在接收到这些数据包后，便将其转发给客户端，且一切正常。这就是非对称隧道的工作原理。

然而，该配置还存在一些问题。现今的网络采用了越来越多的安全防范措施，其中一类防范措施是反向路径过滤（Reverse Path Filtering，RPF），这是路由器的一项功能。路由器检查接口上所有输入数据包，以确定这些数据包的源地址和源接口均在路由选择表中可以找到，并与接收到数据包的接口匹配。而且还要遵循 RFC 3827 和其他的一些反欺骗 ACL 建议，若源地址不与期望的内容相匹配，将丢弃该数据包。当发生这种情况时我们应该如何应对呢？答案就是对称隧道。

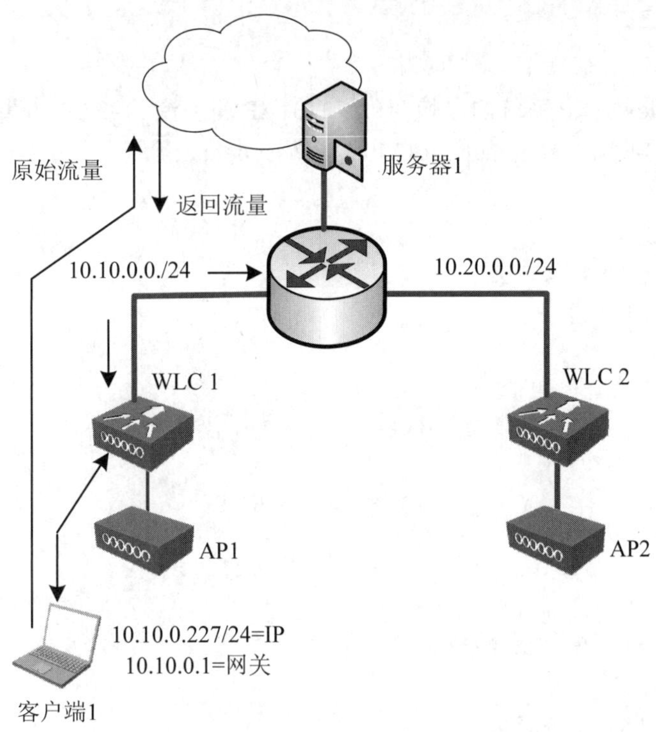

图 3-52　原始业务流

2. 对称隧道

一般情况下，当客户端向服务器 1 发送一个数据包时，将发生以下情况，如图 3-53 所示。外部 WLC 通过隧道将数据包发送到锚点控制器，而不是将其转发。然后锚点控制器将该数据包转发到服务器 1。服务器 1 作出应答，将流量返回锚点控制器。锚点控制器再通过隧道将其返回给外部 WLC。外部 WLC 再将该数据包返回客户端。若该客户端漫游到另一外部 WLC，则数据库将转移到新的外部 WLC，但锚点控制器并不改变。

工作任务

任务一　“胖”AP 与“瘦”AP 之间的相互转换

〖任务分析〗

由于公司重庆分部采用的是传统无线网络部署方案，即“胖”AP 无线网络组网架构；公司总部采用的是现代无线网络部署方案，即“瘦”AP+WLC 无线网络架构，因此需要实现“胖”AP 与“瘦”AP 之间的相互转换的操作任务。

〖实施设备〗

1 台安装 Windows XP 系统的电脑、1 台 1131AP 和 1 台 1142AP、超级终端软件和 TFTP 服务器软件、c1130-k9w7-tar.default、c1240-k9w7-tar.default。

〖实施拓扑〗

任务实施拓扑如图 3-53 所示。

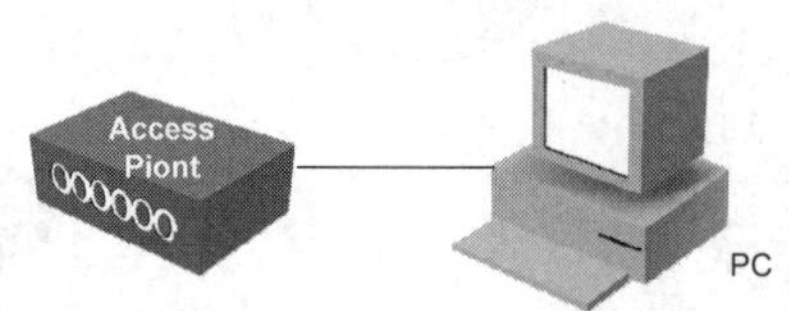

图 3-53　任务一拓扑图

〖任务实施〗

第一步：将 1131“瘦”AP 转换为“胖”AP

1. 准备工作

（1）查看 1131AP 系统版本。

系统的版本含有 w7 字样，说明是“胖”AP；系统版本含有 w8 字样，说明是“瘦”AP。

（2）准备 1131 胖瘦 AP 的 IOS 文件，如 c1130-k9w7-tar.default。

2. 搭建 TFTP 服务器

无线 AP 在默认模式下的 IP 地址为 10.0.0.1，所以，在转换 AP 的模式之间，先配置 TFTP 服务器的 IP 地址与 AP 的 IP 地址在同一网段，TFTP 的 IP 地址设置为 10.0.0.2，如图 3-54 所示。

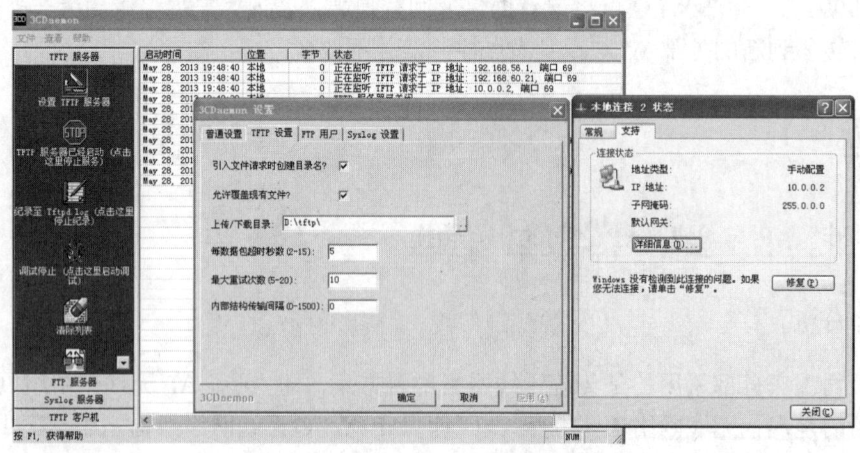

图 3-54　搭建 TFTP 服务器

3 项目

3. 1130AP 安装 IOS

按下 AP 上的 MODEL 按钮，接通 AP 电源，不要松开 MODEL，直至指示灯变为蓝色、黄色到粉色，在启动的过程中你会看到 AP 有一个默认 IP 地址为 10.0.0.1，而且会发送广播（发向 255.255.255.255）寻找 TFTP 服务器，试图从 TFTP 服务器下载相对应的 IOS（搜索与 AP 上默认文件名相同名称的文件，注意看 AP 上的信息，类似于c1130-k9w7-tar.default），如图 3-55 所示。

```
Base ethernet MAC Address: 00:24:14:45:32:fe
Initializing ethernet port 0...
Reset ethernet port 0...
Reset done!
ethernet link up, 100 mbps, full-duplex
Ethernet port 0 initialized: link is up
button is pressed, wait for button to be released...
button pressed for 27 seconds
process_config_recovery: set IP address and config to default 10.0.0.1
process_config_recovery: image recovery
image_recovery: Download default IOS tar image tftp://255.255.255.255/c1130-k9w7
-tar.default

examining image...
extracting info (286 bytes)
Image info:
    Version Suffix: k9w7-.124-25d.JA1
    Image Name: c1130-k9w7-mx.124-25d.JA1
    Version Directory: c1130-k9w7-mx.124-25d.JA1
    Ios Image Size: 5028352
    Total Image Size: 5765632
    Image Feature: WIRELESS LAN
    Image Family: C1130
    Wireless Switch Management Version: 7.0.94.21
Extracting files...
c1130-k9w7-mx.124-25d.JA1/ (directory) 0 (bytes)
```

图 3-55　AP 查找 TFTP 服务器

4. 设置 TFTP 服务器

用网线将 AP 和电脑连接起来，开启 TFTP，将“瘦”AP IOS 文件名称改为和 AP 默认搜索的文件名完全相同，放在 TFTP 根目录下。当 AP 搜索到相同文件名的文件后，会自动从 TFTP 服务器下载到 AP 中，并自动解压文件，如图 3-56 所示。

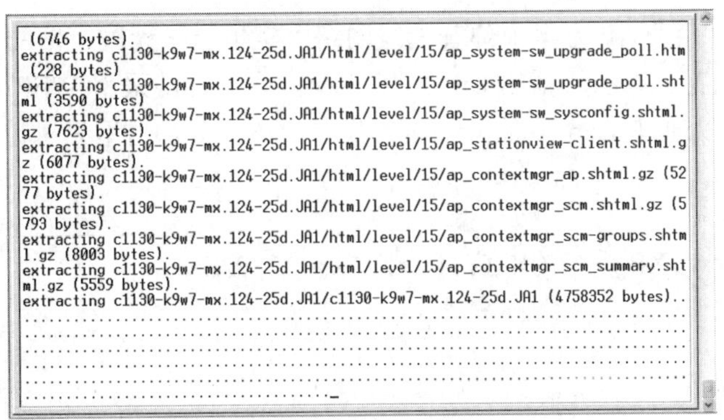

```
 (6746 bytes).
extracting c1130-k9w7-mx.124-25d.JA1/html/level/15/ap_system-sw_upgrade_poll.htm
 (228 bytes)
extracting c1130-k9w7-mx.124-25d.JA1/html/level/15/ap_system-sw_upgrade_poll.sht
ml (3590 bytes)
extracting c1130-k9w7-mx.124-25d.JA1/html/level/15/ap_system-sw_sysconfig.shtml.
gz (7623 bytes).
extracting c1130-k9w7-mx.124-25d.JA1/html/level/15/ap_stationview-client.shtml.g
z (6077 bytes).
extracting c1130-k9w7-mx.124-25d.JA1/html/level/15/ap_contextmgr_ap.shtml.gz (52
77 bytes).
extracting c1130-k9w7-mx.124-25d.JA1/html/level/15/ap_contextmgr_scm.shtml.gz (5
793 bytes).
extracting c1130-k9w7-mx.124-25d.JA1/html/level/15/ap_contextmgr_scm-groups.shtm
l.gz (8003 bytes).
extracting c1130-k9w7-mx.124-25d.JA1/html/level/15/ap_contextmgr_scm_summary.sht
ml.gz (5559 bytes).
extracting c1130-k9w7-mx.124-25d.JA1/c1130-k9w7-mx.124-25d.JA1 (4758352 bytes)..
................................................................................
................................................................................
................................................................................
................................................................................
................................................................................
........................................_
```

图 3-56　AP IOS 自动解压

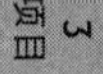

5. “瘦”AP 转换为“胖”AP 的验证

解压完成后，IOS 会自动重启，“瘦”AP 就变成“胖”AP，可以对其进行配置了，如图 3-57 所示。

```
ap#show flash:
Directory of flash:/
    6  drwx          320    Jan 1 1970 00:07:18 +00:00   c1130-k9w7-mx.124-25d.JA1
    9  drwx          320    May 28 2013 15:08:01 +00:00   c1130-k9w8-mx.124-23c.JA
    5  -rwx         6168    May 28 2013 15:29:56 +00:00   private-multiple-fs
    4  -rwx          189    Jan 1 1970 00:07:24 +00:00   env_vars
15740928 bytes total (5053440 bytes free)
```

图 3-57　“胖”AP 模式验证

第二步：将 1130“胖”AP 转换为“瘦”AP

与“瘦”AP 转化为“胖”AP 所用的方法相同，只是使用的系统文件不相同。

注意，不论是“胖”AP 转换为“瘦”AP，还是“瘦”AP 转换为“胖”AP，系统文件都要改为 c1130-k9w7-tar.default，即两次使用的不同文件在 TFTP 目录要改为相同的名称。这里给出“瘦”AP 模式验证截图，如图 3-58 所示。

```
AP3#show flash:
Directory of flash:/
    4  drwx          128    Jan 1 1970 00:02:36 +00:00   c1130-rcvk9w8-mx
    9  drwx          320    May 28 2013 15:08:01 +00:00   c1130-k9w8-mx.124-23c.JA
    5  -rwx         6168    May 28 2013 15:29:56 +00:00   private-multiple-fs
    6  -rwx          171    Jan 1 1970 00:02:59 +00:00   env_vars
15998976 bytes total (8947200 bytes free)
```

图 3-58　“瘦”AP 模式验证

1142AP“胖”AP 模式和“瘦”AP 模式的相互转换，操作过程与 1131AP 完全相同，请读者自行完成，这里不再赘述。

任务二　使用“胖”AP 构建无线网络

〖任务分析〗

重庆分部采用“胖”AP 方案来部署无线网络，实现员工无线上网的需求，因此要对部署的“胖”AP 进行配置。要求广播的 SSID 为 cisco，安全功能采用 WEP 加密方式，验证密码为 1234567890。可以通过 Web 界面和 CLI 方式完成该任务。这里只讨论 Web 界面配置方式。

〖实施设备〗

1 台安装 Windows XP 系统的电脑、1 台 Cisco 1130AP。

〖任务拓扑〗

任务实施拓扑如图 3-59 所示。

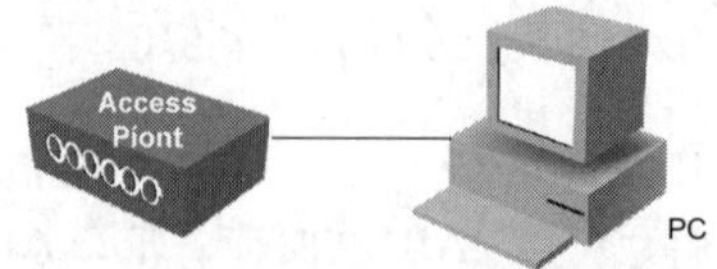

图 3-59　任务二拓扑图

〖任务实施〗

1. 配置“胖”AP 的管理地址

```
ap>en----------------------------------------------------------------------------进入特权模式
Password:-------------------------------------------------------------------------输入密码
ap#configure terminal-------------------------------------------------------进入全局配置模式
ap(config)#int bvi 1-----------------------------------------------------------进入 BVI 接口
ap(config-if)#ip add 192.168.10.1 255.255.255.0----------------------配置管理 IP 地址
```

2. 配置主机的 IP 地址

右击“网上邻居”，选择“属性”命令，进入“网络连接”管理界面，然后右击“本地连接”，选择“属性”命令，弹出“本地连接属性”对话框，选中“Internet 协议（TCP/IP）”，单击“属性”按钮配置 IP 地址，如图 3-60 所示。IP 地址必须和 AP 配置的管理地址在同一个网段，也就是说，要和 AP 的 BVI1 在同一个网段。

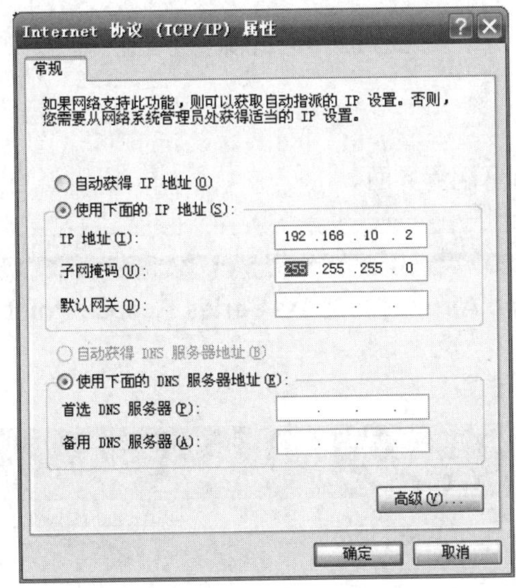

图 3-60　主机 IP 地址配置

3. 登录 Web 页面

（1）配置好 IP 地址后，就可以用浏览器登录 Web 界面进行配置了，然后在浏览器地址栏中输入 192.168.10.1，如图 3-61 所示。

图 3-61　输入登录 IP 地址

（2）在验证界面输入用户名和密码登录，如图 3-62 所示。默认情况下用户名和密码都为 Cisco，输入密码和用户名的时候要注意大小写，用户名和密码的首字母都是大写的。

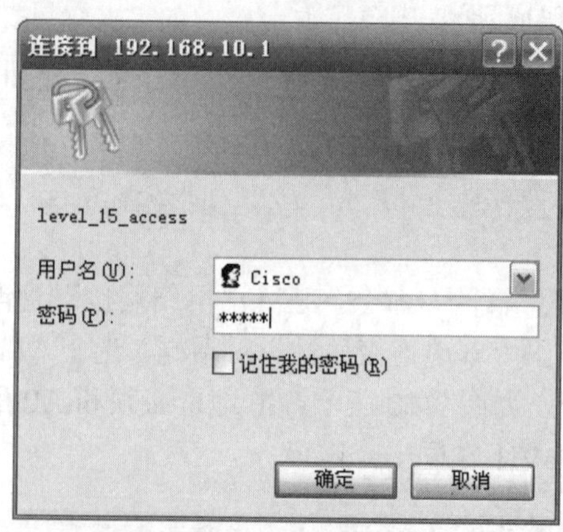

图 3-62　用户登录身份验证

4. 无线功能基本配置

（1）打开如图 3-63 所示配置界面。

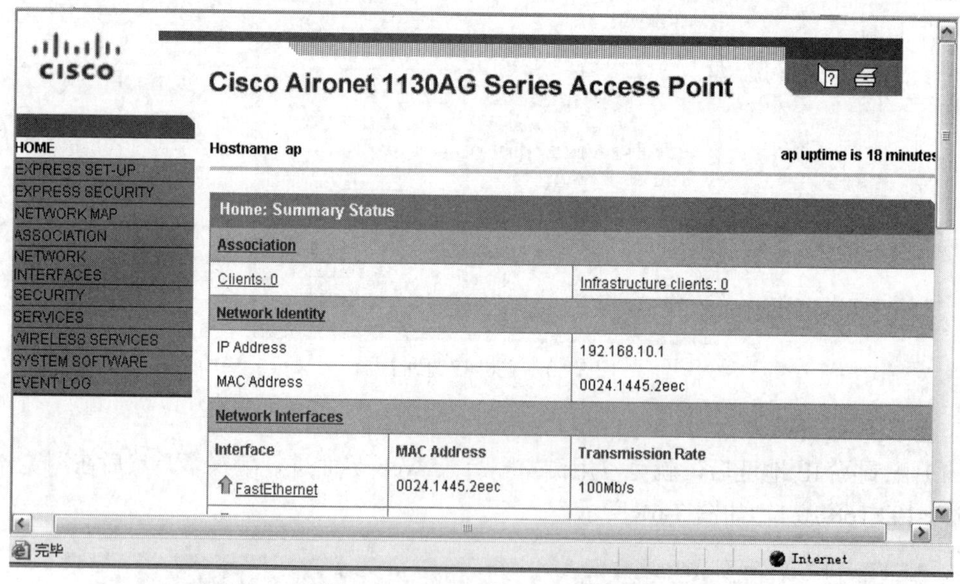

图 3-63　1130AP Web 配置界面

（2）单击页面左边的 NETWORK INTERFACES（网络接口），如图 3-64 所示。

（3）进入 NETWORK INTERFACES 配置界面，将网络带宽配置成 54MB/s，然后选择 Radio0-802.11G，如图 3-65 所示。

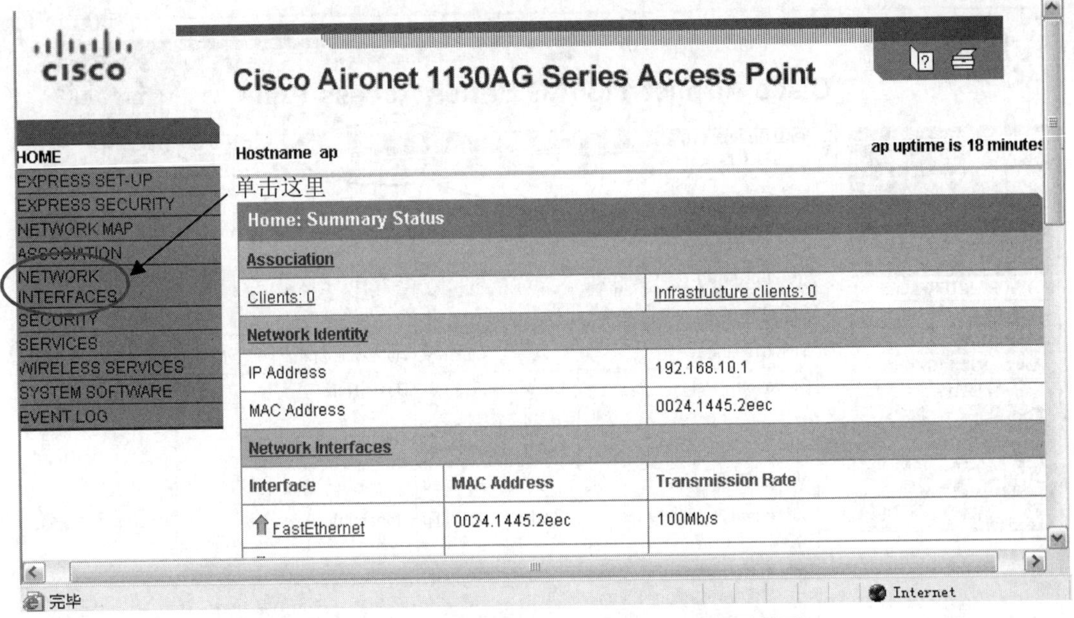

图 3-64　打开 NETWORK INTERFACES 配置界面

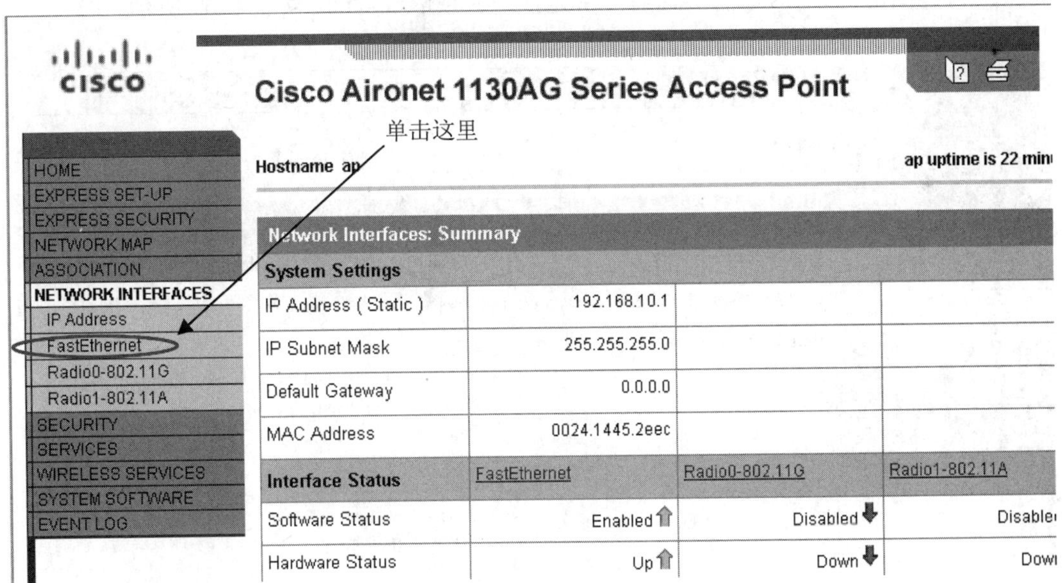

图 3-65　选择 Radio0-802.11G 配置界面

（4）打开 Radio0-802.11G 配置界面后，选中 SETTINGS 选项卡，如图 3-66 所示。

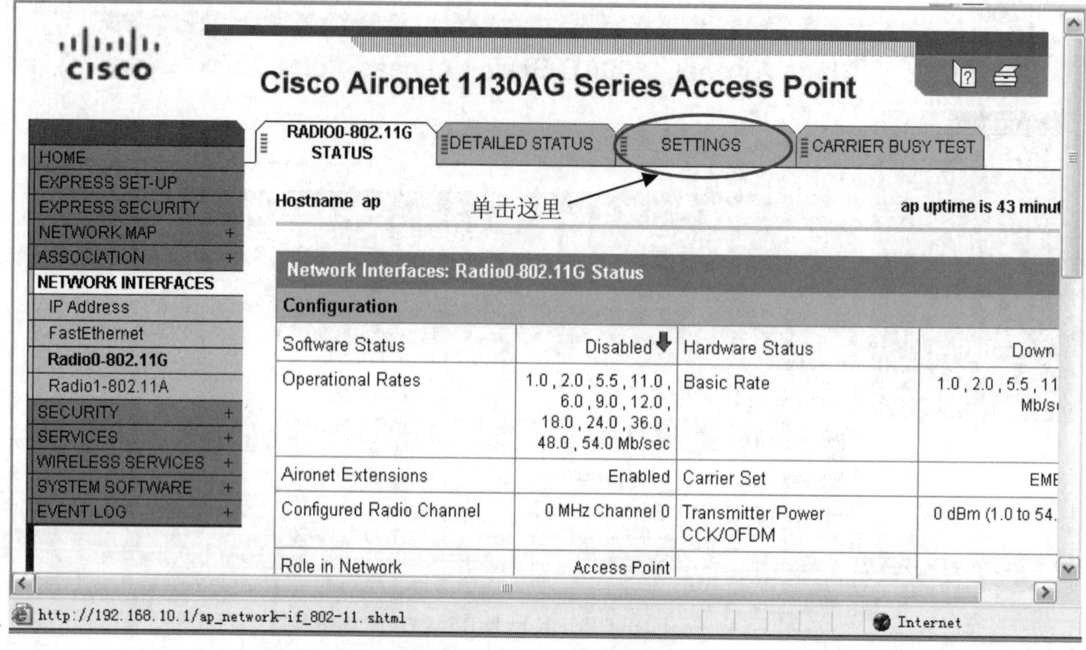

图 3-66　选择 SETTINGS 选项卡

（5）打开 SETTINGS 配置界面后，首先打开射频信号功能，如图 3-67 所示。

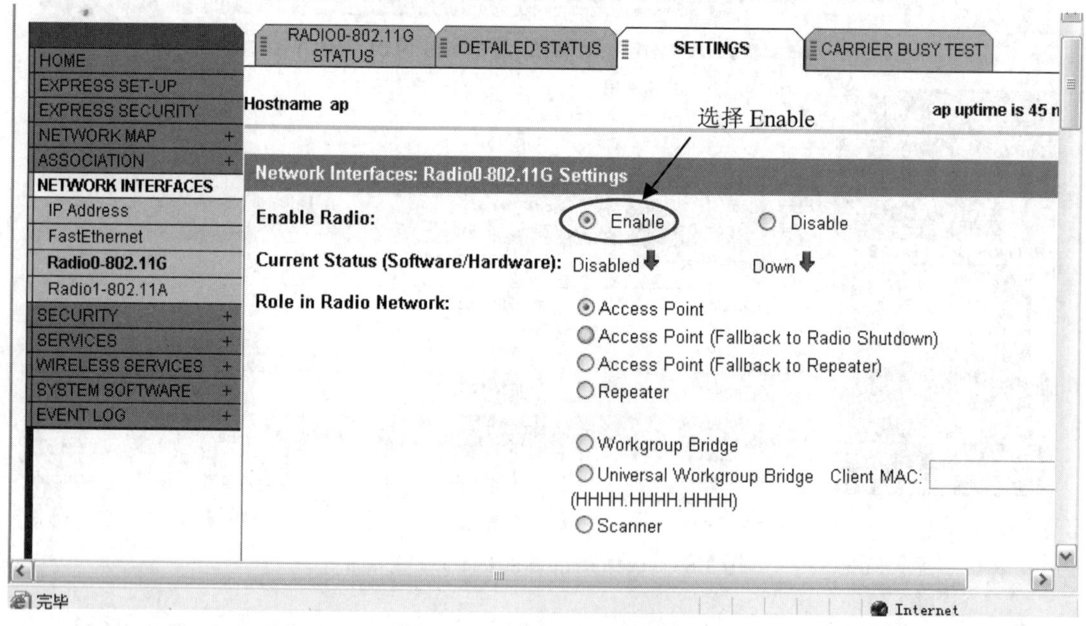

图 3-67　打开射频信号功能

项目 3

（6）选择信道，这里选择 Channel 1-2412 MHz，如图 3-68 所示。

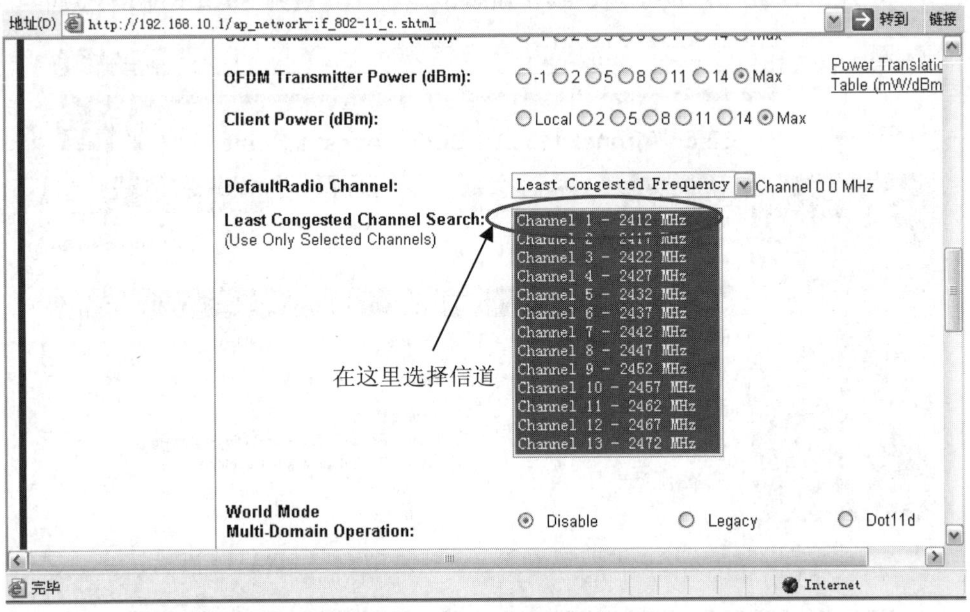

图 3-68　射频信号信道选择

（7）单击 Apply 按钮，保存配置，如图 3-69 所示。

图 3-69　保存配置

5. SSID 配置

（1）单击左边的 SECURITY（安全），如图 3-70 所示，展开 SECURITY 子菜单。

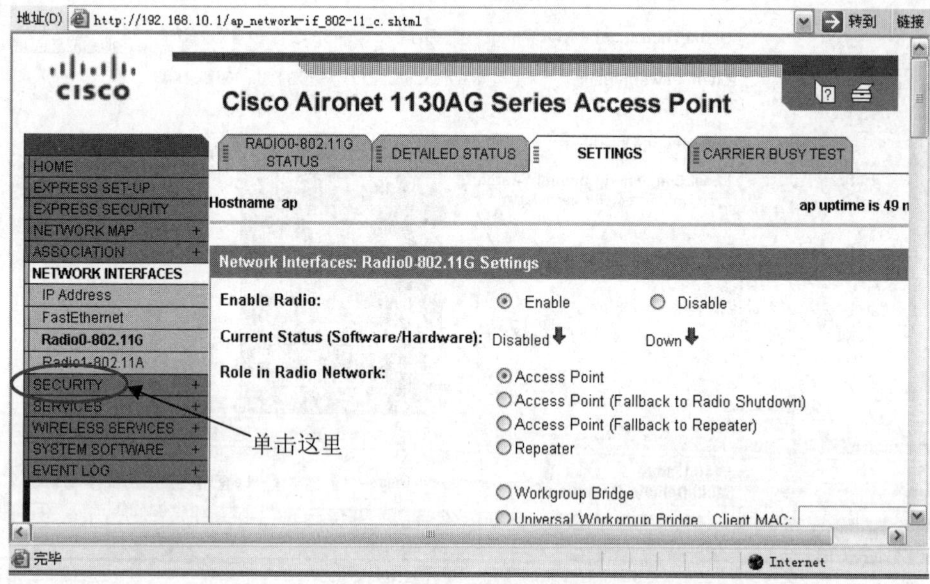

图 3-70　选择 SECURITY

（2）由于我们是要配置 SSID，所以选择 SECURITY 子菜单中的 SSID Manager，如图 3-71 所示。

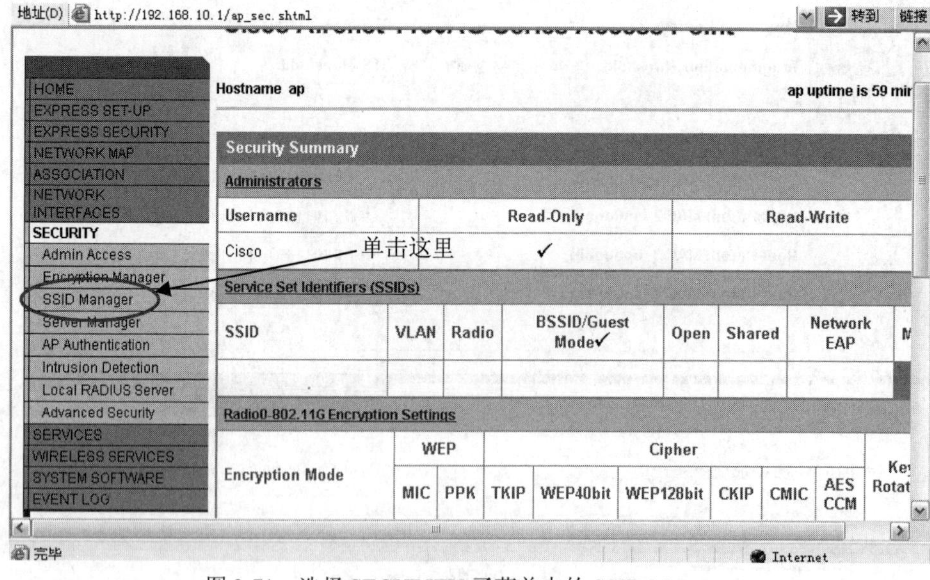

图 3-71　选择 SECURITY 子菜单中的 SSID Manager

（3）打开 SECURITY 子菜单中的 SSID Manager 配置界面后，按照图 3-72 所示步骤，配置 SSID。

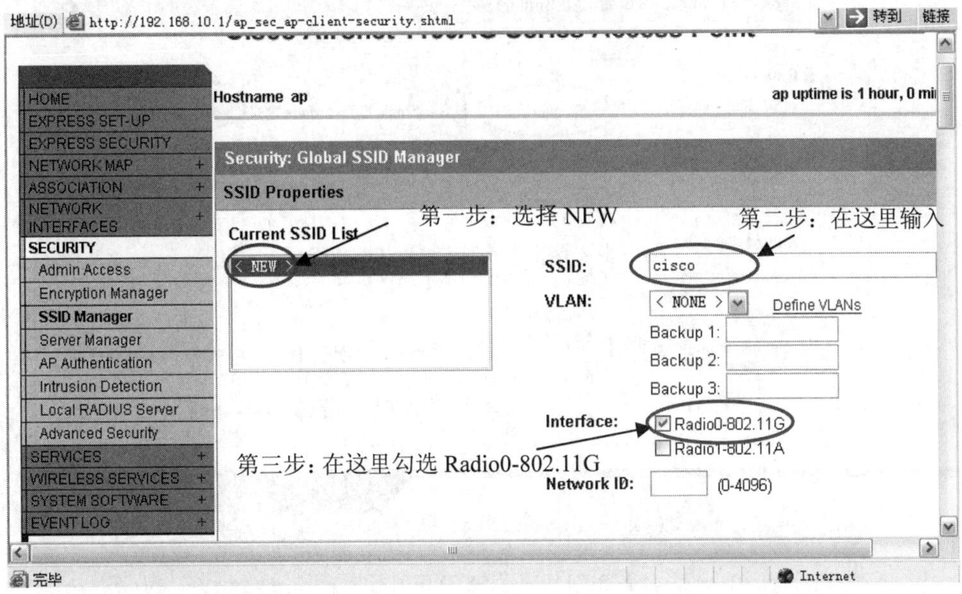

图 3-72 配置 SSID

（4）配置完 SSID 后，需应用才能生效，单击 Apply 按钮，如图 3-73 所示。

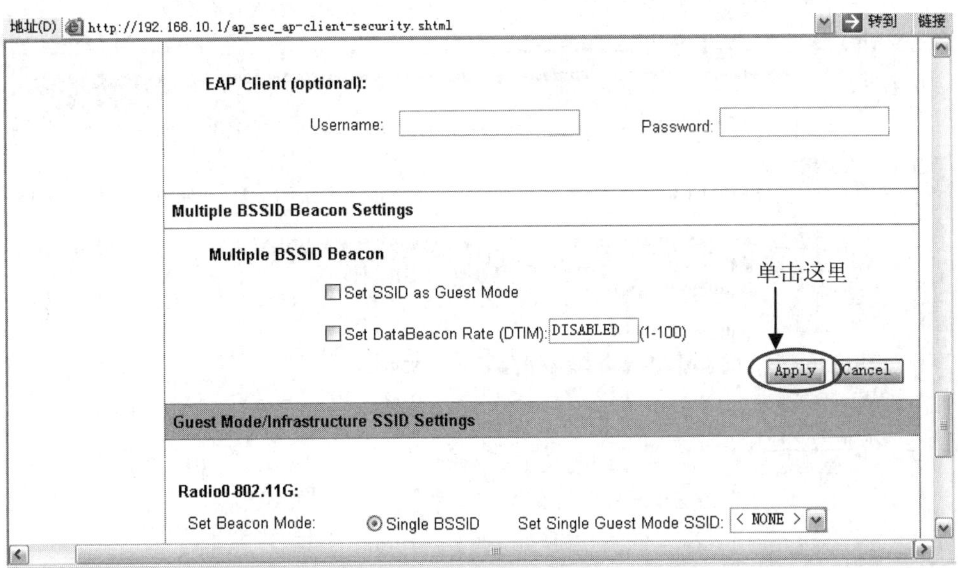

图 3-73 应用 SSID 配置

（5）广播 SSID 信号配置，如图 3-74 所示。

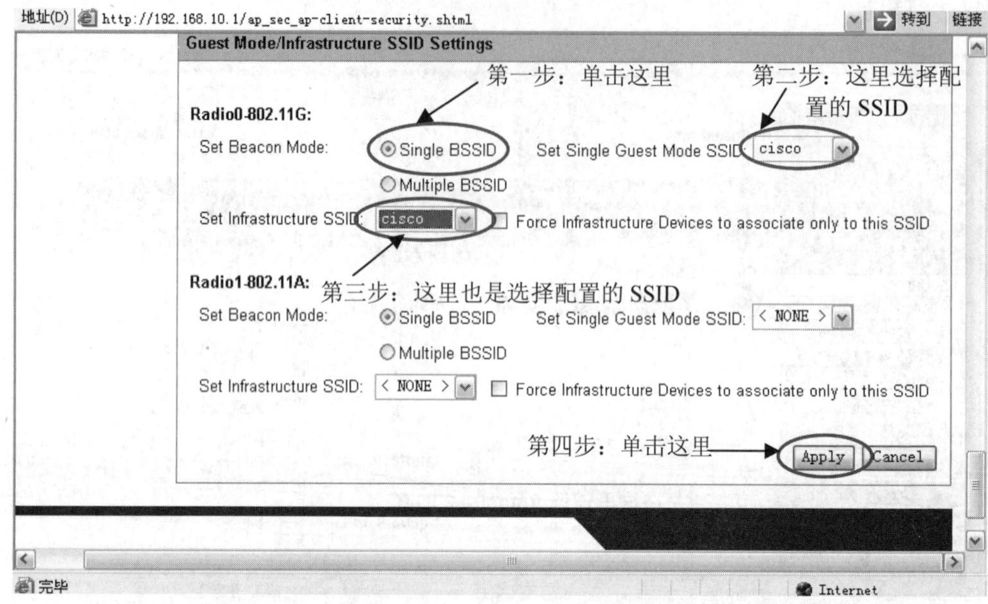

图 3-74　广播 SSID 信号配置

（6）无线 AP 的 SSID 配置好后，需要对接入无线网络的用户进行验证，选择 SECURITY 子菜单中的 Encryption Manager，如图 3-75 所示。

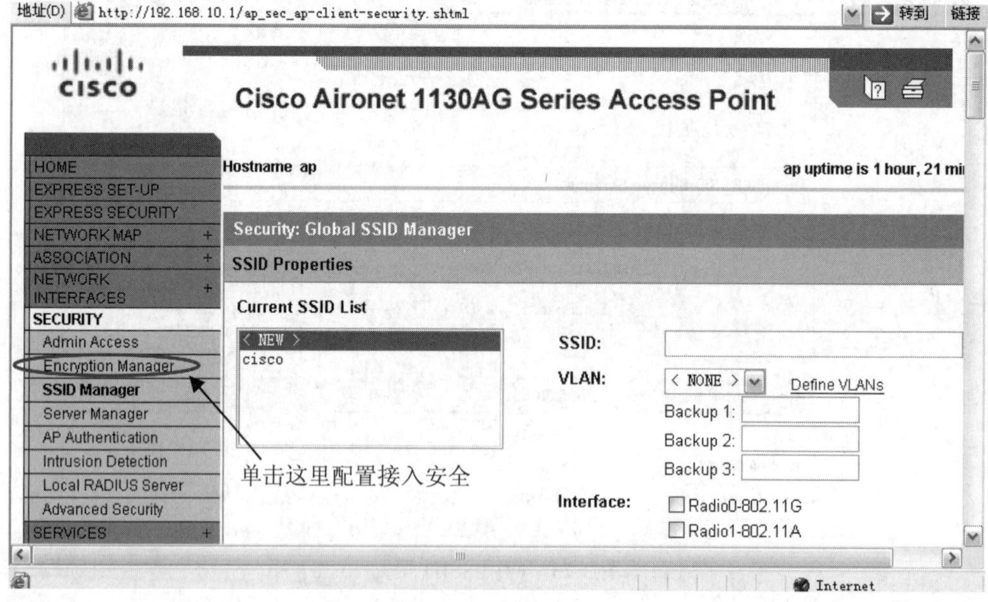

图 3-75　选择 SECURITY 子菜单中的 Encryption Manager

6. 安全配置

（1）WEP 安全功能配置，如图 3-76 所示。

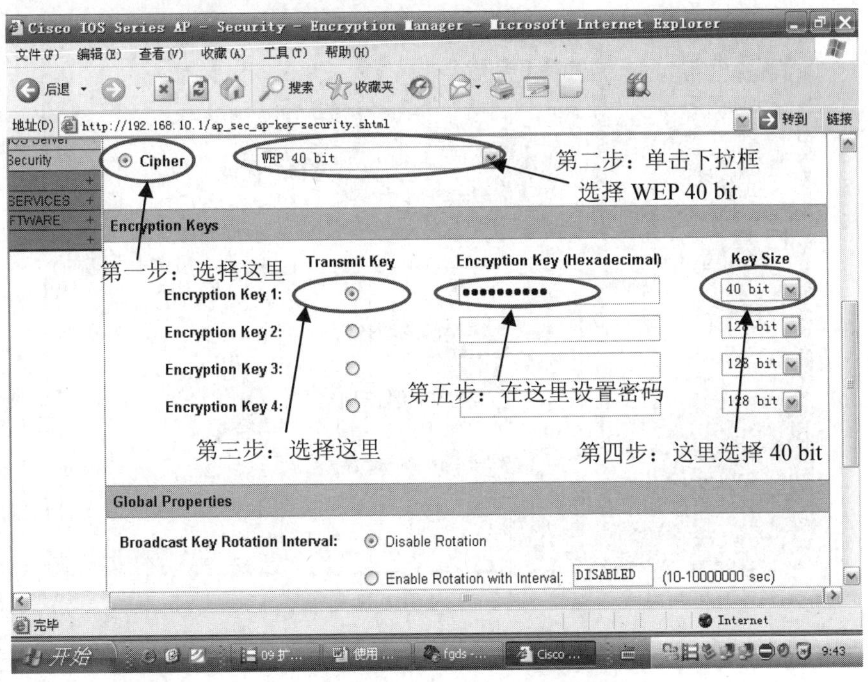

图 3-76　WEP 安全功能配置

（2）应用安全配置功能，如图 3-77 所示。

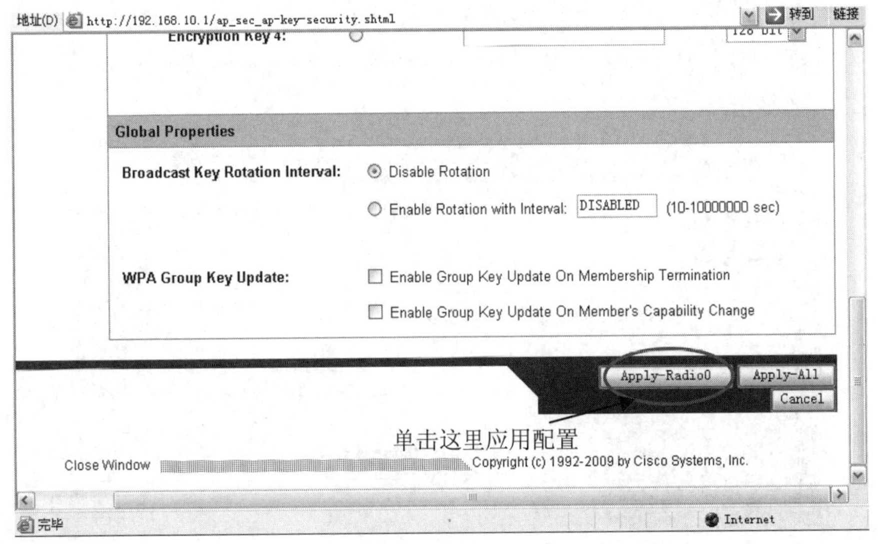

图 3-77　应用安全配置

7. 无线信号测试和连接功能测试

（1）用无线网卡搜索到无线信号，如图 3-78 所示。

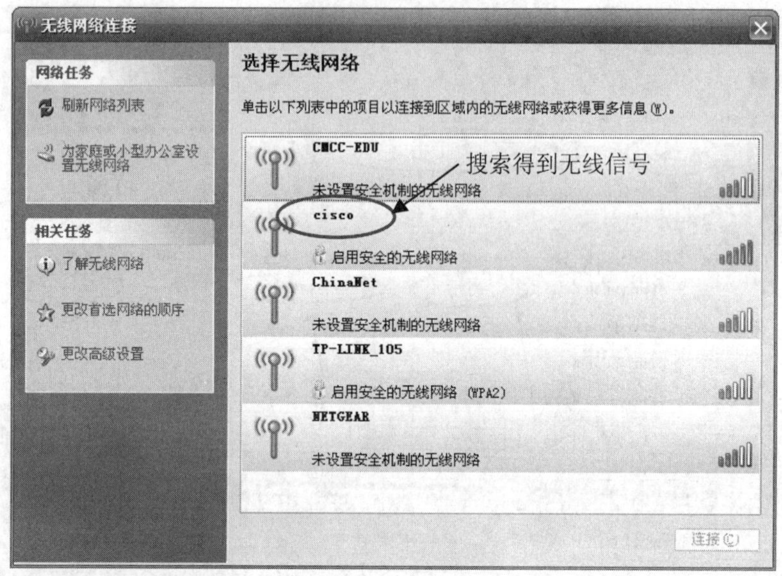

图 3-78　SSID 测试

（2）连接 cisco 无线网络，输入密钥 1234567890，如图 3-79 所示。然后查看其连接状态，如图 3-80 所示则已成功通过验证。

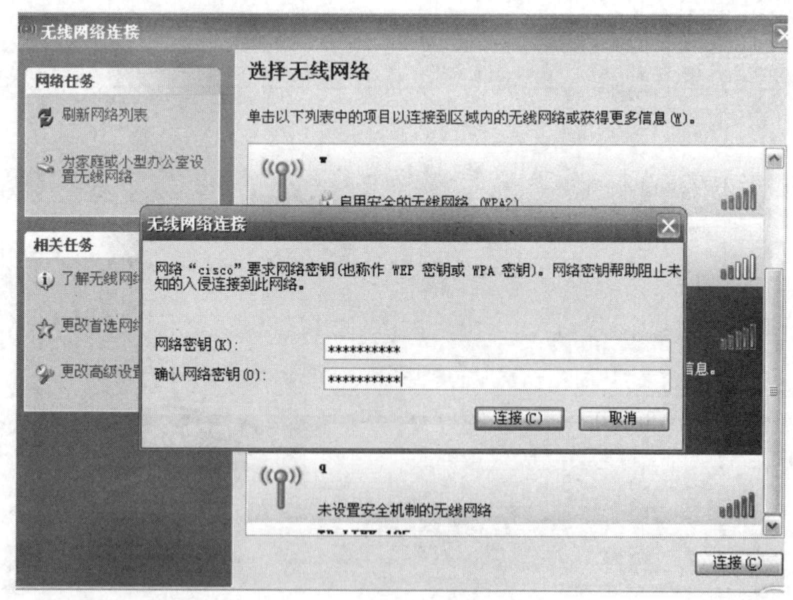

图 3-79　无线网络连接认证

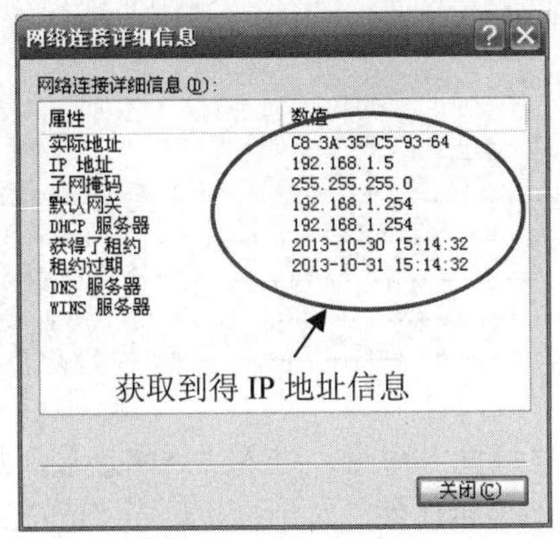

图 3-80　无线网络连接成功

任务三　使用点对点无线网络扩展网络

〖任务分析〗

公司总部 A 楼和 B 楼之间距离约 250 米，中间有一条公路将两幢楼隔开，若采用双绞线来铺设或光缆来构架基础网络，都显得不合适。其一，两楼之间的距离 250 米超过了双绞线所允许的最长距离 100 米；其二，光缆采用架空或地埋方式都会增加施工的难度和投入的成本。考虑到室外 AP 的辐射距离可达 300 米，并且在施工时非常容易，投入的成本相对要少很多，因此构建点对点的无线网络来扩展现有的网络，实现 A 楼和 B 楼内员工上网互访的需求。

〖实施设备〗

2 台安装 Windows XP 系统的电脑、2 块 Tenda 无线网卡、2 台 Cisco 2960 交换机、2 台 1131AP、DB9（公头）-DB9 的 console 线缆。

〖任务拓扑〗

任务实施拓扑如图 3-81 所示。

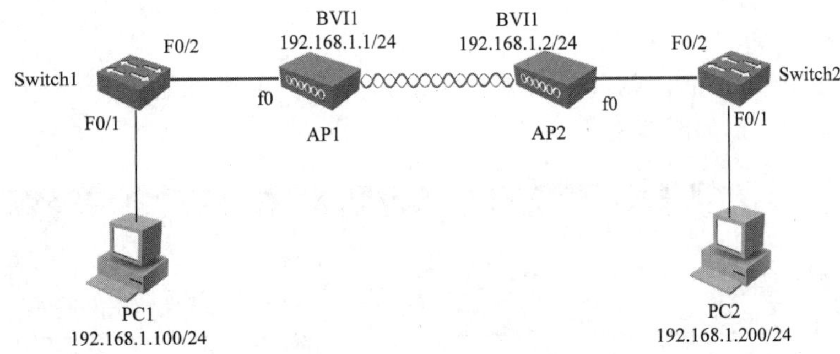

图 3-81　任务三拓扑图

〖任务实施〗

1．配置“胖”AP1 的管理地址

```
ap>en---------------------------------------------------------------------------进入特权模式
Password:----------------------------------------------------------------------------输入密码
ap#configure terminal---------------------------------------------------进入全局配置模式
ap(config)#int bvi 1-----------------------------------------------------------进入 BVI 接口
ap(config-if)#ip add 192.168.10.1 255.255.255.0-----------------------配置管理 IP 地址
```

2．配置主机的 IP 地址

右击“网上邻居”，选择“属性”命令，进入“网络连接”窗口，然后右击“本地连接”，选择“属性”命令，弹出“本地连接属性”对话框，选中“Internet 协议（TCP/IP）”，单击“属性”按钮配置 IP 地址，如图 3-82 所示。IP 地址必须和 AP 配置的管理地址在同一个网段，也就是说，要和 AP 的 BVI1 在同一个网段。

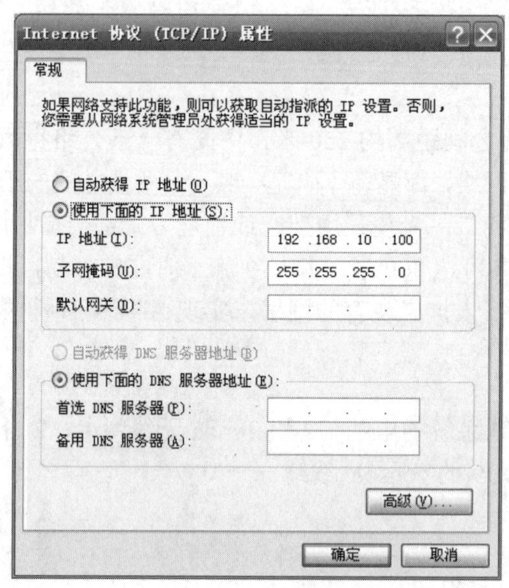

图 3-82　主机 IP 地址配置

3．登录 Web 页面

（1）配置好 IP 地址后，就可以用浏览器登录 Web 界面进行配置了，然后在浏览器地址栏中输入 192.168.10.1，如图 3-83 所示。

图 3-83　输入登录 IP 地址

（2）在验证界面输入用户名和密码登录，如图 3-84 所示。默认情况下用户名和密码都为 Cisco，输入密码和用户名的时候要注意大小写，用户名和密码的首字母都是大写的。

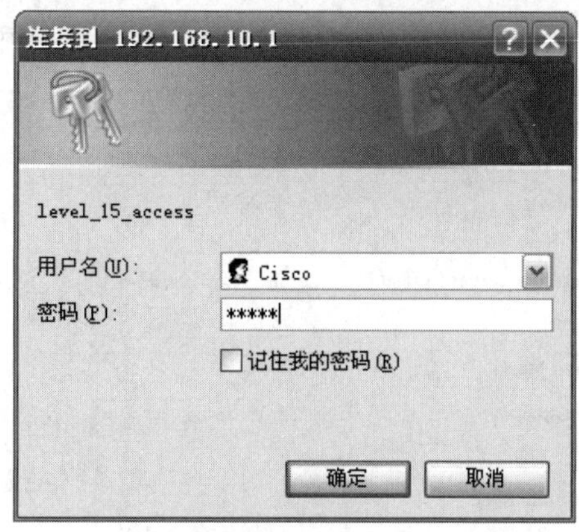

图 3-84　用户登录身份验证

（3）AP2 的管理 IP 地址、登录过程与 AP1 类似，这里不再赘述。

4. 配置根网桥

（1）使用 Web 浏览器访问无线 AP 的管理 IP 地址，出现如图 3-85 所示的 Web 配置主页。

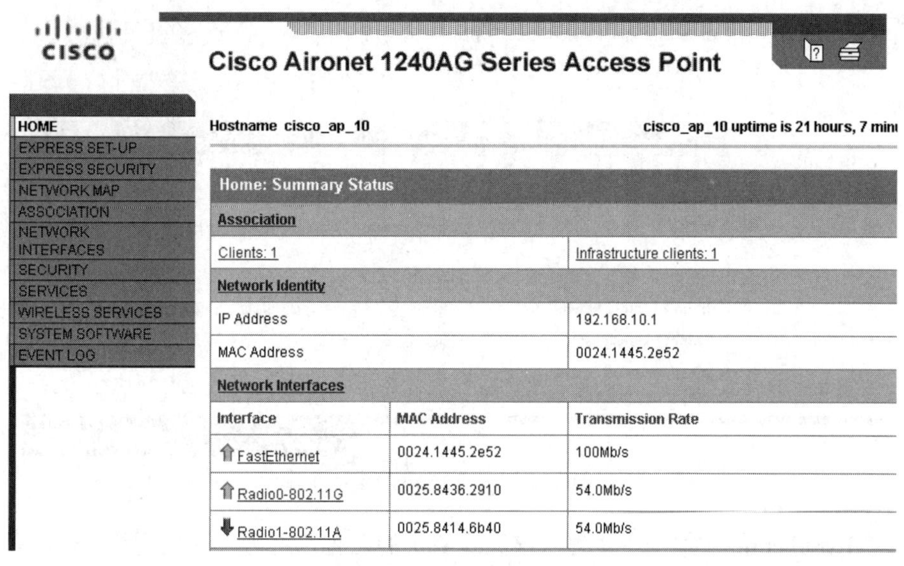

图 3-85　Web 配置主页

（2）单击左侧栏中的 EXPRESS SET-UP 超链接，显示如图 3-86 所示的 Express Set-Up 页面。根据需要配置无线 AP 的一些参数，如主机名称、IP 地址信息、SNMP 字符串、无线 AP 接入模式等。

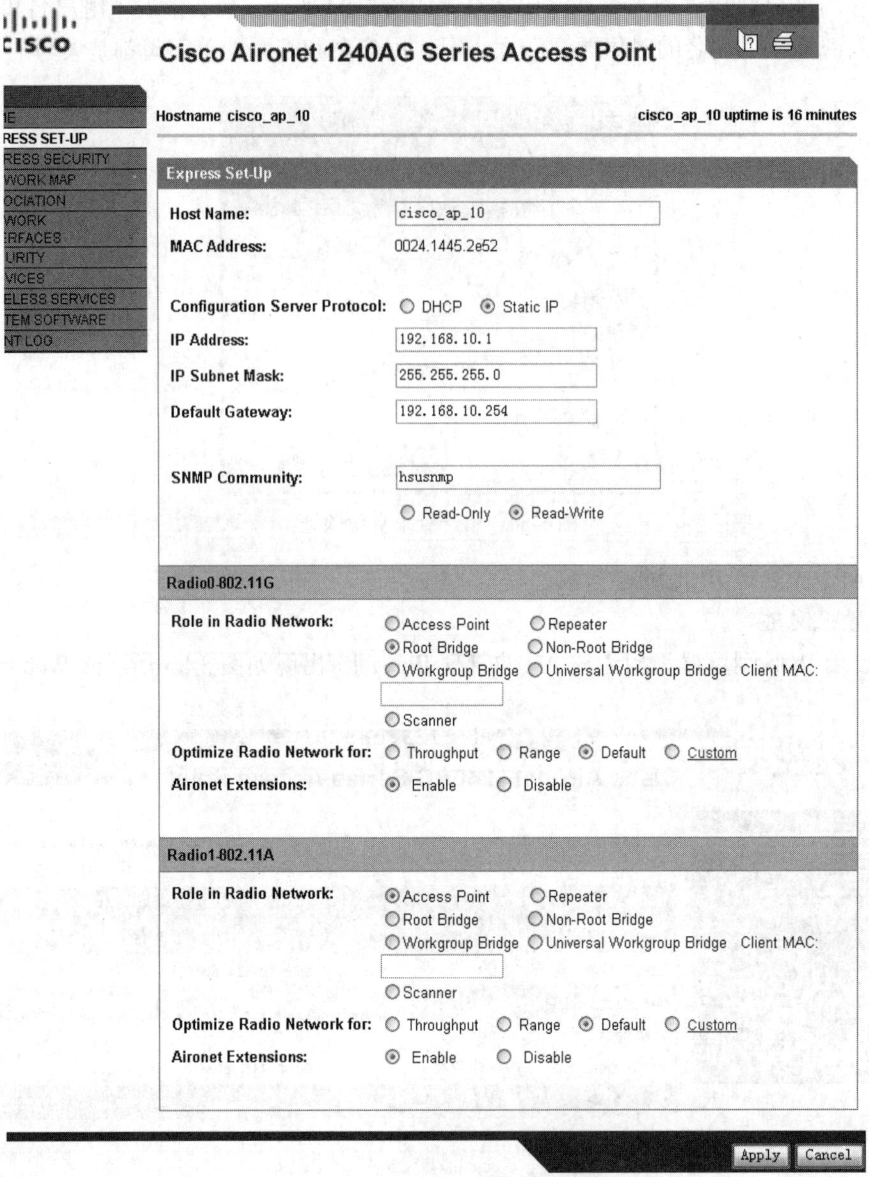

cisco

Cisco Aironet 1240AG Series Access Point

E
RESS SET-UP
RESS SECURITY
WORK MAP
OCIATION
WORK
ERFACES
URITY
VICES
ELESS SERVICES
TEM SOFTWARE
NT LOG

Hostname cisco_ap_10 　　cisco_ap_10 uptime is 16 minutes

Express Set-Up

Host Name: cisco_ap_10

MAC Address: 0024.1445.2e52

Configuration Server Protocol: ○ DHCP ⊙ Static IP

IP Address: 192.168.10.1

IP Subnet Mask: 255.255.255.0

Default Gateway: 192.168.10.254

SNMP Community: hsusnmp

○ Read-Only ⊙ Read-Write

Radio0-802.11G

Role in Radio Network: ○ Access Point ○ Repeater ⊙ Root Bridge ○ Non-Root Bridge ○ Workgroup Bridge ○ Universal Workgroup Bridge Client MAC: ○ Scanner

Optimize Radio Network for: ○ Throughput ○ Range ⊙ Default ○ Custom

Aironet Extensions: ⊙ Enable ○ Disable

Radio1-802.11A

Role in Radio Network: ⊙ Access Point ○ Repeater ○ Root Bridge ○ Non-Root Bridge ○ Workgroup Bridge ○ Universal Workgroup Bridge Client MAC: ○ Scanner

Optimize Radio Network for: ○ Throughput ○ Range ⊙ Default ○ Custom

Aironet Extensions: ⊙ Enable ○ Disable

Apply Cancel

图 3-86　Express Set-Up 页面

- 在 Host Name 文本框中，键入该无线网桥的名称，用于与其他无线 AP 相区别，便于日后的维护和管理。
- 选择 Static IP 单选按钮，为该无线网桥指定静态地址方式。并在 IP Address、IP Subnet Mask 和 Default Gateway 文本框中分别键入该无线网桥的 IP 地址、子网掩码和默认网关。

- 在 SNMP Community 文本框中，指定 SNMP 字符串，便于实现对无线网桥和其他设备的远程统一管理。Read-Only 为只读方式，Read-Write 为读写方式，建议选择读写方式，以实现对无线 AP 配置的远程修改。
- 选择 Access Point 单选按钮，将该无线网桥设置为根网桥模式。
- 选择 Default 单选按钮，将采用默认的传输速率。如果传输距离较远，那么应当指定一个较低的传输速率。对于 802.11a/g 而言，Rate 的可取值为 1.0、2.0、5.5、6.0、9.0、11.0、12.0、18.0、24.0、36.0、48.0、54.0；对于 802.11b 而言，Rate 的可取值为 1.0、2.0、5.5 和 11.0。

（3）单击左侧栏中的 EXPRESS SECURITY，出现如图 3-87 所示的 Express Security Set Up 页面，配置无线网桥的安全属性。

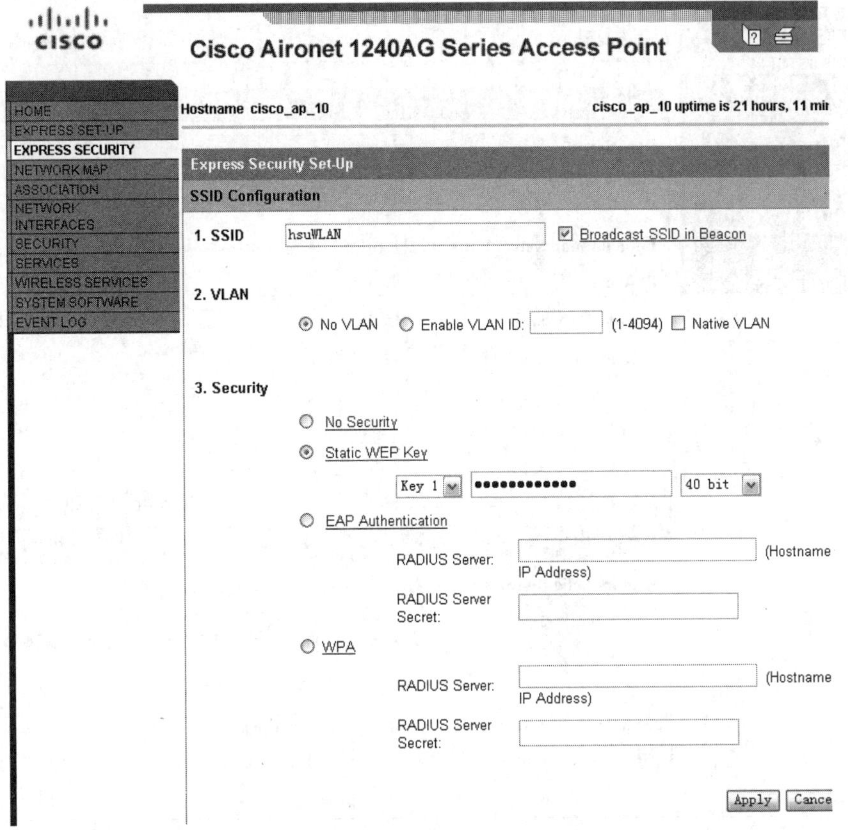

图 3-87　Express Security Set Up 页面

- 在 SSID 文本框中，键入该无线 AP 所属无线网络的 SSID。根网桥和非根网桥的 SSID 应当完全相同。选中 Broadcast SSID in Beacon 复选框，广播该无线网络的 SSID。如果对网络安全有较高的要求，那么，应当取消对该复选框的选中（不广播 SSID）。

- 选择 No VLAN 单选按钮，不在无线网络中划分 VLAN。
- 选择 Static WEP Key 单选按钮，采取静态 WEP 加密传输方式。同时，在下拉列表中选择使用的密钥，键入密码，并选择 40 bit 加密。
- 单击 Apply 按钮，保存配置。

5. 配置非根网桥

非根网桥的 SSID、加密方式、传输速率、信道、VLAN 设置应当与根网桥完全相同，并且其 IP 地址也应当与根网桥在同一 IP 网络。只是其工作模式应当选择为 Non-Root。非根网桥的基本设置如图 3-88 所示。

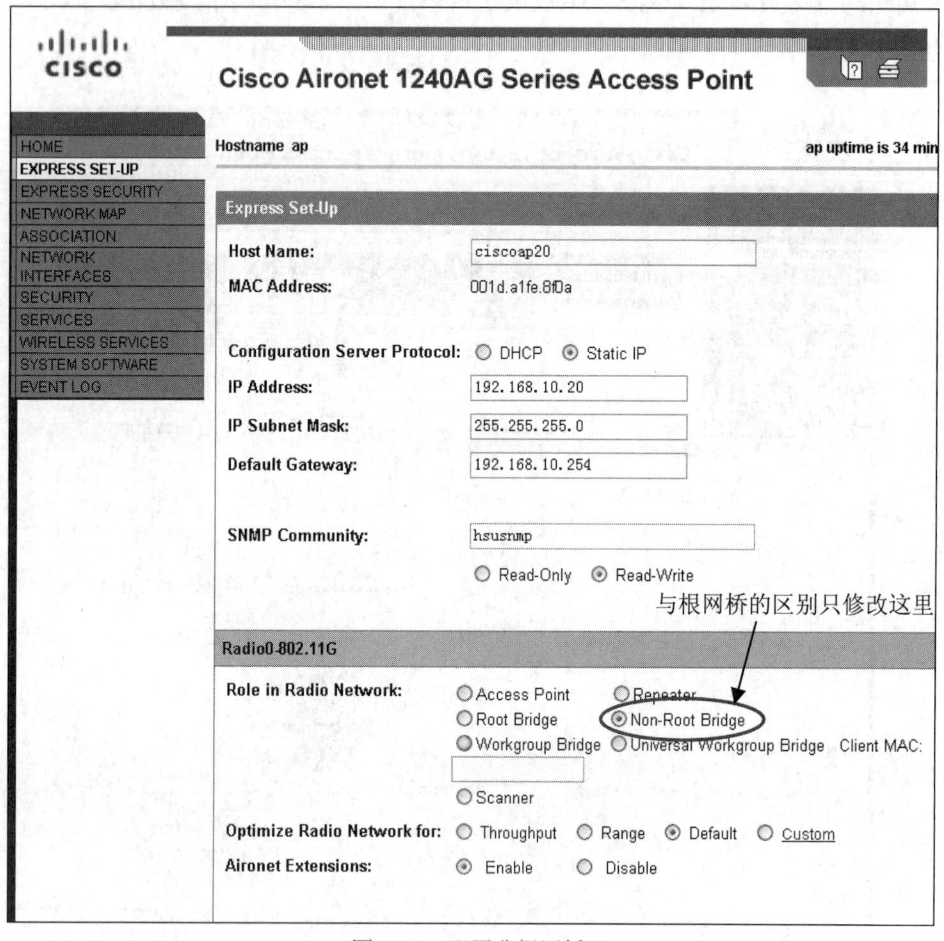

图 3-88 配置非根网桥

6. 验证配置

（1）在 cisco_ap_10 和 cisco_ap_20 分别使用命令 sh dot11 associations 查看无线关联信息，发现 cisco_ap_10 为根网桥，cisco_ap_20 为非根网桥，如图 3-89 和图 3-90 所示。

```
cisco_ap_10#sh dot11 associations

802.11 Client Stations on Dot11Radio0:

SSID [hsuWLAN] :

MAC Address    IP address      Device        Name            Parent
e
0025.8414.6fb0 0.0.0.0         Br-client     -               0025.8436.2d80
c
0025.8436.2d80 192.168.10.2    bridge        cisco_ap_20     self
c
```

图 3-89　cisco_ap_10 为根网桥

```
cisco_ap_20#sh dot11 associations

802.11 Client Stations on Dot11Radio0:

SSID [hsuWLAN] :

MAC Address    IP address      Device        Name            Parent
e
0025.8436.2910 192.168.10.1    11g-bridge    cisco_ap_10     -
c
```

图 3-90　cisco_ap_20 为非根网桥

（2）网桥之间连通性测试，在 cisco_ap_10 上使用 Ping 命令测试和 cisco_ap_20 的连通性，如图 3-91 所示。

```
cisco_ap_10#ping 192.168.10.2

Type escape sequence to abort.
Sending 5, 100-byte ICMP Echos to 192.168.10.2, timeout is 2 seconds:
!!!!!
Success rate is 100 percent (5/5), round-trip min/avg/max = 1/1/1 ms
```

图 3-91　cisco_ap_10 与 cisco_ap_20 之间已连通

（3）终端之间连通性测试，在 PC1 上使用 Ping 命令测试和 PC2 的连通性，如图 3-92 所示。

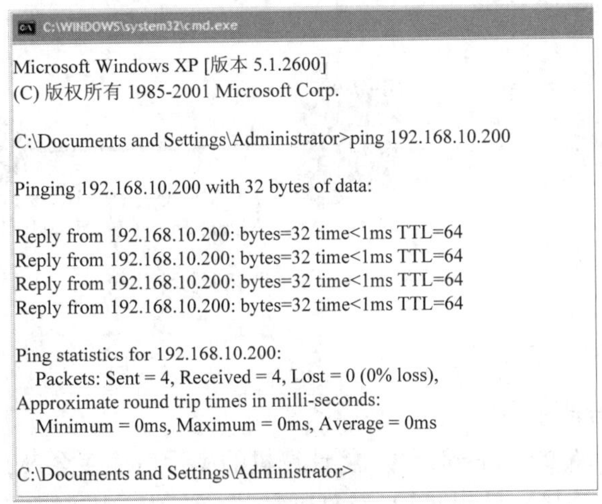

图 3-92　PC1 与 PC2 之间已连通

任务四　使用 WLC+“瘦”AP 构建无线网络

〖任务分析〗

由于公司总部使用的无线 AP 数量较多，如果依然采用普通无线 AP 的配置方法，逐一配置、管理和监控无疑是一件费时、费力和效率低下的工作。同时，由于无法具体判断无线信号强度和 AP 的数量，或造成无线网络盲区，或导致网络传输拥塞。因此，对无线网络的统一管理就显得特别重要。这里采用 WLC+“瘦”AP 无线网络架构方案，智能高效地管理无线网络。需要注意的是，要想“胖”AP 能够被 WLC 管理，首先需要将其升级为“瘦”AP 模式，具体操作方式见本项目任务一的相关描述。

〖实施设备〗

2 台安装 Windows XP 系统的电脑、2 块 Tenda 无线网卡、1 台 Cisco3760 交换机、2 台 1131AP、1 台 Cisco WLC、DB9（公头）-DB9 的 console 线缆。

〖任务拓扑〗

任务实施拓扑图如图 3-93 所示。

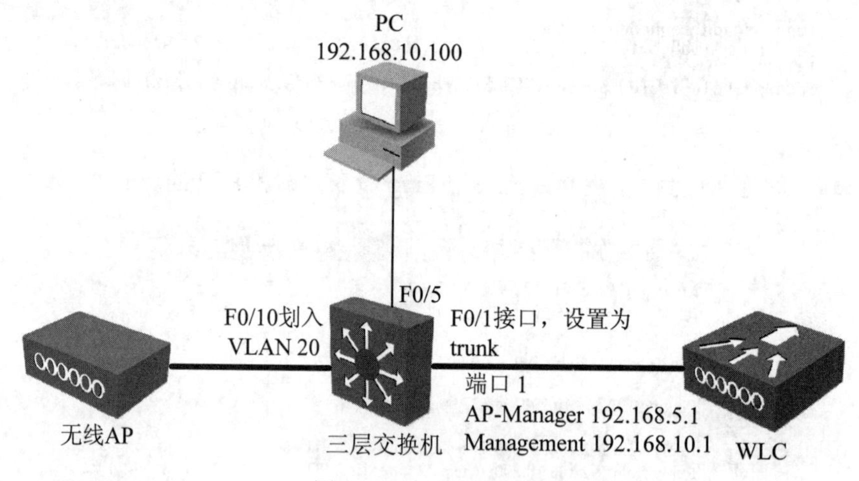

图 3-93　任务四拓扑图

〖任务实施〗

1. 查看 WLC 的启动顺序

（1）使用 WLC 附带的 Console 线，将计算机的串行口连接至 WLC 的 Console 口，用超级终端建立彼此之间的连接，使用 CLI 界面观察引导过程，引导脚本显示操作系统软件的初始化和基本配置，大致内容如图 3-94 所示。

```
Bootloader 4.1.171，0 (Apr 27 2007 一 05:19:36)
Motorola PowerPC ProcessorID=00000000 Rev. PVR=80200020
CPU: 833 MHz
CCB: 333 MHx
DDR:166 MHz
LBC: 41 MHz
L1   D 一 cache 32KB, L1 I 一 cache 32KB enabled.
I2C:ready
DTT: 1 is 20 C
DRAM:DDR module detected, total size:512M8.
512 MB
8540 in PCI Host Mode
8540 is the PCTArbiter.
Memory Test PASS
FUASH:
Flash Bank 0: portsize 二 2, size = 8 MB in 142 Sectors
8 MB
L2 cache enabled:256K8
Card    Id:1540
Card Revision Id:1
Card CPU Id:1287
Number of MAC Addresses:32
Number of Slots Supported:4
Serial Number. FOC1206F03A
Unknown Command Id:0xa5
Unknown command Id:0xa4
Unknown command Id:0xa3
Manufacturers ID:30464
Board Maintenance Level:00
Number Of Supported AP5:12
In:serial
Out:serial
Err:serial
.oBBb. d8888886 .d8888.o88b.d88b.
d8P Y8'BB'88'YP d8P YB .SP Y8.
8P 88'fiba. 8P B8 88
8b 88.Y8b，8b 88 88
Y8b d8 .88.db 8D Y8b d8、8b dB
Y88P'Y8888888P'8888Y' Y88P.'Y88P'
Model AIR-WLC4402 一 12 一 K9 SJN: FaG120fiF03A
Net:
PHY DEVICE:Found Intel LXT971A PHY at 0x01
FEG ETHERNET
ICE:Bus   0:aK
```

图 3-94　从 CLI 中看 WLC 的启动顺序

（2）当启动 WLC 时，可按下 Esc 键以查看启动选项，以及其他与设备相关的信息，如图 3-95 所示。

根据高亮显示的输出，可以执行以下动作。

第一步：运行主镜像。

第二步：运行备份镜像。

第三步：手动更新镜像。

第四步：改变活动的启动镜像（bootimage）。

第五步：清除配置。

```
 .o88b. d888888b .d8888.  .o88b.  .d88b.
d8P  Y8   `88'   88'  YP d8P  Y8 .8P  Y8.
8P        88     `8bo.   8P      88    88
8b        88       `Y8b. 8b      88    88
Y8b  d8  .88.    db   8D Y8b  d8 `8b  d8'
 `Y88P' Y888888P `8888Y'  `Y88P'  `Y88P'
                 Model AS-4012   S/N: DZ11-10037700008-01025A

Booting Primary Image...
Press <ESC> now for additional boot options...

    Boot Options

Please choose an option from below:

 1. Run primary image (version 3.0.100.0) (active)
 2. Run backup image (version 2.2.105.0)
 3. Manually upgrade primary image
 4. Change active boot image
 5. Clear Configuration

Please enter your choice: █
```

图 3-95　从 CLI 中查看 WLC 的启动选项

2. 配置 WLC 的初始化设置

在图 3-95 中选择 5，清除原有设置，按以下步骤进行初始设置。

```
Welcome to the Cisco Wizard Configuration Tool
Use the '-' character to backup
System Name [Cisco_40:4a:03]:
Enter Administrative User Name (24 characters max): admin---------------------管理员名称
Enter Administrative Password (24 characters max): *****-----------------------管理员密码
Re-enter Administrative Password                   : *****
Management Interface IP Address: 192.168.10.1-------------------------------控制器管理地址
Management Interface Netmask: 255.255.255.0--------------------- ---------控制器子网掩码
Management Interface Default Router: 192.168.10.254------- -----------------------默认网关
Management Interface VLAN Identifier (0 = untagged):---------------------------定义 VLAN
Management Interface Port Num [1 to 8]: 1---------------------------------------------端口号
Management Interface DHCP Server IP Address: 192.168.10.254-------------DHCP 服务器
AP Manager Interface IP Address: 192.168.5.1------------------------------------AP 管理地址
AP Manager Interface Netmask: 255.255.255.0----------------------------------------子网掩码
AP Manager Interface Default Router: 192.168.5.254---------------------------------默认网关
AP Manager Interface VLAN Identifier (0 = untagged):
AP Manager Interface Port Num [1 to 8]: 1
AP Manager Interface DHCP Server (192.168.10.254):
Virtual Gateway IP Address: 1.1.1.1----------------------------------------------------虚拟接口
Mobility/RF Group Name: q--------------------------------------------------------无线分组名
Network Name (SSID): q-----------------------------------------------------------无线广播信号
Configure DHCP Bridging Mode [yes][NO]:
Allow Static IP Addresses [YES][no]:
Configure a RADIUS Server now? [YES][no]: no-------------------------配置 Radius 服务器
Warning! The default WLAN security policy requires a RADIUS server.
Please see documentation for more details.
Enter Country Code list (enter 'help' for a list of countries) [US]: CN---------------选择国籍
Enable 802.11b Network [YES][no]:
Enable 802.11a Network [YES][no]:
Enable 802.11g Network [YES][no]:
```

```
Enable Auto-RF [YES][no]:
Configure a NTP server now? [YES][no]: NO-----------------------------------配置 NTP 服务
Configure the system time now? [YES][no]:--------------------------------- -----配置系统时间
Enter the date in MM/DD/YY format: 05/31/13
Enter the time in HH:MM:SS format: 10:17:11
Configuration correct? If yes, system will save it and reset. [yes][NO]: yes---------确认配置
Configuration saved!
Resetting system with new configuration...
Configuration saved!
Resetting system with new configuration...
```

至此，WLC 初始设置完成。

3. 交换机的基本配置

（1）在 Cisco3760 交换机上将与 WLC 相连的 fa0/1 接口设置成 TRUNK，如下所示。

```
interface FastEthernet0/1
 switchport mode trunk
!
```

（2）在 Cisco3760 配置 DHCP 服务，使“瘦”AP 能够动态获取 IP 地址，并配置 option 43 字段指向 WLC 上的 AP 管理地址，具体过程如下。

```
!
ip dhcp pool AP
   network 192.168.20.0 255.255.255.0
   default-router 192.168.20.254
   option 43 ascii "192.168.5.1"
!
```

（3）将两台 Cisco1131“瘦”AP 连接上交换机的 fa0/10 和 fa0/11 端口，并将这两个端口划分进 VLAN 20 中，具体过程如下所示。

```
interface Vlan20
 ip address 192.168.20.254 255.255.255.0
 no ip route-cache
!
interface FastEthernet0/10
 switchport access vlan 20
!
interface FastEthernet0/11
 switchport access vlan 20
```

AP 获取到 DHCP 地址后，会跟据 option 字段的指示，找到 WLC 并连接上去。

4. WLC 的登录

（1）打开浏览器，在地址栏输入https://192.168.10.1，按回车键，显示如图 3-96 提示即将登录 WLC 的窗口。

（2）单击 Login 按钮，弹出输入用户名和密码对话框，输入初始设置里配置的用户名和密码，如图 3-97 所示。

（3）单击“确定”按钮，即可成功登录 WLC，进入如图 3-98 所示的 WLC 配置主页面。

（4）选择 WIRELESS 选项卡，执行 WLC 任务栏中的 Access Points→All APs 命令，发现已有 AP 连上 WLC，如图 3-99 所示。

图 3-96　WLC 登录窗口

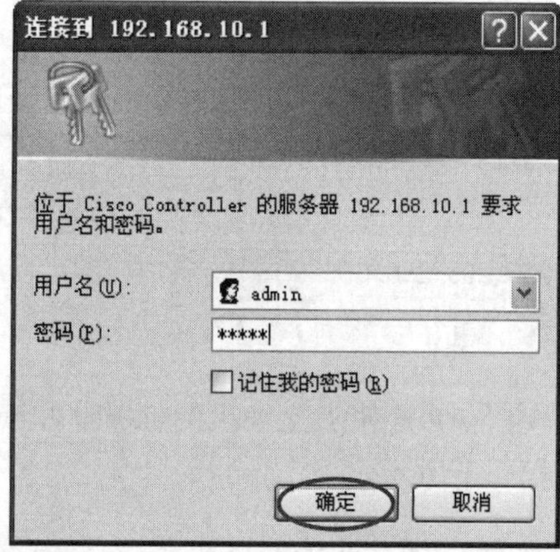

图 3-97　WLC 登录对话框

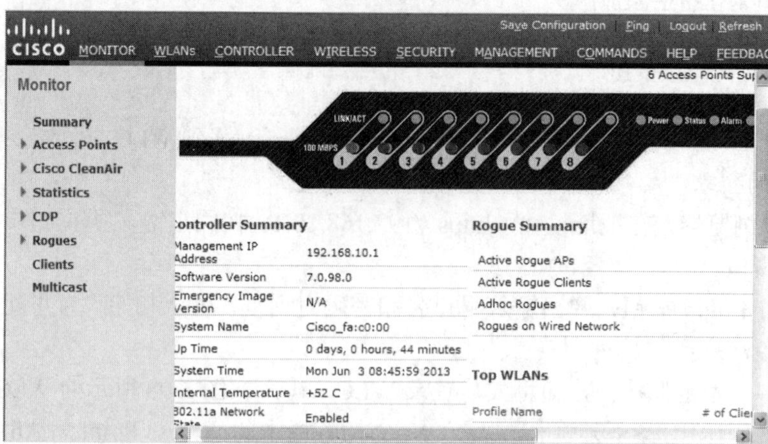

图 3-98　成功登录 WLC

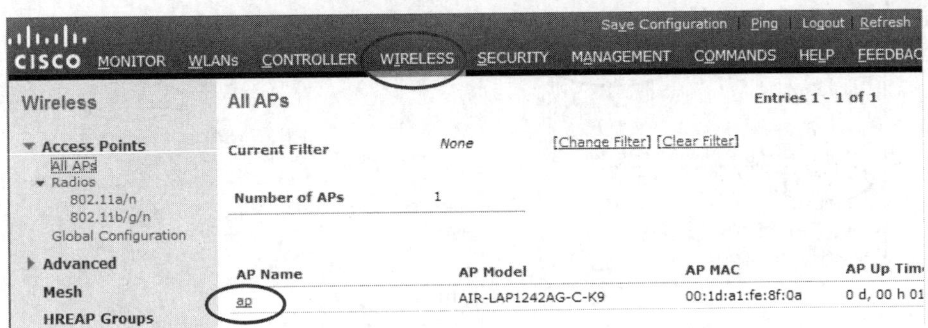

图 3-99　查看连接 WLC 的 AP

（5）在发现的 AP 上面单击 AP 的名字，查看 AP 的配置信息，如图 3-100 所示。

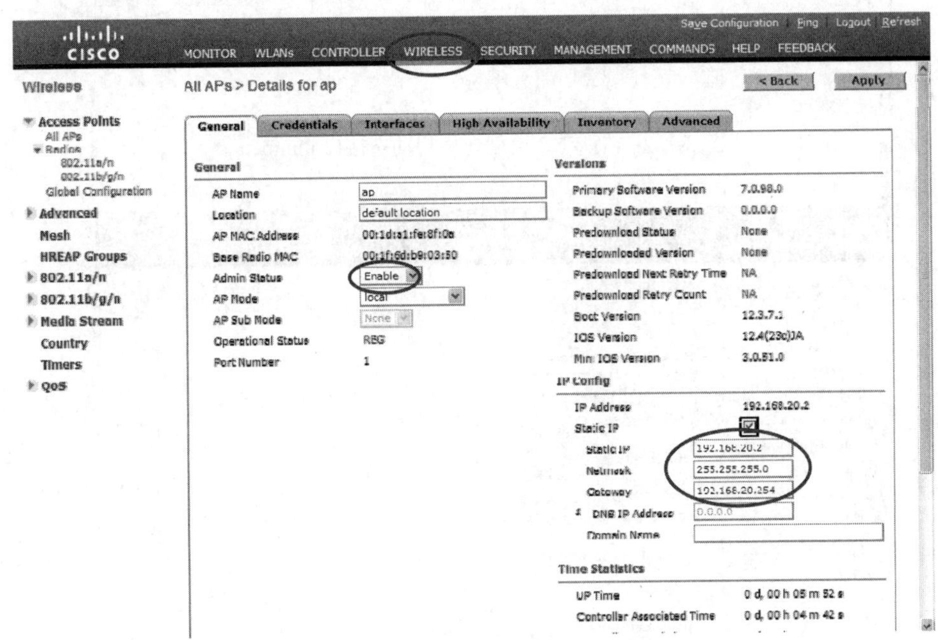

图 3-100　在 WLC 上查看 AP 的配置信息

5．在 WLC 上配置一个 AP 上广播两个 SSID 信号

（1）为客户端 VLAN 40 和 VLAN 50 创建动态接口，选择 CONTROLLER 选项卡，然后单击 WLC 任务栏中的 Interfaces，如图 3-101 所示。

（2）单击图 3-101 中的 New…按钮，切换到如图 3-102 所示的配置界面，设置完成后单击 Apply 按钮。

（3）接下来为新的动态端口提供编址信息以及为无线客户端子网分配 IP 地址的 DHCP 服务器地址，如图 3-103 所示，因为它为广播 DHCP 请求的客户端充当 DHCP 中继。

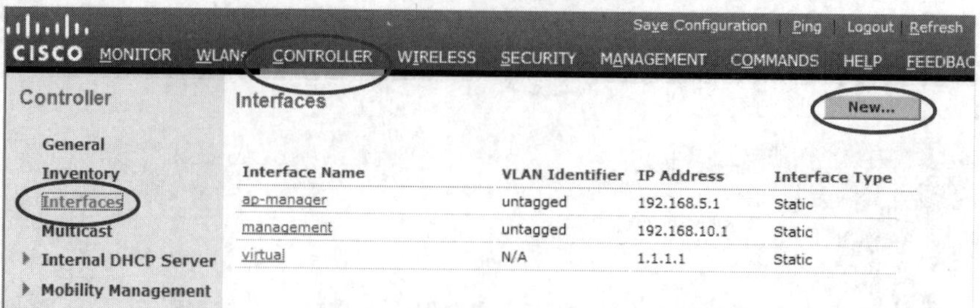

图 3-101　创建用户动态接口

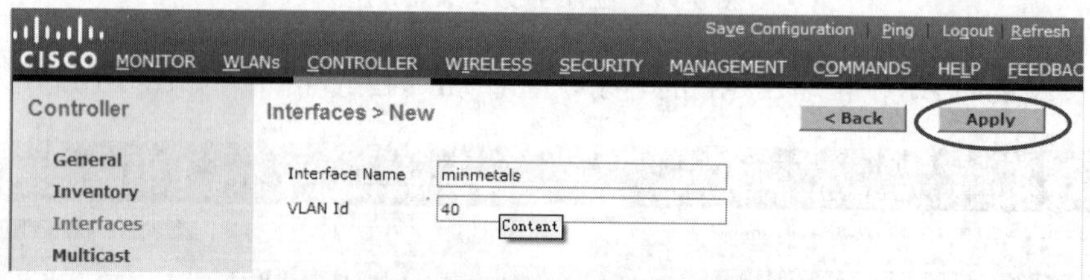

图 3-102　在 WLC 上创建用户动态接口 minmetals

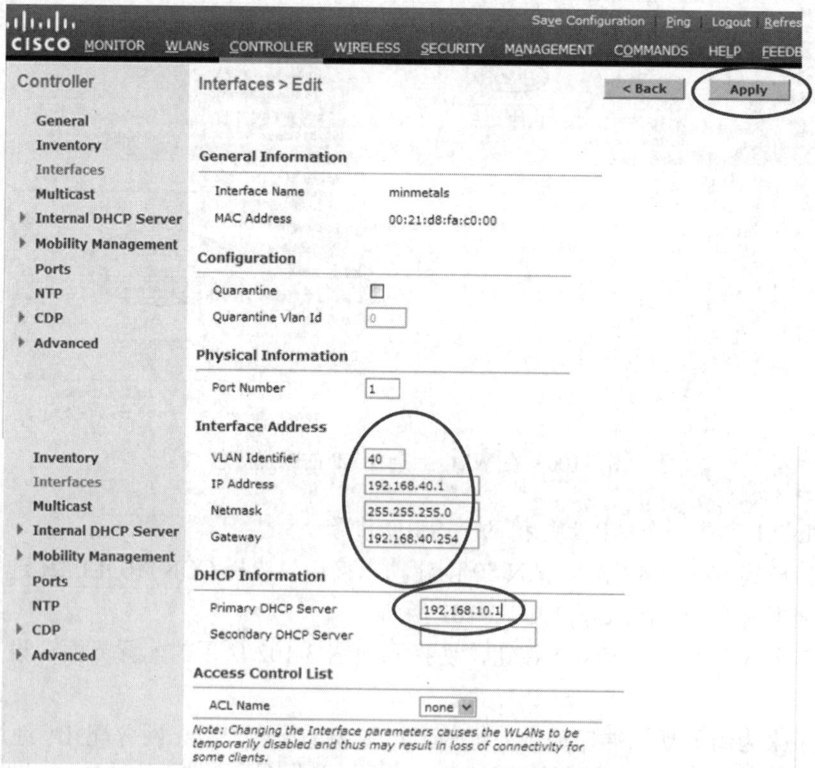

图 3-103　给 minmetals 动态接口配置编址信息

（4）重复步骤（1）、（2）、（3）创建用于 VLAN 50 无线客户端的动态接口 public，并为该动态接口设置编址信息，如图 3-104 和图 3-105 所示。

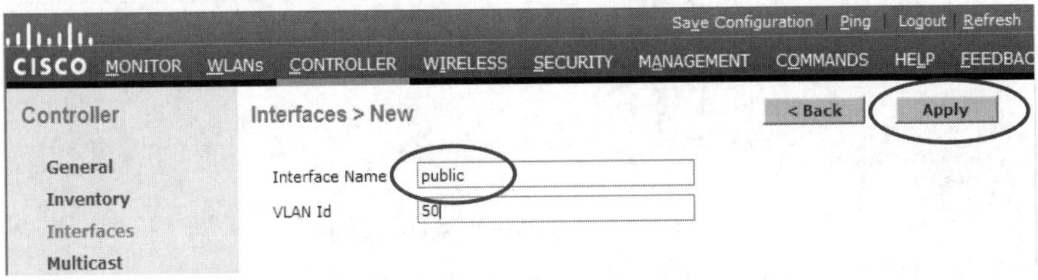

图 3-104　在 WLC 上创建用户动态接口 public

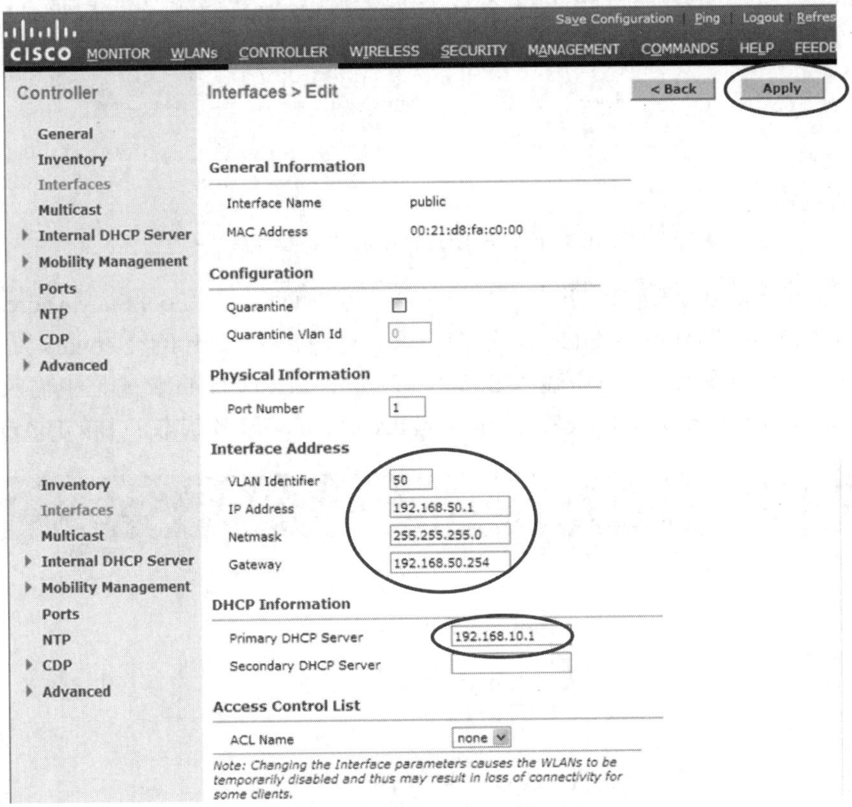

图 3-105　给 public 动态接口配置编址信息

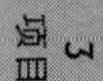

（5）创建与动态接口对应的 DHCP 地址池。选择 CONTROLLER 选项卡，执行 WLC 任务栏中的 Internal DHCP Server→DHCP Scope 命令，添加 minmetals 和 public 的 DHCP 范围。首先，单击 New 按钮，弹出如图 3-106 所示的页面，在 Scope Name 文本框中输入 minmetals。然后单击 Apply 按钮，弹出如图 3-107 所示的页面。

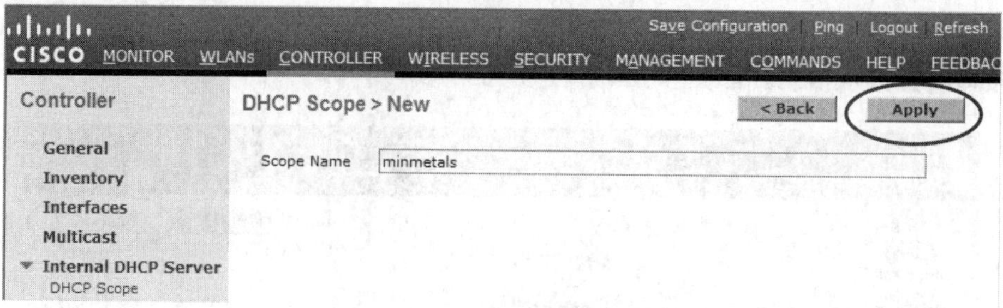

图 3-106　创建 DHCP Scope Name

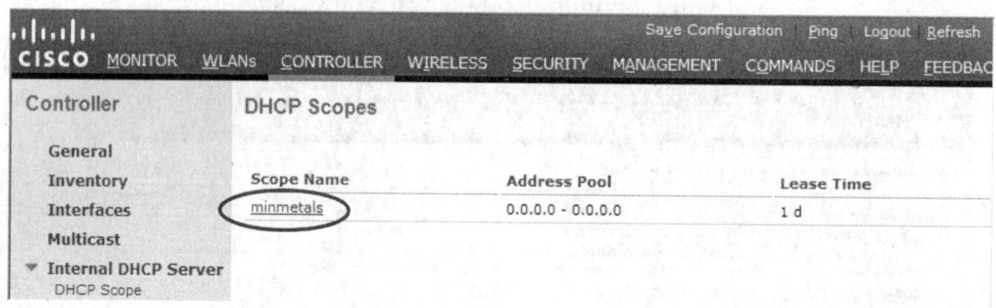

图 3-107　已创建 DHCP Scope Name 状态

（6）单击 minmetals 超链接，出现如图 3-108 所示的页面，在 Pool Start Address 文本框中输入 192.168.40.10，Pool End Address 文本框中输入 192.168.40.100；Network 文本框中输入 192.168.40.0，Netmask 文本框中输入 255.255.255.0，Lease Time 文本框中输入 86400，Default Routers 文本框中输入 192.168.40.254，Status 置于 Enabled 状态，并单击 Apply 按钮。

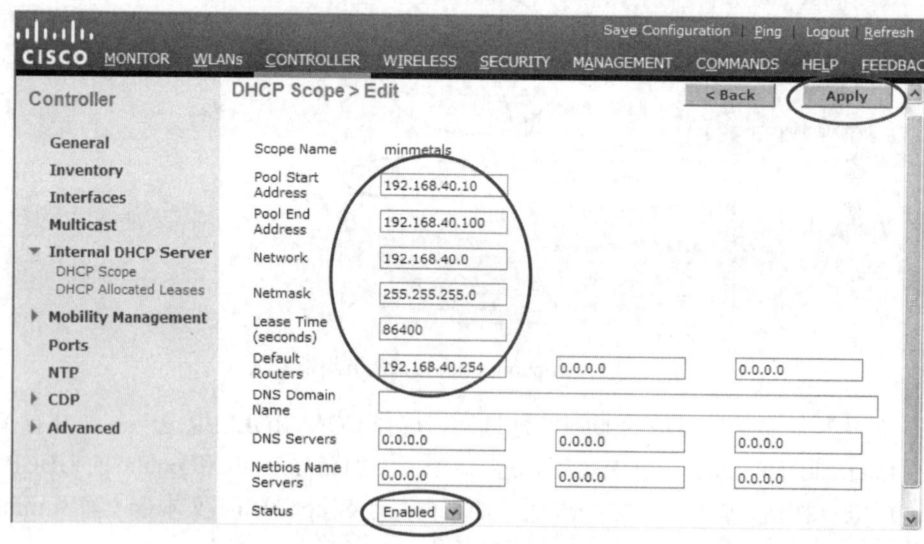

图 3-108　编辑 minmetals

（7）创建 public DHCP 地址池的操作与创建 minmetals DHCP 地址池的操作过程完全一样，如图 3-109、图 3-110 和图 3-111 所示，具体过程这里不再赘述。

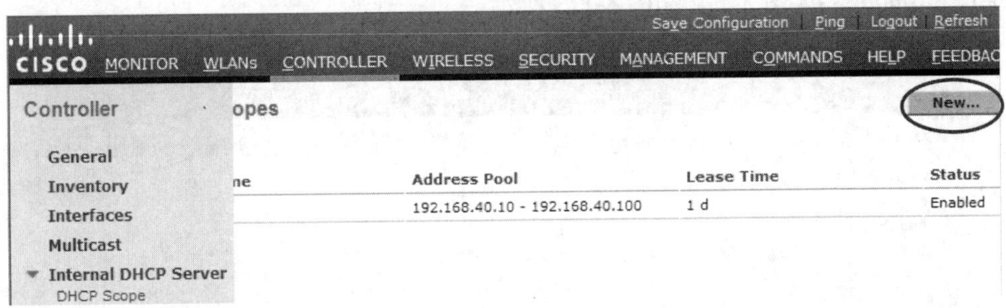

图 3-109　创建 DHCP Scope Name

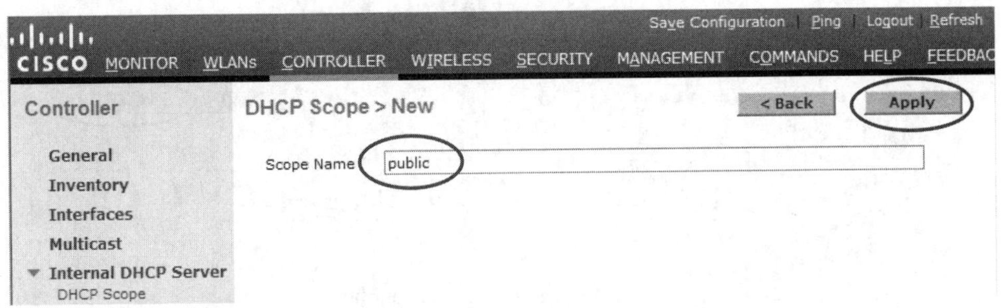

图 3-110　已创建 DHCP Scope Name 状态

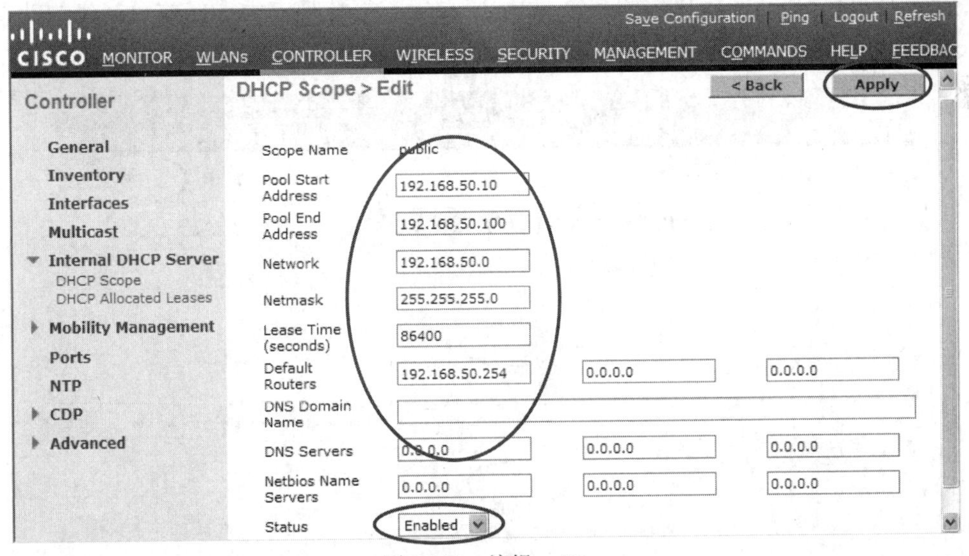

图 3-111　编辑 public

（8）接下来需要定义 WLAN，它将为无线客户端提供服务，并且与加入到该 WLC 的 AP 相关联。单击 WLC 任务栏中的 WLANs 选项，然后单击 New 按钮，添加两个新的 WLAN SSID：minmetals 和 public，如图 3-112 和图 3-113 所示。

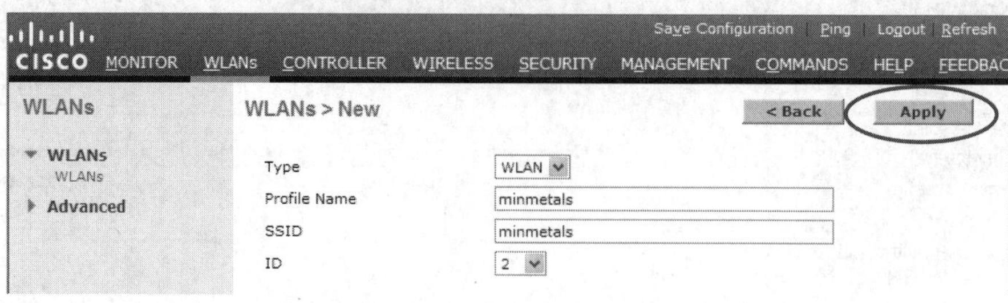

图 3-112　定义 WLAN：minmetals

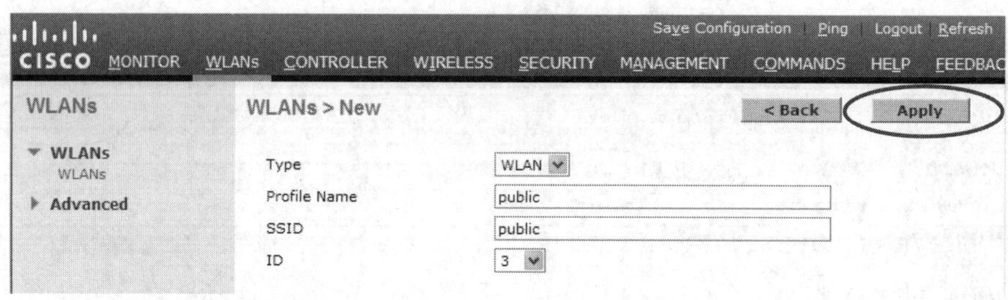

图 3-113　定义 WLAN：public

（9）单击 Apply 按钮后，WLC 将显示如图 3-114 和图 3-115 所示的配置界面，在这里，需要将 SSID 同一个动态接口关联起来，从 Interface 下拉列表中选择前面创建的动态接口 minmetals 和 public，并勾选 Status 的 Enabled 复选框，以启用此 WLAN。

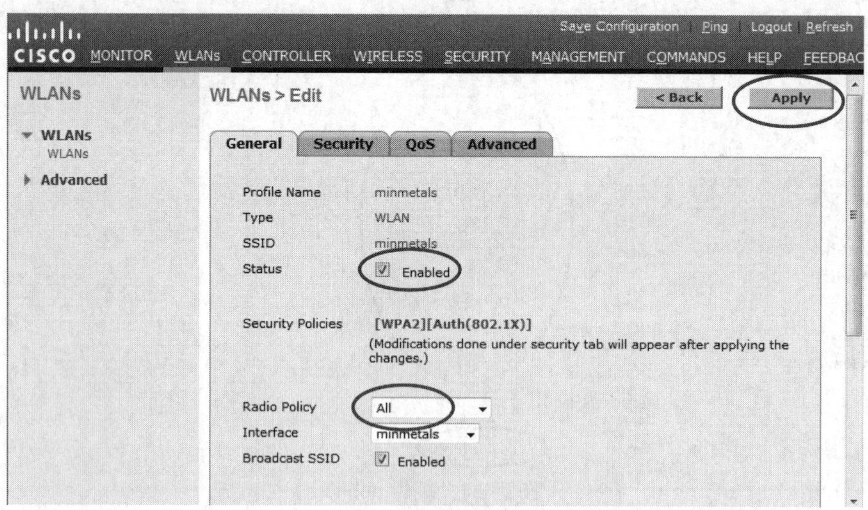

图 3-114　将 WLAN 绑定到动态接口 minmetals

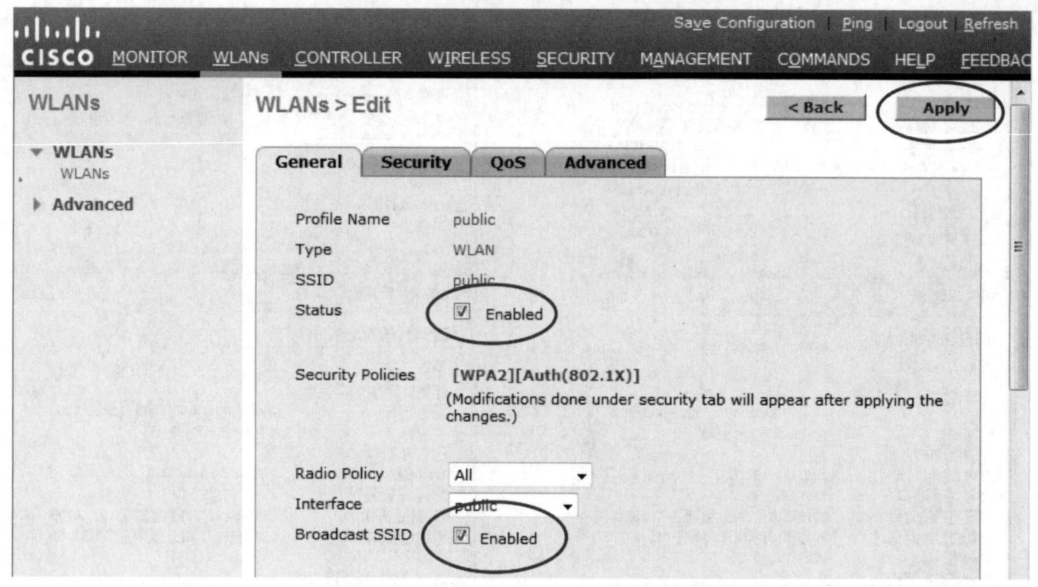

图 3-115　将 WLAN 绑定到动态接口 public

（10）测试无线信号。使用无线网卡或无线终端，搜索无线网络，发现 AP 已广播 minmetals 和 public 两个 SSID，如图 3-116 所示。

图 3-116　无线网络信号测试

- 使用无线客户端连接 minmetals 网络，无线客户端能连上 minmetals 网络，并能正确获取到 IP 地址，如图 3-117 所示。
- 使用无线客户端连接 public 网络，无线客户端能连上 public 网络，并能正确获取到 IP 地址，如图 3-118 所示。

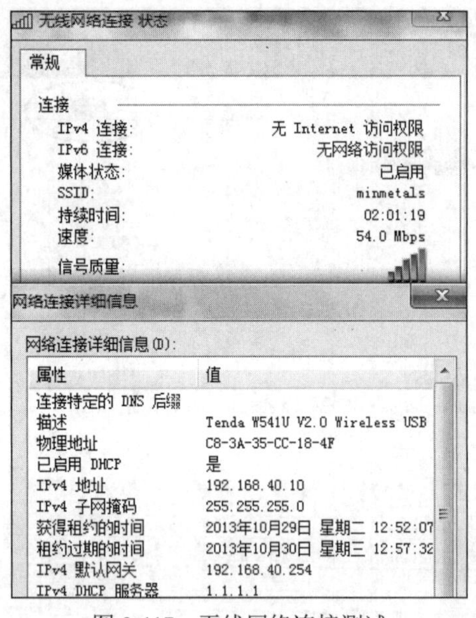

图 3-117　无线网络连接测试

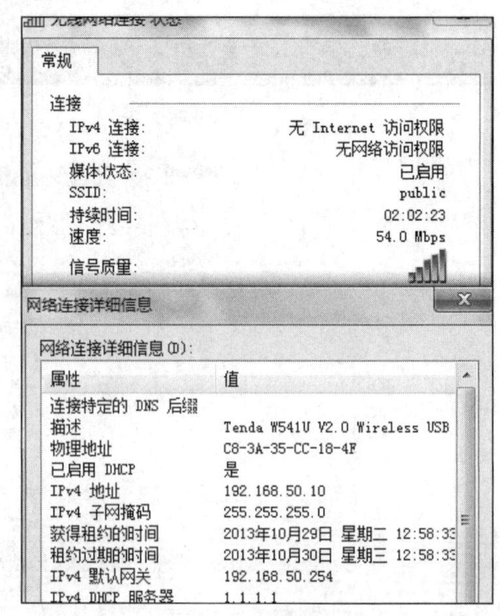

图 3-118　无线网络连接测试

6. AP 的命名操作

公司总部部署完无线网络后，WLC 可以对多个“瘦”AP 进行集中管理，但这里还需要微调。在默认情况下，AP 连上 WLC 时，使用的名称是 AP+MAC 地址的组合，如图 3-119 所示，分不清楚哪一台 AP 具体安放在哪个位置，这可能会造成混乱。建议将 AP 名称修改为有意义的名字以及标识具体位置，比如位于大厅中的 AP，可以命名为 lobby-AP，位置为 lobby，以下是这一过程的实现步骤。

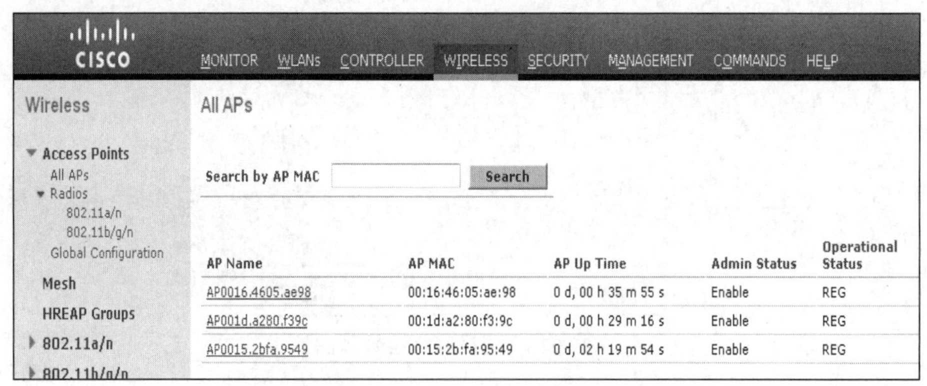

图 3-119　列出所有 AP

（1）找到大厅中 AP 的 MAC 地址，该地址印在 AP 的底部。

（2）找到大厅中 AP 的 MAC 后，便进入 WLC 界面并打开 WIRELESS 选项卡，执行 WLC 任务栏中的 Access Points→All APs。

（3）选择与此 MAC 地址匹配的 AP，AP 名称以 AP 开头，后面跟着 MAC 地址。

（4）在 General 选项卡下将名称修改为 lobby-AP。

（5）可随意添加一个位置，在图 3-120 中能看到这一步骤。

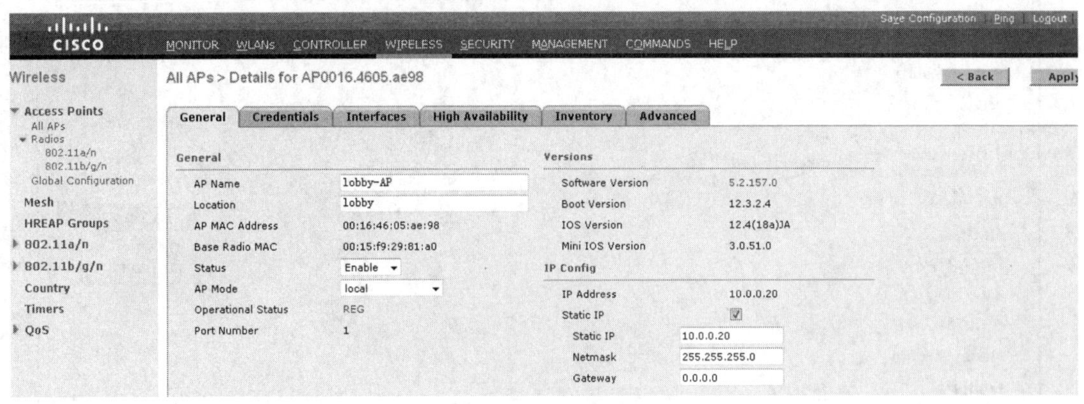

图 3-120　命名 AP

（6）单击 Apply 按钮。

7. 限制对 AP 的访问

公司总部的财务部门并不希望其他部门的工作人员和 guest 用户能连上财务部门的 AP，使用以下步骤可实现这一功能。

（1）首先选择 WIRELESS 选项卡，然后执行 WLC 任务栏中的 Access Points→Radios→802.11a/n 命令。

（2）在图 3-121 中，找到对其进行限制访问的 AP。

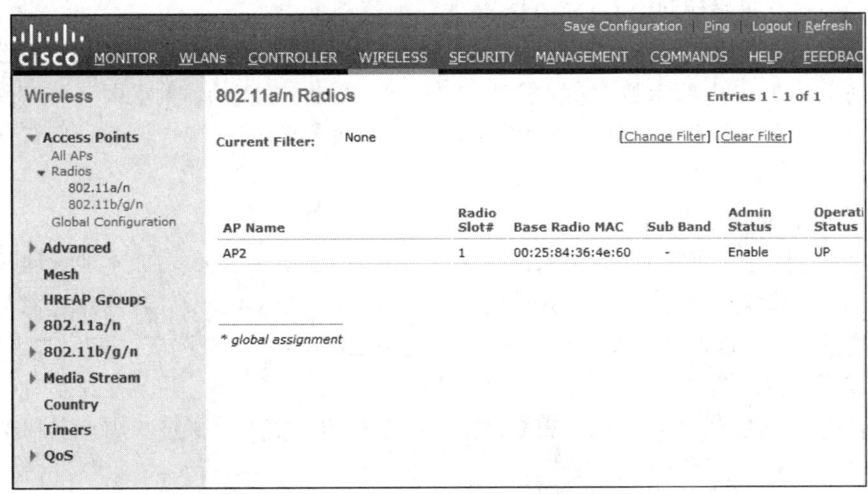

图 3-121　查看 802.11a/n Radios

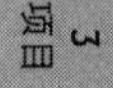

（3）转向条目右边，将鼠标移到图 3-122 的位置，并选择 Configure。

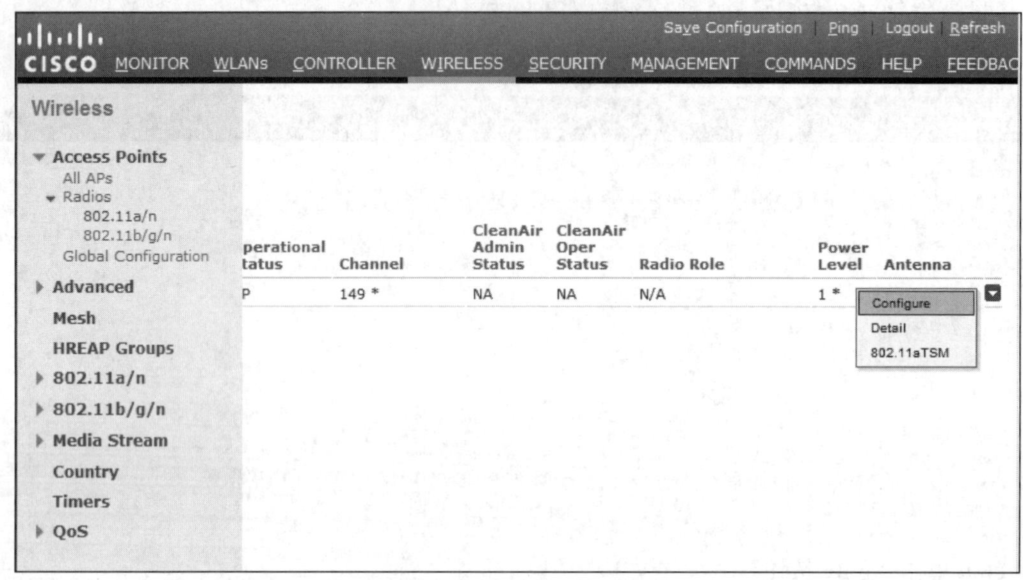

图 3-122　802.11a/n Radios 选项菜单

（4）通过选定 Enable 选择重新载入 WLAN，出现一个新的 WLAN 列表。

（5）选择希望该 AP 支持的 WLAN。在此例中，不选 GUESTNET WLAN，移除通过该 AP 的接入。

（6）单击 Apply 按钮。

（7）对 802.11b/g/n Radios 重复以上步骤。

8. 创建 guest 用户访问 WLAN 的权限

WLC 控制器可以在 WLAN 上提供 Guest 的访问权限，为了创建 Guest 账户，必须先创建大堂大使账户，Cisco 内部叫做大堂大使账户（Lobby Ambassador），大堂大使可以在控制器上创建和维护 Guest 用户账户信息，但只能使用 Web 页面管理用户账户，并且只有有限的配置权限。

（1）创建大堂大使账户。

执行 WLC 任务栏中的 Management→Local Management Users 增加本地管理账户，单击 New 按钮创建大堂大使账户，选择 User Access Mode 为 LobbyAdmin，输入用户名与密码，单击 Apply 按钮，就可以创建大堂大使账户，如图 3-123 所示。

（2）创建 Guest 账户。

首先要退出 WLC，再次登录 WLC，输入已创建的大堂大使账户的用户名和密码，如图 3-124 所示。

（3）使用大堂大使账户登录后的控制器界面如图 3-125 所示。

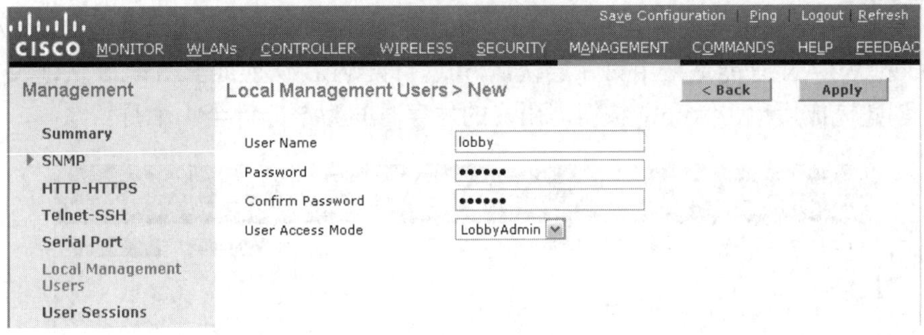

图 3-123　添加大堂大使账户

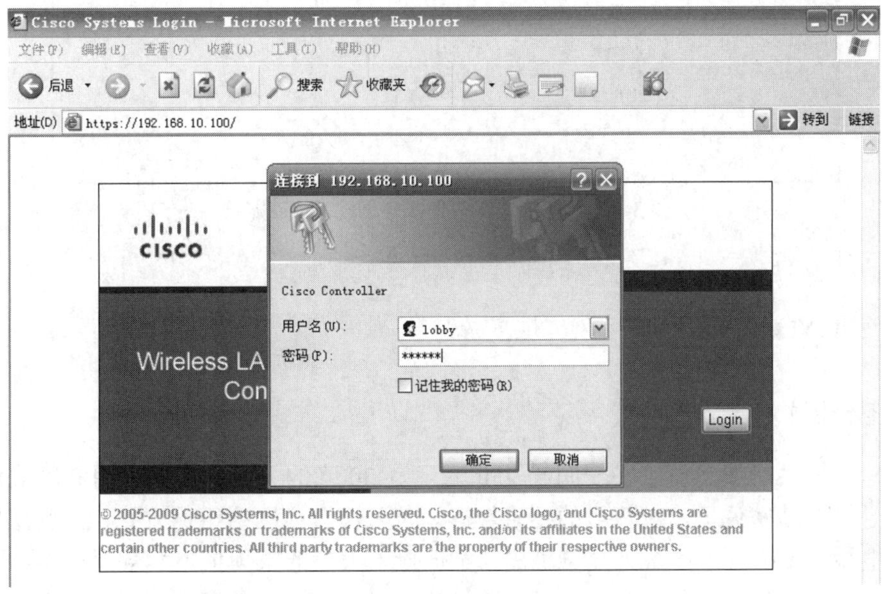

图 3-124　大堂大使账户通过 Web 登录 WLC

图 3-125　大堂大使账户登录 WLC 后界面

（4）单击 New 按钮，创建新的 Guest 账户，如图 3-126 所示，选择合适的 WLAN SSID（可供选择的 WLAN 只能是采用第 3 层认证方式，即 WEB 认证或 RADIUS 认证及类似的认证方式），创建完成后单击 Apply 按钮，用户的生存时间为 5 分钟至 1 个月。

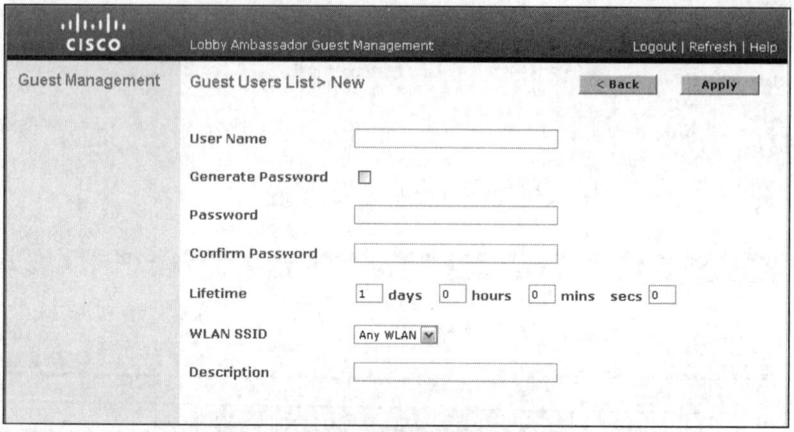

cisco Lobby Ambassador Guest Management Logout | Refresh | Help

Guest Management

Guest Users List > New　< Back　Apply

User Name

Generate Password

Password

Confirm Password

Lifetime 1 days 0 hours 0 mins secs 0

WLAN SSID Any WLAN

Description

图 3-126　使用大堂大使账户创建 Guest 账户

任务五　使用 WLC+"瘦"AP 实现二层漫游

〖任务分析〗

公司总部的生产部门员工在一间长 250 米，宽 30 米的大型厂房内采用流水线作业。由于生产的是一些精密仪器，对环境的要求较高。若采用有线网络组网方式，需要挖地槽、埋线管、穿电缆、上桥架等一系列复杂工序，不但投入大量的人力成本和耗材成本，而且还极大地影响了公司的生产工作。考虑到每一个 AP 自身都有一定的覆盖范围，多个 AP 可形成交叉覆盖区域，这样就可以实现各覆盖区域之间的无缝连接，最终覆盖厂房的所有区域。实现这一功能需求的技术被称为漫游。由于生产部门的员工所有终端都在同一个子网内，因此只需要采用二层漫游技术即可实现生产部门的所有员工通过无线终端在厂房内的任何地方联网的需求。

〖实施设备〗

2 台安装 Windows XP 系统的电脑、2 块 Tenda 无线网卡、1 台 Cisco3760 交换机、1 台 Cisco WLC、2 台 1131AP、DB9（公头）-DB9 的 console 线缆。

〖任务拓扑〗

任务实施拓扑如图 3-127 所示。

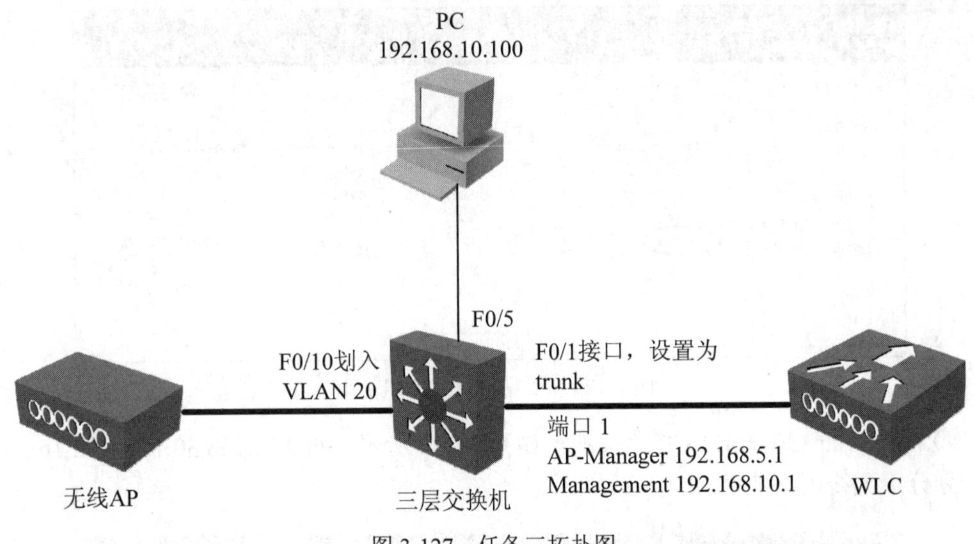

图 3-127　任务三拓扑图

〖任务实施〗

（1）WLC 的初始化配置、交换机的基本配置、登录 WLC 的过程，请参阅本项目“任务四”中的相关内容。

（2）完成以上配置后，按拓扑图连接好所有设备，AP 能够自动地连上 WLC。选择 WIRELESS 选项卡，执行 WLC 任务栏中的 Access Points→All APs 命令，打开如图 3-128 所示的界面，可以发现 ap 和 AP2 已经连接上 WLC 了。

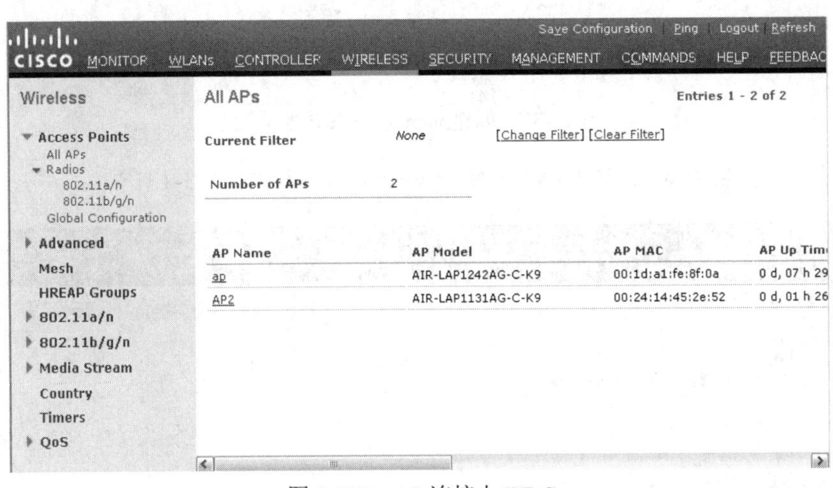

图 3-128　AP 连接上 WLC

（3）建立一个名为 vlan 30 的动态接口，如图 3-129 所示。vlan 30 提供给无线用户使用。

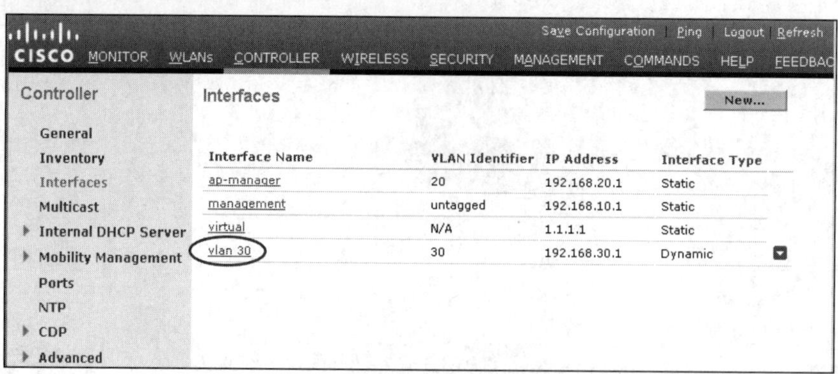

图 3-129　创建 vlan 30 动态接口

（4）建立 vlan 30 的 DHCP 地址池，如图 3-130 所示，将 192.168.30.12～192.168.30.100 的地址划分给无线用户使用。

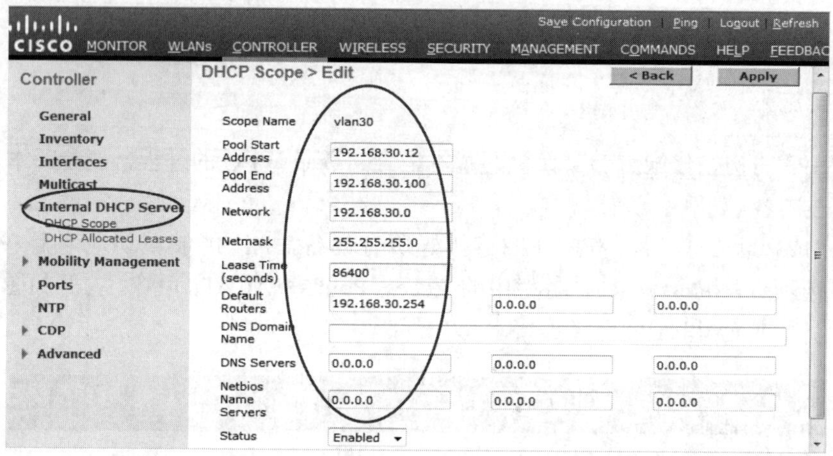

图 3-130　创建 vlan 30 DHCP 地址池

（5）建立一个名为 wlan 30 的 WLAN 与 vlan 30 对应，如图 3-131 所示。

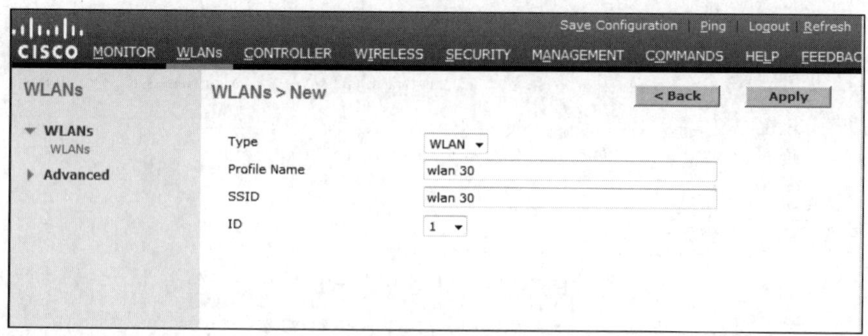

图 3-131　创建 WLAN

（6）需要将 SSID 同一个动态接口关联起来，从 Interface 下拉列表中选择前面创建的动态接口 vlan 30，并勾选 Status 的 Enabled 复选框，以启用此 WLAN。勾选 Broadcast SSID 的 Enabled 复选框，以广播 SSID，如图 3-132 所示。

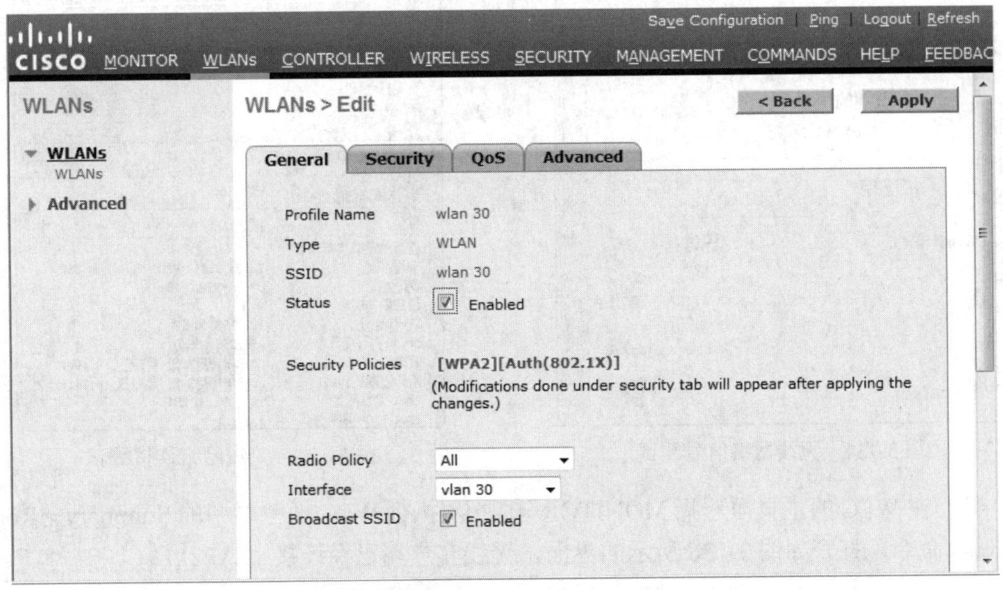

图 3-132　将 WLAN 绑定到动态接口 vlan 30

（7）单击 Apply 按钮，WLC 便会自动将 WLAN 信息下发给连接到 WLC 的 AP 上。为了方便，设置 wlan 30 的安全验证为 None，即开放的网络，如图 3-134 所示。

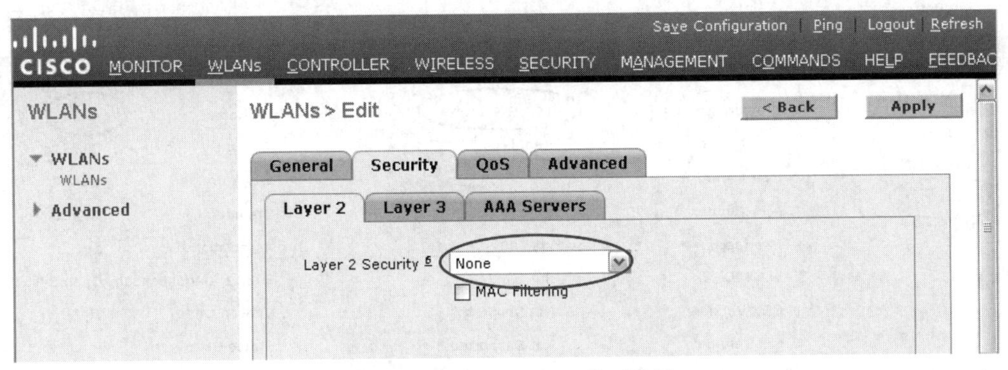

图 3-133　登录 WLAN 验证设置

（8）测试无线信号。使用无线网卡或无线终端搜索无线网络，发现 AP 已广播 wlan 30 SSID，如图 3-134 所示。

（9）使用无线客户端连接 wlan 30 网络，无线客户端能连上 wlan 30 网络，并能正确获取到 IP 地址，如图 3-135 所示。

图 3-134　无线网络信号测试

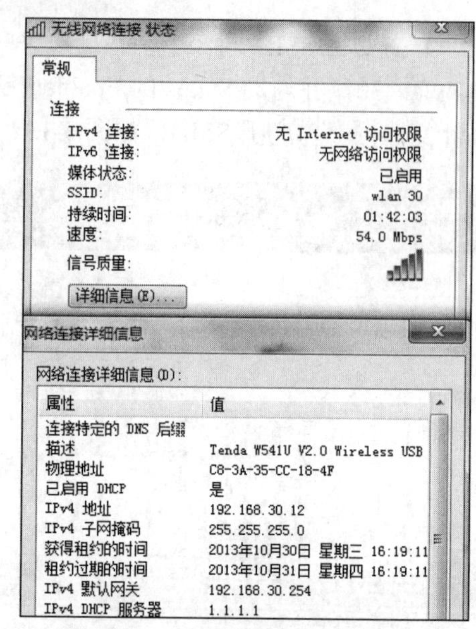

图 3-135　无线网络连接测试

（10）在 WLC 的主页面选择 MONITOR 选项卡，执行 WLC 任务栏中的 Summary→Rogues→Clients 命令，打开如图 3-136 所示的界面，无线客户端已经连接上 AP2 了。

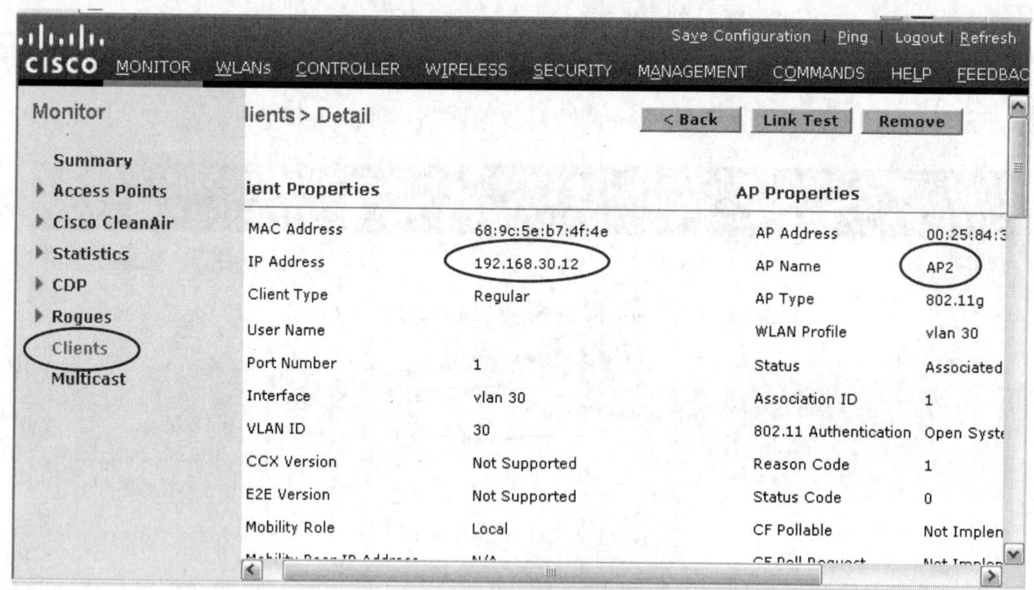

图 3-136　无线客户端连接 AP2

（11）用另一台计算机 Ping 连接上 AP2 的客户端，并在中途断掉 AP2 的电源，可以看到，网络有一个短暂的断开后又自动连接上了，如图 3-137 所示。

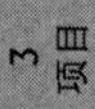

```
C:\WINDOWS\system32\cmd.exe
Reply from 192.168.30.12: bytes=32 time<1ms TTL=64
Reply from 192.168.30.12: bytes=32 time<1ms TTL=64
Reply from 192.168.30.12: bytes=32 time<1ms TTL=64
Reply from 192.168.30.12: bytes=32 time<1ms TTL=64
Reply from 192.168.30.12: bytes=32 time<1ms TTL=64
Reply from 192.168.30.12: bytes=32 time<1ms TTL=64
Reply from 192.168.30.12: bytes=32 time<1ms TTL=64
Reply from 192.168.30.12: bytes=32 time<1ms TTL=64
Reply from 192.168.30.12: bytes=32 time<1ms TTL=64
Reply from 192.168.30.12: bytes=32 time<1ms TTL=64
Reply from 192.168.30.12: bytes=32 time<1ms TTL=64
Request timed out.
Request timed out.
Reply from 192.168.30.12: bytes=32 time<1ms TTL=64
Reply from 192.168.30.12: bytes=32 time<1ms TTL=64
Reply from 192.168.30.12: bytes=32 time<1ms TTL=64
Reply from 192.168.30.12: bytes=32 time<1ms TTL=64
Reply from 192.168.30.12: bytes=32 time<1ms TTL=64
Reply from 192.168.30.12: bytes=32 time<1ms TTL=64
Reply from 192.168.30.12: bytes=32 time<1ms TTL=64
Reply from 192.168.30.12: bytes=32 time<1ms TTL=64
Reply from 192.168.30.12: bytes=32 time<1ms TTL=64
```

图 3-137　无线漫游连通性测试

（12）以上过程说明客户端先与网络断开，后又连接上了网络。由于 AP2 已经断开了电源，说明客户端自动连接上了 ap，即完成了 AP 间的漫游。此时通过 WLC 查看客户端的信息，发现连接的 AP 变成了 ap 而非 AP2，如图 3-138 所示。

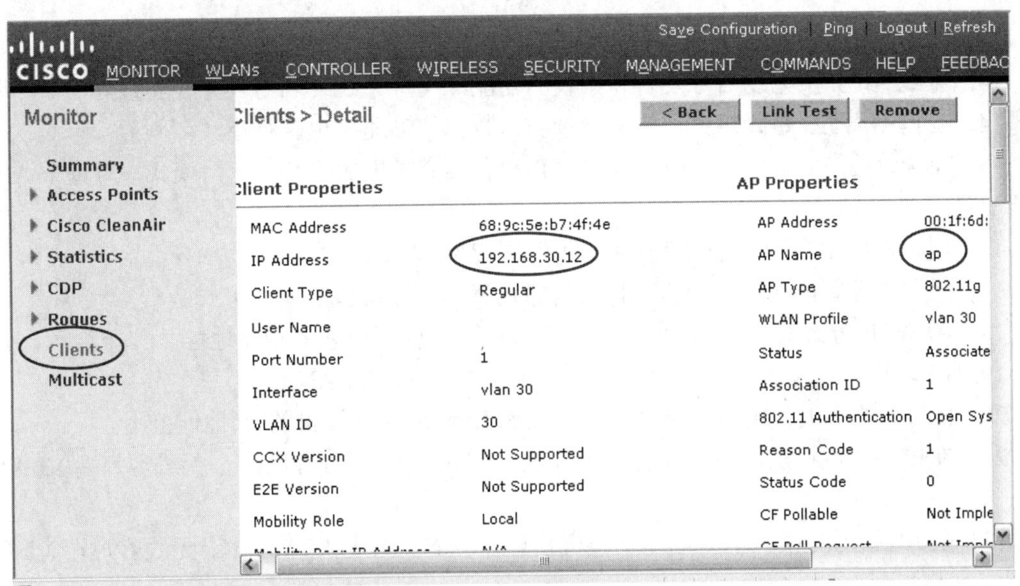

图 3-138　无线客户端连接 ap

思考与操作

一、判断题

1．把具有远距离传输能力的高频电磁波称为射频（RF），范围在300kHz～30GHz之间。（　）

2．电磁波的频段（频带）通常是指一个频率范围。（　）

3．在WLAN中，信道（Channel）是指发送和接收载波信号的频率范围，通常用数字表示。（　）

4．微波传播方式有反射、折射、绕射和散射以及它们的合成。（　）

5．信号微波的直视路径实际并非为直线束，而是一个称为菲涅耳区的椭球体。（　）

6．天线不能提高发射信号的功率。（　）

7．天线的功率增益用dBi做单位。（　）

8．增益值越大表示天线把输入功率集中辐射的程度越高。（　）

9．天线的增益值越大，辐射的RF能量越集中。（　）

10．天线方向图中主瓣越窄、副瓣越小的天线其增益就越高，方向性越好，作用距离越远。（　）

11．发射天线和接收天线必须为同样的极化方式，否则将导致信号不能正常接收。（　）

12．输入阻抗为50Ω的天线与特性阻抗为75Ω的电缆是匹配的。（　）

13．无线AP提供无线信号发射和接收的功能，支持无线终端与其无线连接。（　）

14．工作站离AP距离越远，信号就越弱，数据传输速率也就越小。（　）

15．在传统的WLAN中，采用“胖”AP和有线交换机的分布式组网模式，对每个AP都需要配置。（　）

16．现在常用WLC控制和管理AP的模式组建WLAN。（　）

17．配置管理智能无线交换机可以使用带内管理和带外管理两种方式。（　）

18．用WEB方式对一台WLC进行配置管理，需要使用它的管理地址。（　）

19．在集中型WLAN中，一个SSID能对应多个用户VLAN。（　）

20．DHCP服务的作用域是指派给请求动态IP地址的计算机的IP地址范围。（　）

21．在核心交换机上需要创建交换机管理VLAN、无线AP VLAN、无线客户端VLAN。（　）

22．在AP接入交换机上要创建交换机管理VLAN、无线AP VLAN、无线客户端VLAN。（　）

23．AP接入交换机与核心交换机连接的端口要配置为trunk模式。（　）

24．同一 WLC 内的二层漫游是指 STA 在同一个 WLC 控制下的不同 AP 间漫游，漫游前后都在同一个子网内。（　　）

二、选择题

1．无线通信中信号强度的单位有（　　）。

A．W（瓦）　B．mW（毫瓦）

C．dBm（分贝毫瓦）　D．dB（分贝）

2．下列是天线参数的有（　　）。

A．频带　B．增益　C．极化

D．输入阻抗　E．功率

3．关于 WLC 和 AP 关系正确的说法是（　　）。

A．WLC 给 AP 下发 MMS 程序和配置文件

B．无线用户数据都由 AP 送至 WLC

C．AP 在开机时接收 WLC 的配置，它不能保存配置信息

D．AP 与 WLC 的连接方式有直接连接和分布式连接两种

4．关于 CAPWAP 协议的说法正确的是（　　）。

A．CAPWAP 的中文意思是无线接入点的控制和配置

B．WLC 与无线站点之间要建立数据隧道和控制隧道两条通信隧道

C．WLC 是通过 CAPWAP 隧道将配置信息传送至 AP

D．AP 将 SAT 的数据封装在 CAPWAP 隧道中发送给 WLC

5．基于 WLC 架构的漫游分为（　　）。

A．子网内漫游　B．子网间漫游

C．控制器内漫游　D．控制器间漫游

6．配置 WLC 可以使用（　　）方式。

A．通过 Console 口、超级终端　B．Telnet 方式

C．无线连接方式　D．WEB 方式

7．配置 WLC，以下信息正确的是（　　）。

A．默认 IP 地址是 192.168.100.1/24

B．在浏览器地址栏输入https://192.168.100.1打开 Web 配置页面

C．默认管理用户名是 admin，密码为空

D．在通电时按复位按钮至少 5 秒可以恢复到厂商的默认设置

8．把企业用户划分为 4 个 VLAN，则在 WLC 中设置它们连接的 SSID（　　）。

A．可以相同　B．可以不同　C．必须相同　D．必须不同

9．在组建 WLAN 时，要实现动态分配 IP 地址，可以采用的方法有（　　）。

A．在组建的无线局域网设置一台 DHCP 服务器

B．选用能提供 DHCP 服务功能的 WLC

C．选用能提供 DHCP 服务功能的核心层交换机

D．在网络中使用能提供 DHCP 服务功能的其他设备

10．下列关于配置 DHCP 服务器的作用域选项 043 的说法正确的是（　　）。

A．作用域选项 043 是指供应商特定信息

B．在无线局域网中，由于三层模式的 AP 和控制器处在不同的网段，对 AP 所在的作用域配置 043 选项，是用来决定 AP 要与哪一个无线控制器建立联系

C．在无线局域网中，配置 043 选项的操作是：单击 AP 所在的作用域名称，选择“043 供应商特定信息”，并在 ASCII 下输入无线控制器的 IP 地址（数据和二进制会自动产生，不用输入）

D．三层模式的 AP 和 WLC 处在不同的网段，其中 WLC 设置静态 IP 地址，AP 的地址由 DHCP 服务器提供

三、简答题

1．简述 RF 的主要特征。

2．简述天线的主要技术指标。

3．简述 WLAN 中的主要设备 WLC 和 AP 的主要作用。

4．试述 IEEE 802.3af PoE 系统的主要供电特性参数。

5．简述网桥的主要作用。

四、操作题

1．使用 CLI 实现项目 3 任务二的功能。

2．在项目 3 任务二的基础上实现点到多点无线网络功能。

4

无线网络安全管理

WLAN 具有可移动性、安装简单、高灵活性和较好的扩展能力，作为对传统有线网络的延伸，在许多特殊环境中得到了广泛的应用。随着无线网络解决方案的不断推出，“不论您在任何时间、任何地点都可以轻松上网”这一目标被轻松实现了。

由于无线局域网采用公共的电磁波作为载体，任何人都有条件窃听或干扰信息，对越权存取和窃听的行为也更不容易防备。在 2001 年拉斯维加斯的黑客会议上，安全专家就指出，无线网络将成为黑客攻击的另一块热土。因此，我们在一开始应用无线网络时，就应该充分考虑其安全性。

项目描述

星际网络公司有客户服务部门、销售部门、管理部门、技术部门和财务部门，公司的网络连接如图4-1 所示。网络工程师小赵需要针对各个部门的实际情况制定相应安全策略，保证公司的无线网络和有线网络安全。公司各部门的具体需求如下：

（1）顾客可以访问公司的公共信息网站获取公司的信息。

（2）销售部门人员多，并且流动性大，该部门员工需要登录网站处理顾客的反馈信息。

（3）管理部门人员较少，需插入指定的 USB 无线网卡，并输入统一的密码才能进入公司的管理服务器。

（4）技术部门建立了一个产品研发技术网站，该部门员工可从该网站共享产品技术问题的解决办法。

（5）财务部门人员可通过无线方式查看公司内部的财务信息。

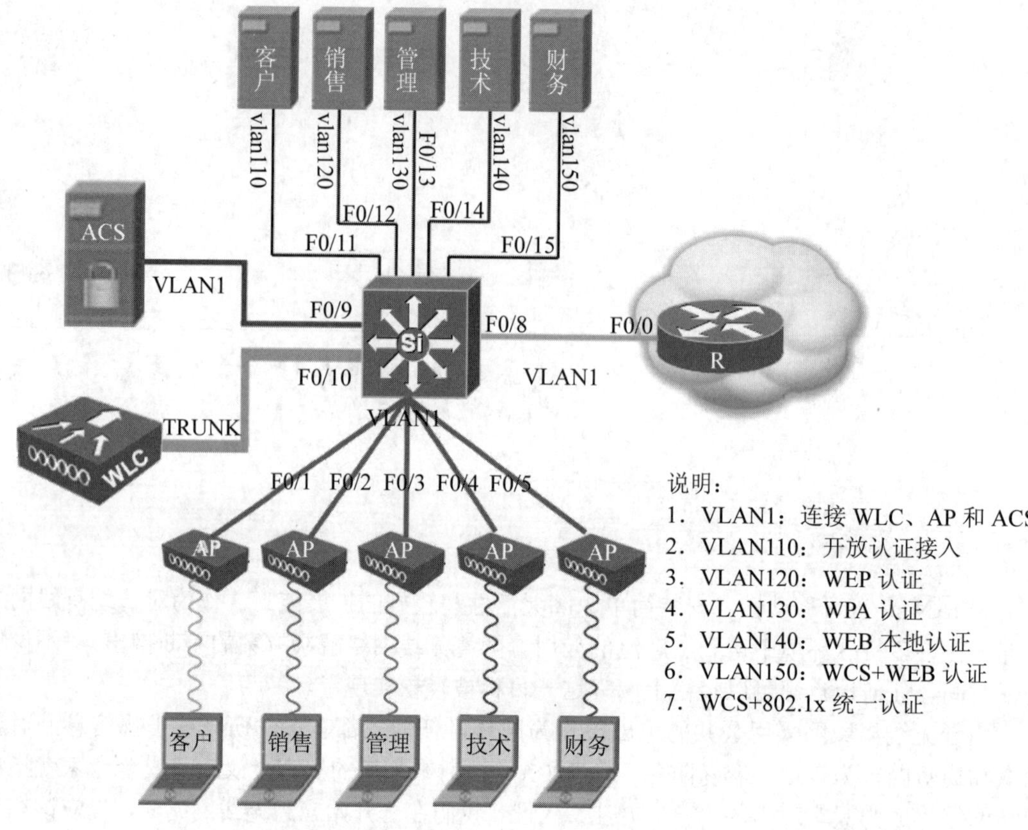

图 4-1　星际网络公司无线网络拓扑图

（6）为了减少网络的流量，增加网络的安全性，不允许用户之间通过无线网络进行资源传递。

（7）公司各部门的无线网络只允许本部门的人员进行访问。

学习目标

通过本项目的学习，读者应能达到如下目标：

知识目标

- 了解无线网络的安全措施
- 了解 WEP 和 WEB 认证
- 了解 WPA2 和 WAPI 标准
- 了解 RADIUS 和 IEEE 802.1x 标准

技能目标

- 能熟练配置无线网络的 WEP 加密和 WPA 加密
- 能熟练配置基于端口的访问控制标准 IEEE 802.1x 认证
- 能熟练应用 EAP 认证
- 能熟练配置 WEB 认证
- 能够熟练应用无线网络的 MAC 地址过滤和广播禁用功能

素质目标

- 初步形成良好的合作观念，会进行简单的业务洽谈
- 初步形成按操作规范进行操作的习惯
- 初步形成严谨细致的工作态度和追求完美的工作精神
- 学会自我展示的能力和查阅资料的能力

专业知识

4.1 WLAN 安全概述

无线局域网（WLAN）具有安装便捷、使用灵活、经济节约、易于扩展等有线网络无法比拟的优点，因此无线局域网得到越来越广泛的使用。但是由于无线局域网具有信道开放的特点，使得攻击者能够很容易地进行窃听，恶意修改并转发数据，因此安全性成为阻碍无线局域网发展的最重要因素。虽然一方面对无线局域网需求不断增长，但同时也让许多潜在的用户对不能得到可靠的安全保护而对是否采用无线局域网系统犹豫不决。

为了有效地对 WLAN 的安全进行保护，先后出现了多种技术或机制。它们可以单独使用，也可以结合起来使用。

目前仍在使用的 WLAN 安全技术有：

（1）物理地址（MAC）过滤；

（2）服务区标识符（SSID）匹配；

（3）有线对等保密（WEP）；

（4）端口访问控制技术（IEEE 802.1x）；

（5）WPA（Wi-Fi Protected Access）；

（6）IEEE 802.11i；

（7）WAPI 等。

可以将这些技术手段整合起来，在不同的场景使用不同级别的安全策略，如表 4-1 所示。

表 4-1　不同场景的安全策略

安全级别	典型场合	使用技术
初级安全	小型企业，家庭用户等	WPA-PSK+隐藏 SSID+MAC 地址绑定
中级安全	仓库物流、医院、学校、餐饮娱乐	IEEE 802.1x 认证+TKIP 加密
专业级安全	各类公共场合及网络运营商、大中型企业、金融机构	用户隔离技术+IEEE 802.11i+Radius 认证和计费+PORTAL 页面推送（对运营商）

4.1.1　WLAN 安全标准

按照安全的基本概念，安全主要包括：

（1）合法性：确保访问网络资源的用户身份是合法的；

（2）机密性：确保所传递的信息即使被截获了，截获者也无法获得原始的数据；

（3）完整性：如果所传递的信息被篡改，接收者能够检测到。

此外，还需要提供有效的密钥管理机制，如密钥的动态协商，以实现无线安全方案的可扩展性。

可以说 WLAN 安全标准的完善主要是围绕上述内容展开的。所以可以围绕这些方面来理解上述的无线安全标准。

由于 WLAN 技术标准制定者（IEEE 802.11 工作组）最初制定的 IEEE 802.11-1999 协议的 WEP（WEP 本意是“等同有线安全”）机制存在诸多缺陷，所以 IEEE 802.11 在 2002 年成立了 802.11i 工作组，提出了 AES-CCM 等新的安全机制。此外，我国国家标准化组织针对 802.11 和 802.11i 标准中的不足，对 WLAN 的安全标准进行了改进，制定了 WAPI 标准。

1. IEEE 802.11-1999 安全标准

IEEE 802.11-1999 把 WEP 机制作为安全的核心内容，包括了：

（1）身份认证采用了 Open system 认证和共享密钥认证；

（2）数据加密采用 RC4 算法；

（3）完整性校验采用了 ICV；

（4）密钥管理不支持动态协商，密钥只能静态配置，完全不适合用在企业等大规模部署场景。

2. IEEE 802.11i 标准

IEEE 802.11i 工作组针对 802.11 标准的安全缺陷，进行了如下的改进：

（1）认证基于成熟的 802.1x、Radius 体系；

（2）其他部分在 IEEE 802.11i 协议中进行了定义，包括了：

①数据加密采用 TKIP 和 AES-CCM。

②完整性校验采用了 Michael 和 CBC 算法。

③基于四次握手过程实现了密钥的动态协商。

3. 中国 WAPI 安全标准

针对 WLAN 安全问题，中国制定了自己的 WLAN 安全标准：WAPI。与其他 WLAN 安全体制相比，WAPI 认证的优越性集中体现在支持双向鉴别和使用数字证书。

从认证等方面看，WAPI 标准主要内容包括：

（1）认证基于 WAPI 独有的 WAI 协议，使用证书作为身份凭证；

（2）数据加密采用 SMS4 算法；

（3）完整性校验采用 SMS4 算法；

（4）基于三次握手过程完成单播密钥协商，两次握手过程完成组播密钥协商。

4.1.2 WLAN 安全漏洞分析

WLAN 的安全威胁主要来自于以下四个方面：

（1）未经授权的接入。

未经授权的接入是指在开放式的 WLAN 系统中，非指定用户也可以接入 AP，导致合法用户可用的带宽减少，并对合法用户的安全产生威胁。

（2）MAC 地址欺骗。

对于使用了 MAC 地址过滤的 AP，也可以通过抓取无线包，来获取合法用户的 MAC 地址，从而通过 AP 的验证，来非法获取资源。

（3）无线窃听。

对于 WLAN 来说，所有的数据都是可以监听到的，无线窃听不仅可以窃听到 AP 和 STA 的 MAC，而且可以在网络间伪装一个 AP，来获取 STA 的身份验证信息。

（4）企业级入侵。

相比传统的有线网络，WLAN 更容易成为入侵内网的入口。大多数企业的防火墙都在 WLAN 系统前方，如果黑客成功地攻破了 WLAN 系统，则基本认为成功地进入了企业的内网，而有线网络黑客往往找不到合适的接入点，只有从外网进行入侵。

基于以上针对 WLAN 系统的安全威胁，WLAN 系统的安全系统应满足以下要求：

1）机密性：这是安全系统的最基本要求，它可以提供数据、语音、地址等的保密性，不同的用户，不同的业务和数据，有不同的安全级别要求；

2）合法性：只有被确定合法并给予授权的用户才能得到相应的服务，这需要用户识别（Identify）和身份验证（Authenticate）；

3）数据完整性：协议应保证用户数据的完整并鉴定数据来源；

4）不可否认性：数据的发送方不能否认它发送过的信息，否则认为不合法；

5）访问控制：应在接入端对 STA 的 IP、MAC 等进行维护，控制其接入；

6）可用性：WLAN 应该具有对用户接入、流量控制等的一系列应对措施，使所有合法接入者得到较好的用户体验；

7）健壮性：一个 WLAN 系统应该不容易崩溃，具有较好的容错性及恢复机制。

4.1.3 无线网络加密和认证简介

1. 无线网络的加密技术

（1）RC4。

RC4 加密算法是大名鼎鼎的 RSA 三人组中的头号人物 Ron Rivest 在 1987 年设计的密钥长度可变的流加密算法簇。之所以称其为簇，是由于其核心部分的 S-box 长度可为任意，但一般为 256 字节。该算法的速度可以达到 DES 加密的 10 倍左右，且具有很高级别的非线性。RC4 起初是用于保护商业机密，但是在 1994 年 9 月，它的算法被发布在互联网上，也就不再有什么商业机密了。

（2）高级加密数据标准（AES）。

AES（Advanced Encryption Standard）是美国国家标准技术研究所选择 Rijndael 作为美国政府加密标准（AES）的加密算法，取代早期的数据加密标准（DES）。Rijndael 由比利时计算机科学家 Vincent Rijmen 和 Joan Daemen 开发，可以使用 128 位、192 位或者 256 位的密钥长度，使得它比 56 位的 DES 更健壮可靠。Rijndael 也有一个非常小的版本（52 位），适合用在蜂窝电话、个人数字处理器（PDA）和其他的小型设备上。

AES 的基本要求是，采用对称分组密码体制，密钥长度最少支持 128、192、256 位，分组长度 128 位，算法应易于各种硬件和软件实现。

AES 加密数据块大小最大是 256 位，但是密钥大小在理论上没有上限。AES 加密有很多轮的重复和变换。大致步骤如下：

（1）密钥扩展（Key Expansion）；

（2）初始轮（Initial Round）；

（3）重复轮（Rounds）：每一轮又包括 SubBytes、ShiftRows、MixColumns 和 AddRoundKey；

（4）最终轮（Final Round）：最终轮没有 MixColumns。

2. 无线网络的加密模式

在无线网络中常用的加密模式主要有 WEP、TKIP 和 CCMP，它们采用不同的加密算法、数据检验算法和密钥管理方式，如表 4-2 所示。

表 4-2 几种加密方式的对比

加密模式	加密算法	密钥长度	密钥有效期	数据校验算法	密钥管理
WEP	RC4	40 或 104 位	24-bit IV	CRC-32	无
TKIP	RC4	128 位	48-bit IV	Michael	Michael
CCMP	AES	128 位	48-bit IV	CCM	CCM

3. 无线网络的认证方式

在 802.11 中，常用安全认证方式有 WEP、WPA、802.11i、802.1x，它们采用的数据加密类型如表 4-3 所示。

表 4-3　不同认证方式所支持的数据加密类型

认证方式	开放认证		共享密钥认证	802.1x 认证	WPA 认证	
数据加密类型	无	WEP	WEP	WEP	TKIP	AES

4.2　有线等效保密算法（WEP）

WEP（Wired Equivalent Privacy）是 1999 年通过的 802.11 标准的一部分，当初是为了使 WLAN 的网络达到和有线网络一致的机密性而就此命名的。

WEP 使用 RC4（Rivest Cipher）串流加密算法达到机密性，并由 CRC32 验证数据完整性。

WEP 被用来提供和有线 LAN 同级的安全性。LAN 天生比 WLAN 安全，因为 LAN 的物理结构对其有所保护，部分或全部网络埋在建筑物里面也可以防止未授权的访问。

经由无线电波的 WLAN 没有同样的物理结构，因此容易受到攻击和干扰。WEP 的目标就是通过对无线电波里的数据加密提供安全性，如同端到端发送一样。

标准的 64 位 WEP 使用 40 位的密钥接上 24 位的初向量（Initialization Vector，IV）成为 RC4 用的密钥。在起草原始的 WEP 标准时，美国政府在加密技术的输出限制中限制了密钥的长度，一旦这个限制放宽之后，所有的主要业者都用 104 位的密钥实现了 128 位的 WEP 延伸协定。

用户输入 WEP 共享密码可以用 ASCII 和 HEX 两种方式来输入，其中 ASCII 为字符模式，即输入 5 个（64 位模式）或 13 个（128 位模式）字符；HEX 模式为十六进制模式，即输入 10 个（64 位模式）或 26 个（128 位模式）从 0～9 及 A～F 之间的字符。

WEP 的认证方式有开放式系统（Open System）和共享密钥（Shared Key）。对于共享密钥认证，客户端需要发送与接入点相匹配的密钥，需要进行如图 4-2 所示的 4 个步骤。

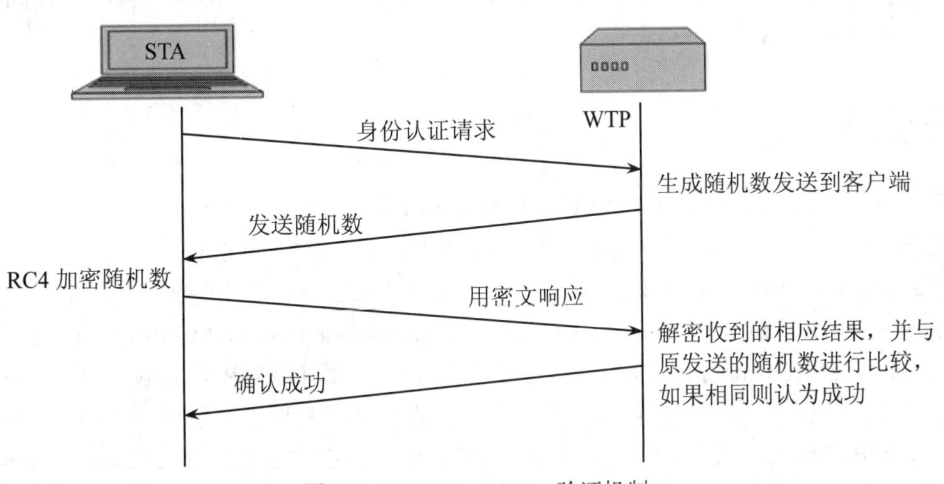

图 4-2　WEP Shared Key 验证机制

（1）客户端向接入点发送认证请求；

（2）接入点发回一个明文；

（3）客户端利用预存的密钥对明文加密，再次向接入点发出认证请求；

（4）接入点对数据包进行解密，比较明文，并决定是否接受请求。

4.3 Wi-Fi 访问保护（WPA）

WPA（Wi-Fi Protected Access）有WPA和WPA2两个标准，是一种保护无线计算机网络Wi-Fi安全的系统。它是在有线等效加密（WEP）出现严重弱点后而产生的。WPA 实现了IEEE 802.11i标准的大部分，是在802.11i 完备之前替代WEP的过渡方案。WPA的设计可以用在所有的无线网卡上，但未必能用在第一代的无线访问点上。WPA2实现了完整的标准，但不能用在某些古老的网卡上。这两个都提供优良的保护能力，但都存在两个明显的问题。

（1）WPA2 是经由 Wi-Fi 联盟验证过的 IEEE 802.11i 标准的认证形式。WPA2 实现了 802.11i 的强制性元素，特别是 Michael 算法由公认彻底安全的 CCMP 信息认证码所取代、而 RC4 也被 AES 取代。

（2）AES 是以块密码（block cipher）为基础的加密方式，这种密码相当灵活，可用于各种长度的密钥和数据块，是目前公认的比较安全的加密方法，但是它对硬件要求比较高。

预共享密钥模式（Pre-Shared Key，PSK，又称为个人模式）是设计给负担不起 802.1x 验证服务器的成本和复杂度的家庭和小型公司用的，每一个使用者必须输入密钥来使用网络，而密钥可以是 8～63 个 ASCII 字符、或 64 个十六进制数字（256 位）。使用者可以自行斟酌要不要把密钥存在计算机里以省去重复键入的麻烦，但密钥一定要存在 Wi-Fi 访问点里。

为了确保通过 WPA 企业版认证的产品之间可以互通，Wi-Fi 联盟发布了在 WPA、WPA2 企业版的认证计划里增加 EAP（可扩充认证协议）的消息。目前只有 EAP-TLS（Transport Layer Security）通过 Wi-Fi 联盟的认证。

4.4 802.11i

IEEE 802.11i 定义了 RSN（Robust Security Network）的概念，增强了 WLAN 中的数据加密和认证性能，并且针对 WEP 加密机制的各种缺陷做了多方面的改进。

IEEE 802.11i 规定使用 802.1x 认证和密钥管理方式，在数据加密方面，定义了 TKIP（Temporal Key Integrity Protocol）、CCMP（Counter-Mode/CBC-MAC Protocol）和 WRAP（Wireless Robust Authenticated Protocol）三种加密机制。其中 TKIP 采用 WEP 机制里的 RC4 作为核心加密算法，可以采用在原有设备上升级固件和驱动程序的方法达到提高 WLAN 安全的目的。CCMP 机制基于 AES（Advanced Encryption Standard）加密算法和 CCM（Counter-Mode/CBC-MAC）认证方式，使得 WLAN 的安全程度大大提高。由于 AES 对硬件要求比较高，因

此 CCMP 不能在原有设备上实现升级。802.11i 体系结构如表 4-4 所示。

表 4-4 802.11i 体系结构

上层认证机制（EAP）	
IEEE 802.1x	
TKIP	CCMP

802.11i 草案标准中建议的认证方案是基于 802.1x 和扩展认证协议（EAP）的，加密算法为高级加密标准（AES）。动态协商认证和加密算法使 RSN 可以不断演进，与最新的安全水平保持同步，添加算法应付新的威胁，并不断提供保护无线局域网传送信息所需要的安全性。

由于采用动态协商、802.1x、EAP 和 AES，RSN 比 WEP 和 WPA 可靠得多。但是，RSN 不能很好地在原有设备上运行，只有最新的设备才拥有实现加密算法所需的计算速度和性能。

IEEE 802.11i 系统在工作的时候，先由 AP 向外公布自身对系统的支持，在 BEACONS、PROBE RESPONSE 等报文中使用新定义的信息元素（Information Element），这些信息元素中包含了 AP 的安全配置信息（包括加密算法和安全配置等信息）。STA（终端）根据收到的信息选择相应的安全配置，并将所选择的安全配置表示在其发出的 Association Request 和 Re-Association Request 报文中。

802.11i 协议通过上述方式来实现 STA 与 AP 之间的加密算法以及密钥管理方式的协商。另外，AP 需要工作在开放系统认证方式下，STA 以该模式与 AP 建立关联之后，如果网络中有 Radius 服务器作为认证服务器，那么 STA 就使用 802.1x 方式进行认证；如果网络中没有 Radius，STA 与 AP 就会采用预共享密钥（PSK，Pre-Shared Key）的方式进行认证。

STA 通过 802.1x 身份验证之后，AP 就会得到一个与 STA 相同的 Session Key，AP 与 STA 将该 Session Key 作为 PMK（Pairwise Master Key，对于使用预共享密钥的方式来说，PSK 就是 PMK）。随后 AP 与 STA 通过 EAPoL-KEY 进行 WPA 的四次握手（4-Way Handshake）过程。在这个过程中，AP 和 STA 均确认了对方是否持有与自己一致的 PMK，如不一致，四次握手过程就告失败，连接也因此中断，反之建立连接。

4.4.1 802.1x 认证体系

802.1x 协议是基于 Client/Server 的访问控制和认证协议。它可以限制未经授权的用户/设备通过接入端口（access port）访问 LAN/WLAN。在获得交换机或 LAN 提供的各种业务之前，802.1x 对连接到交换机端口上的用户/设备进行认证。在认证通过之前，802.1x 只允许 EAPoL（基于局域网的扩展认证协议）数据通过设备连接的交换机端口；认证通过以后，正常的数据可以顺利地通过以太网端口。网络访问技术的核心部分是 EAP（端口访问实体）。

1．基于端口的网络接入控制

802.1x 协议是一种基于端口的网络接入控制（Port Based Network Access Control）协议。

“基于端口的网络接入控制”是指在局域网接入设备的端口对所接入的设备进行认证和控制。如果连接到端口上的设备能够通过认证，则端口就对它开放，终端设备就被允许访问局域网中的资源；如果连接到端口上的设备不能通过认证，则端口就对它关闭，终端设备就不能访问局域网中的资源。

2. 802.1x 认证体系结构和工作机制

（1）802.1x 认证体系。

IEEE 802.1x 标准定义了一个 Client/Server（客户端/服务器）体系结构，用来防止非授权的设备接入到局域网中。

802.1x 体系结构中包括三个组件：请求者（申请者）系统、认证系统和认证服务器系统，如图 4-3 所示。

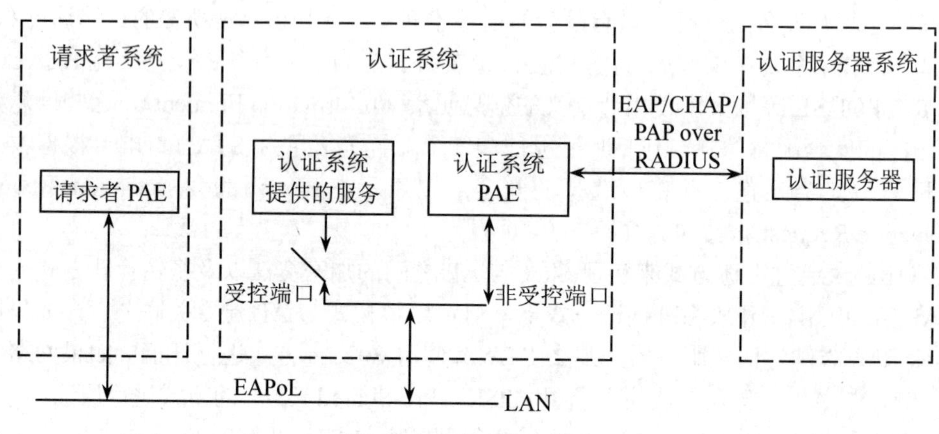

图 4-3 802.1x 认证体系

（2）802.1x 认证体系的工作机制。

①请求者系统（Supplicant System）。请求者系统也称为客户端，它被连接到该链接另一端的设备端（认证系统）进行认证。请求者系统通常为一个支持 802.1x 认证的用户终端设备（例如安装了 802.1x 客户端软件的 PC，或者 Windows XP 系统提供的客户端），用户通过启动客户端软件触发 802.1x 认证。

②认证系统（Authenticator System）。认证系统作为请求者与认证服务器之间的“中介”，对连接到链路的请求者系统进行认证。认证系统通常为支持 802.1x 协议的网络设备，如以太网交换机、无线接入点等，它为请求者提供接入局域网的服务端口，该端口可以是物理端口，也可以是逻辑端口。认证系统的每个端口内部包含有受控端口和非受控端口。非受控端口始终处于双向连通状态，主要用来传递 EAPoL 协议帧，可随时保证接收认证请求者发出的 EAPoL（Extensible Authentication Protocol over LAN，基于局域网的扩展认证协议）认证报文；受控端口只有在认证通过的状态下才打开，用于传递网络资源和服务。在认证通过之前，802.1x 只允许 EAPoL 报文通过端口；认证通过以后，用户数据可以顺利地通过端口进入到网络中。

认证系统与认证服务器之间也运行 EAP 协议，认证系统将 EAP 帧封装到 RADIUS 报文中，并通过网络发送给认证服务器。当认证系统接收到认证服务器返回的认证响应后（被封装在 RADIUS 报文中），再从 RADIUS 报文中提取出 EAP 信息并封装成 EAP 帧发送给请求者。

③认证服务器系统（Authentication Server System）。认证服务器是为认证系统终端提供认证服务的实体，通常是一个 RADIUS 服务器，用于实现用户的认证、授权和计费。该服务器用来存储用户的相关信息，例如用户的账号、密码以及用户所属的 VLAN、用户的访问控制列表等。它通过从认证系统收到的 RADIUS 报文中读取用户的身份信息，使用本地的认证数据库进行认证，然后将认证结果封装到 RADIUS 报文中返回给认证系统。

3. EAP（可扩展认证协议）

IEEE 802.1x 本身并不提供实际的认证机制，需要和 EAP 配合来实现用户认证和密钥分发。EAP 允许无线终端支持不同的认证类型，能与后台不同的认证服务器进行通信，如远程接入用户服务（Radius）。

EAP 有三个特点：一是双向认证机制，这一机制有效地消除了中间人攻击（MITM），如假冒的 AP 和远端认证服务器；二是集中化认证管理和动态分配加密密钥机制，这一机制解决了管理上的难度；三是定义了集中策略控制，当会话超时时，将触发重新认证和生成新的密钥。

4. 无线局域网中的 802.1x 认证

802.lx 要求三个实体：申请者、认证者、认证服务器，这些实体是网络设备的逻辑实体。在无线网络中，申请者为无线终端、认证者一般为 AP。它有两个逻辑端口：受控端口和非受控端口。非受控端口过滤所有的网络数据流只允许 EAP 帧通过。在认证时，用户通过非受控端口和 AP 交换数据，若用户通过认证则 AP 为用户打开一个受控端口，用户可通过受控端口传输各种类型的数据帧。

无线网络中的 802.1x 认证体系如图 4-4 所示，无线局域网中的 802.1x 认证过程如下。

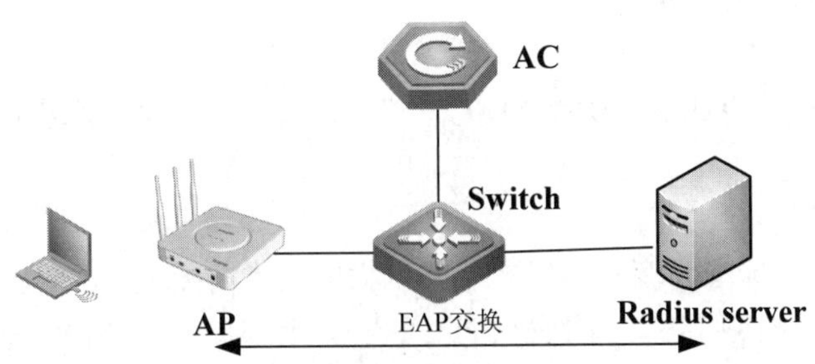

图 4-4　无线网络中的 802.1x 认证体系示意图

（1）无线终端向 AP 发出请求，试图与 AP 进行通信；

（2）AP 将有关无线终端用户身份的加密数据发送给验证服务器进行用户身份认证；

（3）验证服务器确认用户身份后，AP 允许该用户接入；

（4）建立网络连接后授权用户就可以通过 AP 访问网络资源。

AP 通过不受控端口与 WLAN 用户进行通信，二者之间运行 EAPoL（EAP over LAN）协议，而 AP 与认证服务器之间运行 EAP 协议。EAP 协议并不是认证系统和认证服务器通信的唯一方式，其他的通信通道也可以使用。例如，如果认证系统和认证服务器集成在一起，两个实体之间的通信就可以不采用 EAP 协议。

5. 基于以太网端口认证的 802.1x 协议的特点

（1）IEEE 802.1x 协议为二层协议，不需要到达三层，对设备的整体性能要求不高，可以有效降低建网成本。

（2）借用了 RAS 系统中常用的 EAP（扩展认证协议），可以提供良好的扩展性和适应性，实现对传统 PPP 认证架构的兼容。

（3）802.1x 的认证体系结构中采用了“可控端口”和“不可控端口”的逻辑功能，从而可以实现业务与认证的分离，由 RADIUS 和交换机利用不可控的逻辑端口共同完成对用户的认证与控制，业务报文直接承载在正常的二层报文上通过可控端口进行交换，通过认证之后的数据包是无需封装的纯数据包。

（4）可以使用现有的后台认证系统降低部署的成本，并有丰富的业务支持；可以映射不同的用户认证等级到不同的 VLAN。

（5）可以使交换端口和无线 LAN 具有安全的认证接入功能。

6. 802.1x 认证的优势

（1）简洁高效。

纯以太网技术内核，保持了 IP 网络无连接特性，不需要进行协议间的多层封装，去除了不必要的开销和冗余；消除网络认证计费瓶颈和单点故障，易于支持多业务和新兴流媒体业务。

（2）容易实现。

可在普通 L3、L2、IPDSLAM 上实现，网络综合造价成本低，保留了传统 AAA 认证的网络架构，可以利用现有的 RADIUS 设备。

（3）安全可靠。

在二层网络上实现用户认证，结合 MAC、端口、账户、VLAN 和密码等；绑定技术具有很高的安全性。

（4）行业标准。

IEEE 标准和以太网标准同源，可以实现和以太网技术的无缝融合，几乎所有的主流数据设备厂商在其设备（包括路由器、交换机和无线 AP）上都提供对该协议的支持。在客户端方面，微软操作系统内置支持，Linux 也提供了对该协议的支持。

（5）应用灵活。

可以灵活控制认证的颗粒度，用于对单个用户连接、用户 ID 或者是对接入设备进行认证，认证的层次可以进行灵活的组合，满足特定的接入技术或者业务的需要。

4.4.2 TKIP（临时密钥完整性协议）

TKIP（Temporal Key Integrity Protocol）的一个重要特性，是它变化每个数据包所使用的密钥。密钥通过将多种因素混合在一起生成，包括基本密钥（即 TKIP 中所谓的成对瞬时密钥）、发射站的 MAC 地址以及数据包的序列号。混合操作在设计上将对无线站和接入点的要求减少到最低程度，但仍具有足够的密码强度，使它不能被轻易破译。

利用TKIP传送的每一个数据包都具有独有的48位序列号，这个序列号在每次传送新数据包时递增，并被用作初始化向量和密钥的一部分。将序列号加到密钥中，确保了每个数据包使用不同的密钥。这解决了WEP的一个问题，即所谓的“碰撞攻击”，这种攻击发生在两个不同数据包使用同样的密钥时。在使用不同的密钥时，不会出现碰撞。

以数据包序列号作为初始化向量，还解决了WEP的另一个问题，即所谓的“重放攻击（replay attacks）”。由于48位序列号需要数千年时间才会出现重复，因此没有人可以重放来自无线连接的老数据包：由于序列号不正确，这些数据包将作为失序包被检测出来。

TKIP虽然与WEP同样都是基于RC4加密算法，但却引入了4个新算法：

（1）扩展的 48 位初始化向量（IV）和 IV 顺序规则（IV Sequencing Rules）；

（2）每包密钥构建机制（Per-Packet Key Construction）；

（3）Michael 消息完整性代码（Message Integrity Code，MIC）；

（4）密钥重新获取和分发机制。

TKIP 并不直接使用由 PTK/GTK 分解出来的密钥作为加密报文的密钥，而是将该密钥作为基础密钥（Base Key），经过两个阶段的密钥混合过程，从而生成一个新的、每一次报文传输都不一样的密钥，该密钥是用做直接加密的密钥，通过这种方式可以进一步增强 WLAN 的安全性。密钥的生成方式如图 4-5 所示。

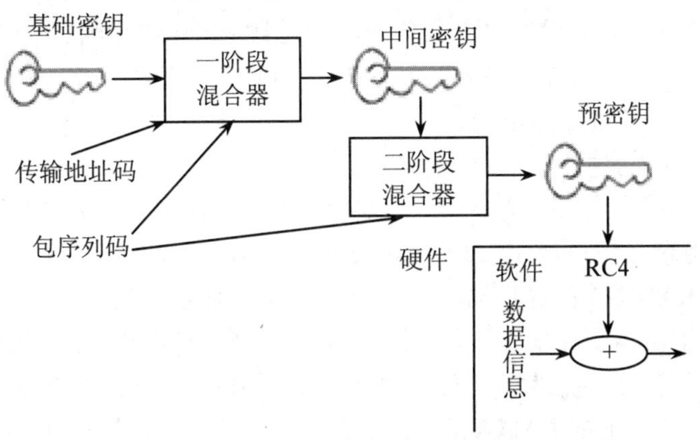

图 4-5　TKIP 密钥的生成方式

4.4.3 CCMP

除了 TKIP 算法以外，802.11i 还规定了一个基于 AES（高级加密标准）加密算法的 CCMP（Counter-Mode/CBC-MAC Protocol）数据加密模式。与 TKIP 相同，CCMP 也采用 48 位初始化向量（IV）和 IV 顺序规则，其消息完整检测算法采用 CCM 算法。

4.4.4 Cisco ACS、AAA 和 RADIUS 简介

1. ACS 简介

思科安全访问控制服务器（Cisco Secure Access Control Server）是一个高度可扩展、高性能的访问控制服务器，提供了全面的身份识别网络解决方案，是思科基于身份的网络服务（IBNS）架构的重要组件。

ACS 通过在一个集中身份识别联网框架中将身份验证、用户或管理员接入及策略控制相结合，强化了接入安全性。这使企业网络能具有更高灵活性和移动性，更为安全且提高用户生产率。

ACS 支持范围广泛的接入连接类型，包括有线和无线局域网、拨号、宽带、内容、存储、VoIP、防火墙和 VPN。ACS 是思科网络准入控制的关键组件。

2. AAA 服务

AAA（Authentication、Authorization、Accounting）服务是一个能够处理用户访问请求的服务器程序。提供验证授权以及账户服务。AAA 服务器通常同网络访问控制、网关服务器、数据库以及用户信息目录等协同工作。同 AAA 服务器协作的网络连接服务器接口是远程身份验证拨入用户服务（RADIUS）。

3. RADIUS 协议

RADIUS（Remote Authentication Dial in User Service）协议是基于 UDP 的一种客户机/服务器协议。RADIUS 客户机是网络接入服务器，它通常是一个路由器、交换机或无线访问点。RADIUS 服务器通常是在 UNIX 或 Windows Server 2003 上运行的一个监护程序。RADIUS 协议的认证端口是 1812，计费端口是 1813。

（1）RADIUS 的主要特点。

①客户端/服务器模式（Client/Server）。RADIUS 是一种 C/S 结构的协议，它的客户端最初就是网络接入服务器（Network Access Server，NAS），运行在任何硬件上的 RADIUS 客户端软件都可以成为 RADIUS 的客户端。客户端的任务是把用户信息（用户名、口令等）传递给指定的 RADIUS 服务器，并负责执行返回的响应。RADIUS 服务器负责接收用户的连接请求，对用户身份进行认证，并为客户端返回所有为用户提供服务所必须的配置信息。一个 RADIUS 服务器可以为其他的 RADIUS 服务器或其他种类认证服务器担当代理。

②网络安全客户端和 RADIUS 服务器之间的交互经过了共享保密字的认证。为了避免某些人在不安全的网络上监听获取用户密码的可能性，在客户端和 RADIUS 服务器之间的任何

用户密码都是被加密后传输的。

③灵活的认证机制。RADIUS 服务器可以采用多种方式来鉴别用户的合法性。当用户提供了用户名和密码后，RADIUS 服务器可以支持点对点的 PAP 认证（PPP PAP）、点对点的 CHAP 认证（PPP CHAP）、UNIX 的登录操作（UNIX Login）和其他认证机制。

④扩展协议。所有的交互都包括可变长度的属性字段。为满足实际需要，用户可以加入新的属性值。新属性的值可以在不中断已存在协议执行的前提下自行定义新的属性。

（2）RADIUS 的工作过程。

RADIUS 协议旨在简化认证流程。其典型认证授权工作过程如下。

①用户输入用户名、密码等信息到客户端或连接到 NAS。

②客户端或 NAS 产生一个接入请求（Access-Request）报文到 RADIUS 服务器，其中包括用户名、口令、客户端（NAS）ID 和用户访问端口的 ID。口令经过 MD5 算法进行加密。

③RADIUS 服务器对用户进行认证。

④若认证成功，RADIUS 服务器向客户端或 NAS 发送允许接入包（Access-Accept），否则发送拒绝接入包（Access-Reject）。

⑤若客户端或 NAS 接收到允许接入包，则为用户建立连接，对用户进行授权和提供服务，并转入 6；若接收到拒绝接入包，则拒绝用户的连接请求，结束协商过程。

⑥客户端或 NAS 发送计费请求包给 RADIUS 服务器。

⑦RADIUS 服务器接收到计费请求包后开始计费，并向客户端或 NAS 回送开始计费响应包；

⑧用户断开连接，客户端或 NAS 发送停止计费包给 RADIUS 服务器。

⑨RADIUS 服务器接收到停止计费包后停止计费，并向客户端或 NAS 回送停止计费响应包，完成该用户一次计费，记录计费信息。

4. 802.1x 协议终端用户接入过程

ACS 在认证过程中的工作流程如图 4-6 所示。当交换机收到用户的账号密码，把该报文发向 ACS 服务器，ACS 服务器对用户数据库进行查找。

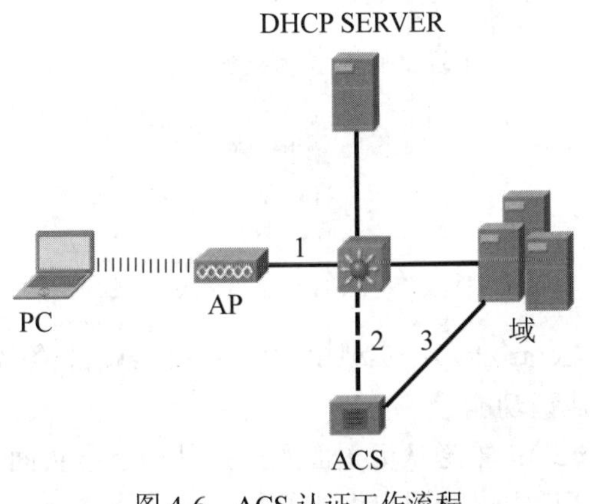

图 4-6　ACS 认证工作流程

如果用户名密码正确，则 ACS 会查找自己本地的策略，看看该账户是属于哪个安全组，然后告诉交换机，这个端口应该是哪个 VLAN，并且开放该端口。随后，客户机可以通过 DHCP 服务器得到 IP 地址。

如果用户名或密码错误，则 ACS 会告诉交换机，该端口的身份认证不通过，并且该端口处于关闭状态（这里的关闭状态是指客户机可以继续发送认证信息，但是业务流量不被允许）。

4.5 WEB 认证技术

WEB 认证通常也称为 PORTAL 认证，一般将 WEB 认证网站称为门户网站。

未认证用户上网时，设备强制用户登录到特定站点，用户可以免费访问其中的服务。当用户需要使用互联网中的其他信息时，必须在门户网站进行认证，只有认证通过后才可以使用互联网资源。

用户可以主动访问已知的 WEB 认证网站，输入用户名和密码进行认证，这种开始 WEB 认证的方式称作主动认证。反之，如果用户试图通过 HTTP 访问其他外网，将被强制访问 WEB 认证网站，从而开始 WEB 认证过程，这种方式称作强制认证。

WEB 认证业务可以为运营商提供方便的管理功能，门户网站可以开展广告、社区服务、个性化的业务等，使宽带运营商、设备提供商和内容服务提供商形成一个产业生态系统。

4.5.1 WEB 认证的系统组成

WEB 认证的系统组成如图 4-7 所示。

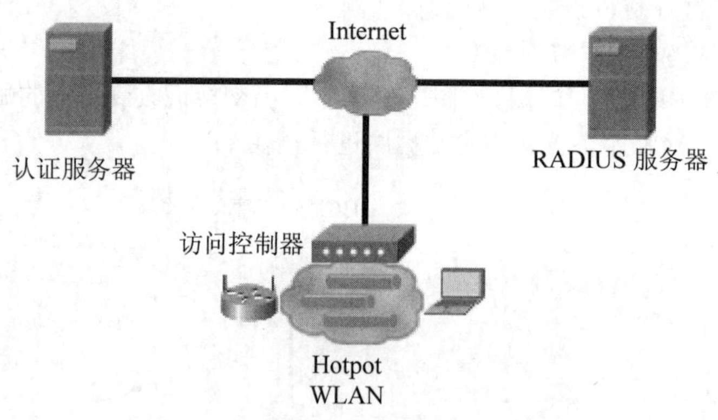

图 4-7 WEB 认证的系统组成

接入控制器（Access Controller）：实现用户强制 Portal、业务控制，接收 Portal Server 发起的认证请求，完成用户认证功能。

门户网站（Portal Server）：推送认证页面及用户使用状态页面，接收 WLAN 用户的认证信息，向 AC 发起用户认证请求以及用户下线通知。

中心认证服务器（Radius Server）：和 AC 一同完成用户认证，并为用户使用网络信息提供后台计费系统。

4.5.2 WEB 认证的 CHAP 认证过程

WEB 认证的 CHAP 认证过程如图 4-8 所示。

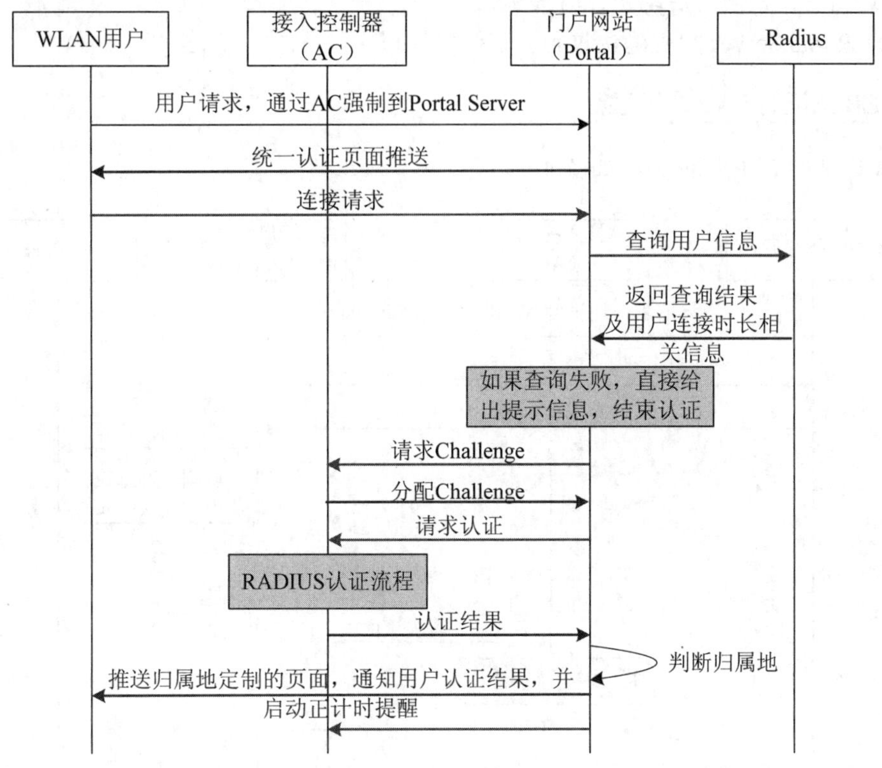

图 4-8 WEB 认证的 CHAP 认证过程

（1）用户访问网站，经过 AC 重定向到 Portal Server；

（2）Portal Server 推送统一的认证页面；

（3）用户填入用户名、密码，提交页面，向 Portal Server 发起连接请求；

（4）Portal 向 RADIUS 发出用户信息查询请求，由 RADIUS 验证用户密码、查询用户信息，并向 Portal 返回查询结果及系统配置的单次连接最大时长、手机用户及卡用户的套餐剩余时长信息；

（5）如果查询失败，Portal 结束认证流程，并直接返回提示信息给用户，指导用户开户及正确使用；

（6）如果查询成功，Portal Server 向 AC 请求 Challenge；

（7）AC 分配 Challenge 给 Portal Server；

（8）Portal Server 向 AC 发起认证请求；

（9）接着 AC 进行 RADIUS 认证，获得 RADIUS 认证结果；

（10）AC 向 Portal Server 回送认证结果；

（11）Portal Server 根据编码规则判断账户的归属地，推送归属地定制的个性化页面，并将认证结果、系统配置的单次连接最大时长、套餐剩余时长、自服务选项填入页面，和门户网站一起推送给客户，同时启动正计时提醒；

（12）Portal Server 回应确认收到认证结果的报文。

4.5.3 WEB 认证的 PAP 认证过程

WEB 认证的 PAP 认证过程如图 4-9 所示。

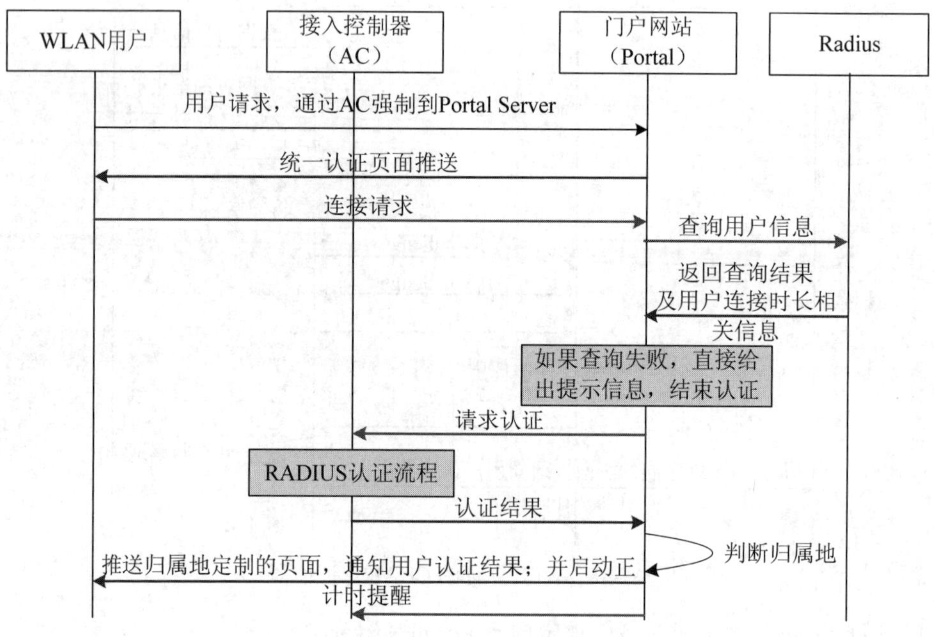

图 4-9 WEB 认证的 PAP 认证过程

（1）用户访问网站，经过 AC 重定向到 Portal Server；

（2）Portal Server 推送统一的认证页面；

（3）用户填入用户名、密码，提交页面，向 Portal Server 发起连接请求；

（4）Portal 向 RADIUS 发出用户信息查询请求，由 RADIUS 验证用户密码、查询用户信息，并向 Portal 返回查询结果及系统配置的单次连接最大时长、手机用户及卡用户的套餐剩余时长信息；

（5）如果查询失败，Portal 直接返回提示信息给用户，指导用户开户及正确使用；

（6）如果查询成功，Portal Server 向 AC 发起认证请求；

（7）而后 AC 进行 RADIUS 认证，获得 RADIUS 认证结果；

（8）AC 向 Portal Server 回送认证结果；

（9）Portal Server 根据编码规则判断账户的归属地，推送归属地定制的个性化页面，并将认证结果、系统配置的单次连接最大时长、套餐剩余时长、自服务选项填入页面，和门户网站一起推送给客户，同时启动正计时提醒；

（10）Portal Server 回应确认收到认证结果的报文。

4.6 WAPI 技术

4.6.1 产生背景

WLAN 技术已经广泛地应用于企业和运营商网络。由于无线通信使用开放性的无线信道资源作为传输介质，导致非法用户很容易发起对 WLAN 网络的攻击或窃取用户的机密信息。如何保证 WLAN 网络的安全性一直是 WLAN 技术应用所面临的最大难点之一。

IEEE 标准组织及 Wi-Fi 联盟为此一直在进行着努力，先后推出了 WEP、802.11i（WPA、WPA2）等安全标准，逐步实现了 WLAN 网络安全性的提升。但 802.11i 并不是 WLAN 安全标准的终极。针对 802.11i 标准的不完善之处，比如缺少对 WLAN 设备身份的安全认证，中国在无线局域网国家标准 GB15629.11-2003 中提出了安全等级更高的 WAPI（Wireless Area Network Authentication and Privacy Infrastructure，无线局域网认证和隐私的基础设施）安全机制来实现无线局域网的安全。方案已由 ISO/IEC 授权的机构 IEEE Registration Authority（IEEE 注册权威机构）审查并获得认可，分配了用于 WAPI 协议的以太类型字段，这也是中国目前在该领域唯一获得批准的协议。

WAPI 同时也是中国无线局域网强制性标准中的安全机制。2009 年 6 月，国际标准化组织 ISO/IECJTC1/SC6 会议上，WAPI 国际提案首次获得包括美、英、法等 10 余个与会国家成员体一致同意，将其以独立文本形式推进为国际标准。WAPI 是我国首个在计算机宽带无线网络通信领域自主创新并拥有知识产权的安全接入技术标准。

4.6.2 WAPI 基本功能

1．WAPI 的优越性

WAPI 采用了国家密码管理委员会办公室批准的公钥密码体制的椭圆曲线密码算法和对称密码体制的分组密码算法，分别用于无线设备的数字证书、证书鉴别、密钥协商和传输数据的加解密，从而实现设备的身份鉴别、链路验证、访问控制和用户信息在无线传输状态下的加密保护。

与其他无线局域网安全机制（如 802.11i）相比，WAPI 的优越性集中体现在以下几个方面。

（1）双向身份鉴别。

（2）基于数字证书确保安全性。

（3）完善的鉴别协议。

2. WAPI 的基本功能

下面描述 WAPI 协议的整个鉴别及密钥协商过程。AP 为提供无线接入服务的 WLAN 设备，鉴别服务器主要帮助无线客户端和无线设备进行身份认证，而 AAA 服务器主要提供计费服务，如图 4-10 所示。

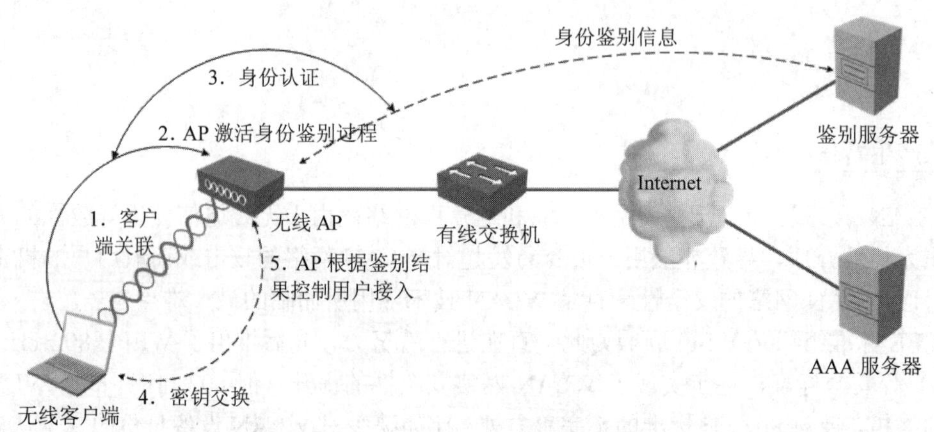

图 4-10 WAPI 鉴别流程

（1）无线客户端首先和 WLAN 设备进行 802.11 链路协商。

该过程遵循 802.11 标准中定义的协商过程。无线客户端主动发送探测请求消息或侦听 WLAN 设备发送的 BEACON 帧，借此查找可用的网络，支持 WAPI 安全机制的 AP 将会回应或发送携带有 WAPI 信息的探测应答消息或 BEACON 帧。在搜索到可用网络后，无线客户端继续发起链路认证交互和关联交互。

（2）WLAN 设备触发对无线客户端的鉴别处理。

无线客户端成功关联到 WLAN 设备后，设备在判定该用户为 WAPI 用户时，会向无线客户端发送鉴别激活触发消息，触发无线客户端发起 WAPI 鉴别交互过程。

（3）鉴别服务器进行证书鉴别。

无线客户端在发起接入鉴别后，WLAN 设备会向远端的鉴别服务器发起证书鉴别，鉴别请求消息中同时包含有无线客户端和 WLAN 设备的证书信息。鉴别服务器对二者身份进行鉴别，并将验证结果发给 WLAN 设备。WLAN 设备和无线客户端任何一方如果发现对方身份非法，将主动中止无线连接。

（4）无线客户端和 WLAN 设备进行密钥协商。

WLAN 设备经鉴别服务器认证成功后，设备会发起与无线客户端的密钥协商交互过程，先协商出用于加密单播报文的单播密钥，然后再协商出用于加密组播报文的组播密钥。

完整的 WAPI 鉴别协议交互过程如图 4-11 所示。

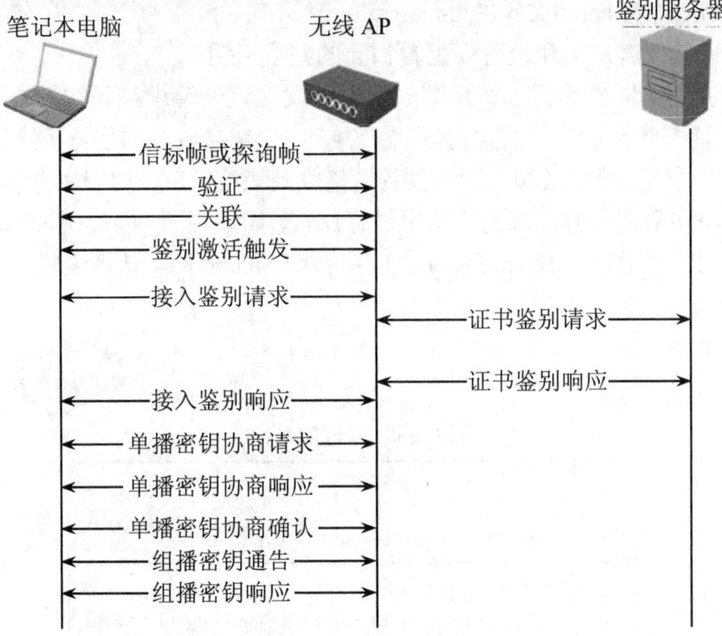

图 4-11 完整的 WAPI 鉴别协议交互过程

4.7 WLAN 认证

4.7.1 链路认证

1. 开放系统认证（Open System Authentication）

开放系统认证是缺省使用的认证机制，也是最简单的认证算法，即不认证。如果认证类型设置为开放系统认证，则所有请求认证的客户端都会通过认证。开放系统认证包括两个步骤：第一步是请求认证，第二步是返回认证结果，如图 4-12 所示。

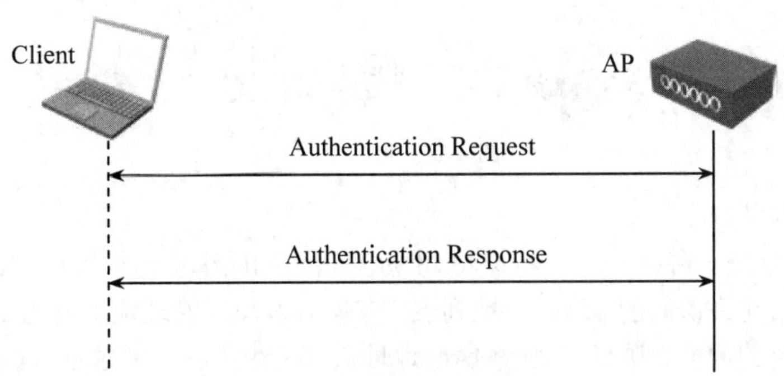

图 4-12 开放系统认证过程

2. 共享密钥认证（Shared Key Authentication）

共享密钥认证需要客户端和设备端配置相同的共享密钥。

共享密钥认证的认证过程为：客户端先向设备发送认证请求，无线设备端会随机产生一个 Challenge 包（即一个字符串）发送给客户端；客户端会将接收到的字符串拷贝到新的消息中，用密钥加密后再发送给无线设备端；无线设备端接收到该消息后，用密钥将该消息解密，然后对解密后的字符串和最初给客户端的字符串进行比较。如果相同，则说明客户端拥有无线设备端相同的共享密钥，即通过了 Shared Key 认证；否则 Shared Key 认证失败，如图 4-13 所示。

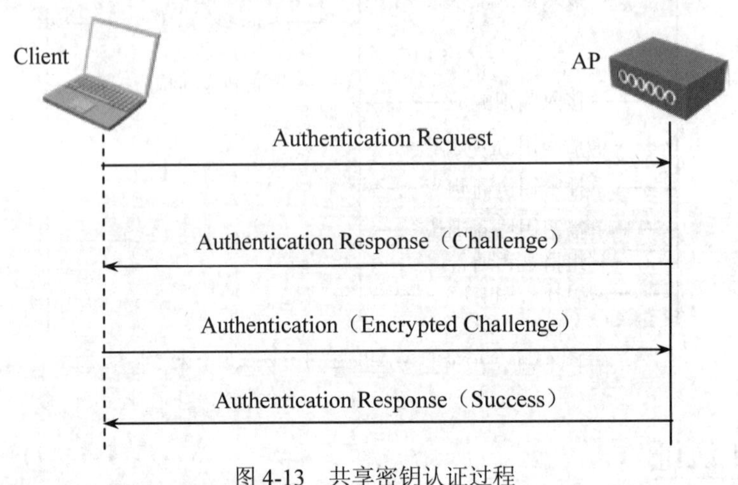

图 4-13　共享密钥认证过程

4.7.2　用户接入认证

1. PSK 认证

PSK 认证需要实现在无线客户端和设备端配置相同的预共享密钥，如果密钥相同，PSK 接入认证成功；如果密钥不同，PSK 接入认证失败，如图 4-14 所示。

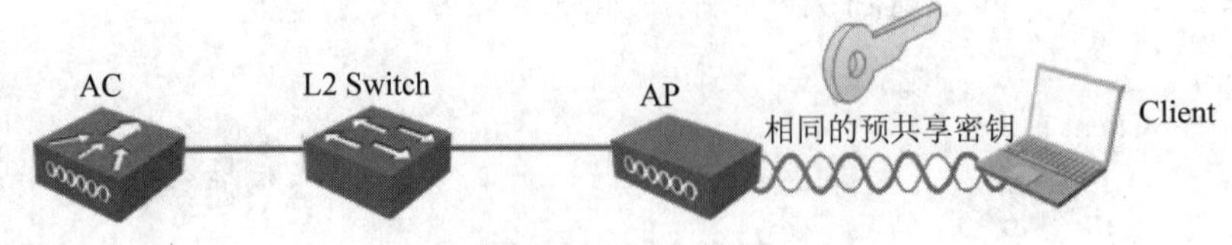

图 4-14　PSK 认证

2. MAC 地址认证

MAC 地址认证是一种基于端口和 MAC 地址对用户的网络访问权限进行控制的认证方法。通过手工维护一组允许访问的 MAC 地址列表，实现对客户端物理地址过滤，但这种方法的效率会随着终端数目的增加而降低，因此 MAC 地址认证适用于安全需求不太高的场合，如家庭、小型办公室等环境。

MAC 地址认证分为以下两种方式：

本地 MAC 地址认证：当选用本地认证方式进行 MAC 地址认证时，需要在设备上预先配置允许访问的 MAC 地址列表，如果客户端的 MAC 地址不在允许访问的 MAC 地址列表，将拒绝其接入请求，如图 4-15 所示。

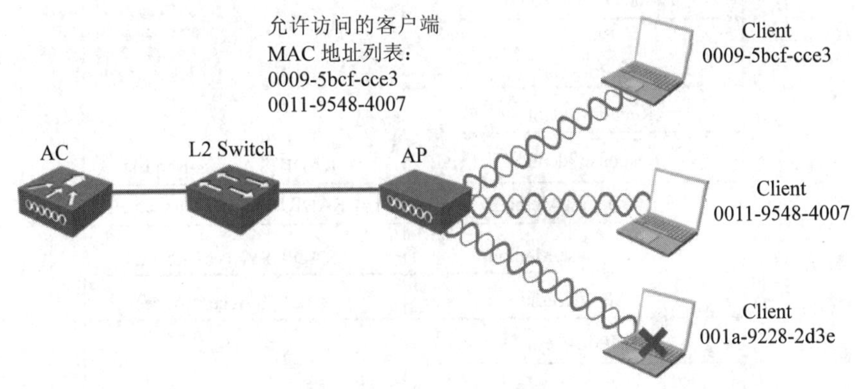

图 4-15　本地 MAC 地址认证

通过 RADIUS 服务器进行 MAC 地址认证：当 MAC 接入认证发现当前接入的客户端为未知客户端，会主动向 RADIUS 服务器发起认证请求，在 RADIUS 服务器完成对该用户的认证后，认证通过的用户可以访问无线网络以及相应的授权信息，如图 4-16 所示。

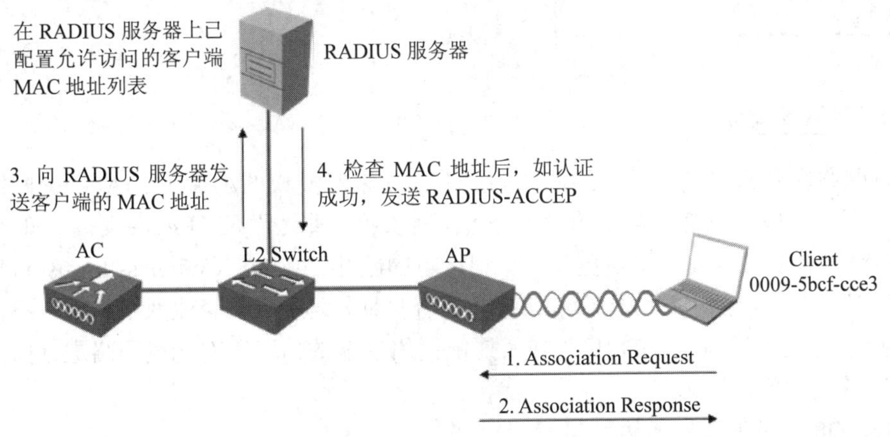

图 4-16　RADIUS 服务器 MAC 地址认证

3. 802.1x 认证

802.1x 协议是一种基于端口的网络接入控制协议，该技术也是用于 WLAN 的一种增强网络安全的解决方案。当客户端与 AP 关联后，是否可以使用 AP 提供的无线服务要取决于 802.1x 的认证结果。如果客户端能通过认证，就可以访问 WLAN 中的资源；如果不能通过认证，则无法访问 WLAN 中的资源，如图 4-17 所示。

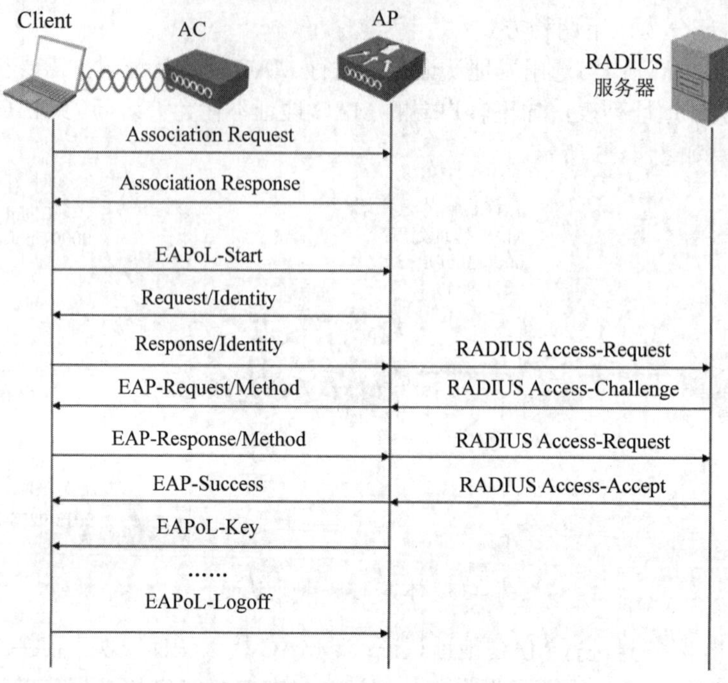

图 4-17　802.1x 认证

4.8　WLAN IDS

4.8.1　WLAN IDS 简介

802.11网络很容易受到各种网络威胁的影响，如未经授权的AP用户、Ad-Hoc网络、拒绝服务型攻击等。一般可以把网络中的设备分为两种类型：非法设备（Rogue设备）和合法设备。Rogue设备对于企业网络安全来说更是一个很严重的威胁。WIDS（Wireless Intrusion Detection System）可以对有恶意的用户攻击和入侵行为进行早期检测，保护企业网络和用户不被无线网络上未经授权的设备访问。WIDS可以在不影响网络性能的情况下对无线网络进行监测，从而提供对各种攻击的实时防范。

WLAN IDS 涉及的常用术语：

（1）Rogue AP：网络中未经授权或者有恶意的 AP，它可以是私自接入到网络中的 AP、未配置的 AP、邻居 AP 或者攻击者操作的 AP。如果在这些 AP 上存在安全漏洞，黑客就有机会危害无线网络安全。

（2）Rogue Client：非法客户端，网络中未经授权或者有恶意的客户端，类似于 Rogue AP。

（3）Rogue Wireless Bridge：非法无线网桥，网络中未经授权或者有恶意的网桥。

（4）Monitor AP：这种 AP 在无线网络中通过扫描或监听无线介质来检测无线网络中的

Rogue 设备。一个 AP 可以同时做接入 AP 和 Monitor AP，也可以只做 Monitor AP。

（5）Ad-Hoc 模式：把无线客户端的工作模式设置为 Ad-Hoc 模式，Ad-Hoc 终端可以不需要任何设备支持而直接进行通信。

4.8.2 无线入侵检测系统架构

无线入侵检测系统有集中式和分散式两种。集中式无线入侵检测系统通常用于连接单独的 sensors（探测器：俗称探头），搜集数据并转发到存储和处理数据的中央系统中。分散式无线入侵检测系统通常包括多种设备来完成 IDS 的处理和报告功能。分散式无线入侵检测系统比较适合较小规模的无线局域网，因为它价格便宜、易于管理。当过多的 sensors 需要检测时，sensors 的数据处理将被禁用。所以，多线程的处理和报告的 sensors 管理比集中式无线入侵检测系统花费更多的时间。

无线局域网通常被配置在一个相对大的场所。为了更好地接收信号，需要配置多个无线基站（WAPs），在无线基站的位置上部署 sensors，会提高信号的覆盖范围。这种物理架构能够检测到大多数的黑客行为，并且加强了同无线基站（WAPs）的距离，从而能更好地定位黑客的详细地理位置。

4.8.3 检测 Rogue 设备

Rogue 设备可能存在安全漏洞或被攻击者操纵，因此会对用户网络的安全造成严重威胁或危害。WIDS 的 Rogue 设备检测功能，可以对整个 WLAN 网络中的异常设备进行监视，帮助网络管理者发现网络中的安全隐患。

Rogue 设备检测可以检测 WLAN 中多种 Rogue 设备：Rogue AP，Rogue Client，Rogue 无线网桥，Ad-Hoc 网络等。目前，仅支持对 Rogue AP 和 Ad-Hoc 网络的检测。

Rogue 设备检测功能是由工作在监听模式下的 AP 进行的。WIDS 通过在无线网络中部署一些 AP 并设置它们工作在监听模式，捕捉空气介质中的无线报文。AP 在监听报文的同时，发送广播探查请求并等待探查响应消息。每一个在监控 AP 附近的设备都将收到探查请求并给出响应。这样，工作在监听模式下的 AP 就可以通过这些探查响应帧来分辨周围的设备类型；同时，网络管理员还可以通过制定非法设备的检测规则，对整个 WLAN 网络中的异常设备进行监视。

可以通过设置以下不同的监听模式来对 Rogue 设备进行检测。

Monitor AP：在这种模式下，AP 需要扫描 WLAN 中的设备，此时 AP 仅做监测 AP，不做接入 AP。当 AP 工作在 Monitor 模式时，该 AP 提供的所有 WLAN 服务都将关闭。如图 4-18 所示，AP1 为接入 AP，AP2 为 Monitor AP。AP2 监听所有 802.11 帧，检测无线网络中的非法设备，但不能提供无线接入服务。

Hybrid AP：在这种模式下，AP 既做接入 AP 又做 Monitor AP。AP 既可以扫描 WLAN 中的设备，也可以传输 WLAN 数据。如图 4-19 所示，AP 既能检测出 Rogue 设备又能为 Client1 和 Client2 提供 WLAN 接入服务。

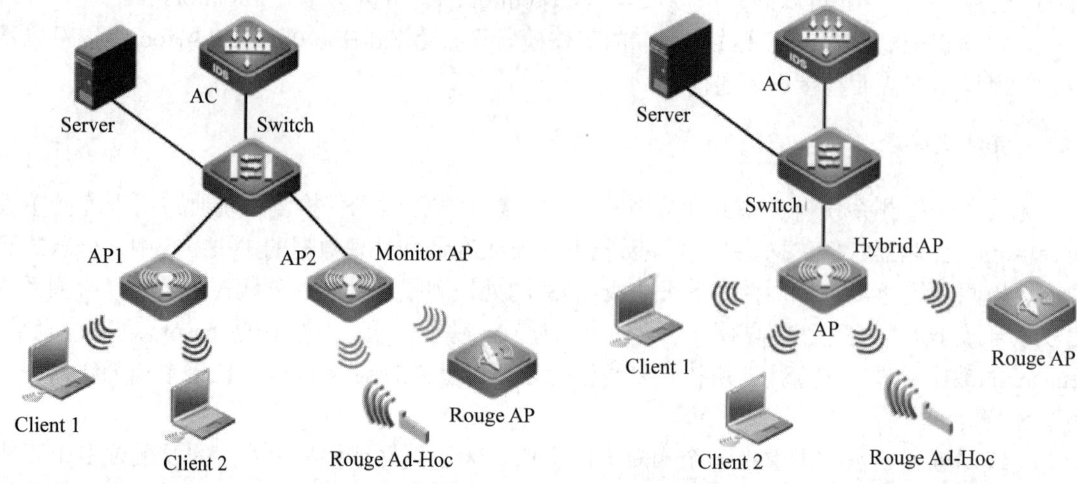

图 4-18　Monitor 模式检测 Rogue 设备

图 4-19　Hybrid 模式检测 Rogue 设备

4.8.4　检测 IDS 攻击

为了及时发现并防御 WLAN 网络中恶意或者无意的攻击，WIDS 支持对多种攻击行为进行检测。当 WIDS 检测到攻击后，会产生告警或者日志信息，提醒网络管理者进行相应处理。根据检测的结果，网络管理员可以及时调整网络的配置，清除 WLAN 网络的不安全因素。

（1）Flooding 攻击检测。

Flooding（泛洪）攻击是指攻击者在短时间内发送大量的同种类型的报文，导致 WLAN 设备被攻击者发送的泛洪报文淹没而无法处理真正合法用户的请求。

WIDS 攻击检测通过持续地监控每台设备的流量大小来预防这种泛洪攻击。当流量超出网络管理者设置的上限时，该设备被认为要在网络内泛洪从而被锁定。当 WIDS 检测到 Flooding 攻击时，此时如果开启了动态黑名单功能，则发起攻击的无线客户端将被添加到动态黑名单中，从而保证 WLAN 系统不再被该设备攻击，从而保障网络安全。

（2）Spoof 攻击检测。

Spoof（欺骗）攻击是指攻击者以其他设备的名义发送仿冒报文。例如：一个仿冒的解除认证报文会导致无线客户端下线。

WIDS 通过对广播解除认证和广播解除关联报文进行检测，当接收到这类报文时将立刻被定义为欺骗攻击并被记录到日志中。

（3）Weak IV 检测。

Weak IV（Weak Initialization Vector，弱初始化向量）攻击是指在 WLAN 使用 WEP 加密的过程中，攻击者通过截获带有弱初始化向量的报文，破解出共享密钥并最终窃取加密信息的一种攻击行为。

WLAN 使用 WEP 进行加密时，对于每一个报文都会产生一个 IV，IV 和共享密钥一起作为输入来生成密钥串。密钥串同明文加密，最终生成密文。当一个 WEP 报文被发送时，用于加密报文的 IV 也作为报文头的一部分被发送。如果使用不安全的方法生成 IV，例如频繁生成重复的 IV 甚至是始终生成相同的 IV，就会轻易暴露共享密钥。如果潜在的攻击者获得了共享密钥，攻击者将能够控制网络资源，对网络安全造成威胁。

WIDS 通过识别每个 WEP 报文的 IV 来预防这种攻击，当一个带有弱初始化向量的报文被检测到时，WIDS 即判定这是个攻击漏洞，将立刻将这个检测结果记录到日志中。

工作任务

任务一　搭建项目环境和基本配置

〖任务分析〗

无线网络工程师小赵在建设无线网络项目中，根据公司的要求，需要制定无线网络安全策略，并对项目中的路由器、交换机、服务器和无线控制器等设备进行基本配置，为公司网络安全的实施创造条件。

〖实施设备〗

1 台 Cisco3760 交换机、1 台 Cisco2620 路由器、1 台 Cisco WLC、1 台 1131AP、1 台安装 Windows Server 2003 的计算机、2 块 Tenda 无线网卡、1 条 console 配置线缆。

〖实施拓扑〗

项目实施拓扑如图 4-20 所示。

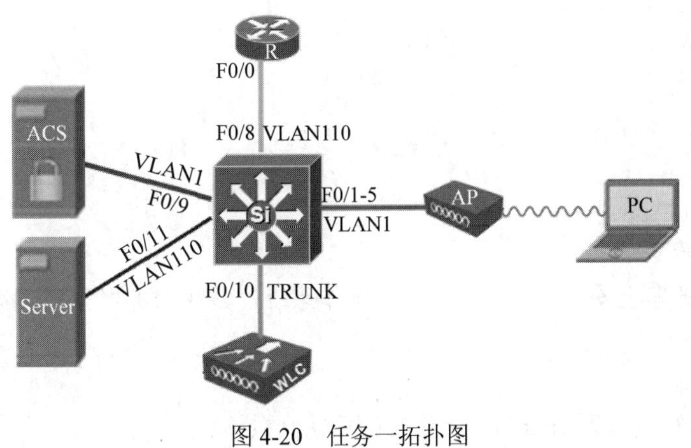

图 4-20　任务一拓扑图

〖任务实施〗

1. VLAN 划分

为了保证公司不同部门之间的信息安全，将不同部门划分为不同的 VLAN，让 VLAN 之间相互隔离，VLAN 的划分方法如表 4-5 所示。

表 4-5　不同部门的 VLAN 划分

部门名称	VLAN	网络地址	部门名称	VLAN	网络地址
无线连接	1	192.168.10.0	管理部门	130	192.168.130.0
公共网络	110	192.168.110.0	财务部门	140	192.168.140.0
销售部门	120	192.168.120.0	技术部门	150	192.168.150.0

2. 制定安全策略

小赵根据公司无线网络的需求，确定了各个无线网络的 SSID 和相应的安全策略，如表 4-6 所示。

表 4-6　不同部门的安全策略

部门名称	SSID	安全	
顾客	xjwlgs-public	无	
销售部门	xjwlgs-sale	WEP 认证	隐藏 SSID
管理部门	xjwlgs-manage	WPA+MAC 过滤	
技术部门	xjwlgs-finance	WEB 认证	
财务部门	xjwlgs-technology	WCS+WEB 认证	
所有部门	xjwlgs	WCS+802.1x	

3. 按项目拓扑图连接设备

4. 清除设备配置

（1）清除交换机配置。

（2）清除路由器配置。

（3）清除 AP 配置。

（4）清除 WLC 配置。

5. 安装服务器

在 ACS 和服务器上安装 Windows 2003 操作系统，并在服务器上搭建简单 Web 网站用于测试。

6. 配置路由器

（1）设置 F0/0 接口为 vlan 110 计算机的默认网关。

```
int f0/0
ip address 192.168.110.254 255.255.255.0
no shutdown
```

（2）配置环回口用于测试。

```
int loop 0
ip address 1.1.1.1 255.255.255.0
```

7. 配置交换机

（1）创建 DHCP 服务。

```
ip dhcp pool ap
network 192.168.10.0 255.255.255.0
default-router 192.168.10.254
option 43 ascii "192.168.10.2"
ip dhcp excluded-address 192.168.10.1
ip dhcp excluded-address 192.168.10.2
ip dhcp excluded-address 192.168.10.254
ip dhcp excluded-address 192.168.10.253
```

（2）配置交换机的管理地址。

```
interface Vlan1
ip address 192.168.10.254 255.255.255.0
```

（3）创建 VLAN。

```
vlan 110
name vlan-public
vlan 120
name vlan-sale
vlan 130
name vlan-manage
vlan 140
name vlan- finance
vlan 150
name vlan- technology
```

（4）配置接口。

①配置连接 AP 的端口，所有 AP 均连接到 VLAN1。

```
Int range FastEthernet0/1 – 5
switchport mode access
switch access vlan 1
```

②配置连接 ACS 的端口。

```
Int FastEthernet0/9
switchport mode access
switch access vlan 1
```

③配置连接 WLC 的端口。

```
Int FastEthernet0/10
switchport mode trunk
```

④配置连接服务器的端口。

```
Int FastEthernet0/11
switchport mode access
switch access vlan 110
Int FastEthernet0/12
switchport mode access
switch access vlan 120
Int FastEthernet0/13
switchport mode access
switch access vlan 130
Int FastEthernet0/14
switchport mode access
switch access vlan 140
Int FastEthernet0/15
switchport mode access
switch access vlan 150
```

⑤配置连接路由器的端口。

```
Int FastEthernet0/8
switchport mode access
switch access vlan 110
```

8. 按表 4-7 配置设备的 IP 地址

表 4-7　设备 IP 地址表

设备名称		IP 地址	子网掩码
WLC（默认）	管理 AP 地址	192.168.10.2	255.255.255.0
	WLC 管理地址	192.168.10.1	255.255.255.0
ACS 服务器		192.168.10.253	255.255.255.0
公司公共服务器		192.168.110.253	255.255.255.0
销售部服务器		192.168.120.253	255.255.255.0
管理部服务器		192.168.130.253	255.255.255.0
技术部服务器		192.168.140.253	255.255.255.0
财务部服务器		192.168.150.253	255.255.255.0

任务二　构建一个开放性的无线网络

〖任务分析〗

星际网络公司有许多客户，他们需要在客户接待中心或会议室查询公司的相关信息或访问互联网查阅资料，公司要求网络工程师小赵在整个公司布署无线网络，提供开放的无线网络访问，方便顾客和公司员工了解公司情况和访问互联网。

〖实施设备〗

1 台 Cisco3760 交换机、1 台 Cisco2620 路由器、1 台 Cisco WLC、1 台 1131AP、1 台安装 Windows Server 2003 的计算机、2 块 Tenda 无线网卡、1 条 console 配置线缆。

〖任务拓扑〗

参考任务一拓扑（见图 4-20）。

〖任务实施〗

1. 登录 WLC

具体步骤请参考项目 3 任务四。

2. 检查 AP 已成功连接到 WLC

具体步骤请参考项目 3 任务四。

3. 配置接口 public

（1）接口的 VLAN ID 是 110，其接口地址和 DHCP 配置如图 4-21 所示（具体步骤请参考项目 3 任务四）。

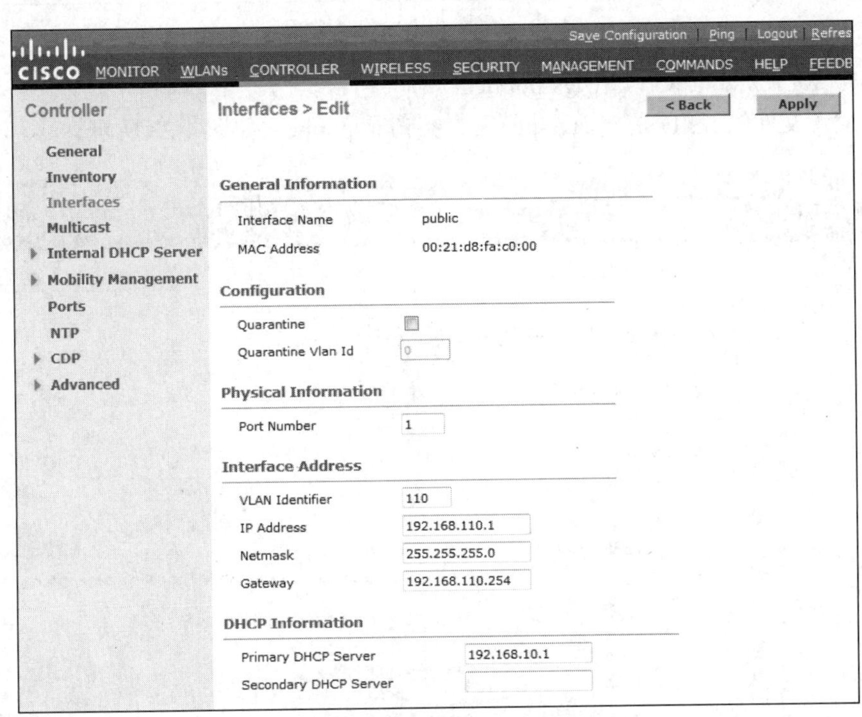

图 4-21　配置 public 接口信息

（2）创建接口 public 的 DHCP 地址池 dhcp-public，地址池的参数如图 4-22 所示。

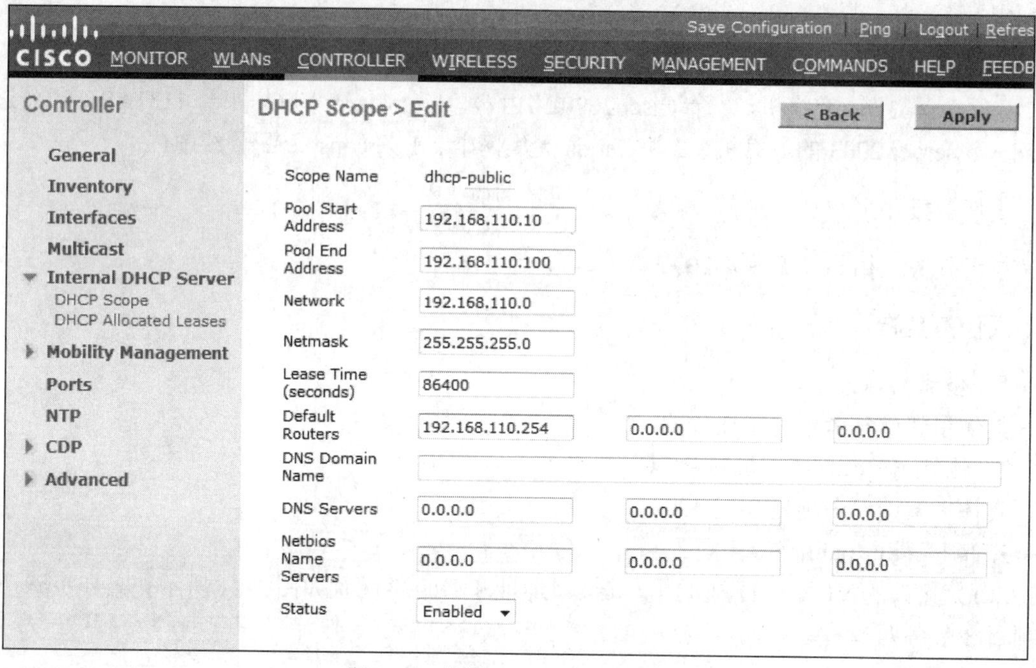

图 4-22 编辑 dhcp-public 地址池

4. 创建 WLAN 配置文件 xjwlgs-public

（1）配置文件的 SSID 是 xjwlgs-public，接口是 public，如图 4-23 所示。

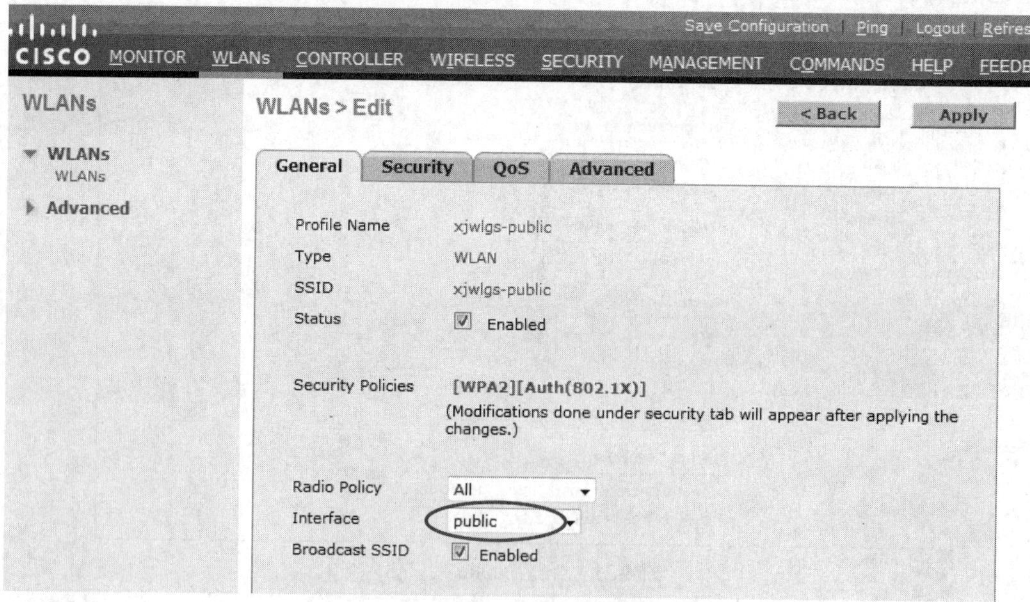

图 4-23 选择 xjwlgs-public 接口

（2）设置二层安全为 None，如图 4-24 所示。

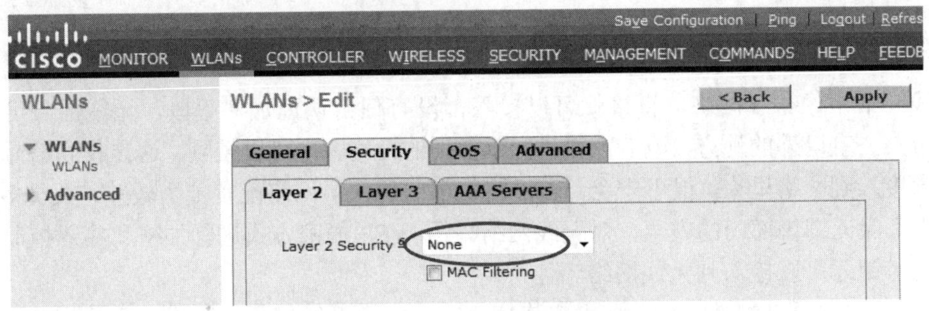

图 4-24　设置 xjwlgs-public 二层安全

（3）单击 Apply 按钮，再单击 Back 按钮，配置结果如图 4-25 所示。

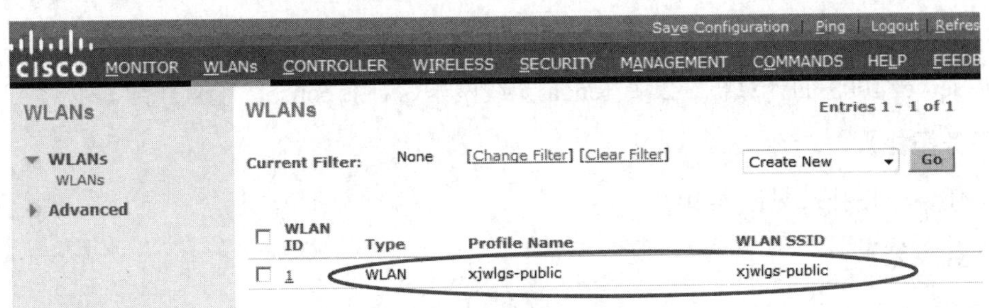

图 4-25　显示 xjwlgs-public 的配置结果

5. 测试无线网络

（1）选择无线网络 xjwlgs-public，单击“连接”按钮，无需输入密码便可建立连接。

（2）选择 CONTROLLER 选项卡，执行 Internal DHCP Server→DHCP Allocated Leases 命令，显示出 WLC 的 DHCP 地址分配信息，如图 4-26 所示。

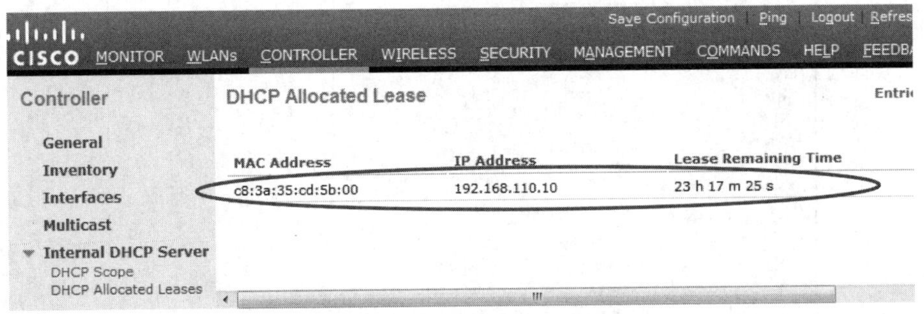

图 4-26　查看 WLC 分配的地址信息

（3）计算机能成功访问 192.168.110.253 服务器，并能成功访问互联网上路由器 R 的环回口地址。

任务三　配置 WEP 认证

〖任务分析〗

无线网络不像有线网络，直接就可以接入，没有任何认证加密手段，无线信号可能会广播到公司办公室以外的地方，或者大楼外，或者别的公司，都可以搜到，这样收到信号的人就可以随意接入到网络里来，很不安全。由于销售部门的人员网络配置能力较差，人员多，流动性大，为了保证销售部门的安全，对无线网络采用 WEP 加密方式进行加密和接入控制，只有输入正确密钥才可以接入到无线网络。

WEP 加密主要目的是防止非法用户连接进来、防止无线信号被窃听。采用共享密钥的接入认证，使数据加密，可防止非法窃听。

〖实施设备〗

1 台 Cisco3760 交换机、1 台 Cisco2620 路由器、1 台 Cisco WLC、1 台 1131AP、1 台安装 Windows Server 2003 的计算机、2 块 Tenda 无线网卡、1 条 console 配置线缆。

〖任务拓扑〗

参考任务一拓扑（见图 4-20）。

〖任务实施〗

1. 配置接口 sale

（1）接口的 VLAN ID 是 120，其接口地址和 DHCP 配置信息如图 4-27 所示。

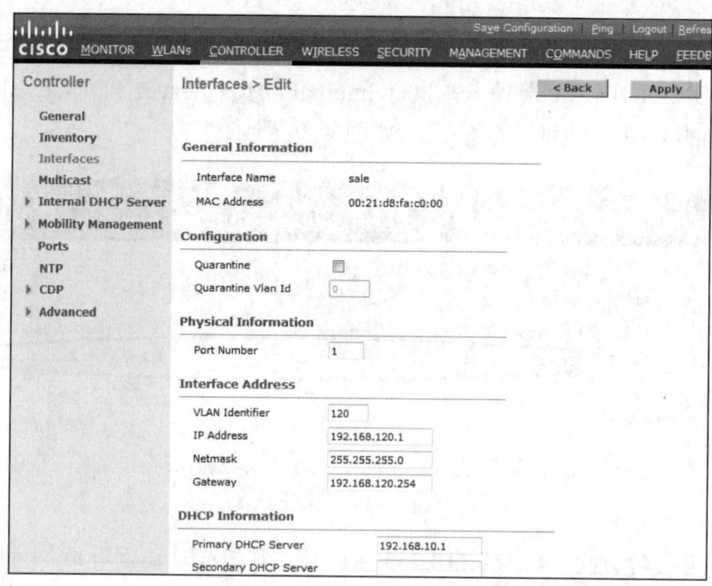

图 4-27　配置 sale 接口信息

（2）创建接口 sale 的 DHCP 地址池 dhcp-sale，地址池的参数如图 4-28 所示。

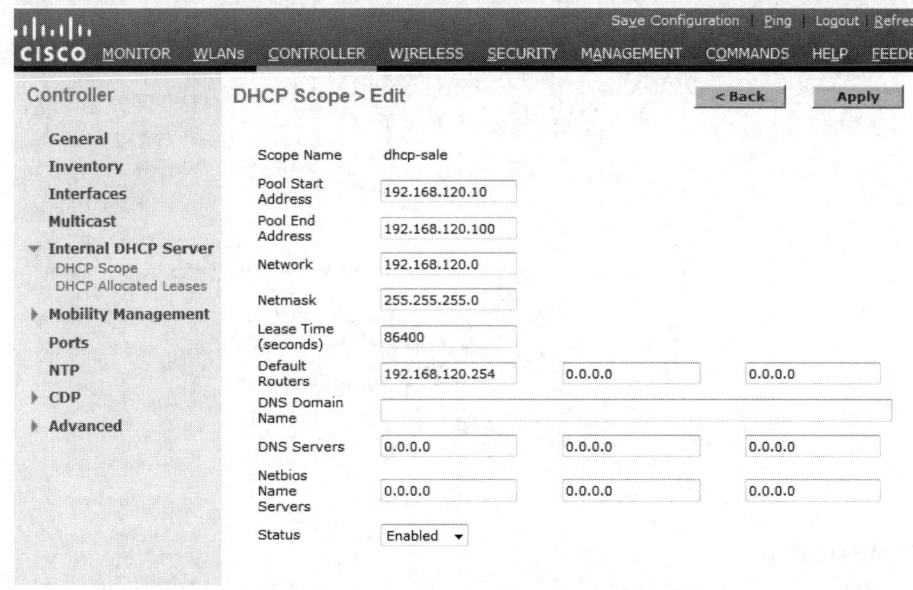

图 4-28　编辑 dhcp-sale 地址池

2. 创建 WLAN 配置文件 xjwlgs-sale

（1）WLAN 配置文件的 SSID 是 xjwlgs-sale，接口是 sale，如图 4-29 所示。

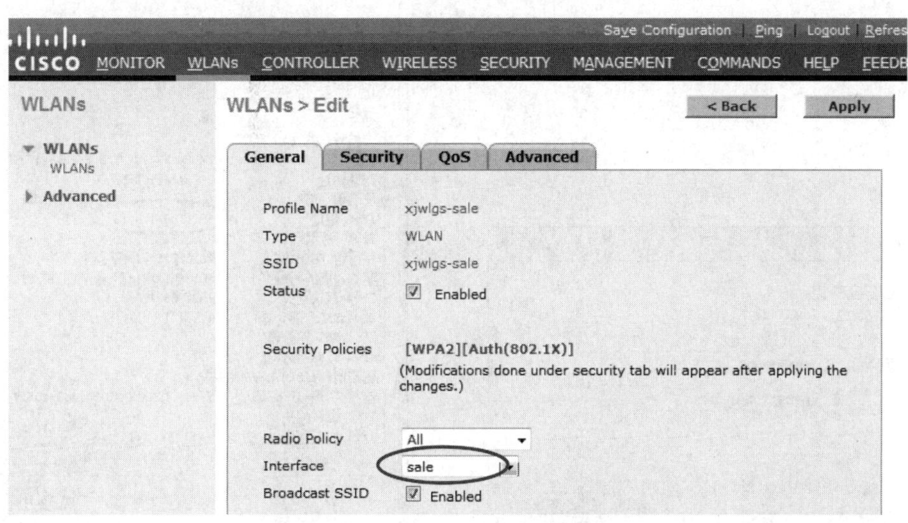

图 4-29　选择 xjwlgs-sale 接口

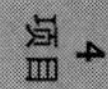

（2）设置二层安全为 Static WEP，选择 WEP 104bits，输入 13 位密码，结果如图 4-30 所示。

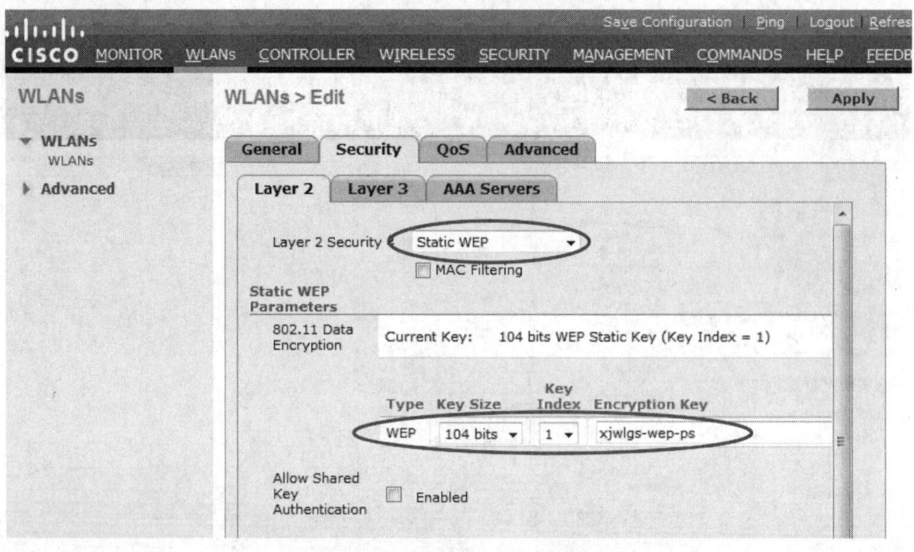

图 4-30　设置 xjwlgs-sale 二层安全

3. 测试无线网络

（1）在计算机 PC 上选择无线网络 xjwlgs-sale，单击“连接”按钮，弹出“连接到网络”窗口，如图 4-31 所示。

（2）输入安全密钥，单击“确定”按钮，便能成功连接到无线网络 xjwlgs-sale，网络连接详细信息如图 4-32 所示。

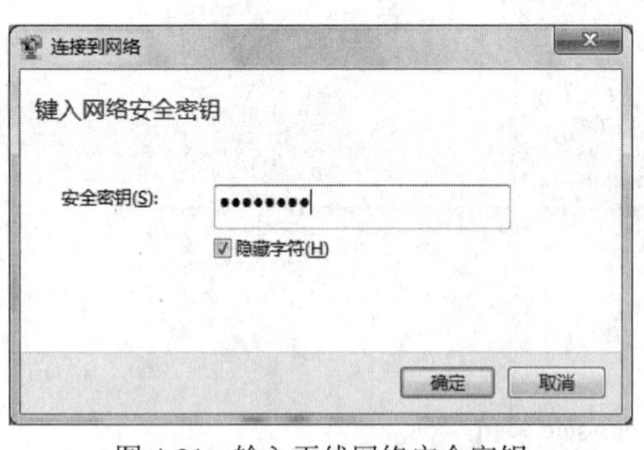

图 4-31　输入无线网络安全密钥

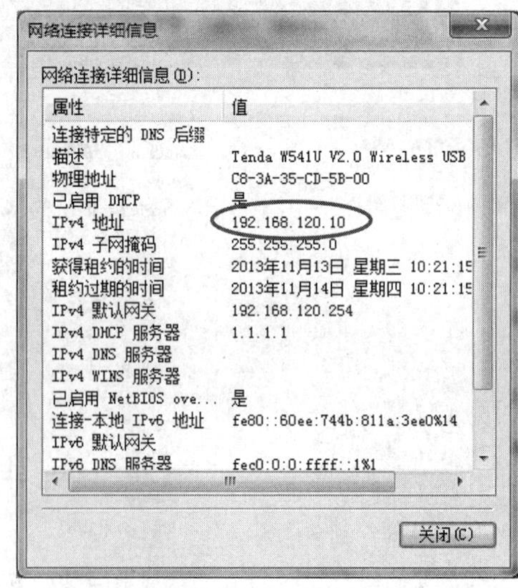

图 4-32　显示计算机自动获取的 IP 信息

（3）计算机能够成功访问 192.168.120.253 服务器，但不能访问路由器的环回接口。

任务四　配置 WPA 认证

〖任务分析〗

由于 WEP 认证的密码有位数限制，且安全性较差，容易被黑客破解，无线网络工程师小赵决定对管理部门采用安全性较高的 WAP 加密方式，实现对无线网络进行加密及接入控制，保证管理人员能够安全访问管理部门的服务器。

〖实施设备〗

1 台 Cisco3760 交换机、1 台 Cisco2620 路由器、1 台 Cisco WLC、1 台 1131AP、1 台安装 Windows Server 2003 的计算机、2 块 Tenda 无线网卡、1 条 console 配置线缆。

〖任务拓扑〗

参考任务一拓扑（见图 4-20）。

〖任务实施〗

1. 配置接口 manage

（1）接口的 VLAN ID 是 130，其接口地址和 DHCP 配置信息如图 4-33 所示。

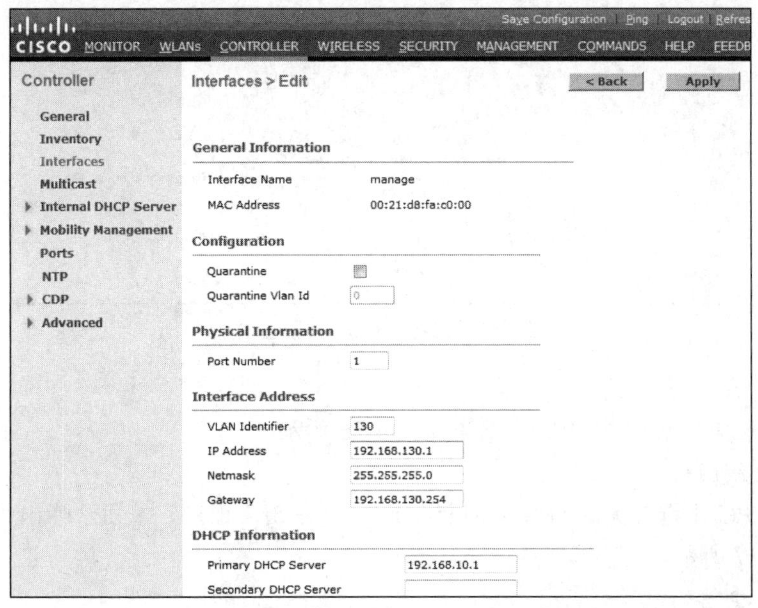

图 4-33　配置 manage 接口信息

（2）创建接口 manage 的 DHCP 地址池 dhcp-manage，地址池的参数如图 4-34 所示。

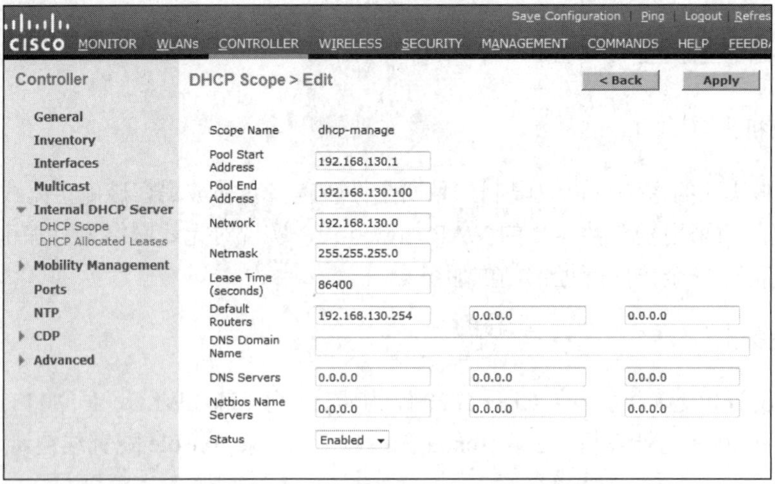

图 4-34　编辑 dhcp-manage 地址池

2．创建 WLAN 配置文件 xjwlgs-manage

WLAN 配置文件的 SSID 是 xjwlgs-manage，接口是 manage，如图 4-35 所示。

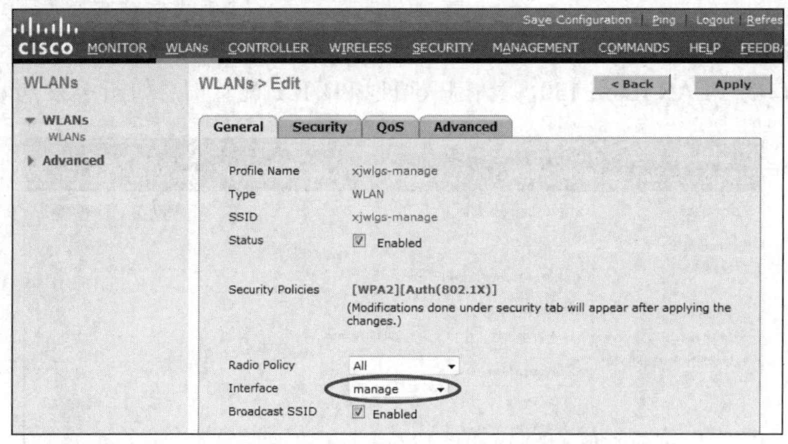

图 4-35　选择 xjwlgs-manage 接口

3．设置二层安全

设置二层安全为 WPA+WPA2，结果如图 4-36 所示。

4．测试无线网络

在计算机 PC 上选择无线网络 xjwlgs-manage，单击“连接”按钮，弹出“连接到网络”窗口，如图 4-37 所示。

5．输入安全密钥

输入安全密钥，单击“确定”按钮，便能成功连接到无线网络 xjwlgs-manage，网络连接的详细信息如图 4-38 所示。

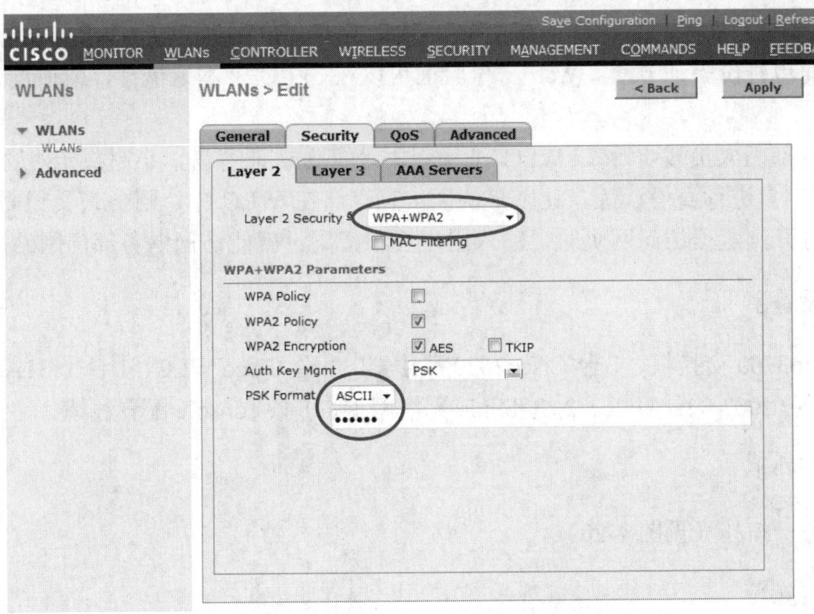

图 4-36　设置 xjwlgs-manage 二层安全

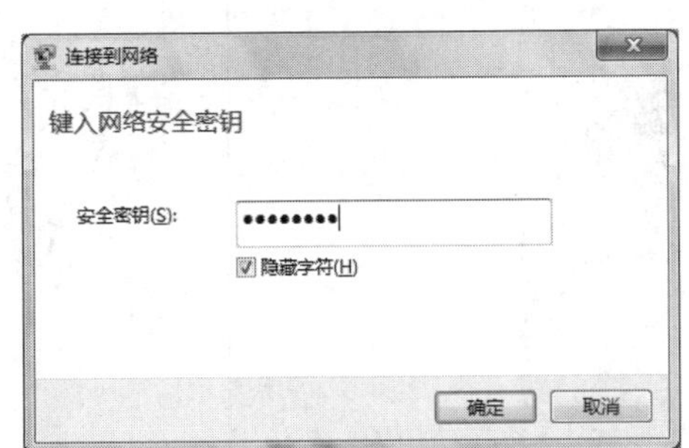

图 4-37　输入无线网络安全密钥

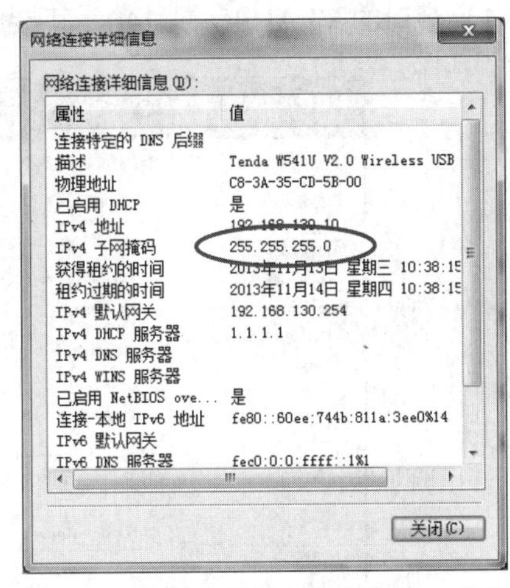

图 4-38　显示计算机自动获取的 IP 信息

任务五　配置 WEB 本地认证

〖任务分析〗

星际网络公司的财务部门人员相对固定，且财务网站安全性要求高，每个财务人员在访问公司内部财务网站时需要输入自己的账户信息。

WEB 认证是允许客户端在认证前获得 IP 地址的安全策略。它是一种不需要请求者安装客户端程序的简单身份验证方法。Web 身份验证可以在 WLC 上本地执行，或通过 RADIUS 服务器执行。

由于财务部门人员较少，在 WLC 上实现本地身份认证容易，小赵决定对财务部门采用 WEB 方式对用户进行身份认证，让用户认证信息存储在 WLC 中，财务人员无需安装任何软件，只需在打开浏览器访问网页时，输入用户名和密码，就能访问财务部门网站。

〖实施设备〗

1 台 Cisco3760 交换机、1 台 Cisco2620 路由器、1 台 Cisco WLC、1 台 1131AP、1 台安装 Windows Server 2003 的计算机、2 块 Tenda 无线网卡、1 条 console 配置线缆。

〖任务拓扑〗

参考任务一拓扑（见图 4-20）。

〖任务实施〗

1. 配置接口 finance

（1）接口的 VLAN ID 是 140，其接口地址和 DHCP 配置信息如图 4-39 所示。

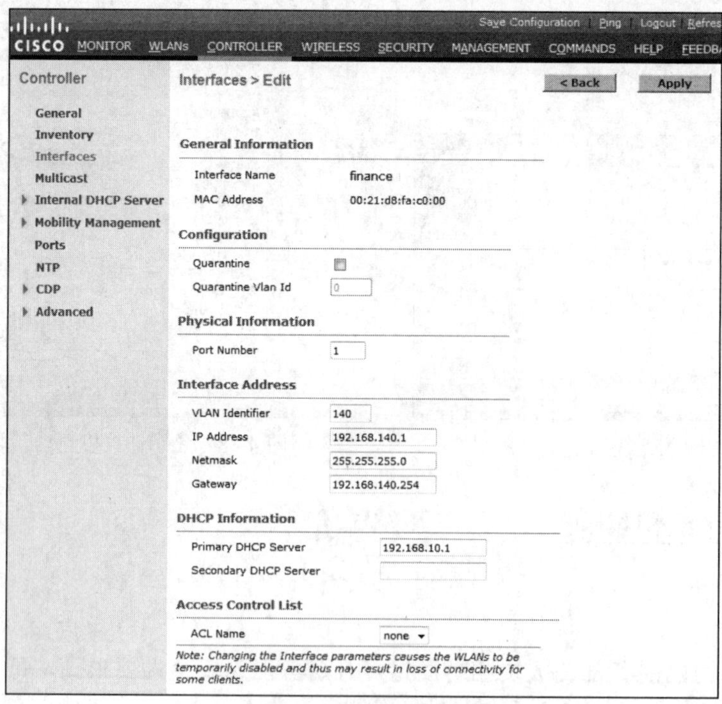

图 4-39 配置 finance 接口信息

（2）创建接口 finance 的 DHCP 地址池 dhcp-finance，地址池的参数如图 4-40 所示。

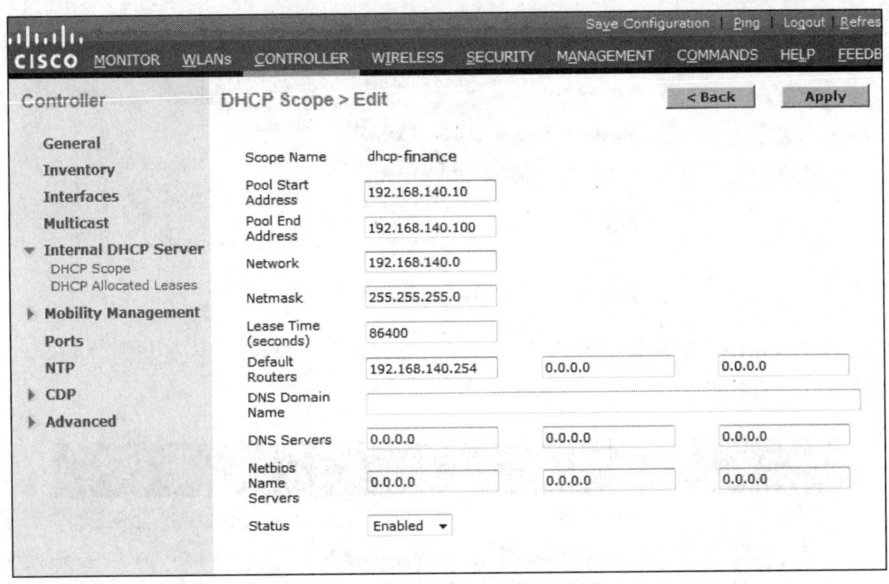

图 4-40　编辑 dhcp-finance 地址池

2. 创建 WLAN 配置文件 xjwlgs-finance

（1）WLAN 配置文件的 SSID 是 xjwlgs-finance，接口是 finance，如图 4-41 所示。

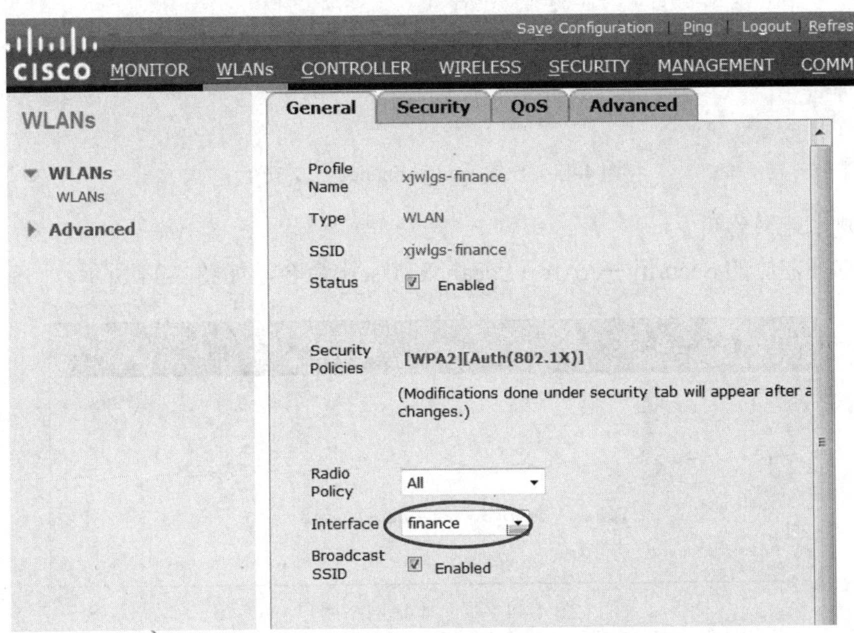

图 4-41　选择 xjwlgs-finance 接口

（2）选择 Security 选项卡后再选择 Layer 2 选项卡，设置二层安全为 None，如图 4-42 所示。

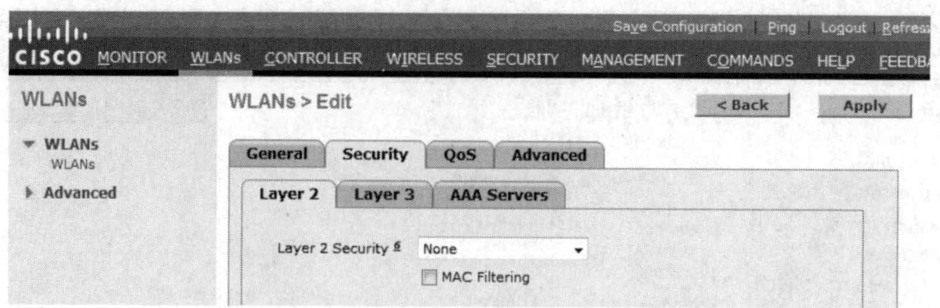

图 4-42　设置 xjwlgs-finance 二层安全

（3）选择 Security 选项卡后再选择 Layer 3 选项卡，设置三层安全为 None，选中 Web Policy 复选框，如图 4-43 所示。

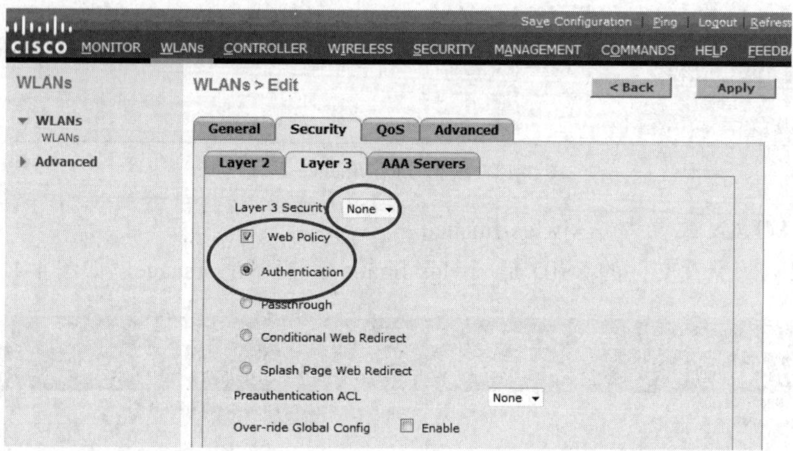

图 4-43　设置 xjwlgs-finance 三层安全

3. 创建本地网络用户

（1）选择左侧的 Security→AAA→Local Net Users 命令，如图 4-44 所示。

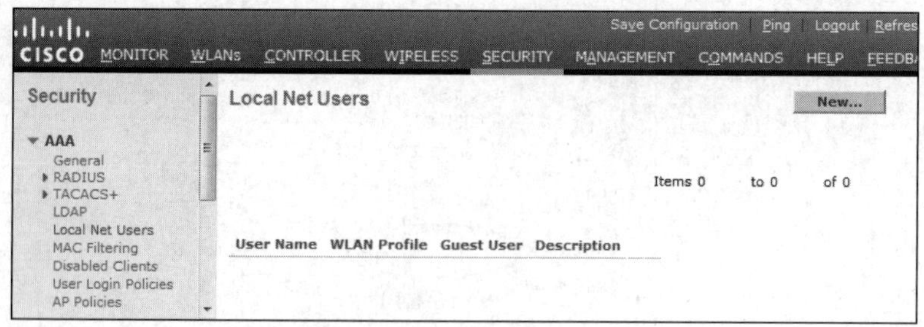

图 4-44　显示本地网络用户

（2）单击 New 按钮，切换到如图 4-45 所示的配置界面。

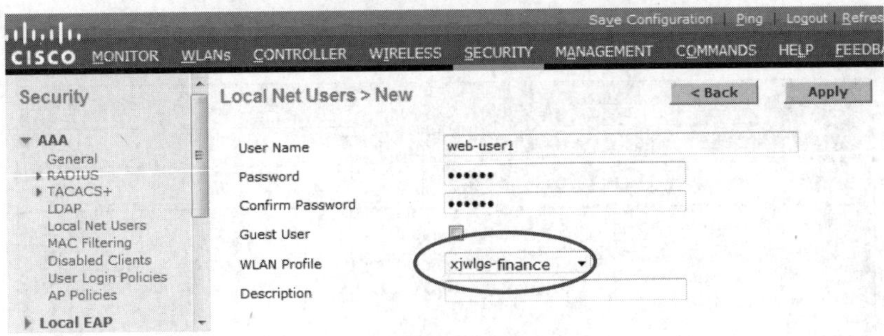

图 4-45　新建本地网络用户

（3）输入用户名和密码，在 WLAN profile 下拉菜单中选择 xjwlgs-finance，单击 Apply 按钮，配置结果如图 4-46 所示。

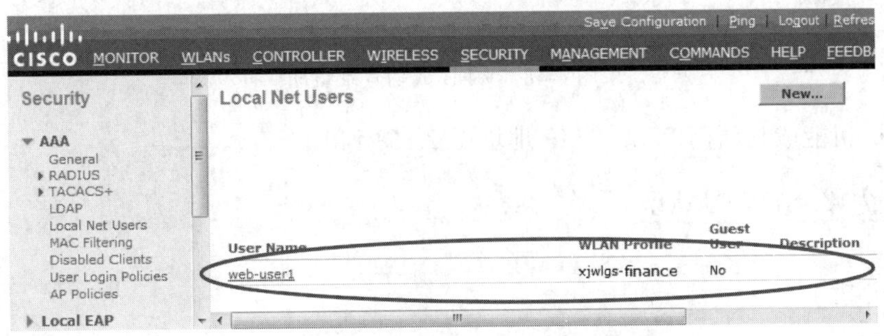

图 4-46　显示新建用户结果

4. 测试无线网络

（1）在 PC 机上连接无线网络 xjwlgs-finance，显示已连接。

（2）但 PC 机无法访问 WLC 的 IP 地址 192.168.140.1，表示当前拒绝该 PC 访问。

5. 以 WEB 方式登录无线网络

（1）在浏览器中输入网址 https://1.1.1.1/login.htm，如图 4-47 所示。

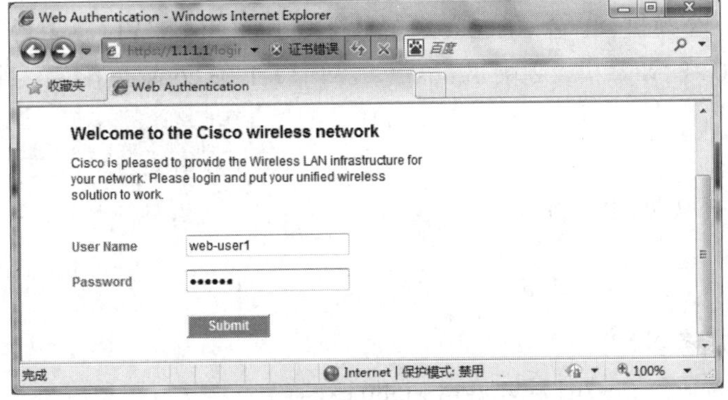

图 4-47　输入 WEB 用户名和密码

（2）输入用户名和密码，单击 Submit 按钮，便进入登录成功页面，如图 4-48 所示。

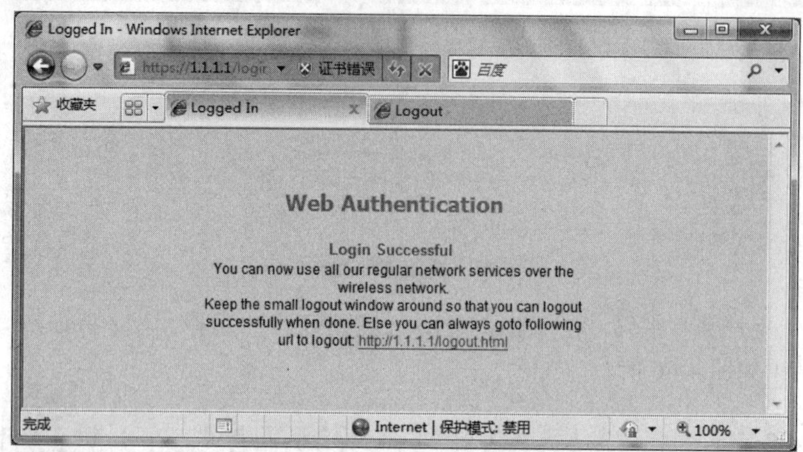

图 4-48 WEB 成功登录页面

（3）PC 机能成功访问 WLC 的 IP 地址 192.168.140.1。

任务六 配置 WCS+WEB 认证

〖任务分析〗

星际网络公司的技术部门人员多，技术人员的流动性比较大，公司要求技术人员需要输入自己的账户信息才能访问本部门的网站。

针对技术人员多且流动性大的特点，小赵决定对技术部门采用基于 RADIUS 方式对用户的身份进行认证，让用户认证信息存储在 ACS 服务器上，方便网络管理员对用户进行认证、授权和审计。

〖实施设备〗

1 台 Cisco3760 交换机、1 台 Cisco2620 路由器、1 台 Cisco WLC、1 台 1131AP、1 台安装 Windows Server 2003 的计算机、2 块 Tenda 无线网卡、1 条 console 配置线缆。

〖任务拓扑〗

参考任务一拓扑（见图 4-20）。

〖任务实施〗

1. 安装 ACS 服务器

（1）安装 Java 平台 jre-7u17-windows-i586.exe。

（2）安装 ACS。打开 ACS 安装程序文件夹，双击 setup.exe，进入安装向导，根据提示进行安装。

（3）测试安装结果。双击桌面的 ACS Admin 图标，打开 ACS 的 Web 管理台，如图 4-49 所示。

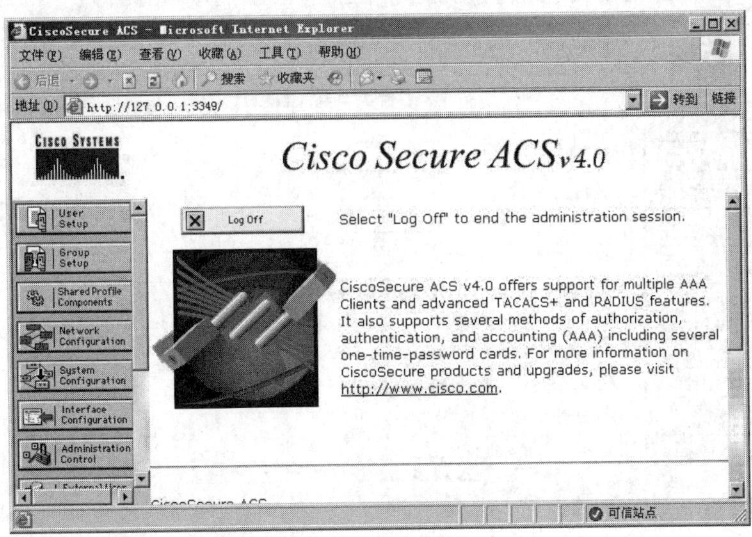

图 4-49 ACS 的 Web 管理台

2. ACS 网络配置

（1）单击左侧的 Network Configuration 按钮，显示结果如图 4-50 所示。

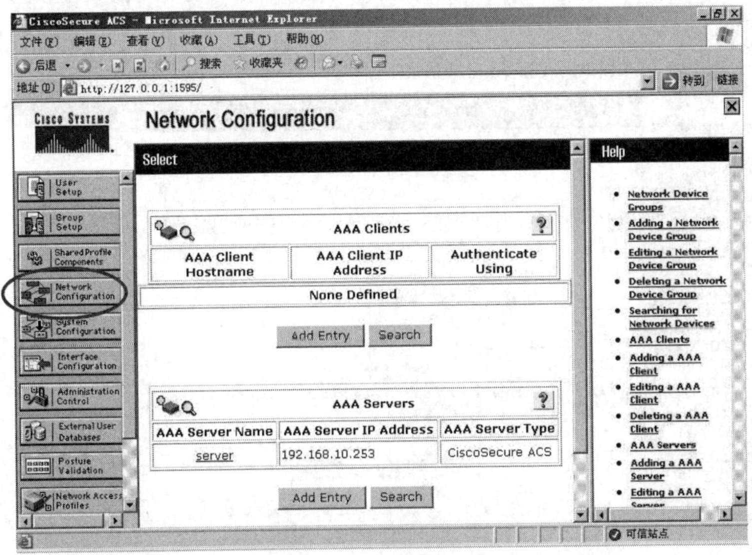

图 4-50 显示 ACS 网络配置

（2）单击 AAA 客户端的 Add Entry 按钮，输入 AAA 客户端的主机名、IP 地址和密钥，选择认证方式为“RADIUS（Cisoco Aironet）”，如图 4-51 所示。

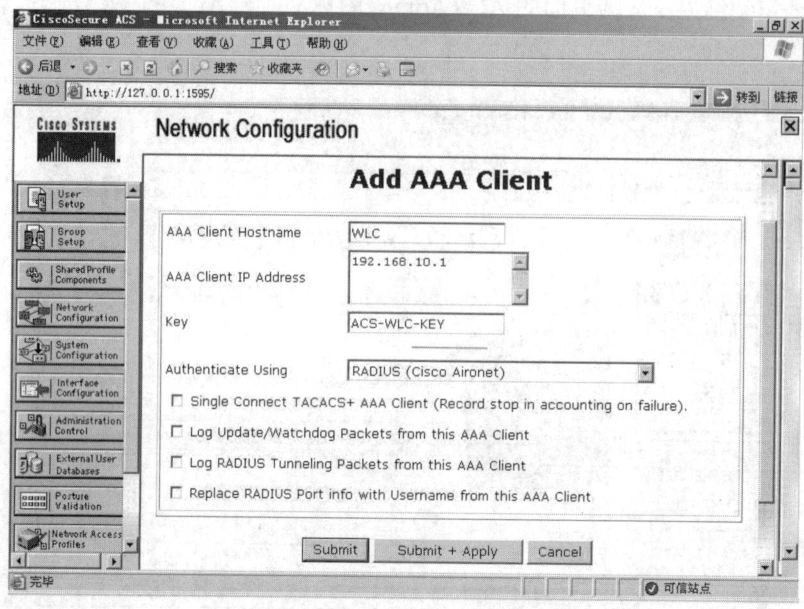

图 4-51　添加 ACS 的 AAA 客户

（3）单击 Submit+Apply 按钮，客户端的添加结果如图 4-52 所示。

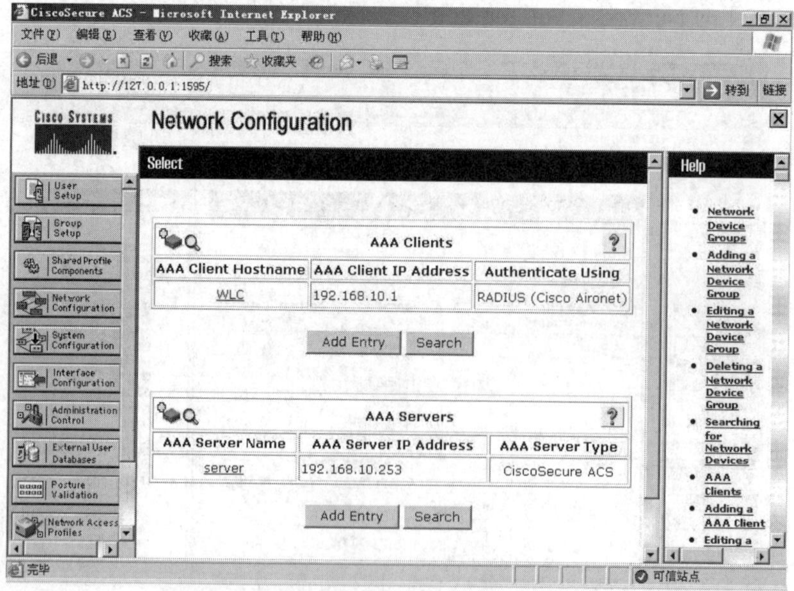

图 4-52　显示 ACS 的 AAA 客户添加结果

3. 修改组名

（1）先单击左侧的 Group Setup 按钮，再选择第 2 组，如图 4-53 所示。

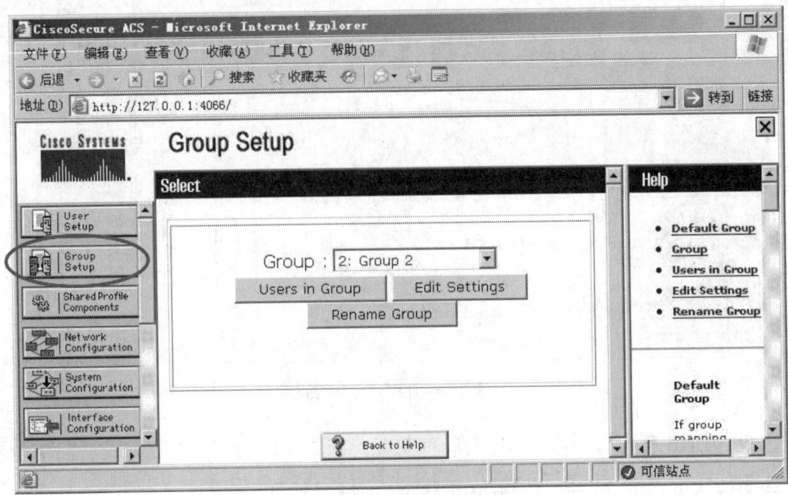

图 4-53　查看并选择组

（2）单击 Rename Group 按钮，输入组名 Group-sale，如图 4-54 所示，然后单击 Submit 按钮完成修改。

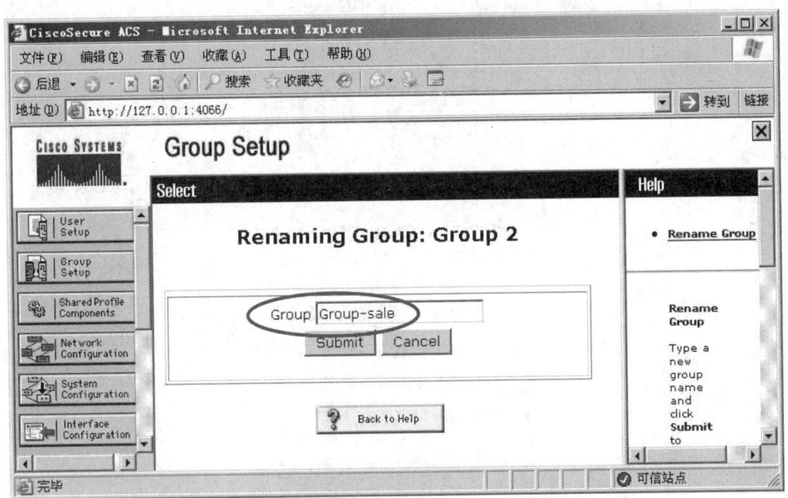

图 4-54　修改第 2 组名称

（3）按照同样的方式将第 3、4、5 组的组名分别修改为 Group-manage、Group-technology、Group-finance。

4. 添加用户

（1）单击左侧的 User Setup 按钮，输入用户名，如图 4-55 所示。

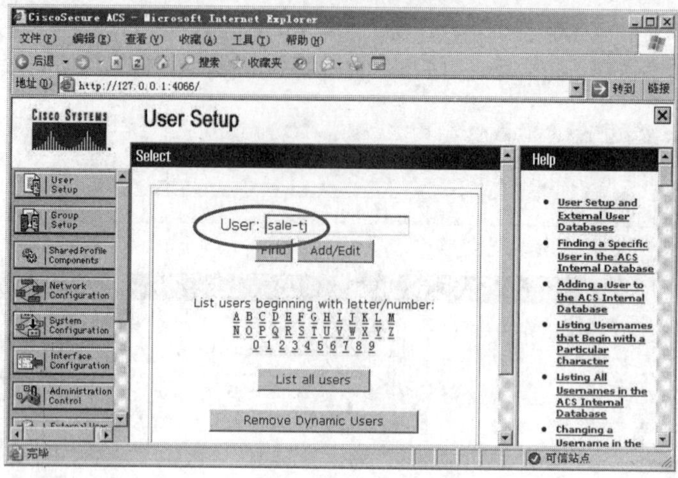

图 4-55　输入用户名称

（2）单击 Add/Edit 按钮，进入用户配置界面，输入用户的真实姓名和密码，选择用户所在的组，如图 4-56 所示，然后单击 Submit 按钮完成用户的编辑。

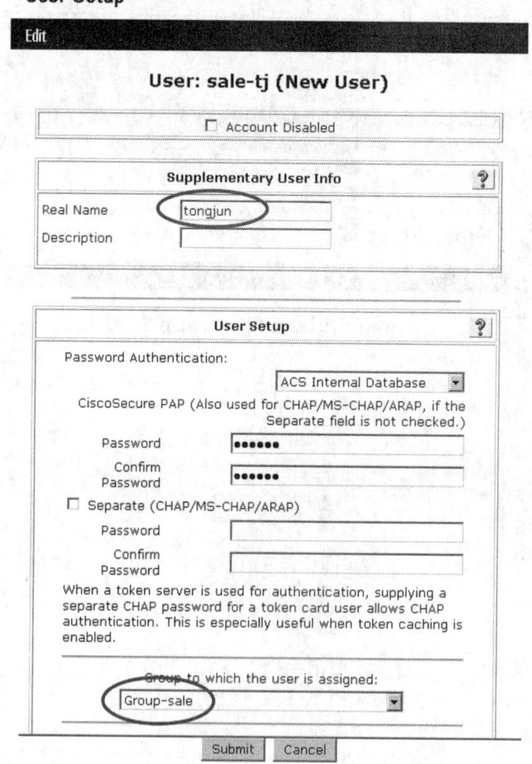

图 4-56　设置用户真实姓名、密码和组

（3）按照上述方式依次创建用户 manage-zxb、technology-hy、finance-tjy，它们所在的组分别是 Group-manage、Group-technology、Group-finance。

（4）单击 List all users 按钮，列出如图 4-57 所示的用户信息。

User List

User	Status	Group	Network Access Profile
finance-tjy	Enabled	Group-finance (1 users)	(Default)
manage-zxb	Enabled	Group-manage (1 users)	(Default)
sale-tj	Enabled	Group-sale (1 users)	(Default)
technology-hy	Enabled	Group-technology (1 users)	(Default)

图 4-57　列出用户添加结果

5. 配置接口 technology

（1）接口的 VLAN ID 是 150，其接口地址和 DHCP 配置信息如图 4-58 所示。

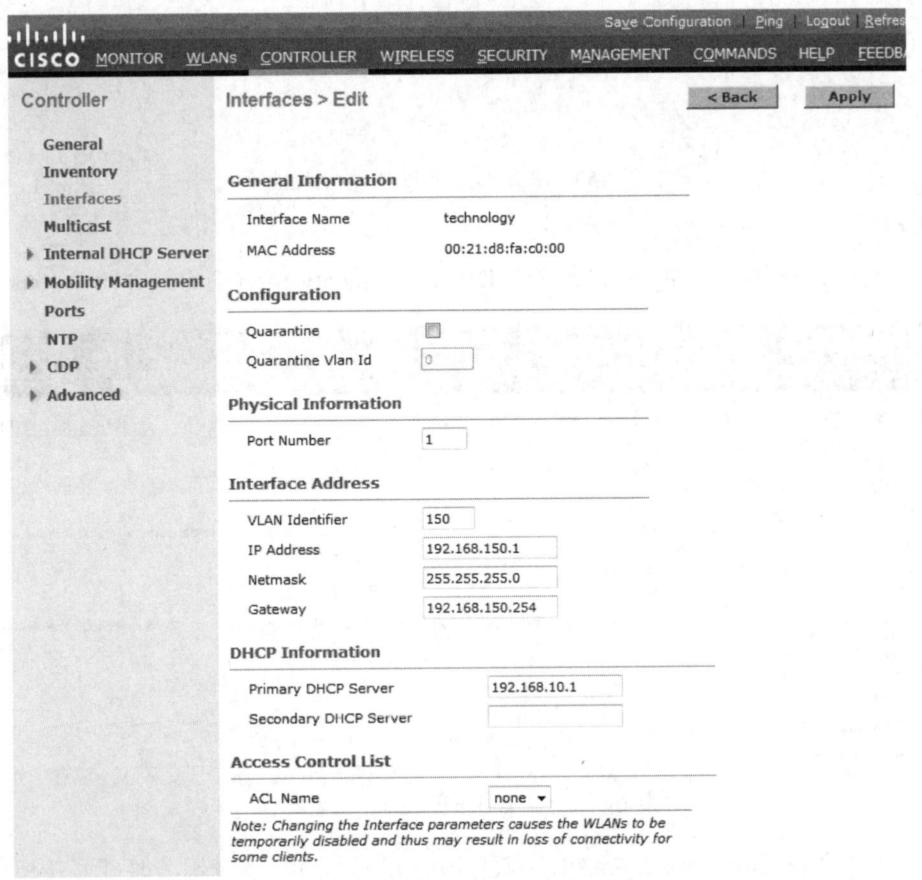

图 4-58　配置 technology 接口信息

（2）创建接口 technology 的 DHCP 地址池 dhcp-technology，地址池的参数如图 4-59 所示。

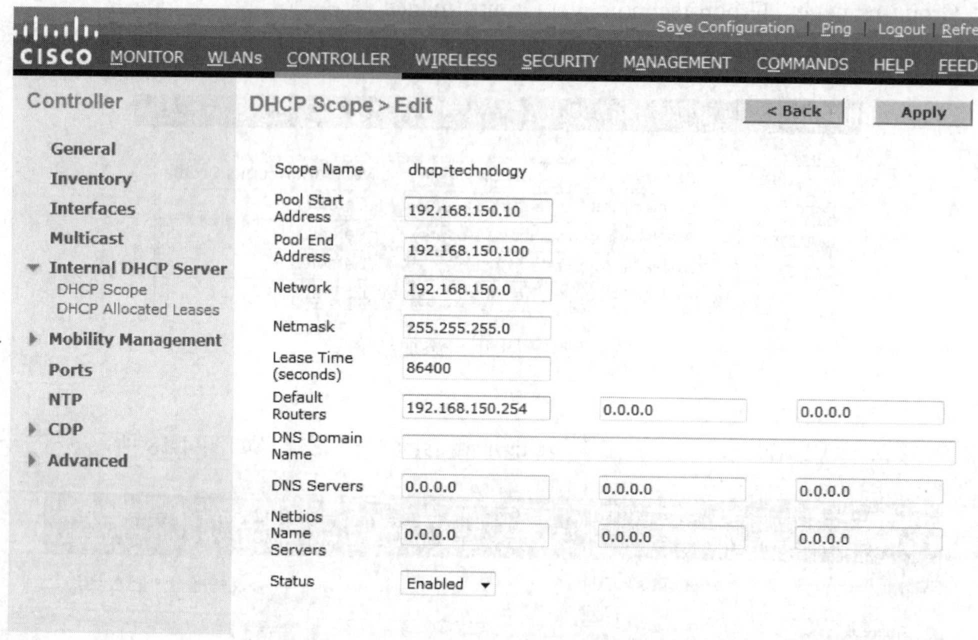

图 4-59　编辑 dhcp-technology 地址池

6. 配置 AAA 认证服务器

（1）选择左侧的 Security→AAA→RADIUS→Authentication 命令，如图 4-60 所示。

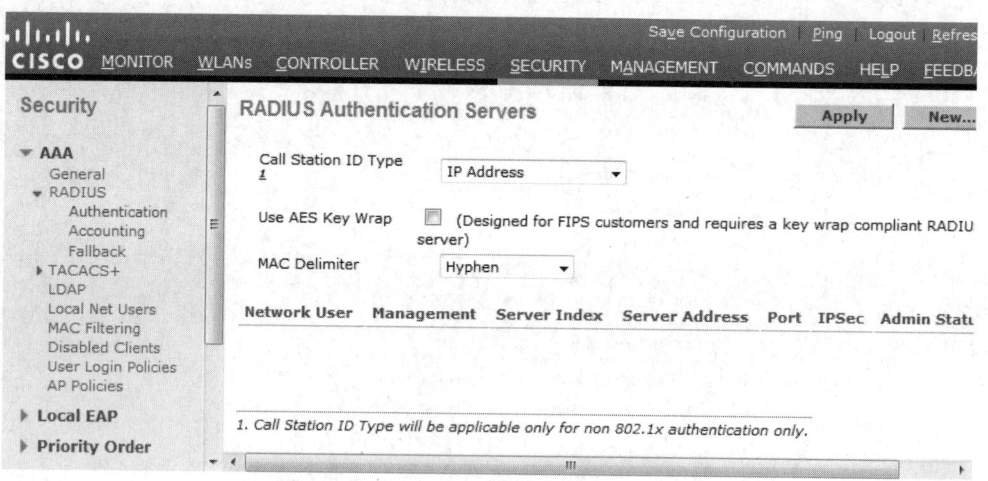

图 4-60　显示 RADIUS 认证服务器信息

（2）单击 New 按钮，输入 RADIUS 服务器的 IP 地址和共享密钥，如图 4-61 所示。

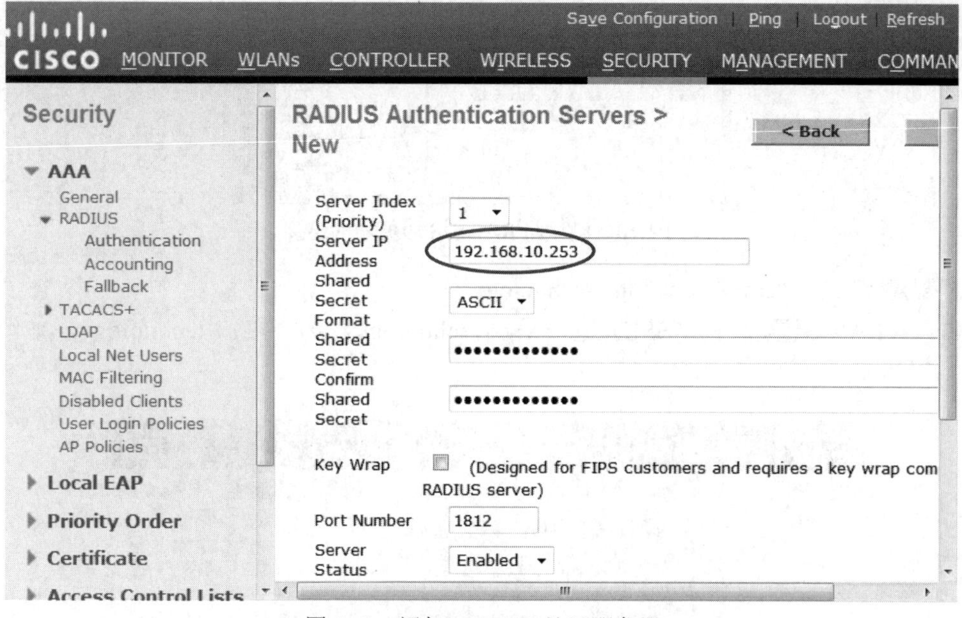

图 4-61　添加 RADIUS 认证服务器

（3）单击 Apply 按钮，配置结果如图 4-62 所示。

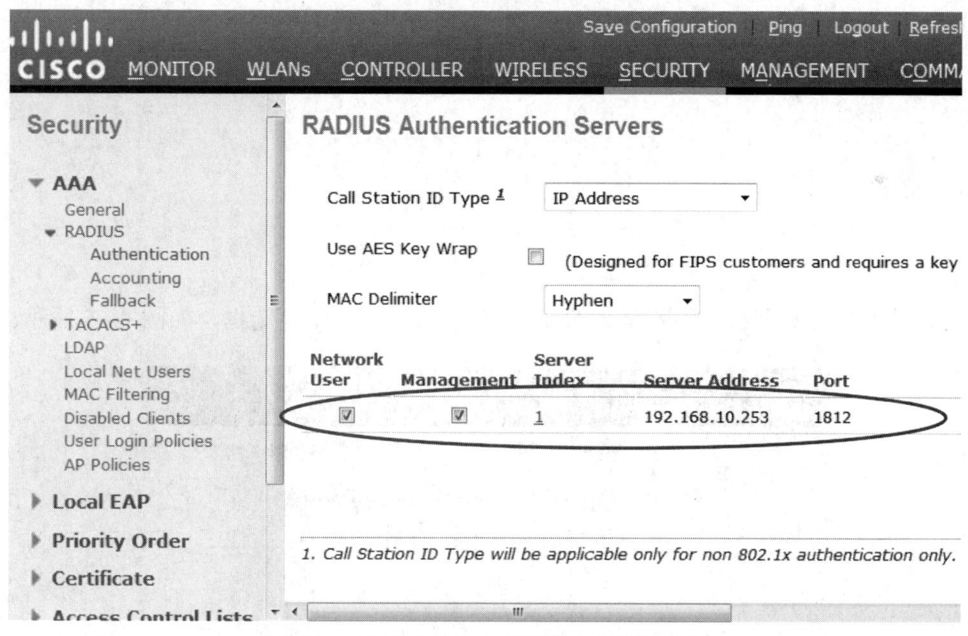

图 4-62　显示 RADIUS 认证服务器添加结果

（4）测试 WLC 与 RADIUS 服务器的连接。单击右侧的 test，测试结果如图 4-63 所示。

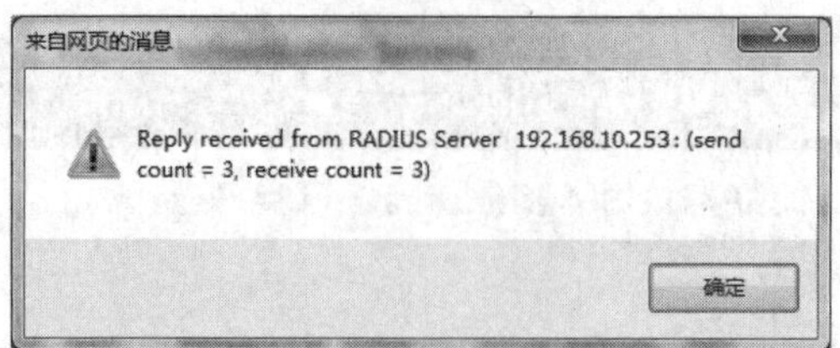

图 4-63　测试与 RADIUS 服务器的连接

7. 创建 WLAN 配置文件 xjwlgs-technology

（1）WLAN 配置文件的 SSID 是 xjwlgs-technology，选择接口 technology，如图 4-64 所示。

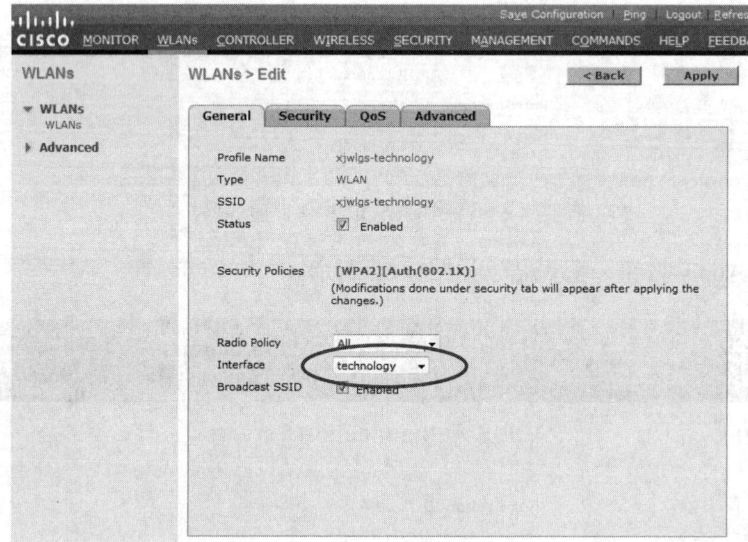

图 4-64　选择 xjwlgs-technology 接口

（2）设置二层安全和三层安全为 None，选中 Web Policy 复选框，如图 4-65 所示。

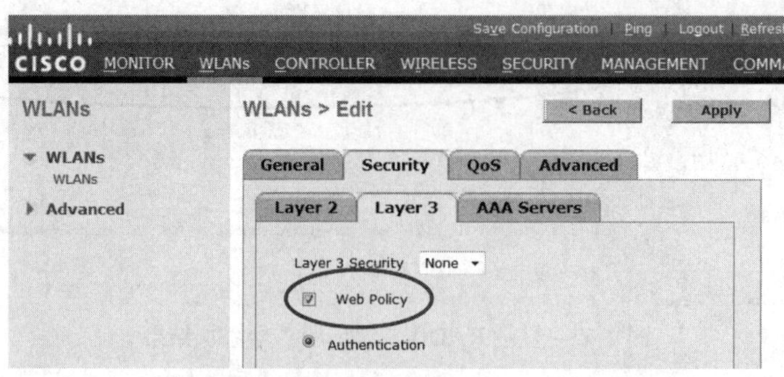

图 4-65　设置 xjwlgs-technology 三层安全

（3）设置 AAA 服务器为 192.168.10.253，如图 4-66 所示，然后单击 Apply 按钮完成配置。

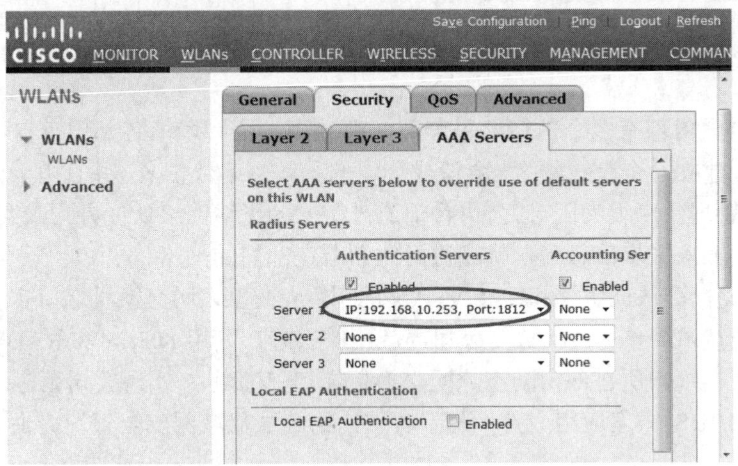

图 4-66 设置 xjwlgs-technology 的 AAA 服务器

8. 测试网络连接

（1）在 PC 机上连接无线网络 xjwlgs-technology，显示已连接。

（2）测试 PC 机与 IP 地址 192.168.150.1 的连通性，测试失败。

（3）在浏览器中输入网址 https://1.1.1.1/login.htm，如图 4-67 所示。

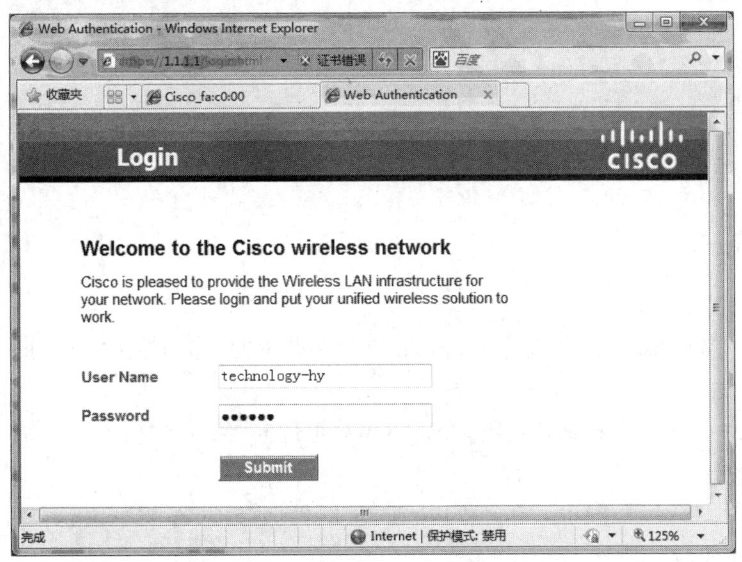

图 4-67 输入 Web 用户名和密码

（4）输入用户名和密码，单击 Submit 按钮。

（5）测试 PC 机与 IP 地址 192.168.150.1 的连通性，测试成功。

任务七　配置 WCS+802.1x 统一认证

〖任务分析〗

星际网络公司内部有多个部门，每个部门都独享一个网段，各部门有自己的服务器，如果给各部门单独建立一个无线网络，会造成公司的无线网络数量多，并且由于公司人员流动性较大，会给网络管理带来很大困难。公司希望通过统一的无线网络认证方式来实现各部门接入，不同部门的用户输入账户信息后，就能访问他们所在部门的网络。

IEEE 802.1x 标准认证协议和动态 VLAN 的引入，在以太网交换机端口实现对用户认证和授权，以其实现技术简单、灵活成为公司局域网的首选。利用 802.1x 和 RADIUS 认证服务器的授权控制，根据用户所在部门动态分配交换机端口 VLAN，实现公司范围内的移动办公需求。802.1x+RADIUS 方案应用成熟，易于实现，给公司局域网安全管理提供了一种有效的解决途径。

网络工程师小赵决定采用思科公司的 WCS 技术，在 ACS 服务器上统一对用户进行认证，不同组用户登录到不同的 VLAN，实现对用户集中身份认证。

〖实施设备〗

1 台 Cisco3760 交换机、1 台 Cisco2620 路由器、1 台 Cisco WLC、1 台 1131AP、1 台安装 Windows Server 2003 的计算机、2 块 Tenda 无线网卡、1 条 console 配置线缆。

〖任务拓扑〗

参考任务一拓扑（见图 4-20）。

〖任务实施〗

1. 安装证书服务器

（1）进入“Windows 组件向导：Windows 组件”对话框，选中“证书服务”复选框，如图 4-68 所示。

（2）单击“下一步”按钮，打开“Windows 组件向导：CA 类型”对话框，选择“独立根 CA”单选按钮，如图 4-69 所示。

（3）单击“下一步”按钮，打开“Windows 组件向导：CA 识别信息”对话框，输入 CA 的公用名称，如图 4-70 所示。

（4）单击“下一步”按钮，打开“Windows 组件向导：证书数据库设置”对话框，保持默认值，如图 4-71 所示。

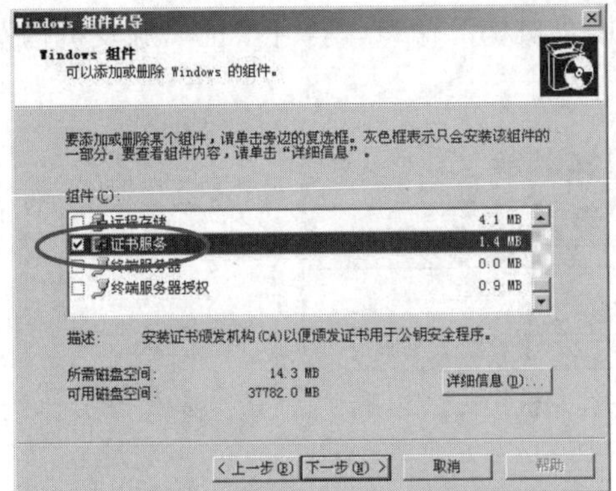

图 4-68　选择 Windows 证书服务组件

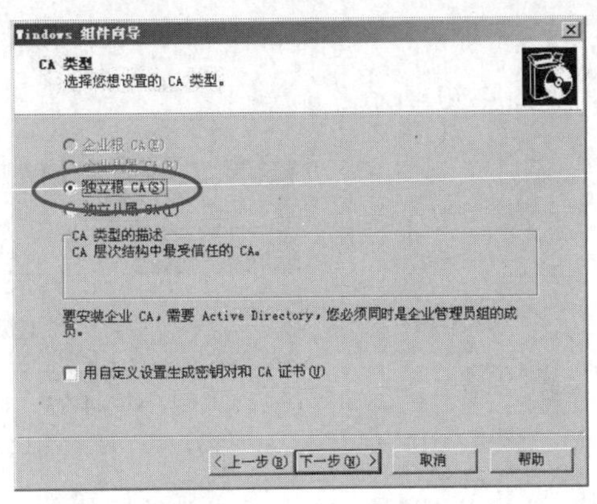

图 4-69　选择 CA 类型

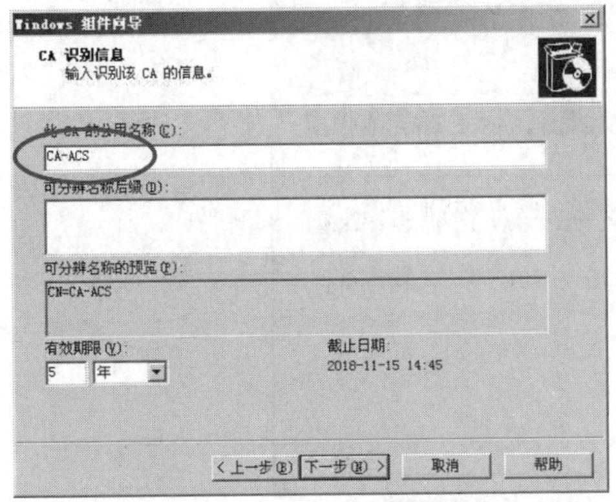

图 4-70　输入 CA 识别信息

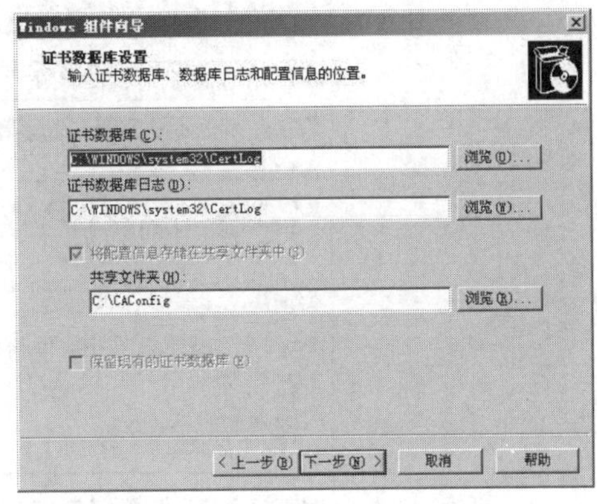

图 4-71　设置 CA 证书数据库

（5）单击“下一步”按钮，开始安装证书服务，直到弹出提示“完成‘Windows 组件向导’”的对话框，如图 4-72 所示，然后单击“完成”按钮，完成证书服务的安装。

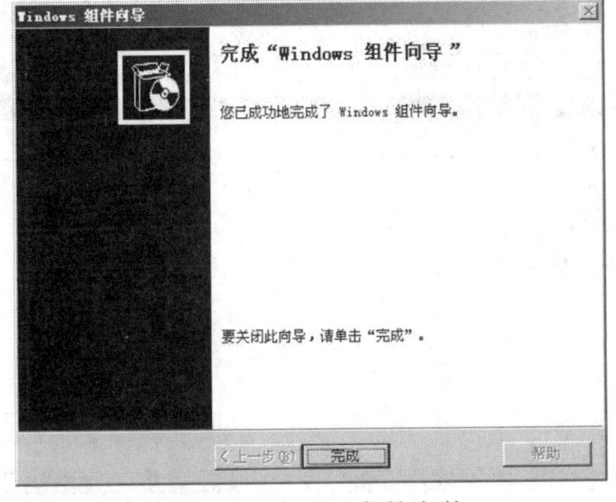

图 4-72　完成证书的安装

（6）执行“开始”→“管理工具”→“证书颁发机构”命令，打开“证书颁发机构”窗口，如图 4-73 所示。

图 4-73　显示证书颁发机构

2. 申请 ACS 服务器证书

（1）输入网址 http://127.0.0.1/certsrv，打开“欢迎”页面，如图 4-74 所示。

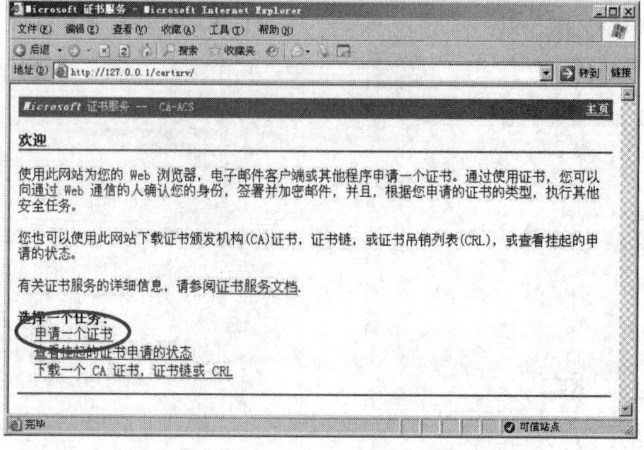

图 4-74　进入证书申请页面

（2）单击“申请一个证书”链接，打开如图 4-75 所示页面。

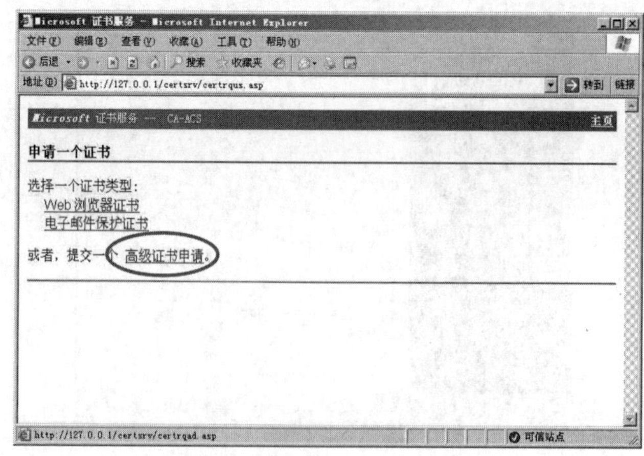

图 4-75　选择申请证书类型

（3）单击“高级证书申请”链接，打开如图 4-76 所示页面。

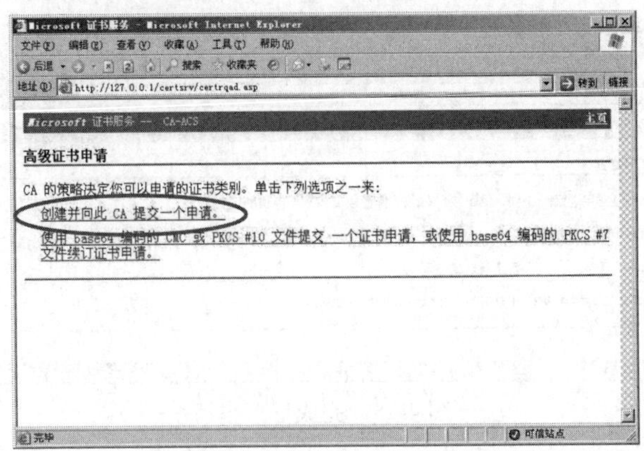

图 4-76　选择高级证书申请类别

（4）单击“创建并向此 CA 提交一个申请”链接，打开“高级证书申请”页面，输入用户信息，如图 4-77 所示。

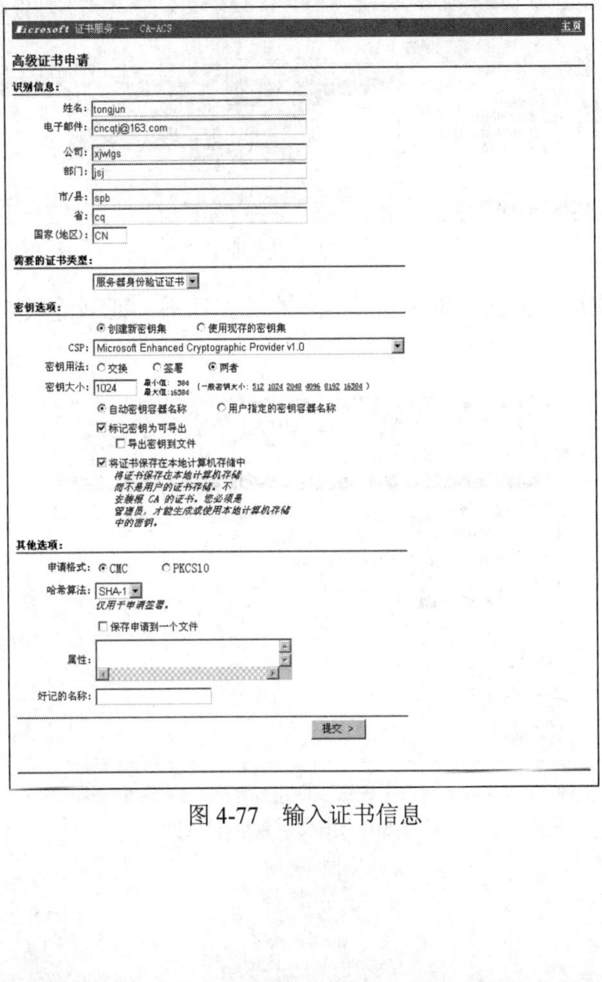

Microsoft 证书服务 — CA-ACS　主页

高级证书申请

识别信息：

姓名：tongjun
电子邮件：cncqtj@163.com
公司：xjwlgs
部门：jsj
市/县：spb
省：cq
国家(地区)：CN

需要的证书类型：

服务器身份验证证书

密钥选项：

创建新密钥集　使用现存的密钥集
CSP：Microsoft Enhanced Cryptographic Provider v1.0
密钥用法：交换　签署　两者
密钥大小：1024　最小值：384 最大值：16384（一般密钥大小：512 1024 2048 4096 8192 16384）
自动密钥容器名称　用户指定的密钥容器名称
标记密钥为可导出
导出密钥到文件
将证书保存在本地计算机存储中
将证书保存在本地计算机存储而不是用户的证书存储。不安装根 CA 的证书。您必须是管理员，才能生成或使用本地计算机存储中的密钥。

其他选项：

申请格式：CMC　PKCS10
哈希算法：SHA-1
仅用于申请签署。
保存申请到一个文件
属性：
好记的名称：
提交 >

图 4-77　输入证书信息

（5）单击“提交”按钮，打开“证书挂起”页面，如图 4-78 所示。

图 4-78 完成证书申请

3. 颁布、下载和安装证书

（1）打开“证书颁发机构”窗口，右击挂起的申请，选择“所有任务”→“颁发”命令，为服务器 ACS 颁发证书，如图 4-79 所示。

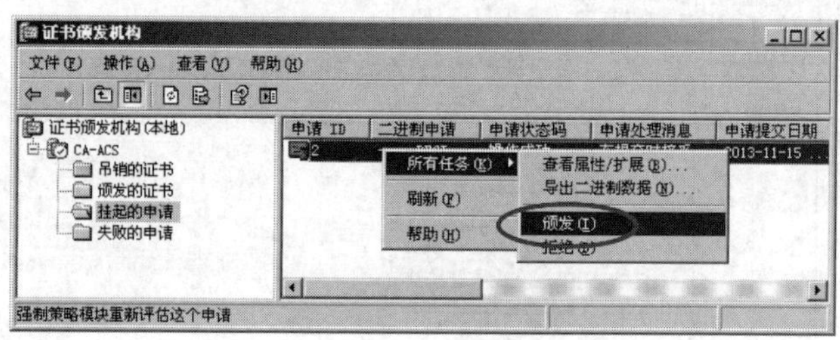

图 4-79 颁发证书

（2）返回到“欢迎”页面，单击“下载一个 CA 证书，证书链或 CRL”链接，打开如图 4-80 所示页面。

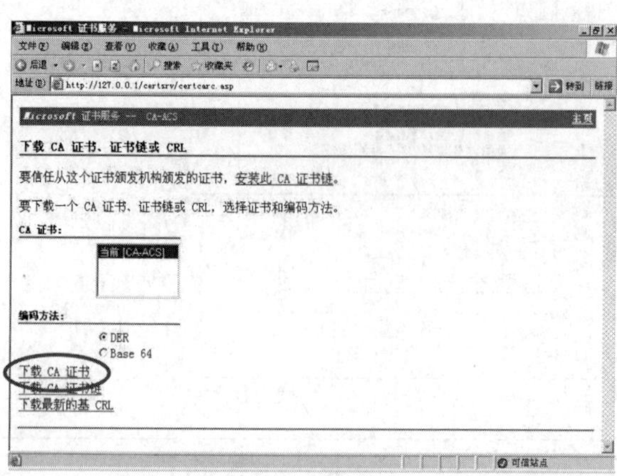

图 4-80 进入下载证书页面

（3）单击“下载 CA 证书”链接，打开“另存为”对话框，输入证书名称，如图 4-81 所示。

（4）先单击“保存”按钮，保存证书文件，然后双击保存的证书文件，打开“证书”窗口，如图 4-82 所示。

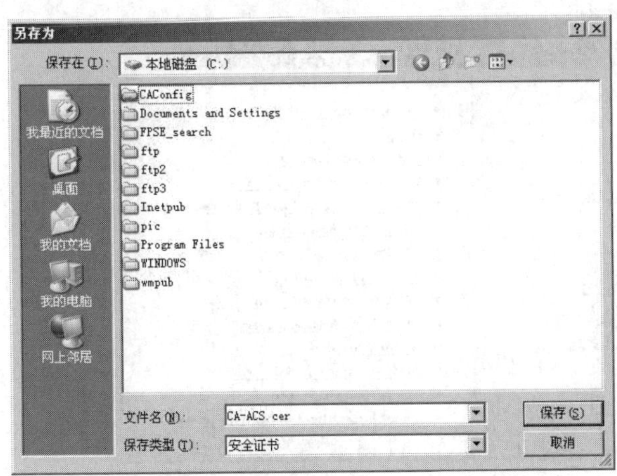

图 4-81　设置证书名称

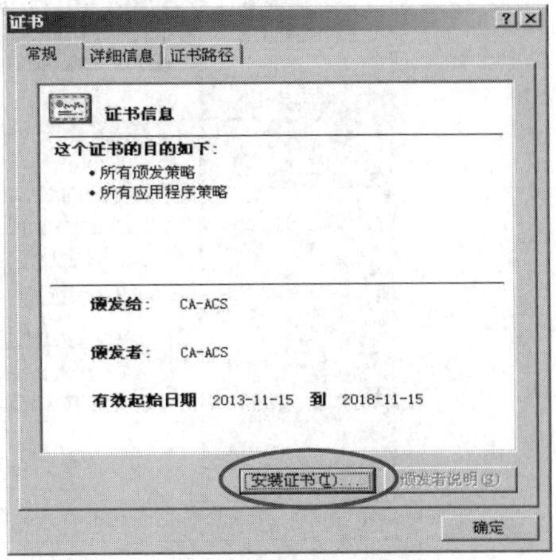

图 4-82　显示安装证书窗口

（5）先单击“安装证书”按钮，再单击“下一步”按钮，打开“证书导入向导：证书存储”对话框，选择“将所有的证书放入下列存储”单选按钮，如图 4-83 所示。

（6）单击“浏览”按钮，打开“选择证书存储”对话框，选择证书存储位置，如图 4-84 所示。

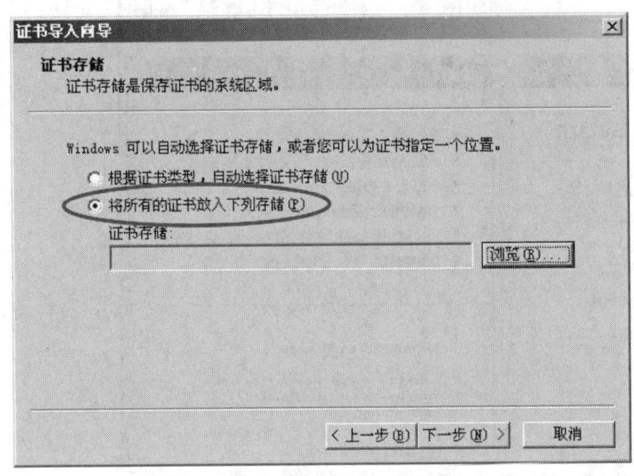

图 4-83　显示证书存储窗口

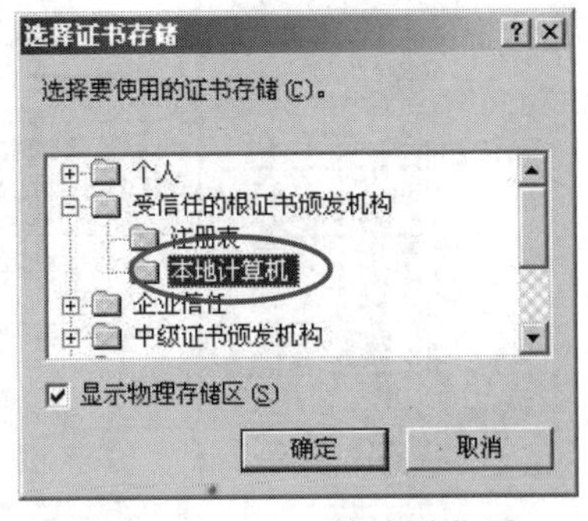

图 4-84　选择证书存储位置

（7）单击“确定”按钮，然后单击“下一步”按钮，直到证书安装完成。

4. 安装 ACS 证书

（1）选择左侧的 System Configuration 按钮，结果如图 4-85 所示。

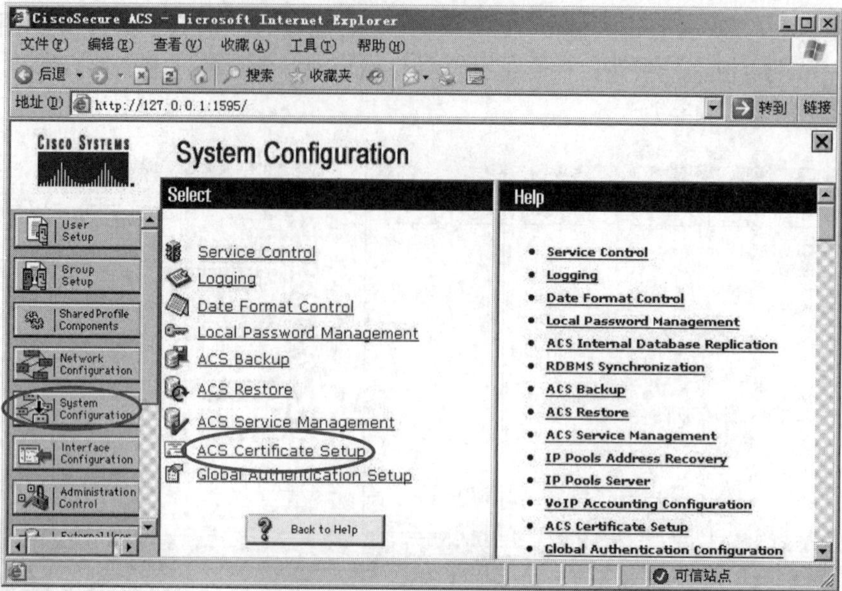

图 4-85　ACS 系统配置界面

（2）单击 ACS Certificate Setup，结果如图 4-86 所示。

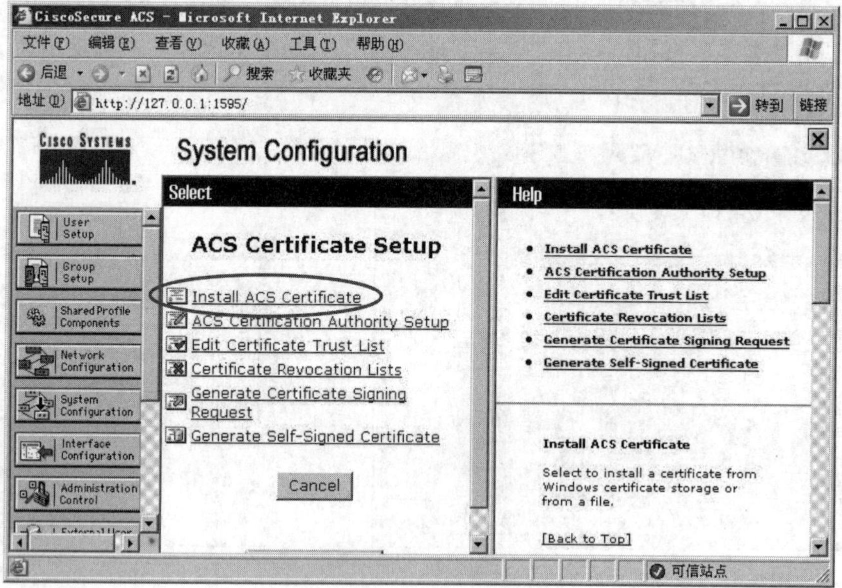

图 4-86　ACS 证书安装界面

（3）单击 Install ACS Certificate，选择 Use certificate from storage，输入证书 CN，结果如图 4-87 所示。

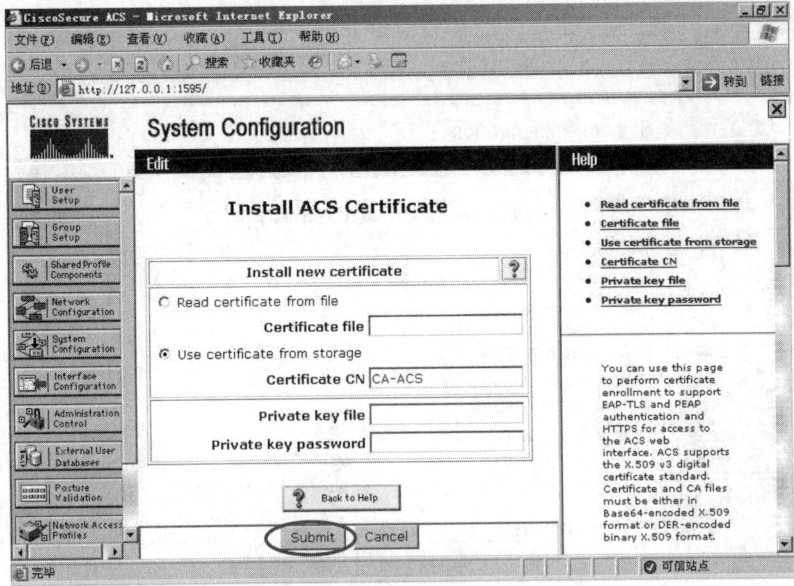

图 4-87 设置 ACS 证书 CN

（4）单击 Submit 按钮，完成证书的安装，安装结果如图 4-88 所示。

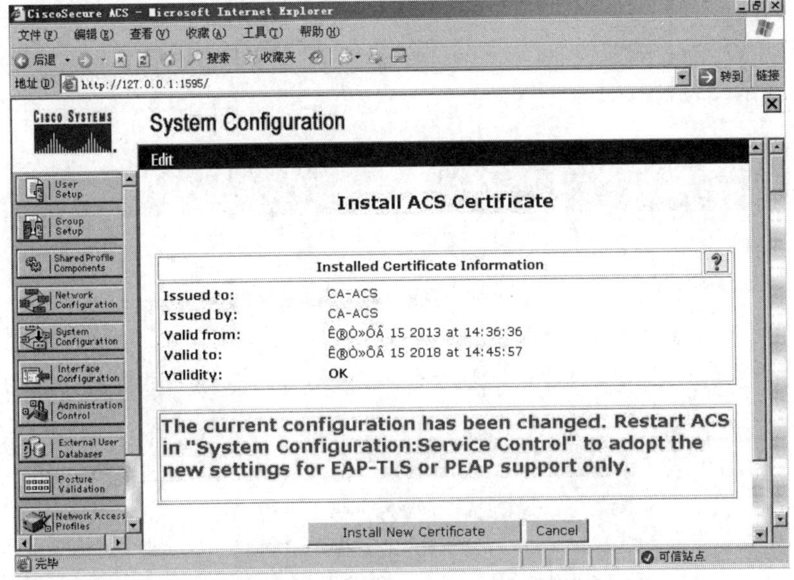

图 4-88 ACS 证书安装完成界面

5. 配置 EAP

（1）单击左侧的 System Configuration 按钮，选择 Global Authentication Setup 命令，结果如图 4-89 所示。

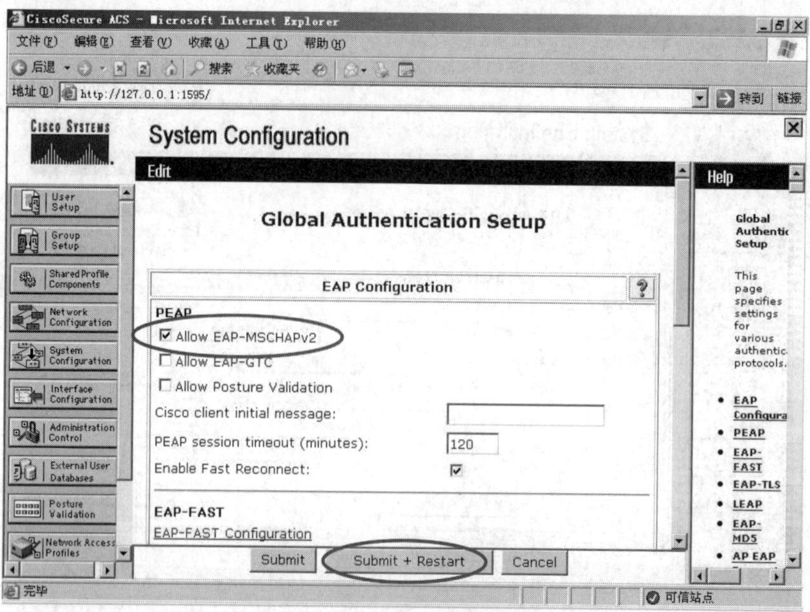

图 4-89　配置全局认证

（2）单击 Submit+Restart 按钮，完成 EAP 的配置。

6. 配置 WLC

（1）创建 WLAN 配置文件 xjwlgs。WLAN 配置文件的 SSID 是 xjwlgs，选择接口 management，如图 4-90 所示。

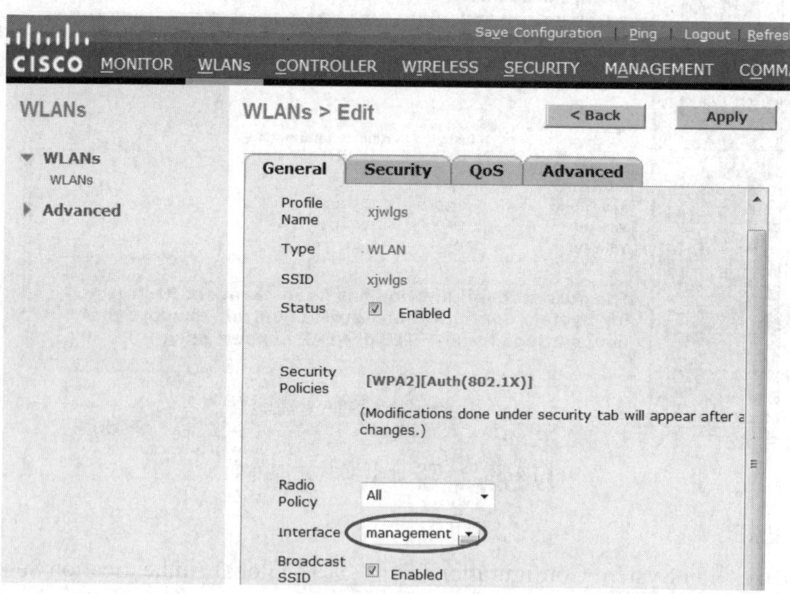

图 4-90　选择 xjwlgs 接口

（2）选择 Security 选项卡后再选择 Layer 2 选项卡，设置二层安全为 802.1X，如图 4-91 所示。

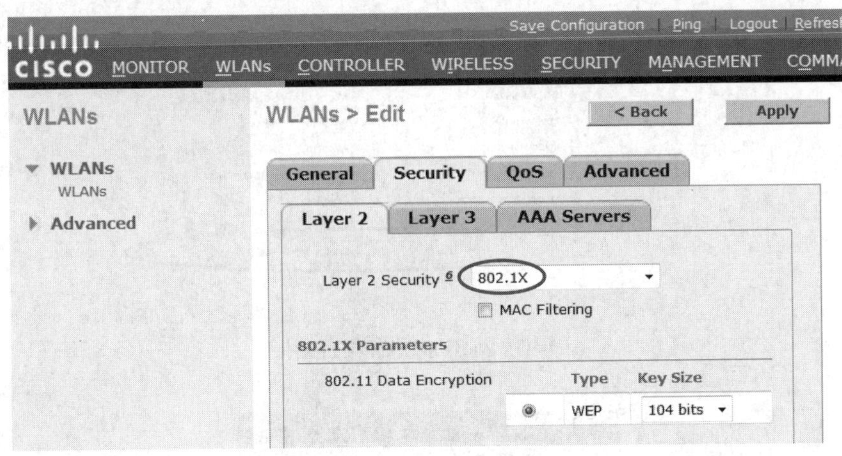

图 4-91　设置 xjwlgs 二层安全

（3）选择 Security 选项卡后再选择 Layer 3 选项卡，选择认证服务器，如图 4-92 所示。

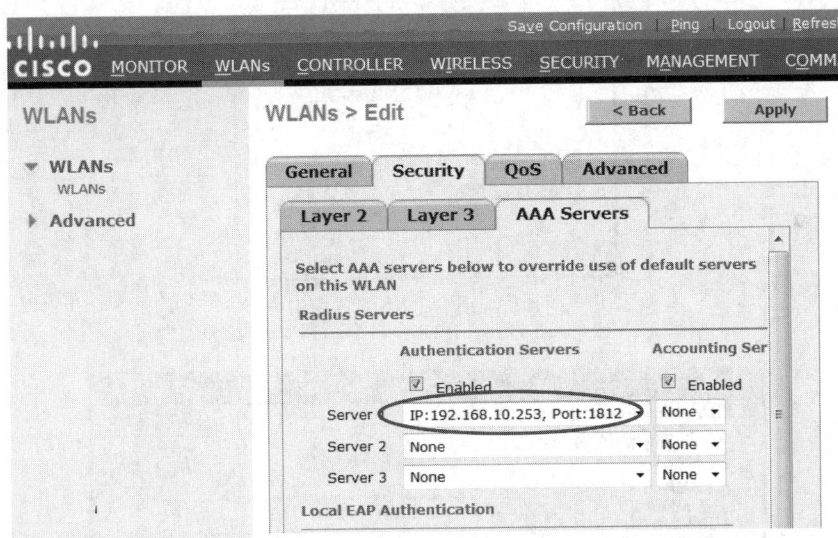

图 4-92　设置 xjwlgs 的 AAA 服务器

（4）单击 Apply 按钮，完成 SSID 的配置，结果如图 4-93 所示。

7. 设置计算机的无线网卡属性

（1）打开“无线网络连接属性”对话框，如图 4-94 所示，如果没有“无线网络配置”选项卡，则需要启动 Wireless Zero Configuration 服务，如图 4-95 所示。

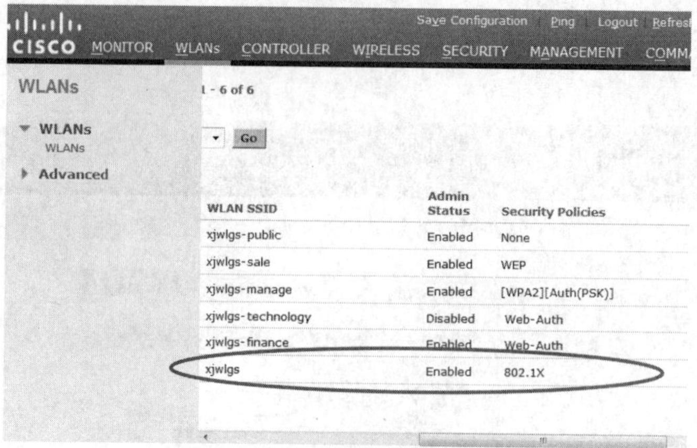

图 4-93　列出 WLAN 配置结果

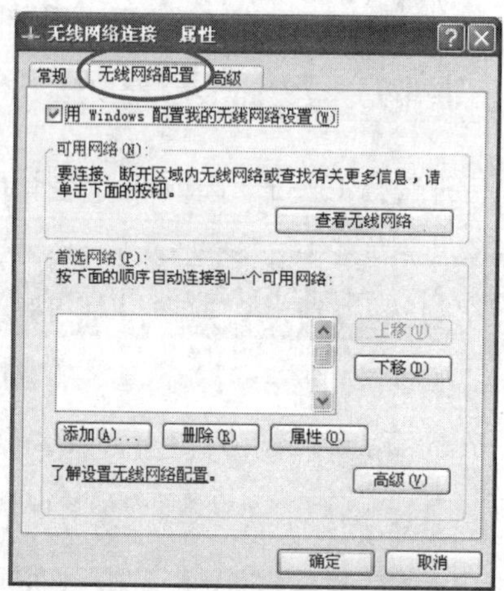

图 4-94　无线网络配置窗口

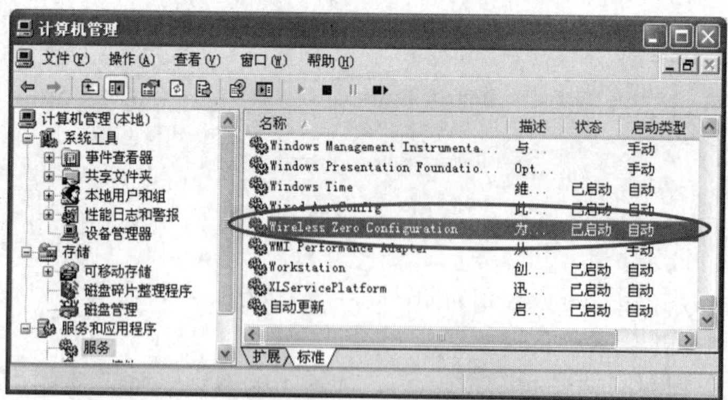

图 4-95　启动 Wireless Zero Configuration 服务

（2）单击“添加”按钮，打开“无线网络属性”对话框，选择“关联”选项卡，输入网络名，选择网络身份验证方式为“开放式”，数据加密方式为 WEP，选中“自动为我提供此密钥”复选框，如图 4-96 所示。

（3）选择“验证”选项卡，选中“启用此网络的 IEEE 802.1x 验证”复选框，选择 EAP 类型为“受保护的 EAP（PEAP）”，如图 4-97 所示。

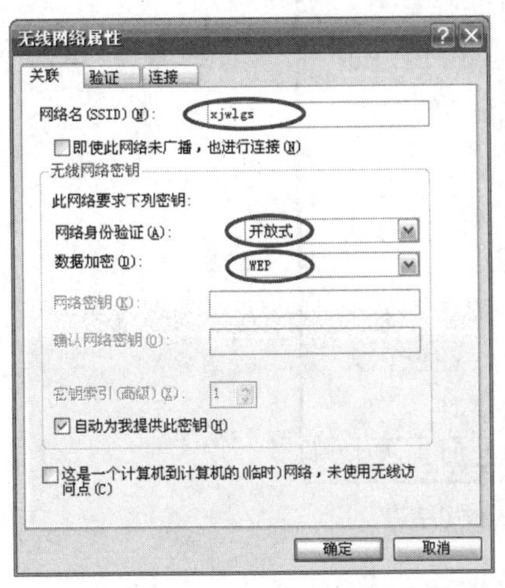

图 4-96　设置无线网络关联信息

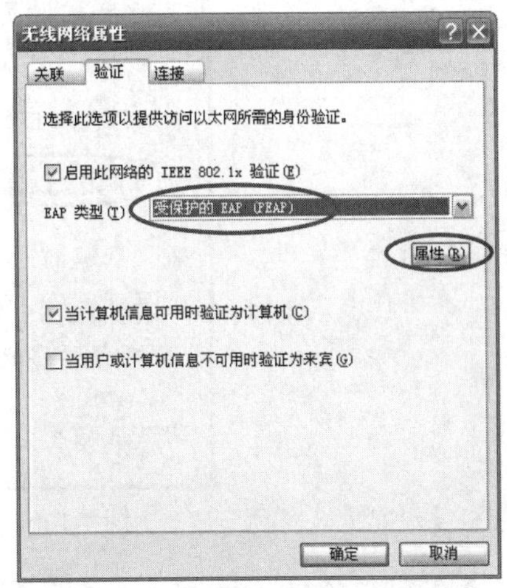

图 4-97　设置无线网络验证信息

（4）单击“属性”按钮，打开“受保护的 EAP 属性”对话框，取消勾选“验证服务器证书”，选择身份验证方法为“安全密码（EAP-MSCHAP v2）”，如图 4-98 所示。

（5）单击“配置”按钮，取消勾选“自动使用 Windows 登录名和密码（以及域，如果有的话）”，如图 4-99 所示。

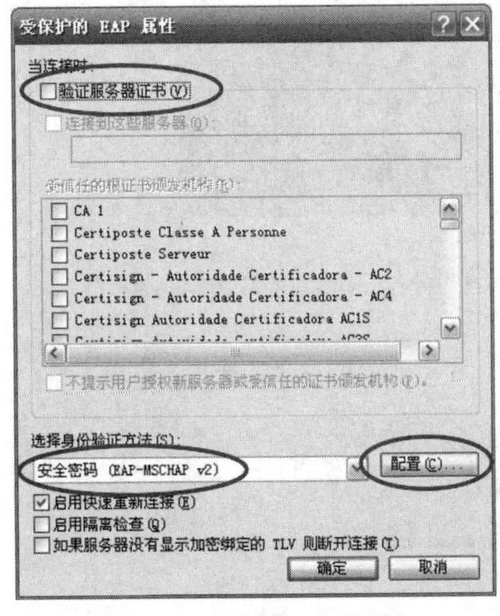

图 4-98　设置 EAP 属性

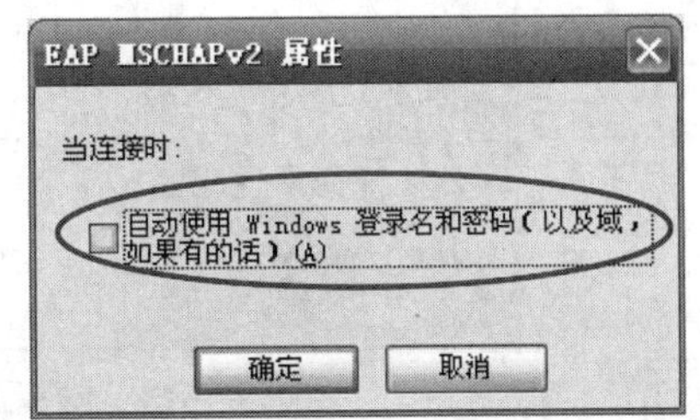

图 4-99　取消自动使用 Windows 登录名和密码

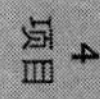

（6）单击“确定”按钮，完成 SSID 的添加，如图 4-100 所示。

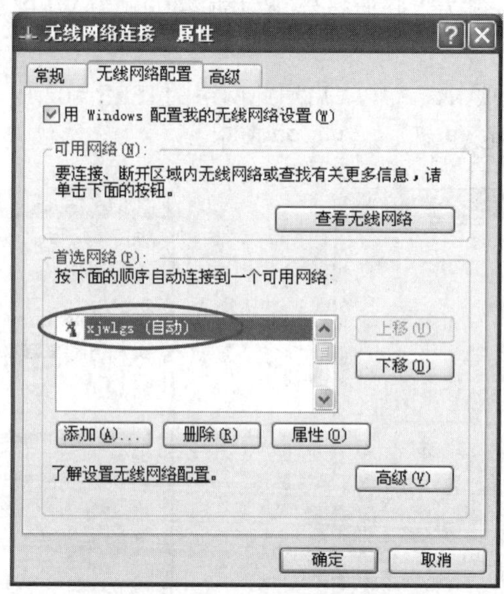

图 4-100　显示无线网络添加结果

8. 测试网络连接

（1）连接刚才创建的无线网络 xjwlgs，网络连接提示“正在验证身份”，如图 4-101 所示。在任务栏上显示如图 4-102 所示的提示信息。

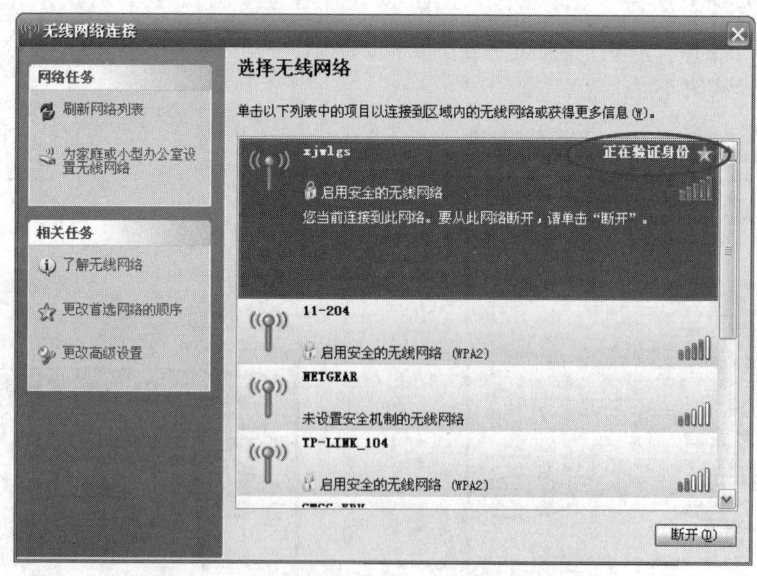

图 4-101　显示无线网络 xjwlgs 的初始连接状态

图 4-102　显示输入凭据提示

（2）单击提示信息，打开“输入凭据”对话框，输入用户名和密码，如图 4-103 所示。

（3）单击“确定”按钮，成功连接网络。打开“网络连接详细信息”对话框，如图 4-104 所示，获得的 IP 地址属于销售部门的 VLAN。

图 4-103　输入销售部门用户凭据

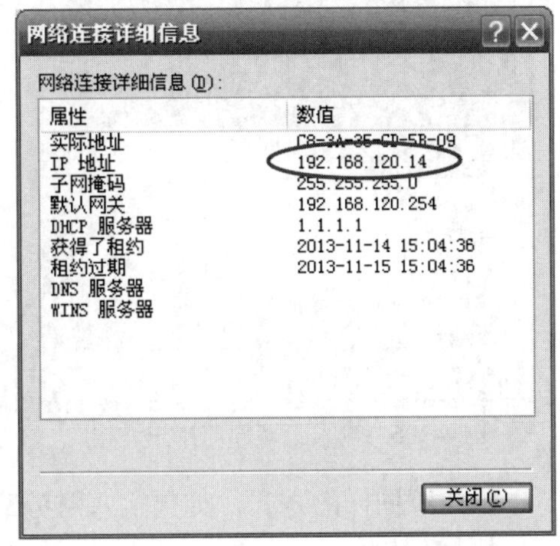

图 4-104　显示连接销售部门网络的详细信息

（4）断开连接，打开注册表，找到注册表项 HKEY_CURRENT_USER\Software\Microsoft\EAPOL\UserEapInfo，如图 4-105 所示。

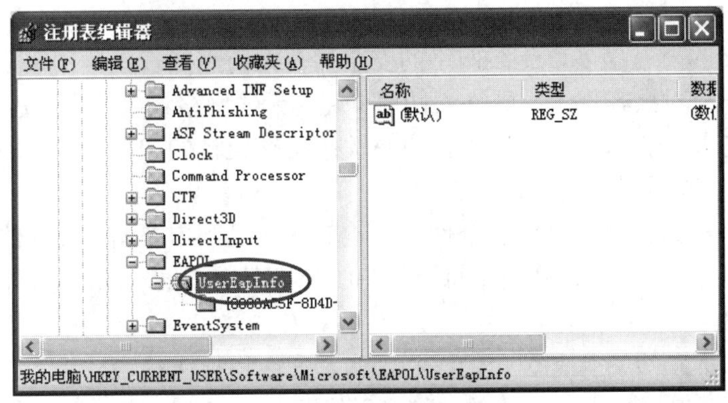

图 4-105　显示注册表项

（5）删除 UserEapInfo 的子项，将输入凭据信息删除，否则下次连接无线网络时不会打开“输入凭据”对话框。

（6）重新进行无线网络连接，打开“输入凭据”对话框，输入用户名和密码，如图 4-106 所示。

（7）单击“确定”按钮，成功连接网络。打开“网络连接详细信息”窗口，如图 4-107 所示，获得的 IP 地址属于管理部门所在 VLAN。

图 4-106　输入管理部门用户凭据

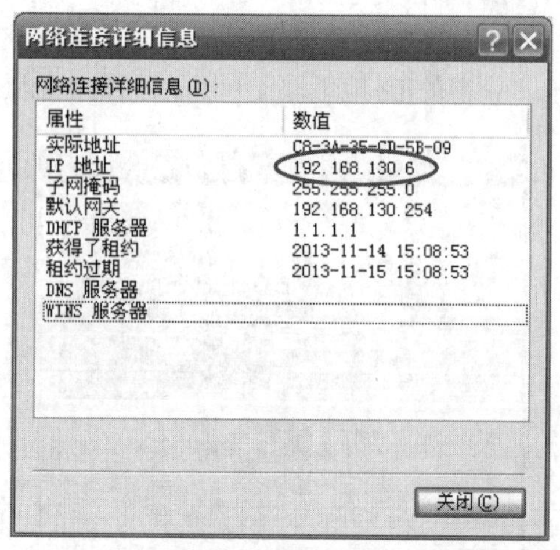

图 4-107　显示连接管理部门网络的详细信息

（8）按照同样的方式，如果输入财务部门的账号，将获得属于财务部门 VLAN 的 IP 地址。以不同部门的账号登录，会登录到不同部门的 VLAN。

任务八　增强无线网络安全

〖任务分析〗

随着网络攻击的日益增多，无线网络的安全显得尤为重要，星际网络公司必须制定相应的网络安全策略来应对黑客攻击。网络工程师小赵对无线网络设备的安全进行了加固。

为了防止用户非法接入到交换机上，小赵关闭了交换机的未用端口，将交换机连接服务器的端口采用了 MAC 地址绑定技术。

为了增强各个部门无线网络的安全性，防止其他人员利用公司无线网络获取重要部门数据或对公司网络实施攻击，小赵禁用了每个部门的无线网络广播功能，避免非公司人员接入公司部门的无线网络。

财务部门工作人员少，又是公司的核心部门，安全性要求极高，为了防止非法用户进入财务部门的服务器，小赵将财务人员的便携式无线网卡 MAC 地址加入到设备库，采用 MAC 过滤技术，只允许持有该无线网卡的用户才能连接到财务网络。

〖实施设备〗

1 台 Cisco3760 交换机、1 台 Cisco2620 路由器、1 台 Cisco WLC、1 台 1131AP、1 台安装 Windows Server 2003 的计算机、2 块 Tenda 无线网卡、1 条 console 配置线缆。

〖任务拓扑〗

参考任务一拓扑（见图 4-20）。

〖任务实施〗

1. 增强交换机安全

（1）关闭多余端口。

```
Int range f0/6 - 7，f0/16 - 24
Shutdown
```

（2）进行端口 MAC 地址绑定。

①查出服务器的 MAC 地址填入表 4-8。

表 4-8　服务器 MAC 地址表

设备	MAC 地址	设备	MAC 地址
公用服务器		技术部门服务器	
销售部门服务器		财务部门服务器	
管理部门服务器		ACS 服务器	

②在服务器连接的交换机接口上进行 MAC 地址绑定，实现每个接口只允许连接待定 MAC 地址的服务器，违例就关闭，本书以交换机的 f0/11 接口为例进行配置。

```
int f0/11
switchport mode access //指定端口模式
switchport port-security mac-address 主机 MAC 地址 //配置 MAC 地址
switchport port-security maximum 1 //限制此端口允许通过的 MAC 地址数为 1
switchport port-security violation shutdown //当发现与上述配置不符时，端口 down 掉
```

2. 增强 WLC 安全

（1）关闭广播。

①进入 xjwlgs-sale 的 WLAN 编辑界面，关闭无线局域网的广播功能，如图 4-108 所示。

②按照同样的方式关闭无线局域网 xjwlgs-manage、xjwlgs-technology、xjwlgs-finance 和 xjwlgs 的广播功能。

③观察计算机上的无线网络，发现星际网络公司的无线网络只显示 xjwlgs-public，用户可通过该无线网络浏览公司的主页和访问外网。

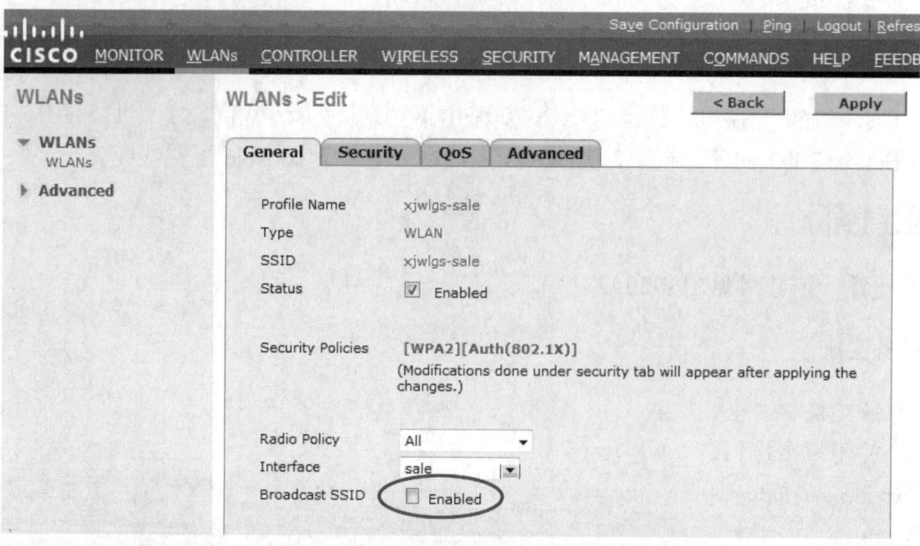

图 4-108　关闭 xjwlgs-sale 广播

（2）配置 MAC 地址过滤。

①选择 Security→AAA→TACACS+→MAC Filtering 命令，单击 New 按钮，输入财务人员无线网卡的 MAC 地址，选择接口名为 finance，如图 4-109 所示。

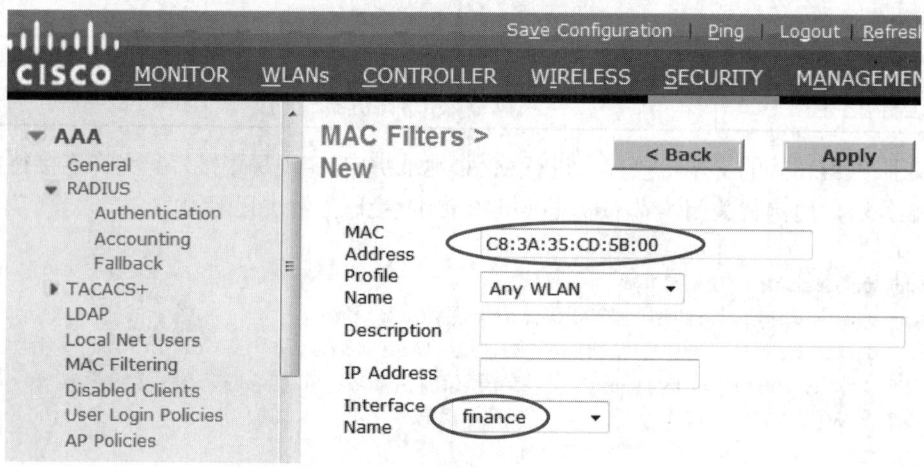

图 4-109　添加财务部门无线网卡 MAC 地址

②单击 Apply 按钮，完成 MAC 地址的添加，添加结果如图 4-110 所示。

③进入无线局域网 xjwlgs-finance 二层安全界面，选中 MAC Filtering 复选框，如图 4-111 所示，然后单击 Apply 按钮使设置生效。

④插入财务人员的无线网卡，连接无线网络 xjwlgs-finance，连接成功；插入其他人员的无线网卡，连接便会失败。

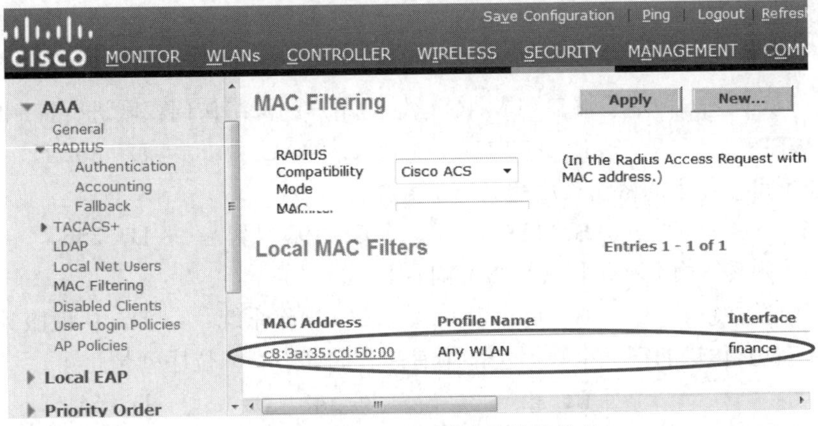

图 4-110　显示 MAC 过滤的地址信息

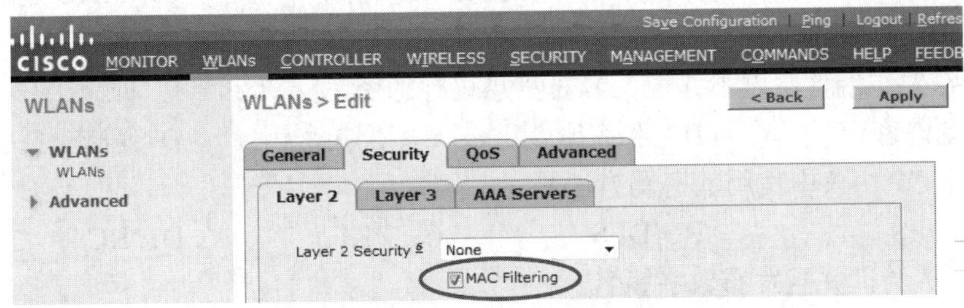

图 4-111　选择 MAC 地址过滤

思考与操作

一、判断题

1．WPA 比 WEP 加密安全性高。 （　　）
2．破解 WEP 密码抓取数据包时间越长越好。 （　　）
3．非法人员使用 Portal 页面进行钓鱼能够获取 WLAN 用户密码。 （　　）
4．AP 使用 PoE 供电会对 AC 设备造成威胁。 （　　）
5．Authentication Flood 攻击属于无线拒绝服务式攻击。 （　　）
6．AES 可以使用 192 位的密钥。 （　　）
7．WAPI 标准基于 3 次握手过程完成 2 密钥协商。 （　　）
8．PKI 在发送端使用动态密钥对消息进行加密。 （　　）
9．IEEE 一般的网络安全标准是 802.11i。 （　　）
10．利用 TKIP 传送的每一个数据包都具有独有的 64 位序列号。 （　　）

二、单项选择题

1.（　　）认证是一种基于端口和 MAC 地址对用户的网络访问权限进行控制的认证方法。

A．WEP　　B．802.11i　　C．MAC　　D．802.1x

2．AES 不可以使用的密钥长度是（　　）位。

A．64　　B．128　　C．192　　D．256

3．802.1x 体系结构中不包括（　　）组件。

A．认证系统　　B．请求者系统　　C．操作系统　　D．认证服务器系统

4．利用 TKIP 传送的每一个数据包都具有独有的（　　）位序列号。

A．16　　B．32　　C．48　　D．64

5．许多接入点都包含一个属性，允许接入点只与某些特定节点关联。该属性称为（　　）。

A．选择性授权　　B．许可的节点接入列表　　C．MAC 过滤

D．选择性接入　　E．以上都可以

6．PKI 在发送端使用以下（　　）对消息进行加密。

A．动态密钥　　B．私有密钥　　C．公共密钥　　D．静态密钥

7．WEP 安全协议中使用的密码方法是（　　）。

A．3DES　　B．DES　　C．PKI　　D．RC4

8．（　　）验证并且发布数字签名。

A．CA　　B．IEEE　　C．PKI　　D．RSA

9．在 802.11i 标准中，以下（　　）标准对 WEP 安全性能进行了增强。

A．802.1x　　B．EAP　　C．TKIP　　D．WPA

10．产生临时密钥的 802.11i 安全协议是（　　）。

A．AES　　B．EAP　　C．TKIP　　D．WPA2

11．使用（　　）过程确定一个人的身份或者证明特定信息的完整性。

A．关联　　B．认证　　C．证书　　D．加密

12．支持多种方法的认证协议是（　　）。

A．AAA　　B．EAP　　C．WEP　　D．WPA

13．使用（　　），接收端可以对 PKI 加密的消息进行解密。

A．动态密钥　　B．私有密钥　　C．公共密钥　　D．静态密钥

14．（　　）安全威胁的主要目的是使网络资源超过负荷，导致网络用户无法使用资源。

A．拒绝服务　　B．入侵　　C．拦截　　D．ARP 欺骗

15．WLAN 系统设备应满足（　　）

A．《中国移动 WLAN 设备通用安全功能和配置规范 V4.1》与《中国移动 WLAN 设备通用安全功能测试规范 V4.1》

B．《中国移动 WLAN 设备通用安全功能和配置规范 V3.1》与《中国移动 WLAN 设备

通用安全功能测试规范 V3.1》

C.《中国移动 WLAN 设备通用安全功能和配置规范 V2.1》与《中国移动 WLAN 设备通用安全功能测试规范 V2.1》

D.《中国移动 WLAN 设备通用安全功能和配置规范 V1.1》与《中国移动 WLAN 设备通用安全功能测试规范 V1.1》

16. 采取（　　）措施，远程登录管理 AC 设备较为安全。

A. 采用 Telnet 登录 AC 设备　　B. 采用 SSH 加密方式登录 AC 设备

C. 采用 HTTP 的方式登录 AC 设备　　D. 采用 QQ 远程协助登录 AC 设备

17.（　　）攻击可以造成 AC 管理的用户数大量增加。

A. Authentication Flood　　B. Deauth DOS

C. ARP 欺骗　　D. BEACON Flood

18. WLAN 维护中，定时周期性重启 AP 的目的是（　　）。

A. 防止用户长时间在线　　B. 预防 AP 间干扰

C. 预防 AP 吊死　　D. 预防 AP 老化

19.（　　）认证是一种基于端口和 MAC 地址对用户的网络访问权限进行控制的认证方法。

A. WEP　　B. 802.11i　　C. MAC　　D. 802.1x

三、多项选择题

1. WLAN 的安全威胁有（　　）。

A. 未经授权的接入　　B. 无线窃听

C. MAC 地址欺骗　　D. 企业级入侵

2. WLAN 系统的安全系统应满足的要求有（　　）。

A. 机密性　　B. 合法性　　C. 数据完整性　　D. 不可否认性

E. 访问控制　　F. 可用性　　G. 健壮性

3. 可以加强企业中无线网络安全的方法有（　　）。

A. 更改默认设置　　B. 增加身份验证

C. IP 地址过滤　　D. MAC 地址过滤

4. IEEE 802.11i 在数据加密方面定义的加密机制是（　　）。

A. WRAP　　B. TKIP　　C. WEP　　D. CCMP

5. 802.1x 体系结构中包括（　　）组件。

A. 认证系统　　B. 请求者系统

C. 操作系统　　D. 认证服务器系统

6. 下列会造成网络不可用的行为有（　　）。

A. WLAN Portal 易遭受网页篡改　　B. AC 采用公网 WEB 管理方式

C. AC 针对 AP 的 VLAN 划分不严格　　D. 禁用网络

7．在下列安全配置中是 WLAN 网络安全配置项的有（　　）。

A．WLAN 设备应支持增加、删除、锁定、修改账号功能

B．根据用户的业务需要，配置其所需的最小权限

C．采用 HTTP 方式远程管理 WLAN 设备

D．以上选项都不正确

8．无线网络中常用的加密模式是（　　）。

A．TKIP　　B．WEP　　C．DES　　D．CCMP

9．安全认证方式有（　　）。

A．WEP　　B．WPA　　C．802.1x　　D．802.11i

10．IEEE 802.11i 在数据加密方面，定义的加密机制有（　　）。

A．WRAP　　B．TKIP　　C．WEP　　D．CCMP

11．（　　）是指攻击者在短时间内发送大量的同种类型的报文，导致 WLAN 设备被攻击者发送的泛洪报文淹没而无法处理真正合法用户的请求；（　　）是指攻击者以其他设备的名义发送仿冒报文；（　　）是指在 WLAN 使用 WEP 加密的过程中，攻击者通过截获带有弱初始化向量的报文，破解出共享密钥并最终窃取加密信息的一种攻击行为。

A．欺骗攻击　　B．弱初始化向量攻击

C．网络钓鱼　　D．泛洪攻击

12．WAPI 标准基于（　　）次握手过程完成（　　）密钥协商，（　　）握手过程完成（　　）密钥协商。

A．2　　B．3　　C．组播　　D．单播

四、填空题

1．所有 IEEE 网络的网络安全标准是__________。

2．传统的 WLAN 安全协议（802.11b 中所规定的）是__________。

3．使用__________用户和联网设备提供对网络的接入。

4．2004 年 6 月，IEEE 批准了__________WLAN 安全标准。

5．为了增强 WEP 的安全性能，在其中添加的临时协议是__________。

6．由__________发布数字签名。

7．在 PKI 中，使用接收机的__________对消息进行加密。

8．由于无线局域网__________开放的特点，使得攻击者能够很容易地进行窃听，恶意修改并转发。

9．一个完善的 WLAN 系统，认证和__________是需要考虑的两个必不可少的安全因素。

10．在 PKI 中，接收站点使用它的__________对消息进行解密。

11．802.1x 标准规定__________使用 EAP 进行认证。

12．由于最初制定的 IEEE 802.11-1999 协议的__________机制存在诸多缺陷，IEEE 802.11

在 2002 年成立了__________工作组，提出了 AES-CCM 等新的安全机制。

13．与其他 WLAN 安全体制相比，WAPI 认证的优越性集中体现在支持__________和使用__________。

14. WAPI 标准的认证基于 WAPI 独有的 WAI 协议，使用__________作为身份凭证；WAPI 标准的数据加密采用__________算法。

15．标准的 64 比特 WEP 使用__________比特的密钥接上__________比特的初向量成为 RC4 用的密钥。

16．WEP 共享密钥输入方式有__________和__________两种。

17．802.1x 协议是一种基于__________的网络接入控制协议。

18．无线网络缺省使用的认证机制是__________。

19．WEP 中使用的加密算法是__________。

20．如果无线 AP 或无线路由器设置了 WEP 密钥，并选择了__________认证，则无线局域网内的主机必须提供与此相同的密钥才能通过认证。否则无法关联此无线网络，也无法进行数据传输。

21. WEP 密钥长度可以是 64 位、128 位和 152 位。如选择 64 位密钥，则需输入__________个十六进制字符，或者__________个 ASCII 码字符。

5

无线局域网工程规划及维护

对网络使用者和终端用户来说，设计最终产品或网络的费用有时可能超过了它的使用价值。因此，对无线网络设计者和实现者来说，为了避免高代价错误的发生，能够预先放弃不适当的步骤，密切地关注与无线局域网设计相关的细节是至关重要的。而无线局域网规划是一项复杂的工作，许多网络工程师和设计者都想寻求一个设计捷径，但是很难。因为大家都很清楚，周详的网络规划价值是无法估量的，而一个好的设计方案，必定有一定的步骤。如图 5-1 所示的是无线局域网规划流程。

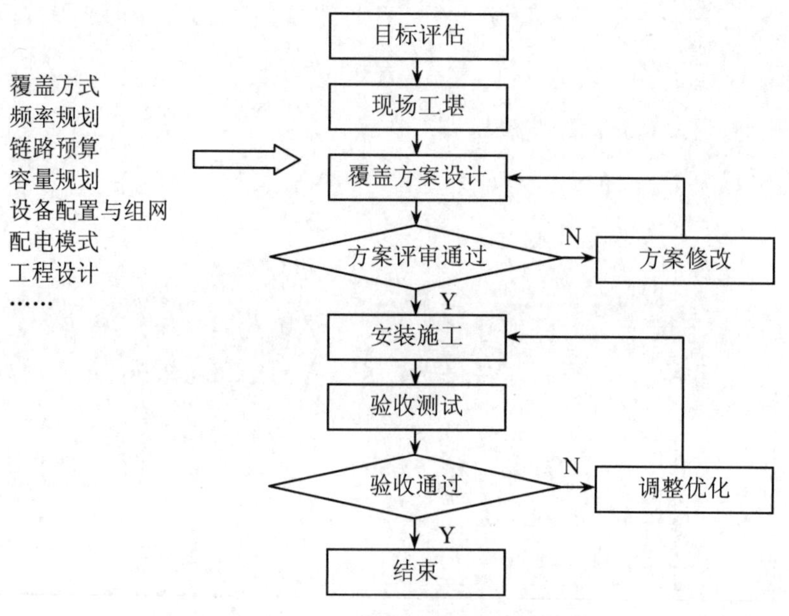

图 5-1　无线局域网规划流程

在设计之前，首先要通过调研了解客户需求，明确网络应用背景，分析用户对象群及数量、业务特征等。然后要确定覆盖目标，并对 WLAN 覆盖现场进行勘查，获得现场环境参数等情况。

在设计阶段，首先确定 WLAN 网络的覆盖方式，即采用室内还是室外覆盖方式等；然后根据现场环境参数进行链路预算，在此基础上初步确定 AP 点位及数量。其后确定的 AP 点位及数量进行合理频率规划，规避频率干扰，力求将干扰降到最小；最后根据用户需求进行速率、容量规划。

在 WLAN 网络建成之后，要进行实际的测试，做相应的优化调整，使网络性能达到最优。无线局域网如有线网络一样，在实际运行中需要管理和维护人员进行管理维护，以保证网络的正常可靠使用。

项目描述

瑞达电子科技公司位于重庆北部高新区科技大厦内，是一家从事电子产品研发、生产、销售一体化的中型企业，现有公司员工 454 人，按工作性质划分成 3 大部门：行政部（85 人）、研发部（256 人）、销售部（113 人），下设办公室若干，分别位于科技大厦的第 7、8、9 楼，每一层楼形状及面积完全一致，如图 5-2 所示。

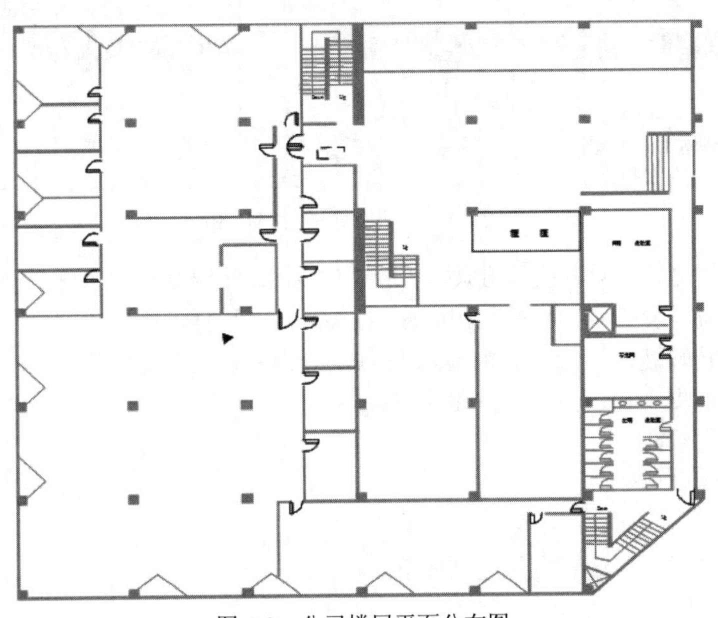

图 5-2　公司楼层平面分布图

公司经过多年的发展，已经实现有线网络的覆盖，如图 5-3 所示，每位员工都使用笔记本电脑办公。越来越多的员工需要在办公空间内经常移动，以便处理越来越多的办公事务和各种客户服务业务。对于这些移动办公的员工来说，如果能够随时随地通过企业的网络系统访问业务系统和数据，就将极大地提高他们的工作效率和工作质量，为此公司决定建设一个覆盖 7、8、9 楼的无线局域网，实现灵活的办公无线接入。

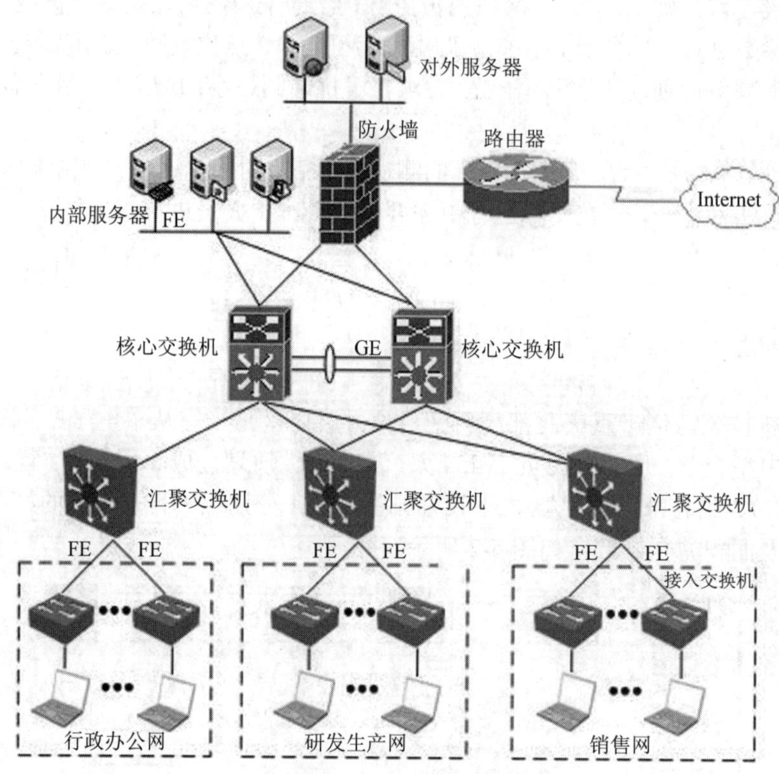

图 5-3　公司有线网络拓扑图

本次工程采用无线网就近接入的原则，通过有线网络的交换机提供无线 AP 的接入。要求无线信号能够覆盖本公司各个无线应用区域，在覆盖区域内保证用户传输速率不低于 100Kb/s，部分用户的数据传输速率不低于 54Mb/s，无线局域网系统支持无缝漫游，实现用户的分组管理和隔离，提供高安全性，便于维护和管理。

学习目标

通过本项目的学习，读者应能达到如下目标：

知识目标

- 了解无线局域网规划流程
- 掌握无线局域网现场工勘方法

- 掌握无线局域网覆盖设计方法
- 掌握无线局域网方案撰写方法
- 掌握无线局域网验收过程
- 掌握无线局域网排错的方法及步骤

技能目标

- 会进行无线局域网性能测试、流量测试、覆盖测试
- 会使用无线网络管理软件管理无线网络
- 会解决无线局域网常见故障问题

素质目标

- 形成良好的合作观念，会进行业务洽谈
- 形成严格按操作规范进行操作的习惯
- 形成严谨细致的工作态度和追求完美的工作精神
- 学会自我展示的能力和查阅资料的能力

专业知识

5.1 WLAN 设计目标

随着实现移动办公的呼声越来越高，人们希望通过自带笔记本可方便地接入 Internet 共享网络资源，同时 WLAN 还拥有传统有线网络所不能比拟的扩容性和移动性。WLAN 的建设目标如下。

（1）随时随地的网络接入。

随着信息化的高速发展，无线产品的成本不断降低和性能不断提高，企业内无线上网用户将会越来越多，对网络的需求也会越来越广。企业建成 WLAN 后，可以实现随时随地的网络接入，享受 WLAN 带来的便捷服务。

（2）提高办公自动化效率。

现在企业职工拥有笔记本的数量越来越多，且是一个趋势。而无线办公可以真正发挥出笔记本便利的优势，人们可以在企业内的任何地方进行无线办公，甚至在办公桌有网线的情况下，也不用插拔网线，打开电脑通过认证，即可接入网络，从而将办公的效率与便利性大大提高。

（3）提高网络安全性。

企业用户通过自建的 WLAN 网络，可以对无线的入侵和威胁做出有效的反映和防护及对用户上网行为进行审计，提高了网络的安全性与可控性。

（4）有线网与无线网高度融合。

企业 WLAN 建设将考虑到与现有的有线网络、认证系统、业务系统的融合。使得 WLAN 有效地融合进有线网络，从而充分利用有线网内现有的各种资源。

（5）易管理的无线网络。

可以充分发挥集中管理功能，对全网无线 AP 的行为和用户信息统一监控和管理，只需在无线控制器上就可开通、管理、维护所有处于接入层的无线接入点设备，包括无线电波频谱、无线安全、接入认证、移动漫游以及接入用户的访问策略。

（6）无线增值应用开展平台。

WLAN 的广泛应用已为企业的业务应用搭建一个更方便的平台，可以在此基础上开展 Wi-Fi 语音系统、RFID 定位系统等一系列的增值应用服务。

5.2 WLAN 现场工勘

在签定 WLAN 实施合同前，施工单位工程师和企业用户都不能明确地知道 WLAN 设备采购数量，只有在对覆盖地点进行勘测和指标计算后，才能准确确定设备型号及数量，为设备供应商报价和产品采购提供依据；为技术人员设计合理的网络结构及技术方案提供依据；准确确定设备具体安装位置，为工程实施提供依据。

5.2.1 WLAN 工勘的准备工作

在 WLAN 的设计中，进行无线环境的勘查是非常重要的一个环节，其中有两个重要的因素：现有网络状况、用户数量。

1. 了解现有网络

了解现有网络的目的是绘制出一张精确的关于当前网络环境的拓扑结构图。这类信息对以后确定新设计与现有网络的整合方式非常有用。需要对以下问题作出准确的评估，以消除或校正 WLAN 设计中的潜在风险。①为何考虑部署无线解决方案？②是否能够清晰地定义您的无线网络的要求？③是否能够制定既能节约网络成本，又能提高工作效率及用户满意度的部署方案？④有多少用户需要移动性、他们需要利用移动性来做什么？⑤哪些用户应用需要在无线局域网上运行？⑥列出用户所需要的应用将帮助您决定最低的带宽需求并确定无线局域网的候选方案等。

2. 了解用户数量及应用类型

对于在所给区域中定位多少用户的目的，主要是为计算每一用户将拥有多少吞吐量。这个信息也用于决定使用哪种技术。一个典型 6M 带宽的 802.11b 无线频道可以支持 30～50 个或更多的用户。对于某些特别重要的应用或用户，可以考虑配置带流量优先级管理功能的 AP，也可以选配第三方厂商具有同类功能的独立产品，但成本要高一些。

除了要确定用户的数量外，实际上分析用户应用也很重要，用户主要是上网浏览，发 E-mail

等文件传输还是传送流媒体等，这样才能较正确地计算吞吐量及数据速率。

估算用户数并确定用户是固定的还是移动的，是否包括漫游。作为移动用户跨IP域移动，还需考虑用动态IP。

3. 现场工勘的准备工作

WLAN 工勘分为室内工勘和室外工勘，这里只涉及室内工勘。进行室内工勘所采取的方式有三种：

（1）客户告知。优点是能够获得用户需求及细致信息，缺点是很难说清全部信息。

（2）基建图纸。优点是内容详尽，缺点是获取信息复杂。

（3）亲身勘测。优点是能够获得第一手信息，重点明确，缺点是获取信息时间长。

这三种方式并不是孤立的，需要有机结合使用。

进行室内工勘需要做如下准备：

（1）至少需要两名人员。

（2）一台无线控制器（带PoE供电），一个或两个AP，一条20～30米长的网线。

（3）一台内置天线灵敏度高的无线网卡、重量较轻笔记本电脑，主要检测不知名 AP，测试AP信号范围。

（4）一台不低于 800 万像素的数码相机，用于清楚地记录建筑物的物理结构。如图 5-4 所示就是一个用数码相机记录的办公场所。

图5-4 办公网络场景

这是一个典型的办公环境，面积36m×36m，基本上属于半开放空间。办公区域部分由玻璃墙阻隔。另有会议室、演示厅、休息室、隔离办公室等覆盖目标地区。由休息室至办公区入口处有两堵水泥墙，其他区域用木板墙做隔离。

（5）获取场地的平面图，可要求业主提供平面图，也可以自己采用 CAD 等软件进行绘制。和图 5-4 对应的平面图如图 5-2 所示，并将 AP 的预设位置标注在平面图上，以便现场工勘的时候使用。

（6）准备 WLAN 性能测试工具。

①可以使用无线网卡自带管理软件的信号质量测试功能测试信号效果，如图 5-5 所示。

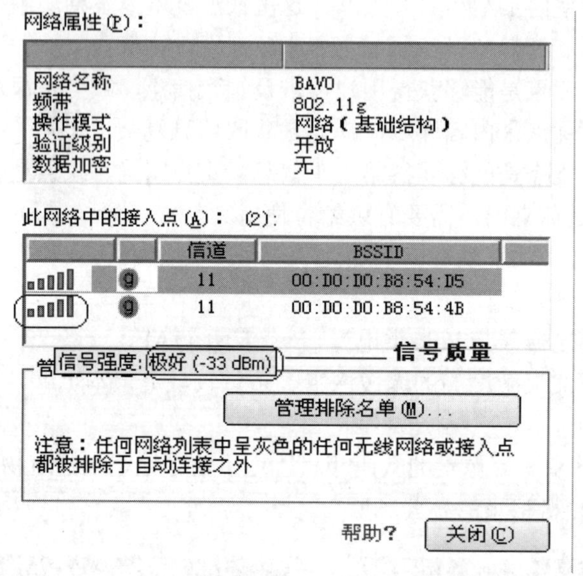

图 5-5 使用网卡软件测试信号效果

②使用专业的 WLAN 信号测试软件，如 Network Stumbler 软件，搜索杂牌 AP 或作覆盖效果测试，如图 5-6 所示。

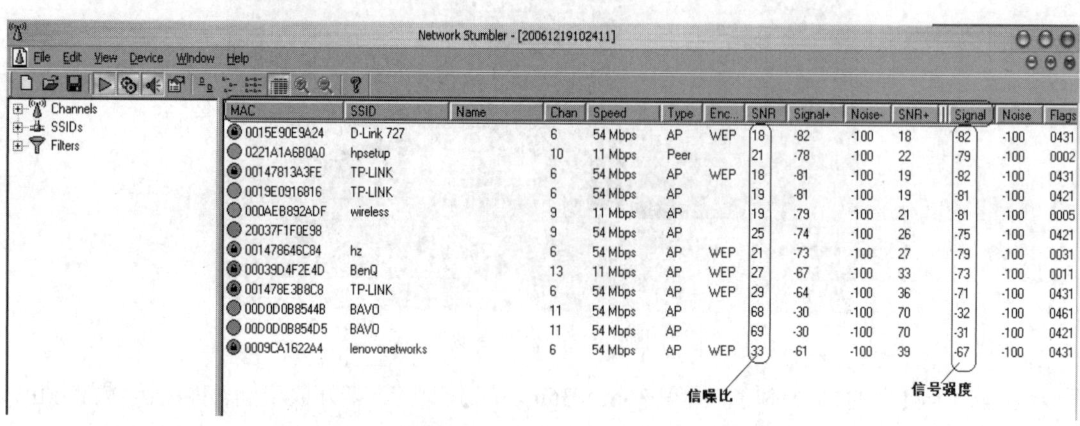

MAC	SSID	Name	Chan	Speed	Type	Enc...	SNR	Signal+	Noise-	SNR+	Signal	Noise	Flags
0015E90E9A24	D-Link 727		6	54 Mbps	AP	WEP	18	-82	-100	18	-82	-100	0431
0221A1A6B0A0	hpsetup		10	11 Mbps	Peer		21	-78	-100	22	-79	-100	0002
00147813A3FE	TP-LINK		6	54 Mbps	AP	WEP	18	-81	-100	19	-82	-100	0431
0019E0916816	TP-LINK		6	54 Mbps	AP		19	-81	-100	19	-81	-100	0421
000AEB892ADF	wireless		9	11 Mbps	AP		19	-79	-100	21	-81	-100	0005
20037F1F0E98			9	54 Mbps	AP		25	-74	-100	26	-75	-100	0421
001478646C84	hz		6	54 Mbps	AP	WEP	21	-73	-100	27	-79	-100	0031
00039D4F2E4D	BenQ		13	11 Mbps	AP	WEP	27	-67	-100	33	-73	-100	0011
001478E3B8C8	TP-LINK		6	54 Mbps	AP	WEP	29	-64	-100	36	-71	-100	0431
00D0D0B8544B	BAVO		11	54 Mbps	AP		68	-30	-100	70	-32	-100	0461
00D0D0B854D5	BAVO		11	54 Mbps	AP		69	-30	-100	70	-31	-100	0421
0009CA1622A4	lenovonetworks		6	54 Mbps	AP	WEP	33	-61	-100	39	-67	-100	0431

图 5-6 使用 Network Stumbler 信号测试效果

③WLAN 流量测试软件，如 NetIQ Chariot，一个测试实例如图 5-7 所示。

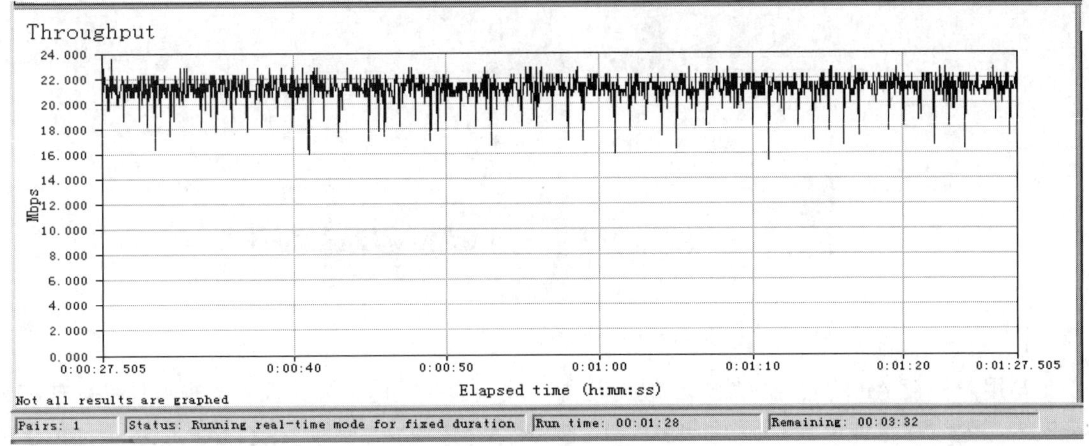

图 5-7　使用 NetIQ Chariot 测试网络吞吐量效果

5.2.2　WLAN 工勘需要记录的信息

考虑到周围环境中各种物体对无线电波传输、接收数据的能力及传输速率都会产生影响，因此，工勘时需要记录每一层是什么结构、有多少个房间、门是什么材料、有没有窗户、可以怎么走线、配线间在哪里、到 AP 部署点是否超过 100 米、每个房间的职能等。表 5-1 所示为建筑物材质对无线电波的衰减程度。

表 5-1　建筑物材质对无线电波的衰减程度

物体	损耗
石膏板墙	3dB
金属框玻璃墙	6dB
煤渣砖墙	4dB
办公室窗户	3dB
金属门	6dB
砖墙	12.4dB

5.2.3　WLAN 工勘的具体过程

两名（至少）工勘人员到达现场后，将控制器放置在易于取电的位置，然后，其中一人负责 AP 的摆位及固定，另一人负责用笔记本电脑，读取信号强度值，测量最大的覆盖范围，如图 5-8 所示，AP 摆放的位置，需结合之前在平面图上规划的 AP 预设位置，从而验证实际信号覆盖效果。

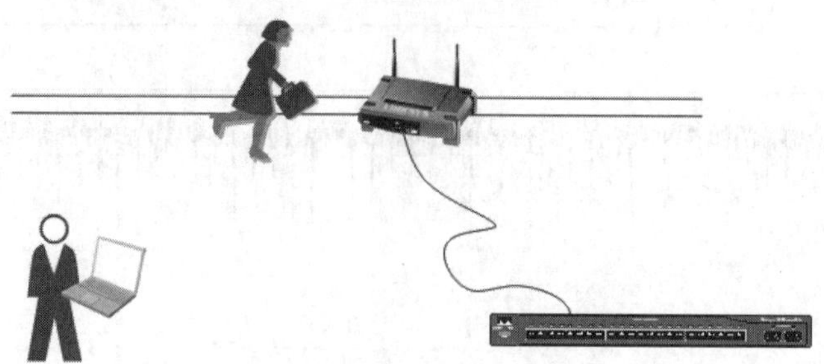

图 5-8　工勘过程示意图

1. AP 的摆位

与用户协商 AP 的安装位置，一般有几种：放在天花板内、天花板外、垂直挂墙。放在天花板内，天线尽量伸出来。如锐捷 MP-71 挂墙或者 MP-422A 吸顶安装。AP 应尽量摆放于将来安装的位置，当 AP 实在不能摆放在天花板内或高处时，可用手举高或摆放在同一垂直位置的其他高度。如果使用 AP 内置天线，则天线的角度需与地面垂直，通过固定件安装在天花板上，如图 5-9 所示。

图 5-9　AP 安装在天花板上

若 AP 外接天线的话，AP 放在天花板内，将吸顶天线安装在天花板，如图 5-10 所示。如图 5-11 所示的是 AP 壁挂式安装。

图 5-10　吸顶天线安装

图 5-11　AP 壁挂式安装

2. 信号查看方法

（1）使用 Network Stumbler 软件，查看具体的 S/R 值，如图 5-12 所示。建议信号以达到 -75dBm±5dBm 以上为标准边界。

（2）单击 Windows XP 系统任务栏的无线小图标，如图 5-13 所示。建议信号以达到 2 格或以上为标准。注意：由于无线终端各有差异，笔记本的无线网卡性能或者网卡驱动会造成此信号格显示不准确，所以此方法只能作为参考。

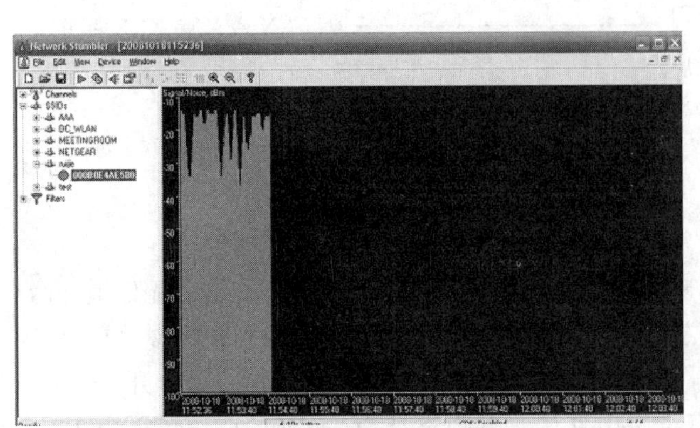

图 5-12　使用 Network Stumbler 软件查看 S/R 值

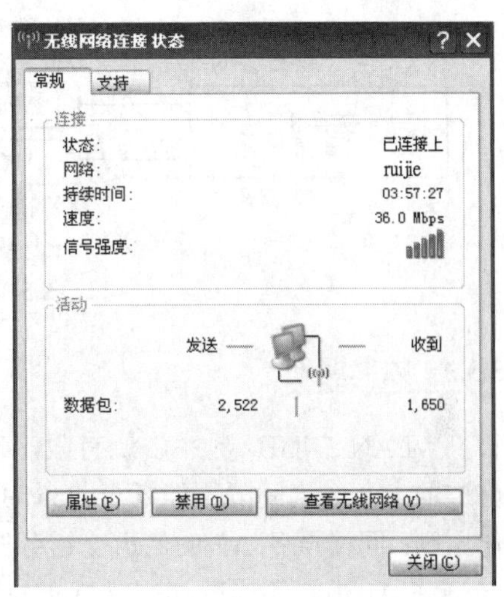

图 5-13　使用网卡自带的软件测试无线信号

5.3 WLAN 覆盖设计

5.3.1 覆盖设计原则

WLAN 覆盖设计应遵循以下原则：

（1）WLAN 系统应做到结构简单，实施容易，不影响目标建筑物原有的结构和装修。

（2）目标覆盖区域内应避免与室外信号之间过多的切换和干扰、避免对室外 AP 布局造成过多的调整。

（3）考虑同一楼层内的接入用户数，不同楼层分别规划，建议单 AP：并发用户数≤25，最大附着用户数≤64。

（4）同一楼层 AP 间的射频干扰不同于楼层间 AP 的射频干扰。

（5）综合考虑设备的布点及数量。

（6）系统拓扑结构应易于拓展与组合，便于后续改造引入业务、增加 AP 等。

（7）室内分布系统 AP 供电宜采用本地供电方式。

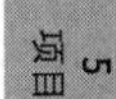

5.3.2 WLAN 拓扑结构选择

基于建筑的图纸、墙体结构基础以及是否共享 DS 情况设计系统的拓扑、路由等，绘制 WLAN 的系统拓扑图，如图 5-14 所示，描述交换机的放置位置，交换机之间的网线距离要进行标注，明确哪一台是汇聚交换机。如果汇聚交换机在几台以内，原则上无需单独部署，选取其中一台作为汇聚出口即可。

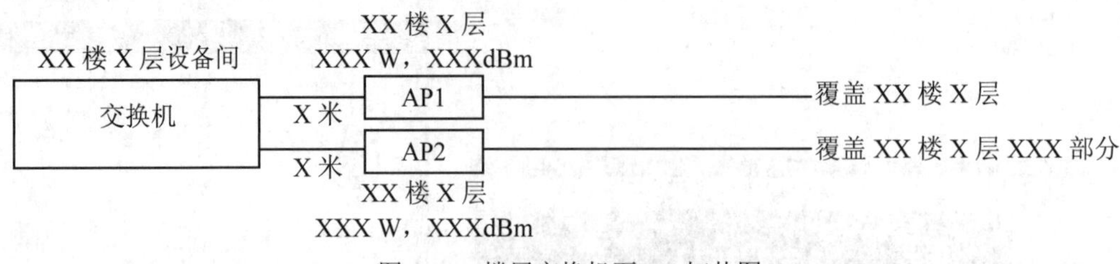

图 5-14　楼层交换机至 AP 拓扑图

5.3.3 频率规划

WLAN 2.4GHz 频率资源有限，为避免同频或邻频干扰，需采取空间交错分配信道，两个信道的中心频率间隔不能低于 25MHz，可增加网络容量。频率规划应做到同频覆盖重叠最小化原则：同楼层各 AP 的信道交错分开；相邻搂层上下相同区域的 AP 信道交错分开；按 1、6、11、1、6、11 信道固定顺序交错排布；拉开同频 AP 的物理距离。5.8GHz 频段的信道采用 20MHz 间隔的非重叠信道，采用 149、153、157、164、165 信道。一个 2.4GHz 频率规划例子如表 5-2 所示。

表 5-2　2.4GHz 频率规划实例

楼层号	一层楼 1 个 AP 信道规划	一层楼 2 个 AP 信道规划		一层楼 3 个 AP 信道规划			一层楼 4 个 AP 信道规划			
7	1	1	6	1	6	11	1	6	11	1
6	11	11	1	11	1	6	11	1	6	11
5	6	6	11	6	11	1	6	11	1	6
4	1	1	6	1	6	11	1	6	11	1
3	11	11	1	11	1	6	11	1	6	11
2	6	6	11	6	11	1	6	11	1	6
1	1	1	6	1	6	11	1	6	11	1

5.3.4 覆盖规划

结合工勘和建筑图纸，明确 WLAN 建网的主要覆盖区域和次要覆盖区域，重点针对用户集中上网区域做覆盖规划。

（1）主要覆盖区域。

用户集中上网区域，如宿舍房间、图书室、教室、酒店房间、大堂、会议室、办公室、展厅等人员集中场所。

（2）次要覆盖区域。

非上网需求区域不做重点覆盖，如卫生间、楼梯、电梯、过道等区域。

覆盖规划有两种方式：单点覆盖和交叉覆盖。对于本项目“情景描述”中的需求，可以采用单点覆盖和交叉覆盖。

1. 单点覆盖

若采用 2.4GHz 频段，AP 在没有遮挡条件下有很好的覆盖能力；当穿越一堵墙（20dB 衰减）时有较好的覆盖范围，当穿越两堵墙时，覆盖能力不理想，如表 5-3 所示。

表 5-3　2.4GHz 频段覆盖能力参考

AP 发送功率	覆盖目标场强	墙体数量（20dBm）	覆盖半径（m）
20dBm	-60dBm	0	90
20dBm	-60dBm	1	10
20dBm	-70dBm	2	3

而 5.8GHz 在空旷空间有较好的覆盖能力，穿越一堵墙其覆盖半径受限。其覆盖能力如表 5-4 所示。

表 5-4　5.8GHz 频段覆盖能力参考

AP 发送功率	覆盖目标场强	墙体数量（20dBm）	覆盖半径（m）
20dBm	-60dBm	0	40
20dBm	-60dBm	1	13
20dBm	-70dBm	1	4

在集中办公区内，如图 5-15 中所示位置有一室内 AP。对主要办公区域进行覆盖，覆盖效果如图中粗虚线勾勒。对 A～H 各测试点进行接入测试，E、F 两处无法接入（水泥墙侧），大堂休息厅无法覆盖。

2. 交叉覆盖

当容量需求较高并要求该楼层办公区区域全面覆盖时，在如图 5-16 所示位置处放置三台 AP，每台 AP 的覆盖范围见图中相应不同粗细虚线的勾勒。此方案采用交叉布点覆盖，使用三台 AP 辅助室内分布系统，实现了整个空间交叉覆盖，并同时满足了办公区域有较多用户数目的容量需求。对同一空间中的多个 AP 信号需合理设置信道，本案例中的三个 AP 分别采用相隔 25MHz 的 1、6、11 信道，满足了信道隔离度要求，保证空间内的信号质量。

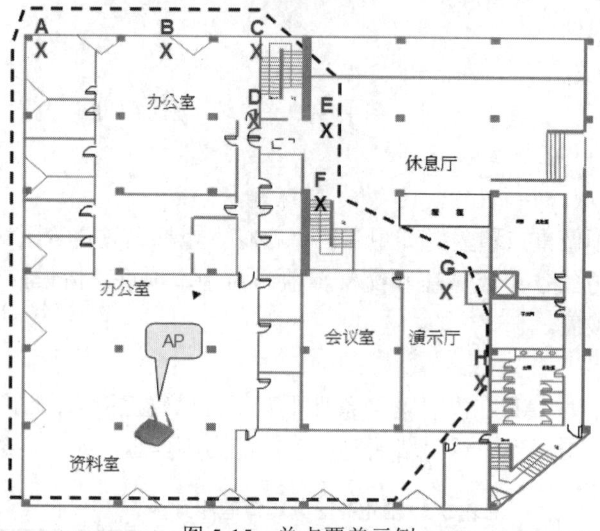

图 5-15　单点覆盖示例

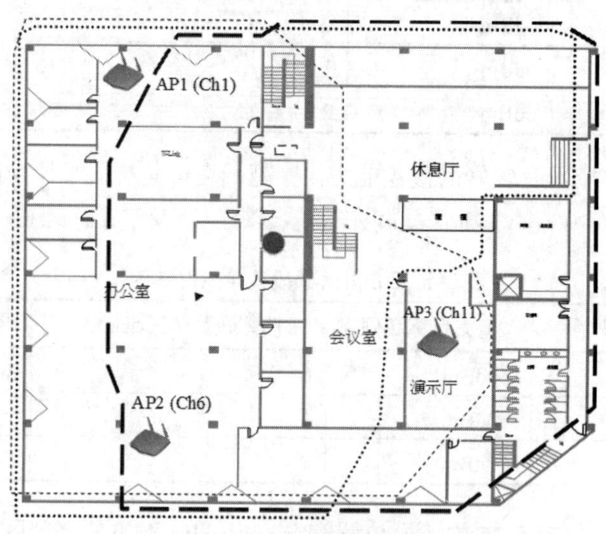

图 5-16　交叉覆盖示例

5.3.5　链路预算

WLAN 链路预算一般经过以下步骤：

1. 确定边缘场强

边缘场强电平结合接收灵敏度和边缘带宽需求确定，一般选择-75dBm 以上。

2. 确定空间传播损耗

室内信号模型符合自由空间损耗模型，具体公式如下：

（1）$20\log f + 20\log d - 28$　　（f：MHz；d：m）

（2）$20\log f + 20\log d + 32.4$　　（f：MHz；d：km）

（3）$20\log f + 20\log d + 92.4$　　（f：GHz；d：km）

表 5-5 给出了在自由空间中电波传输距离与衰减关系。

表 5-5　自由空间中电波传输距离与衰减关系

传播距离（m）	5.5	10	15	20	30	40	50	60	200	300
衰减（dBm）	54.02	60.04	63.56	66.06	69.58	72.08	74.02	75.61	86.06	89.58

3. 电缆损耗

表 5-6 给出了常见电缆的传输损耗。由表可知馈线线径越大，频段越低，传输损耗越小；每种馈线都有相应的频段范围。

表 5-6　常见电缆传输损耗

名称	频率 900MHz dB/100m	频率 2100MHz dB/100m	频率 2400MHz dB/100m
1/2 馈线	7.04	9.91	12.5
7/8 馈线	4.02	5.48	6.8
5/4 馈线	3.12	3.76	3.76
13/8 馈线	2.53	2.87	2.87
8D 馈线	14.0	>23	>26
10D 馈线	11.1	>18	>21

4. 墙体等阻隔损耗

室内环境中多径效应影响非常明显，会使室内安装 AP 的有效覆盖范围受到很大限制。由于 WLAN 信号的穿透性和衍射能力很差，一旦遇到障碍物，信号强度会严重衰减。表 5-7 所示是 2.4GHz 微波对各种材质的穿透损耗的实测经验值。

表 5-7　2.4GHz 微波对材质的穿透损耗

材质	穿透损耗（dB）	材质	穿透损耗（dB）
8mm 木板	1～1.8	250mm 水泥墙	15～28
38mm 木板	1.5～3	砖墙	5～8
12mm 玻璃	2～3	混泥土楼板	30 以上

5. 器件损耗和接头损耗

射频器件都会有一定的插入损耗，如电缆连接器、分功器、耦合器、合路器、滤波器等，接头损耗一般在 0.1～0.2dB，无源器件的具体插损可参考器件说明书。

6. 功率预算与损耗

工程应用必须考虑功率预算：发送功率+Tx 天线增益－路径损耗+Rx 天线增益>边缘场强。这些参数需要在工堪和工程设计方案中考虑，并计算覆盖距离。

（1）AP 的发送功率：由 AP 自身决定。

（2）天线的发送增益：由天线参数决定。

（3）核算传播路径损耗：需要在工堪核实；包括空间损耗、电缆、阻隔等损耗。

（4）边缘场强：边缘场强的选取可参考接收灵敏度。一般 WLAN 设备在接收方向会内置低噪声放大器，可提升 10～15dB 的接收增益，用于提高接收灵敏度。因此设备的实际接收灵敏度往往优于标准要求。

（5）接收天线增益：我们无法确定每个终端的接收天线增益，一般为 2～3dBi。

5.3.6 容量规划

WLAN 系统总带宽需求=用户总数×并发率×单用户带宽需求，则 AP 数量=总带宽需求/每 AP 实际带宽，故对 AP 容量（密度）的规划，需要从覆盖范围、负载能力、用户使用 WLAN 的目的等几方面考虑。

WLAN 容量体现在带宽上，以 802.11g 为例，每 AP 的空口速率为 54Mb/s，去除开销，每 AP 的 Throughput 大约 20Mb/s。对于一层宿舍楼，有 20 间宿舍，每间 5 人有上网需求，每用户上网带宽 2Mb/s；用户同时上网并发率按 30%计算，该楼层应布放 3 个 AP（AP 数量=20×5×2×30%/20M=3）。网络容易受到在线用户数量的影响，一个 AP 实际带用户数量不建议超过 30 个；如果覆盖区域用户过多，需增加 AP 数量，才能保证用户顺利访问网络。

5.3.7 WLAN 覆盖设计举例

某宿舍楼 7 层，每层 20 个房间（50m×13m），各房间住 6 个用户，每用户上网带宽 2Mb/s，按 30%并发率规划 WLAN 网络。

1. 确定带宽需求

每层总带宽需求=20×6×2×0.3=72Mb/s；每层需要安装 AP 数量=72/20=3.6 个。

2. 确定设备数量

每层需要布放 4 个 AP，7 层需要 28 个 AP；汇聚设备可采用 24 口 PoE 交换机组网，并完成 PoE 供电；无线控制器与核心交换机连接。

3. 确定覆盖区域

宿舍是需要重点覆盖的区域；厕所、水房不做重点覆盖。

4. 确定 AP 位置

根据覆盖需求，确定 AP 位置，AP 放置在楼道顶部，使信号覆盖每个房间只穿越 1 堵墙；AP 间距 8.5m；为保证覆盖效果，不针对厕所、水房覆盖。

5. 确定信道分布

信道分布采用同频干扰最小原则，三个AP分别采用相隔25MHz的1、6、11信道。

5.4 WLAN网络规划

根据客户的需求，以及应用的背景和环境，制定可行的规划，使用户规避一些可能会产生的风险。WLAN网络规划主要涉及以下几个方面：

1. 组网规划

现在集中管理带来的便捷性越来越被用户所接受，起集中管理作用的设备就是无线控制器。无线控制器与AP的组网模式有三种：直连模式、分布式二层模式和分布式三层模式。

2. VLAN规划

针对不同的无线用户的应用，划分多个VLAN隔离广播域，制定不同的安全策略和优先级别，对无线用户的分组统一管理，以保证维护过程的灵活性。无线用户若采用DHCP服务器分配IP地址，建议不使用无线控制器上的DHCP。值得注意的是，无线用户所在VLAN段是由无线控制器，而非接入层交换机决定，AP所用VLAN依附在接入交换机上。

3. SSID规划

不同的应用原则上使用不同的SSID，不同的SSID也对应不同的VLAN。为了安全考虑而将SSID进行隐藏或将SSID进行加密，SSID的命名尽量让人不容易猜出实际的应用；对外广播的SSID尽量简单明了，让人一看就知道意思。

4. 认证规划

为了提高WLAN使用的安全性，WLAN支持主流和多种形式的无线接入认证方式，包括：Web Portal方式、MAC认证方式和基于RADIUS的802.1x认证。Web认证的好处是大大减少了网管人员的工作量，对于无线用户来说，打开IE浏览器，输入网址便会弹出认证页面，输入正确的用户名密码即可通过认证。对于没有IE浏览器或者不支持802.1x的无线客户端，只能使用此认证方式，例如Wi-Fi手机。并且MAC地址认证对于无线用户来讲是完全没有感知的，只需要将设备的MAC地址输入到认证数据库中，无线控制器会对无线设备的MAC地址进行判别。企业的高级用户一般使用802.1x认证方式，具有很高的安全性。

5.5 WLAN项目方案的编写

WLAN项目方案的编写过程实际就是WLAN系统的详细设计和说明过程，这是WLAN规划和设计的重要组成部分。一份标准的WLAN项目方案所包含的内容十分丰富，但并不是所有的WLAN工程都需要这样一份复杂的方案说明书，可能只要其中的几部分就可以了。以下是对标准的WLAN项目方案包含的内容进行说明，仅供参考。

1. 项目背景介绍

对于背景的介绍，目的在于让所有阅读方案的人能够很快地从整体上对将要实施工程的目的和背景基础进行了解。在这部分的描述中，将说明 WLAN 的主要用户是谁，为什么采用 WLAN 作为项目的实施方案，同其他解决方案相比，WLAN 方案会有什么好处等。

2. 项目要求

在对用户需求分析的基础上进行描述，说明用户的应用特点、功能要求和性能要求。要将用户为什么要构建 WLAN 说清楚，还应该将用户要求的网络性能和功能进行量化。

3. 周围环境分析

WLAN 容易受到周围环境的影响，所以有必要对 WLAN 的周围环境进行分析。这些内容包括已有的网络环境、周围的电磁环境、Internet 接入方式、电源位置、已有有线局域网的接口位置和类型情况等。

4. WLAN 系统设计

这是网络方案说明中最主要的部分，包括解决方案的描述、设备的类型、网络拓扑图、设备连接示意图、设备的管理策略和网络 IP 管理策略。节点的地理分布，即有多少个节点、分布在什么位置、地理范围有多大等。扩展性要求包括网络扩展后增加了多少设备、多少用户，联网范围扩大了多少，要与哪些类型的网络互联等。

5. WLAN 应用设计

WLAN 的主要功能是数据传输，可能还包括语音等更高层次的功能应用。对应用设计的描述不仅包括对 WLAN 功能实现的描述，还包括实现其他附加功能所使用的功能软、硬件。硬件设备涉及服务器、台式机及其他无线终端设备。需要注意的是，WLAN 的通信负载量还是有一定限制的，所以在计算通信负载时要包括所有应用的通信要求。

6. WLAN 安全设计

WLAN 的安全设计包括用户访问网络的合法性和数据传输的安全性两个方面。如果要确保合法用户才能访问 WLAN，采用用户账号、用户标识、用户口令等措施；如果网络应用所要处理的数据非常敏感，则必须采用其他安全措施，例如数据加密等。

7. 项目实施计划

项目实施计划中应包括详细的进程，并对 WLAN 开通运行所需要的特殊任务进行说明。在制订计划时，需要考虑几个关键的时间点：设计计划、站点测量和设备安装调试。需要注意的是，即使是按最周密的计划安装，成功执行后也可能出现问题。例如，由于事前未知的干扰源，在一个新的区域里设置 WLAN 可能会失败，所以，有必要制定一份网络备份方案。最简单的情况是某一有线局域网正在被 WLAN 替代，用户可以很容易退回正在使用的有线网络，不至于导致应用过程中断。

8. 系统维护和培训

在 WLAN 构建完成后，向用户说明售后服务，包括保修期，提供必要的技术文档、参考资料和可以提供的技术支持方式（电子邮件、网站、电话和联系人），以及对网络管理人员和使用人员进行培训。

9. 设备选型

设备的选型包括设备的种类和数量。通常，在网络方案确定之前就已经选定了设备品牌和型号，设备的数量则是在系统设计中确定的。在这部分需要对每一个采用的设备型号进行详细介绍，并应细化到每一个参数。

10. 工程报价及设备清单

设备及工程的报价往往是用户最关心的，事实上，它的内容比较简单，主要包括对此工程项目预估的设备、耗材、人工及其报价。很多情况下，系统集成商已经将人工费用均摊到设备的费用中了，依据 WLAN 施工环境的不同和采用设备的不同，所选用的设备和造价有很大的差别。表 5-8 所示为一个室外应用环境的工程报价模板。

表 5-8　设备清单及工程报价

设备名称	型号	单位	数量	单价/元	合计/元
无线控制器					
AP					
14dB 定向天线（国产）					
馈线母接头（N 型）					
馈线公接头（N 型）					
1/1 馈线					
转接缆（SMA 转 N 型）					
避雷器					
接地件					
防水胶					
功率分配器					
合计					
备注	馈线的长度最好应根据现场实际情况而定。另外，增加设备成本的 15%作为施工和维护费用。此方案为初步方案，最终方案需要根据现场情况而定				

5.6 WLAN 设备安装

WLAN 工程方案设计完成后，应及时将设计文档提交给相关建设单位及施工单位，建设单位、施工单位、设计单位三方进行联合会审，最后三方签字确定，审批通过。

工程设计方案审批通过后，即可进入工程安装的前期准备工作。准备材料包括（根据设计方案）：主设备、设备箱、网线、安装支架、相关测试工具（电脑、WLAN 网卡、测试软件等）、现场安装工程队的准备等。

相关工程前期准备完成后，即可进行工程的安装、调试工作。硬件安装由工程队进行，相关技术人员必须在现场督导，指导工程队安装，并根据现场情况再次确定 AP 的覆盖区域及 AP 的位置，安装完成后由技术人员进行调试，调试的相关参数必须详细记录。

5.7 WLAN 网络验收

WLAN 工程安装及调试完成后，即进入系统的试运行测试阶段，一般试运行时间为一个星期，这期间应不间断地在不同的房间、不同覆盖位置进行相关参数测试，对实际的网络构建效果进行检查。验收的目的在于检验 WLAN 的开放性和可靠性，对用户来讲，这个过程可以叫做工程验收。在验收的过程中，需要检验构建的 WLAN 是否满足规划设计的要求，是否能够实现用户期望的功能和应用。验收的内容包括设备的安装检查，网络功能、覆盖范围以及传输性能等的检查，如表 5-9 所示。

表 5-9　WLAN 验收内容及指标要求

项目	建议指标
安装工艺	WLAN 行业验收规范
AP 容量	标准 AP，在接入用户带宽 512Kb/s 情况下，单 AP 并发支持用户按照 15～20 个用户考虑；802.11n 标准 AP，在接入用户带宽 512Kb/s 情况下，单 AP 并发支持用户按照 25 个用户考虑
无线信号场强	建议≥-75dBm
信噪比	≥20dB
网络时延	Ping AP 时延不高于 10ms（50 次）
丢包率	Ping AP 丢包率不高于 3%（50 次）
网络时延	Ping 无线控制器时延不高于 50ms（20 次）
丢包率	Ping 无线控制器丢包率不高于 3%（20 次）
FTP 下载速率	≥512Kb/s
同频干扰	建议任意同频 AP 信号＜-80dBm
邻频干扰	建议任意邻频 AP 信号＜-80dBm

5.7.1 设备安装测试

设备安装的验收工作是核查工程中所使用的设备和材料的外观，规格型号、数量是否和工程设计图纸相符合；施工环境区域的井道、楼板、墙壁是否存在渗水情况；施工区域及其附近是否存放易燃易爆等危险品；市电和照明系统是否正常使用；无线 AP、无线控制器、无源器件、管道铺设、线缆布放、防雷接地和设备打标等是否符合行业施工工艺要求，具体可参照相关行业 WLAN 工程验收规范，如“中国移动无线局域网（WLAN）工程验收规范（2011-07）”，这里不再详述。

5.7.2 网络功能测试

网络功能测试主要指与有线网络连接相关的路由器、网络安全认证等功能测试，以保证 WLAN 的正常运行，其内容应包括网络连通性测试、响应时间测试、安全功能测试（身份认证、数据加密功能）等。

1. 网络连通性测试

为了确定网络是否正常连通运行，可使用 Ping 命令，通过连接在无线 AP 上的两台计算机发送 ICMP Echo Request，并等待接收 ICMP Echo Replay 来判断设备之间是否连通，由此判断网络能否正常工作。网络设备内部一般有多个大小不同的缓冲区，分别用来处理不同大小的分组。为了测试网络设备，测试工具必须具备发送不同大小分组的能力，Ping 命令就适合于这种情况，因此通常用来验证网络的连通性。

2. 响应时间测试

响应时间是 Ping 命令 Echo Request/Echo Replay 一次往返所花的时间。对响应时间的影响因素很多，例如网段的负荷、网络主机的负荷、异常网络设备等都会对响应时间造成影响。通过响应时间，可以查看网络是否正常工作。当用户感觉网络的响应比较慢时，并且和正常响应时间有很大差距，说明网络设备存在故障。以下是一个使用 Ping 命令测试网络连通性和响应时间的例子。

```
C:\>ping -n 50 203.104.99.88
Pinging 203.104.99.88 with 32 bytes of data:
Reply from 203.104.99.88: bytes=32 time=50ms TTL=241
Reply from 203.104.99.88: bytes=32 time=50ms TTL=241
Request timed out.
.................
Reply from 203.104.99.88: bytes=32 time=50ms TTL=241
Ping statistics for 203.104.99.88:
Packets: Sent = 50, Received = 48, Lost = 2 (4% loss),Approximate round trip times in milli-seconds:
Minimum = 40ms, Maximum = 51ms, Average = 46ms
```

从以上我们就可以知道在给 203.104.99.88 发送 50 个数据包的过程当中，返回了 48 个，其中有两个由于未知原因丢失，这 48 个数据包当中返回速度最快为 40ms，最慢为 51ms，平均时间为 46ms。

一般情况下，如果 Ping 本地网关的 IP 地址（本地路由器管理地址）的响应时间≤10ms，Ping 包次数 20 次，Ping 包的丢包率不大于 3%，网络连通性测试和响应时间测试才算合格。

3. 安全功能测试

由于 WLAN 主要通过无线电波而非电缆传输，信息很容易扩散到不希望被接收到的范围之内，因此 WLAN 的安全问题比有线网络更加突出。对 WLAN 的安全测试重点在于验证安全功能是否启用，例如：使用非法身份进行登录，在网络启用身份认证时应被拒绝，如图 5-17 所示。对加密后的数据进行捕获，网络启用数据加密时应不能正常解码。

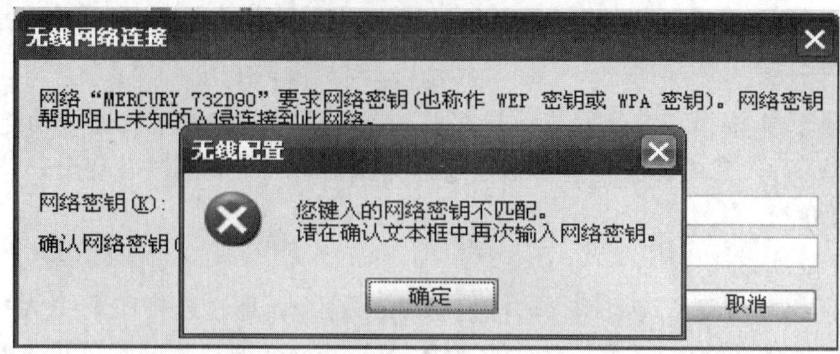

图 5-17　非法用户访问 WLAN 被拒绝

5.7.3　信号强度测试

各种无线设备的发射功率都必须符合国家无线电管理委员会的规定，发射功率不能太大，否则会对其他无线通信设备产生干扰，同时对周边环境和人体有害。但是，如果发射功率太小，就不能传输到有效距离。信号强度对于用户能否连通无线 AP 起决定作用，Network Stumbler 是一款专业的 WLAN 信号测试软件，用于搜索 AP 或作覆盖效果测试。

1. 信号信息概述

Network Stumbler 安装软件可以在 Internet 搜索下载获得。软件安装时只需按照提示进行"下一步"操作即可完成安装。

运行该软件搜索到无线网络后，即可进行信号方面的测试了（未进行网络连接也可进行信号测试，只要搜索到无线信号即可测试信号）。如图 5-18 所示，整个应用程序界面分为两个部分，其中界面的左半部分为分类选择列表，用户可以根据自己的实际需要按照信道或者 SSID 进行筛选，查看所关心设备信号信息；右半部分为无线信号详细信息列表，图中可以查看所有 AP 的 MAC 地址、SSID 及各 AP 信号强度（Singal）、噪声、信噪比（SNR）等信息，并能看到 AP 分配的信道（1、6、11），接入的速度、接入方式、是否加密，甚至无线设备的生产厂家等。

Network Stumbler - [20080110133034]

File Edit View Device Window Help

Channels
SSIDs
Filters

MAC	SSID	Chan	Speed	Vendor	Type	Enc...	SNR	Signal+	Noise-	SNR+	Subnet	First Seen	Last Seen
001B11A2C7F4	xxb	6	11 Mbps	(Fake)	AP	WEP		-88	-100	12		13:34:39	13:35:37
00904B0BF4C6	ChinaNet	6	11 Mbps	Gemtek	AP			-93	-100	7		13:34:12	13:35:30
001AA18D643C	Navigator	6	54 Mbps	(Fake)	AP			-92	-100	8		13:32:11	13:34:37
001BFC780B71	ChinaNet	6	54 Mbps	(Fake)	AP		13	-84	-100	16		13:30:37	13:36:26
00904B6EA3B4	ChinaNet	11	11 Mbps	Gemtek	AP		38	-60	-100	40		13:30:36	13:36:26
0080C80103A0	ChinaNet	6	22 Mbps	D-Link	AP		31	-65	-100	35		13:30:36	13:36:26
001BFC2EB265	ChinaNet	1	54 Mbps	(Fake)	AP			-82	-100	18		13:30:36	13:36:22
007404E65BCB	AR7WRD	1	54 Mbps	(Fake)	AP		38	-59	-100	41		13:30:36	13:36:26
001BFC2E6B00	ChinaNet	1*	54 Mbps	(Fake)	AP		65	-33	-100	67	121.229.246.128/25	13:30:36	13:36:26

Ready　4 APs active　GPS: Disabled　9 / 9

图 5-18　信号信息概要

2. 直观查看信号的质量

如图 5-19 所示，可以查看到无线设备的 SSID 的名称、MAC 地址，其中对于每个 SSID 会用信号灯的方式直观地表示当前的信号情况，其中：

- 绿色：表示当前信号强度很好；
- 黄色：表示当前信号强度较差；
- 红色：表示当前信号强度很差；
- 灰色：表示信号时有时无。

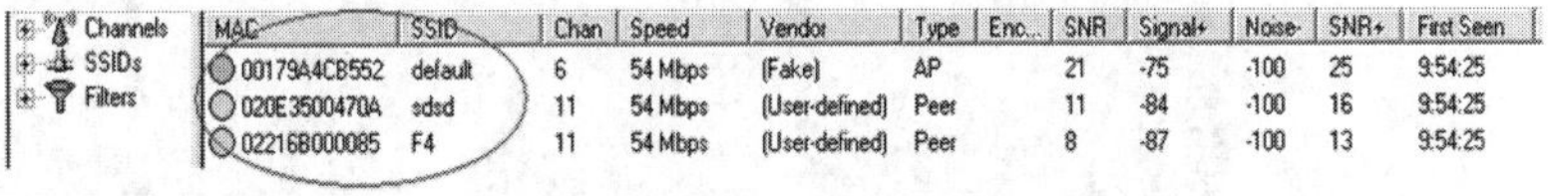

MAC	SSID	Chan	Speed	Vendor	Type	Enc...	SNR	Signal+	Noise-	SNR+	First Seen
00179A4CB552	default	6	54 Mbps	(Fake)	AP		21	-75	-100	25	9:54:25
020E3500470A	sdsd	11	54 Mbps	(User-defined)	Peer		11	-84	-100	16	9:54:25
02216B000085	F4	11	54 Mbps	(User-defined)	Peer		8	-87	-100	13	9:54:25

图 5-19 信号质量的直观显示

3. 测试 AP 的工作信道

如图 5-20 所示，可以查看到当前各 AP 的工作信道，此例中三个 AP 分别工作在 6/11/11 信道。其中两个 11 信道的 AP 信号不是很强，显然没有达到最好的优化效果，应该将三个 AP 信道调整为 1/6/11 最为理想。

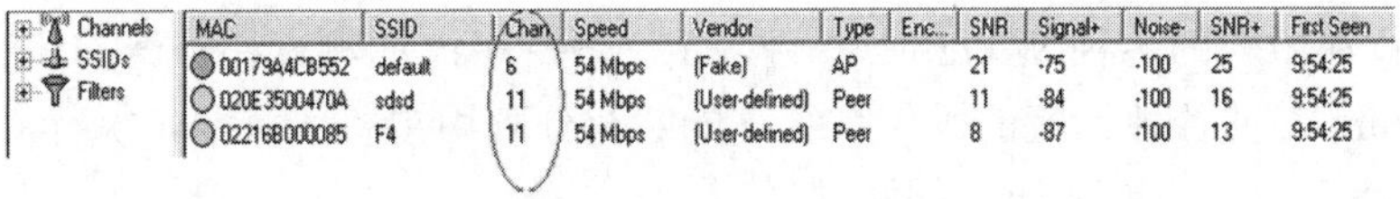

MAC	SSID	Chan	Speed	Vendor	Type	Enc...	SNR	Signal+	Noise-	SNR+	First Seen
00179A4CB552	default	6	54 Mbps	(Fake)	AP		21	-75	-100	25	9:54:25
020E3500470A	sdsd	11	54 Mbps	(User-defined)	Peer		11	-84	-100	16	9:54:25
02216B000085	F4	11	54 Mbps	(User-defined)	Peer		8	-87	-100	13	9:54:25

图 5-20 测试 AP 的工作信道

4. 测试信号的最大强度

如图 5-21 所示，Signal+表示自运行 Network Stumbler 软件以来，此 SSID 的最大信号强度，注意此值不是当前信号强度。

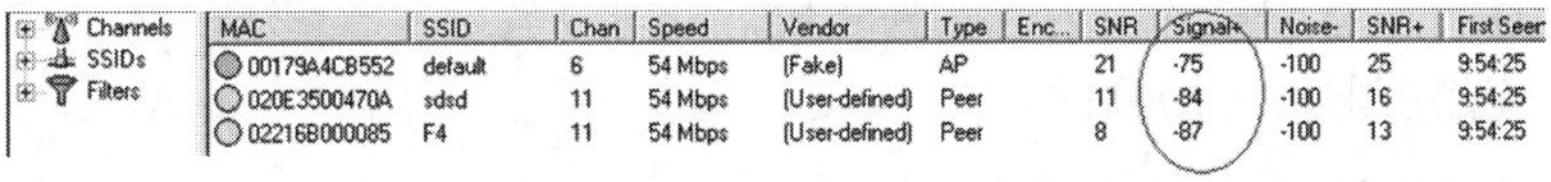

MAC	SSID	Chan	Speed	Vendor	Type	Enc...	SNR	Signal+	Noise-	SNR+	First Seer
00179A4CB552	default	6	54 Mbps	(Fake)	AP		21	-75	-100	25	9:54:25
020E3500470A	sdsd	11	54 Mbps	(User-defined)	Peer		11	-84	-100	16	9:54:25
02216B000085	F4	11	54 Mbps	(User-defined)	Peer		8	-87	-100	13	9:54:25

图 5-21 测试信号的最大强度

5. 测试信号的实时强度

如图 5-22 所示，Signal 才表示当前信号强度，此值才为实时值，在观察调整某一位置的信号强度时应主要以此值为准。此信号强度的单位为 dBm，一般情况下，信号强度在-75dBm 以上可认为此信号较好。

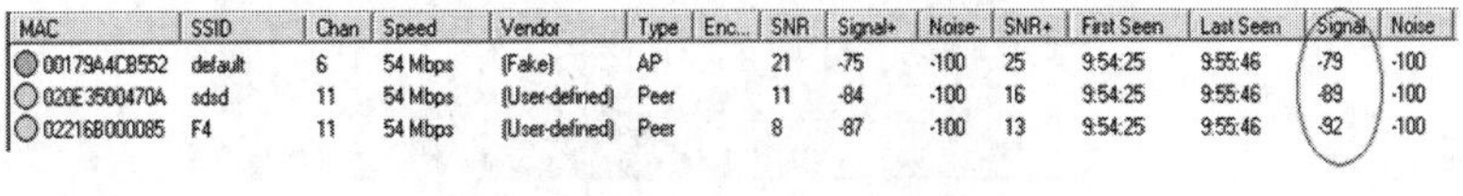

MAC	SSID	Chan	Speed	Vendor	Type	Enc...	SNR	Signal+	Noise-	SNR+	First Seen	Last Seen	Signal	Noise
00179A4CB552	default	6	54 Mbps	(Fake)	AP		21	-75	-100	25	9:54:25	9:55:46	-79	-100
020E3500470A	sdsd	11	54 Mbps	(User-defined)	Peer		11	-84	-100	16	9:54:25	9:55:46	-89	-100
02216B000085	F4	11	54 Mbps	(User-defined)	Peer		8	-87	-100	13	9:54:25	9:55:46	-92	-100

图 5-22 测试信号的实时强度

6. 测试信号的稳定性

如图 5-23 所示，在左边的菜单中可选择某一个具体的 AP 信号进行检测，统计一段时间的信号情况，并以图形的方式进行显示，其中横坐标为时间，纵坐标为信号强度（单位为 dBm）。通过一段时间的统计，从图形中也可观察此信号的稳定程度。

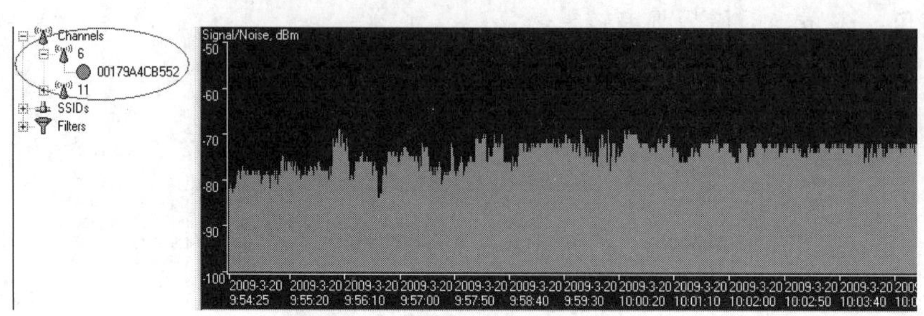

图 5-23　测试信号的稳定性

5.7.4　传输性能测试

传输性能测试包括吞吐量、延时、抖动、丢包等测试，是 WLAN 验收的重要指标。Chariot 是一款多功能应用测试软件，基本组件包括控制端 Console 和远端 Endpoint，其中，Chariot Console 可运行在微软的各种 Windows 平台，定义各种可能的测试拓扑结构和测试业务类型。Chariot Endpoint 支持各种主流的操作系统，能够充分利用主机的资源，执行 Chariot Console 发布的 Script 命令，从而完成所需的测试。

1. 安装 Chariot 软件

图 5-24 所示为 Chariot 软件安装后的启动界面。这里假定有两台笔记本和一台固定好的 AP。在笔记本 A（IP 地址为 192.168.1.1）上安装 Console，同时也安装测试的 Endpoint 1，连接到 AP 上；在笔记本 B（IP 地址为 192.168.1.2）上安装 Console，同时也安装测试的 Endpoint 2，连接到 AP 上；根据测试的室内或室外环境，分别将笔记本 A 和笔记本 B 置于不同的测试点上，配置好连接后即可开始测试。

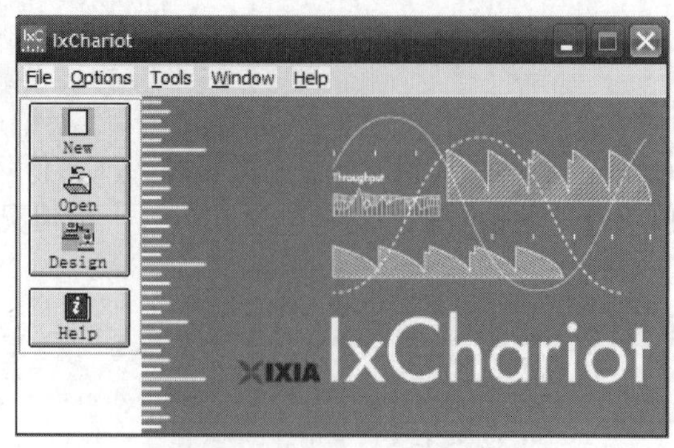

图 5-24　Chariot 启动界面

2. 运行 Chariot 客户端软件

首先启动 Console 部分，然后分别在两台笔记本电脑上运行 Chariot 的客户端软件 Endpoint。运行 Endpoint.exe 后，任务管理器中多了一个名为 endpoint 的进程，如图 5-25 所示。测试过程请关闭系统中运行的防火墙。

3. 添加新的测试对

（1）在工具栏上单击 Add Pair 按钮，添加一对测试线程，如图 5-26 所示。

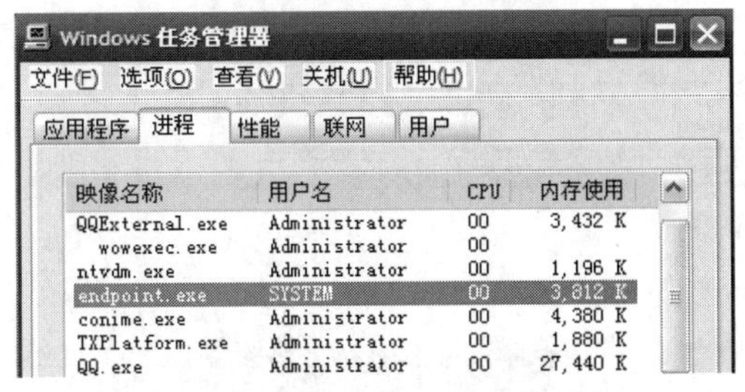

图 5-25　查看 Chariot 客户端进程

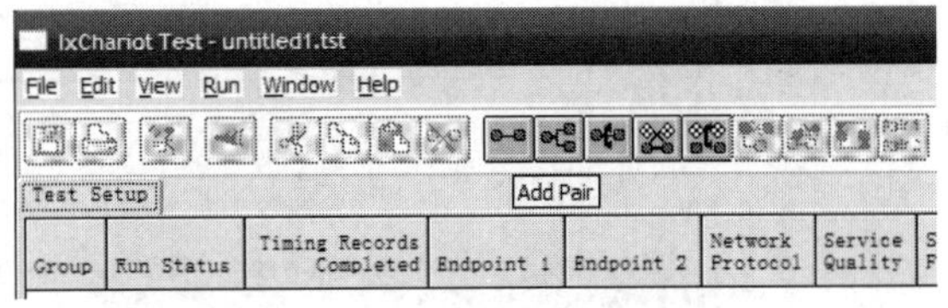

图 5-26　单击 Add Pair 按钮

（2）在 Add an Endpoint Pair 对话框输入 Pair 名称，然后在 Endpoint 1 处输入笔记本电脑 A 的 IP 地址，在 Endpoint 2 处输入笔记本电脑 B 的 IP 地址，如图 5-27 所示。

（3）单击 Select Script 按钮并选择一个脚本，如图 5-28 所示，由于我们是在测量带宽，所以可选择软件内置的 Throughput.scr 脚本。此测试可以测试出 Endpoint 1 至 Endpoint 2 的吞吐量，即 A 至 B 的吞吐量。

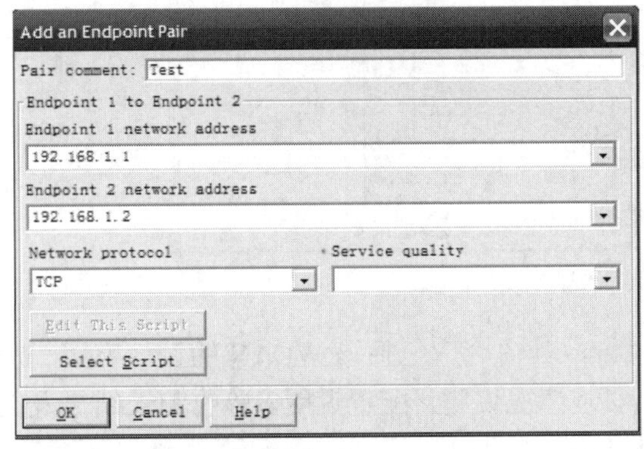

图 5-27　添加一对测试线程

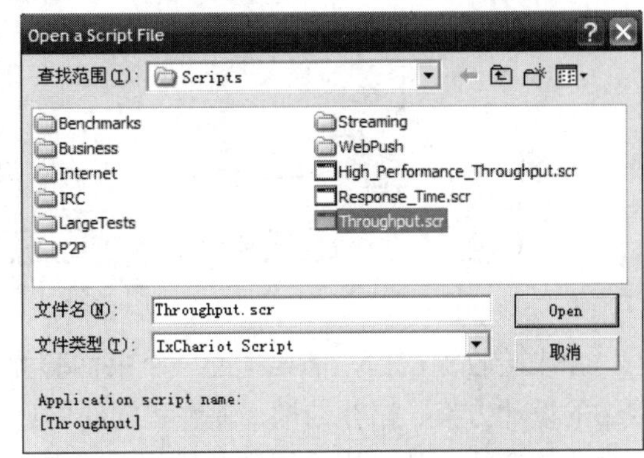

图 5-28　添加测试脚本

（4）单击主菜单中的 Run 启动测量工作，软件会默认测试 100KB 大小数据包从计算机 A 发送到计算机 B 的情况，单击 Throughput 选项卡可以查看具体测量的带宽大小及吞吐量的稳定性，如图 5-29 所示。测试结果可通过 File 菜单中的 Save 保存。

（5）Chariot 可以在同一台计算机上添加多个请求，以 3 个独立线程为例，单击工具栏上的 Run 按钮，开始吞吐量的测试，测试结果如图 5-30 所示。

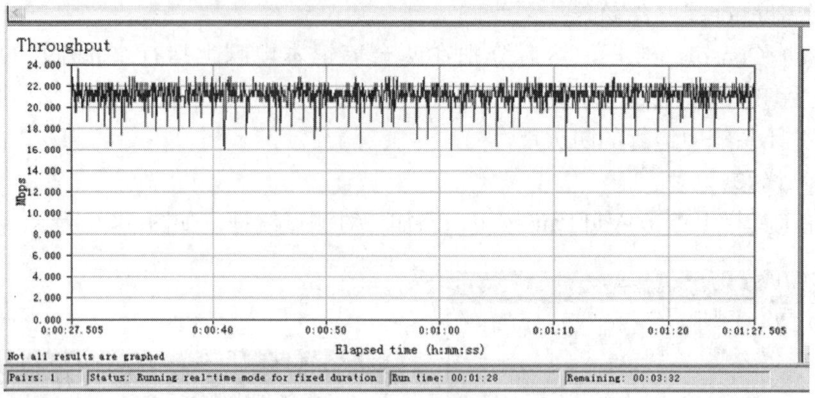

图 5-29　一个线对的测试结果

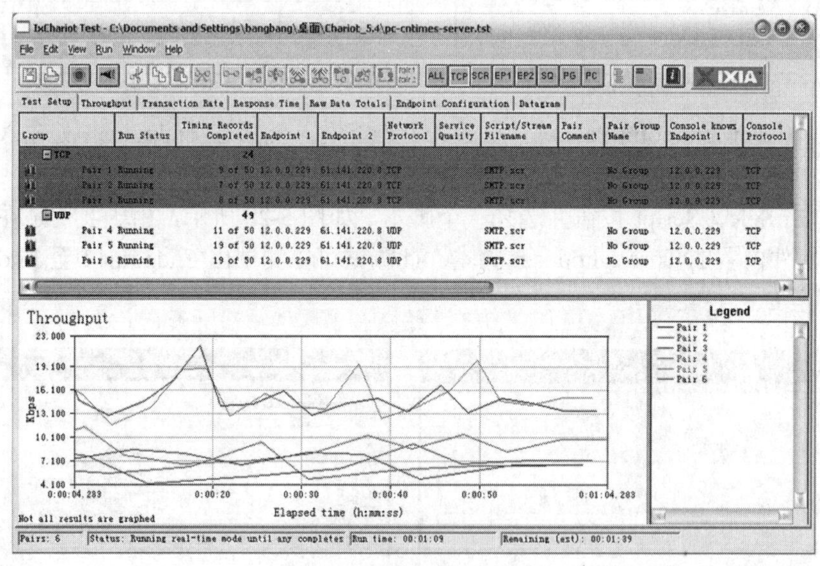

图 5-30　多线对测试结果

完成验收测试后，需要提交一个书面验收报告，其内容应包括该 WLAN 的设计方案——网络的设计方案、拓扑结构、硬件和软件信息、安装情况说明、配置说明、验收测试结果及网络功能的介绍，作为用户管理和维护的主要技术资料。

5.8　WLAN 优化

WLAN 网络优化内容主要包括：

（1）确认标准：确定无线网络验收的一般原则，如主要覆盖区域信号强度不低于-75dBm，丢包率不高于 3%等。

（2）分析问题：分析现有问题内在原因，如客户端无法打开认证页面的原因为丢包严重。

（3）信号侧优化：按照无线覆盖的一般原则完成工程安装规范、信号功率、信道、覆盖方式的调整。

（4）数据侧优化：在信号侧优化的基础上，如有必要，需要深入分析客户端数据类型及应用特点，并做出针对性的参数、配置调整。

（5）测试效果：以客户应用模式的标准和实际业务模型进行测试，保证应用稳定。

5.8.1 信道规划

根据蜂窝无线信号的覆盖范围和信道之间的分离要求实施信道规划，如图 5-31 所示。WLAN 规划部署信道隔离建议如图 5-32 所示。

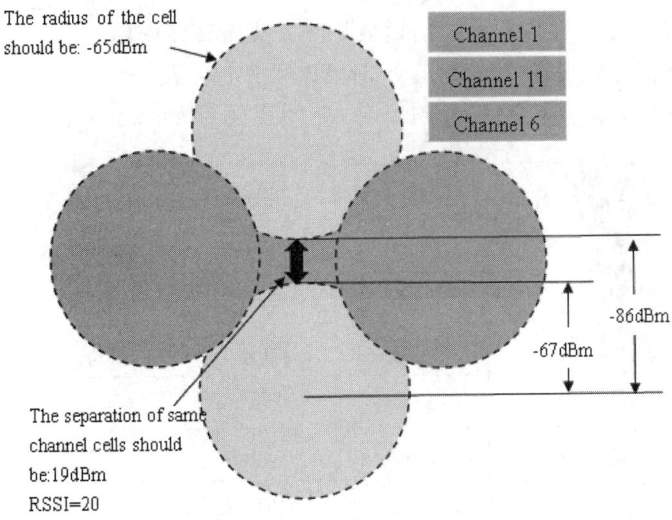

图 5-31 蜂窝无线信号的覆盖范围和同信道之间的分离要求规划图

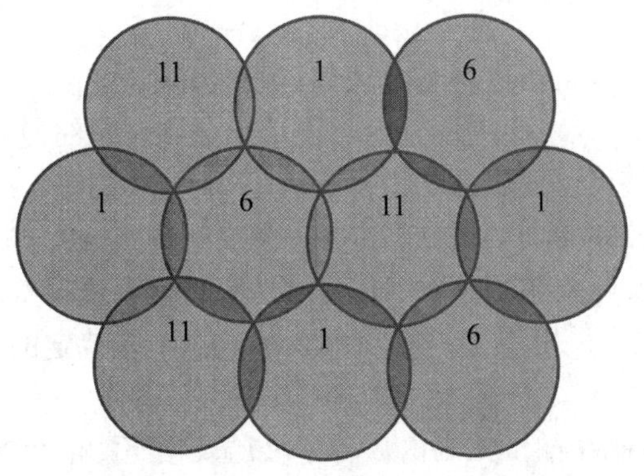

图 5-32 WLAN 规划部署信道隔离建议

（1）同楼层信道规划如图 5-33 所示。

1）信道调整建议采取手工方式，因为自动调整在一些场景下会导致信道分配不合理。

2）同层 AP 间信号要尽量隔离，避免同频、邻频干扰。

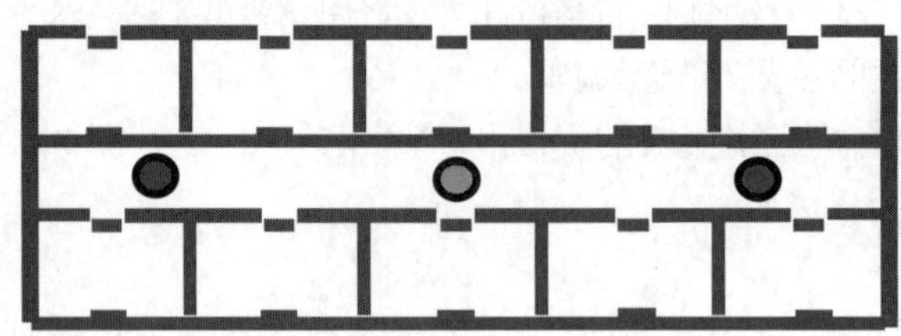

图 5-33　同楼层信道隔离规划建议

（2）隔楼层信道的立体规划如图 5-34 所示。

1）考虑到楼层间信号穿透问题，信道规划时要实施立体规划。

2）同信道 AP 信号强度在-70dBm 以下时 AP 互相之间认为彼此不存在干扰，但实际上影响比较大，因此要关注楼层间-70dBm 同信道 AP 间相互干扰情况的发生。

6F	CH11			CH1			CH6			CH11	
5F	CH6			CH11			CH1			CH6	
4F	CH1			CH6			CH11			CH1	
3F	CH11			CH1			CH6			CH11	
2F	CH6			CH11			CH1			CH6	
1F	CH1			CH6			CH11			CH1	

图 5-34　各楼层信道的立体规划

5.8.2　功率调整

AP 发射功率、天线增益若不进行有效调整，会对其他 AP 产生干扰。WLAN 射频参数的调整结合室内分布式系统，天线布放位置合理，可以达到理想的覆盖效果。

（1）发射功率的调整可以使用自动调整或者手动调整方式。

1）自动调整：无线控制器会根据 AP 邻居关系动态调整 AP 工作的信道和发射功率。

2）手动调整：根据实际应用场景对 AP 发射功率进行合理调整。

在实际项目实施中建议采用手工调整功率大小，在一些特定的空旷区域内可以适当采用自动调整功能。

（2）AP 信号参数控制在如下范围内，对本楼层及楼下影响可减到最低。

1）天线的信号强度控制在-40dBm 左右。

2）房间内用户使用信号的强度控制在-60dBm 左右。

3）同信道 AP 信号相互可见时，尽量把信号强度保持在-80dBm 以下，此时可认为彼此基本无影响。

5.8.3 数据优化

如表 5-10 所示，以某学生宿舍使用 WLAN 为例介绍如何实施数据优化。

表 5-10 应用速率统计

单位：Mb/s

数据项	802.11b	802.11g	802.11a
物理层最大速率	11	54	54
理论最大传输速率（1500B 报文）	5	22	25
88B 报文传输速率	1.6	3.2	3.5
512B 报文传输速率	3.5	14	15
综合实际应用速率	2.77	9.73	10.8
按照 80%干扰计算应用速率	2.21	7.78	8.64

进行无线流量分析后发现 BT、网游、在线视频等为主要应用，而此类流量以小包为主，严重影响信道的使用效率。同时学生网络中存在大量非法广播报文和认证前的互访。个别用户 P2P 下载时影响其他用户的连接，大量用户接入后影响各用户的有效带宽。采用如下措施可以改善现状。

（1）开启基于用户空口带宽限速功能。

由于无线网络空口带宽具有共享特性，因此为防止个别用户独占带宽而影响大多数用户的使用，建议使用用户空口带宽限速功能。可采取静态限速（同一 SSID 下指定每用户带宽上限）或动态限速（同一 SSID 下用户共享设定带宽）。

（2）限制每 AP 的最大用户接入数量。

设置每 AP 的最大用户接入数量为 15 人。

（3）开启二层用户隔离功能。

用户间的隔离功能可以减少广播报文和用户间流量对网络的影响，同时还可以避免一些 ARP 攻击的发生，使无线网络稳定安全。

（4）减少低速率报文。

无线 WLAN 网络中不是使用固定的速率发送所有报文的，而是使用一个速率集进行报文发送（例如，802.11g 支持 1、2、5.5、11、6、9、12、15、24、36、45、54Mb/s），实际无线网卡或者 AP 在发送报文的时候会动态地在这些速率中选择一个速率进行发送。通常提到的 802.11g 可以达到的最大发送速率，主要指所有的报文采用 54Mb/s 速率进行发送的情况，而且指的是一个空口信道的能力。

AP 与 STA 之间发送的报文若使用较低速率时，整个 WLAN 网络数据传输性能就会严重下降。实际上大量的广播报文和无线的管理报文都使用最低速率 1Mb/s 进行发送，所以会消耗一定的空口资源。当信道里存在大量的低速率报文时，网络性能就会严重下降。

根据这个表现需在 AP 上关闭低速率报文，或者把一些低速率的管理帧发送间隔调高，从而提高 WLAN 网络数据处理能力。

（5）其他建议。

建议使用 WLAN 的用户，将无线客户端的电源管理属性设置为最高值，以增强无线终端的工作性能，提高数据下载的效率与稳定性。电源管理设置如图 5-35 所示，其与交换数据参数的关系如表 5-11 所示。

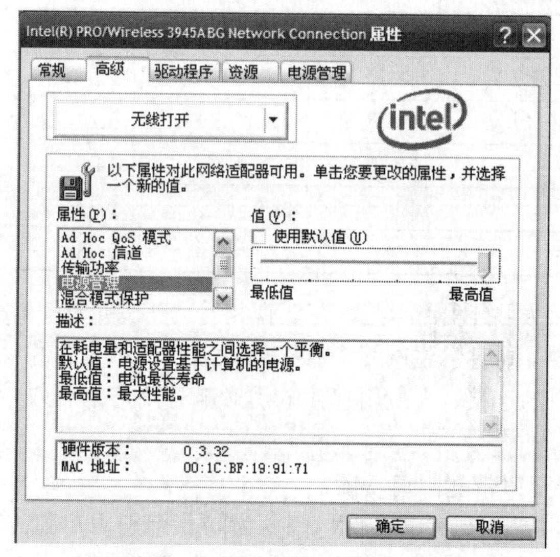

图 5-35　计算机无线网卡电源管理

表 5-11　电源管理与交换数据参数的关系　　单位：ms

电源管理	最小延时	最大延时	平均延时	丢包率
最高值	33	39	34	0
最低值	40	168	94	4

5.9　WLAN 故障排除及维护

WLAN 的确给网络时代增添了不少色彩，但网络发生故障时出现的问题也是令人难以琢磨的。WLAN 的故障问题可能涉及到硬件、接入点的可连接性、设备配置、无线信号强度、SSID、WEP 密钥等。解决 WLAN 问题也需要系统的方法，首先分析故障现象，缩小故障原因的范围，然后再研究可能的解决办法。

5.9.1 缩小 WLAN 问题范围

需要询问一些问题来弄清楚故障的性质和范围，如表 5-12 所示，这将有助于缩小故障的可能原因范围。

表 5-12　缩小 WLAN 问题范围

问题辨认	考虑事项
是连通问题吗	该问题是指 WLAN 和客户端之间的连通性问题；个人用户或组用户不能连接到先前的可接入的网络资源
是性能问题吗	该问题是和性能相关的；可能是网络覆盖、速度或响应时间达不到期望值或先前的工作状况
影响的范围有多大	该问题是仅仅影响到一个设备，还是许多设备有相同的问题？例如一个网络连通性问题，就需要考虑：如果仅仅一个客户受影响，要怀疑硬件和设备 NIC 的设置问题；如果整个 BSS 都受到影响，就要检查接入点的硬件和配置
问题是否经常发生	问题在一天中特定时间连续发生吗？例如，工作人员在中午时间，在餐厅使用微波炉时，无线网络就会出现问题

5.9.2 收集故障信息

故障诊断开始前，应收集最近所有的网络硬件或配置、工作环境或使用模式上的改动情况，如表 5-13 所示。

表 5-13　收集故障信息

最近 WLAN 的改动	考虑事项
硬件改动	网络中有没有增加新的硬件设备？新的硬件设备和已有硬件是否来自同一个制造商，确认和原有设备具有互操作性
配置改动	最近有没有改变 WLAN 设备设置？是否有工作信道改变、启用安全机制、改动密钥或密码短语
软件改动	最近有没有安装软件或固件的更新？有没有由于客户电脑或网络操作系统、设备驱动程序或固件安装补丁而要求的设置改动
物理上的环境改变	最近有没有移动硬件，如接入点可能产生 RF 覆盖漏洞？在工作区中有没有隔壁或家具（金属档案柜）被重新排列，潜在地影响 RF 传播模式
RF 的环境改变	在工作环境或邻近区域有没有安装新的无线网络或其他 RF 资源（例如，隔壁的快餐店在公用的墙边安放了微波炉）
使用模式改动	有没有安装使用 WLAN 的新应用，尤其是那些需要高连续性和带宽的？网络使用有没有改变，例如一个需要高带宽的新用户群

5.9.3 故障解决策略

要回答以上问题，需要使用如表 5-14 所示的系统方法，来解决可能存在的问题。

表 5-14 WLAN 故障解决策略

解决方法	描述
一次测试一种假设	不管是测试配置设定还是物理设计，一次只改动一处，这样影响可以直接归结到单个原因
利用已知的功能替代品测试硬件	辨别硬件故障的最简单的方法就是用已知的功能替代品来代替可疑部件，不论是 5 类双绞线（Category5cable，CAT5）电缆、NIC 还是接入点
做好记录	记录下所做的改变，任何初始设置的改变以及因此产生的系统响应。这可以保证时间不被浪费在重复研究老的途径上，如果改变使事情更糟还可以恢复到原来设置
检查意外的副作用	在宣布问题解决之前，先检查原先问题的解决结果有没有引入新的不必要的问题
当左右操作都失败，阅读说明书	阅读或重读硬件卖家的安装说明书并接入他们的 Web 站点来获取问题诊断和故障排除的详细信息

5.9.4 WLAN 主要问题分析

大部分 WLAN 问题可分为两类，一类是连通性：一个或多个客户站点无法建立网络连接；另一类是性能：数据吞吐量和网络的响应时间不符合用户的期望和先前的工作状况。下面分别考虑这两类问题。

1．连通性问题分析

连通性问题的根本原因在 RHY 层或 MAC 层。例如，由于 RF 硬件的物理或配置问题，或是更高层的，如由于用户认证过程失败。表 5-15 所列问题可以作为诊断连通性问题的考虑要素。

表 5-15 连通性问题列表

问题症状	检查点
单个用户无法连接到任何接入点	检查无线 NIC 是否被禁用以及站点有足够的接收信号强度 检查其他客户端是否能够连接到网络区域 检查客户站的无线网络连接配置，包括安全设置 检查接入点的安全机制是否为客户端的正确配置，如加入 MAC 过滤 用已知的功能替代品代替可能有问题的 NIC
没有用户可以连接到接入点	检查接入点的配置，包括安全设置 暂时禁用安全设置重新检查连通性 用已知的功能替代品代替可能有问题的接入点

续表

问题症状	检查点
用户可以连接到接入点但无法接入网络	检查客户端和接入点是否拥有有效的 IP 地址、子网掩码和默认网关，或是从 DHCP 服务器获得或是手动键入 在操作系统提示符（如 DOS 提示符）下使用 Ping 命令一步一步地检查连通性，从客户端到接入点以及接入点到有线网络的电脑 如果安装了 IEEE 802.1x 认证，通过有线连接改变认证服务器的配置和工作模式

2. 性能问题列表

WLAN 中性能问题的发生或是因为到达接收节点的传输没有足够的信噪比（SNR）用于检测和解码，或是因为接入点过载不能处理通信流量。SNR 问题是由于弱信号（覆盖漏洞）或强噪声（干扰）。表 5-16 所列可以作为解决性能问题的考虑要素。

表 5-16 性能问题列表

根本原因	描述
低 SNR：信号强度低	使用站点检查工具在受影响的区域测试信号强度 在调整天线位置和方向时监视信号强度 如果信号强度仍然很低，考虑增加天线增益和发射功率（达到调整极限）或重新安放接入点
低 SNR：噪声水平高	使用站点检查工具判别其他 IEEE 802.11 干扰信号 如果发现噪声等级很高，寻找并消除一些可疑点（如微波炉、无绳电话、蓝牙）
接入点过载	检查用户的应用和使用模式有没有改变 打开并检查接入点性能问题的日志 在高 SNR 条件下设置高的重试次数会由于竞争流量而重试 在不重叠的信道上考虑附加接入点，或运行双工模式的网络（如 IEEE 802.11a/g）来增加容量

5.9.5 WLAN 设备的维护

为确保 WLAN 在不同的环境中可靠地运行，需要采取有效的日常维护措施，才能及时发现并妥善解决问题。WLAN 的日常维护按照实施方法，可以分为正常维护和非正常维护两种。正常维护是指通过正常维护手段对设备性能及运行情况进行观察、测试和分析。而非正常维护是通过人为制造一些特殊条件，检测设备的性能是否下降或系统功能是否老化。如为防止告警系统出现故障，可适当制造一些故障，检查告警系统是否能正确地上报信息。

日常维护的工作内容（如表 5-17 所示）包括 WLAN 的设备维护、性能检测、常见干扰避免的方法以及常见故障的诊断与排除。

表 5-17　WLAN 日常维护内容

序号	维护范围	维护项目	维护周期
1	机房环境	机房空调、温度检查记录	日
2	系统状态	硬件系统检查	日
3	AP	网管到 AP 的可达性检查	日
4		AP 工作状态的检查	日
5		AP 到无线控制器的可达性检查	日
6		AP 覆盖区域信噪比检查	日
7		AP 信号强度检查	日
8	无线控制器	网管到无线控制器的可达性检查	日
9		无线控制器工作状态的检查	日
10		无线控制器到认证服务器的可达性检查	日
11		无线控制器工作进程检查	日
12		无线控制器端口状态	日
13		查看系统日志	日
14	其他	资料的核对检查	月
15		设备清洁、除尘	月
16		定期修改设备管理密码	季
17		备件的核对	季

WLAN 设备是 WLAN 正常运行的保障。在 WLAN 的使用过程中需要对无线接入点、无线控制器、无线终端等设备进行维护，并检查在 WLAN 环境的覆盖范围内是否有干扰源。常见的维护工具如 NetStumbler 可用来检测 AP 的信号强度和是否广播了 SSID 等安全配置，以及使用 WLAN 网管软件。在很多情况下，需要使用 AP 和无线控制器内置命令来增强 WLAN 的管理。本节介绍 cisco 无线 AP（1130AG、1240AG）和无线控制器（WLC2106）硬件设备的维护。

1. AP 日常关键数据的维护

```
(Cisco Controller) >config wlan create 1 cisco test          //创建 WLAN
(Cisco Controller) >config 802.11a enable network            //开启 802.11a 频段网络
(Cisco Controller) >config 802.11a enable AP1                //信道与 AP 关联
```

2. 无线控制器日常维护命令介绍

（1）查看 CPU 的负荷。

```
(Cisco Controller) show cpu
Current CPU load: 0%                                         //CPU 的利用率为 0
```

（2）查看引导信息。

```
(Cisco Controller) show boot
Primary Boot Image................................ 7.0.98.0 (default) (active)        //主版本
Backup Boot Image................................. 4.0.217.0                         //备份版本
```

（3）查看系统信息。

```
(Cisco Controller) show>sysinfo
Manufacturer's Name.............................. Cisco Systems Inc.
Product Name........................................ Cisco Controller
Product Version..................................... 7.0.98.0
RTOS Version..................................... 7.0.98.0
Bootloader Version............................... 4.0.191.0
Emergency Image Version.......................... N/A
Build Type...................................... DATA + WPS
System Name..................................... Cisco_fa:c0:00
System Location.................................
System Contact..................................
System ObjectID.................................. 1.3.6.1.4.1.9.1.828
IP Address....................................... 192.168.10.1
System Up Time................................... 0 days 3 hrs 50 mins 50 secs
System Timezone Location.........................
Configured Country.............................. CN- China
Operating Environment........................... Commercial (0 to 40 C)
Internal Temp Alarm Limits....................... 0 to 65 C
Internal Temperature............................ +53 C
State of 802.11b Network......................... Enabled
State of 802.11a Network......................... Enabled
Number of WLANs.................................. 1
Number of Active Clients......................... 1
Burned-in MAC Address........................... 00:21:D8:FA:C0:00
```

（4）查看当前连接 AP 的信息。

```
(Cisco Controller) show ap summary
Number of APs................................. 1
Global AP User Name............................ Not Configured
Global AP Dot1x User Name....................... Not Configured
AP Name     Slots   AP Model          Ethernet MAC    Location   Port   Country   Priority
----------------- ----- ------------------ ----------------- ---------------- ---- ------- ----
AP1         2    AIR-LAP1242AG-C-K9 00:1d:a1:fe:8f:0a    AP         1        CN         1
```

（5）查看当前连接上的 AP 信道。

```
(Cisco Controller) show ap channel AP1
802.11b/g Current Channel ................. 6
Slot Id ................................. 0
Allowed Channel List..........1,2,3,4,5,6,7,8,9,10,11,12,13
802.11a Current Channel ......157
Slot Id ................................. 1
Allowed Channel List............149,153,157,161
```

（6）查看当前在线用户的信息。

```
(Cisco Controller) show>client ap 802.11b all
MAC Address          AP Id        Status          WLAN Id      Authenticated
----------------- ------ ------------ --------- ------------- ------------ ------------ ---------
c8:3a:35:cd:5b:00       0         Associated         1                Yes
```

（7）关闭信道。

```
(Cisco Controller) config 802.11a channel global off
```

（8）再确认本网络中相邻 AP 间的信道是否已开启（Enable）自动调整。

```
(Cisco Controller) >show advanced 802.11b summary
AP Name     MAC Address        Admin State   Operation State Channel    TxPower
------------------------------ ----------------- ------------ -------------- ---------- -----------------
AP1      00:1f:6d:b9:03:50     ENABLED       UP          6*            1(*)
```

3. 无线终端日常维护

熟悉无线网卡的设置，并能够按照要求规范配置，如自动配置 TCP/IP 通信参数等。了解无线网卡驱动特性，并可以按需求更换网卡驱动。网卡性能有强弱差异，所以需要明确所使用网卡支持及不支持的特性，如有的无线网卡不支持帧的捕获功能等。

无线客户端种类繁多，功能良莠不齐。明确客户端中可以修改的参数含义，如图 5-36 所示，就需要明确 WPA 的具体含义，并谨慎正确修改。应该熟悉微软客户端的使用和配置，必要时用以排除无线客户端问题。

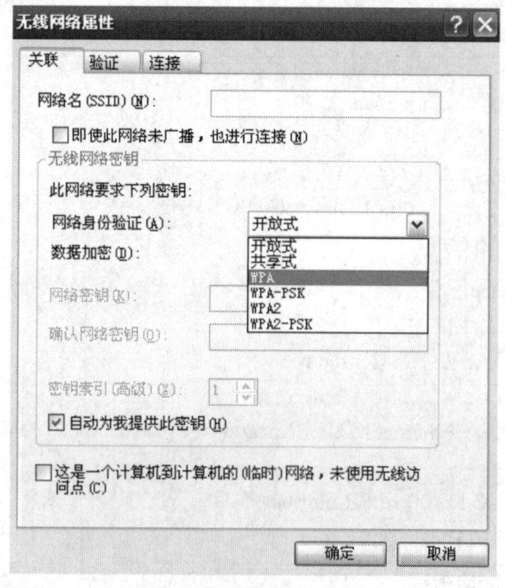

图 5-36　设置无线终端的身份认证方式

5.9.6　WLAN 常见故障的排除

1. 物理连接问题与诊断方法

据统计，OSI 参考模型的物理层发生故障的可能性要远远高于其他各层，因此，从第 1

层开始，检查物理连接通常能够节省宝贵的时间。当检查物理连接时，要注意每台设备的端口 LED 状态。每台设备都有不同的 LED，例如，无线控制器上的 LED 就不同于 AP 上的 LED，但是它们都有一些共同的颜色标记。通常红色表示不好，白色表示不太好，绿色表示好。

2. 配置问题及故障排除

配置问题一般是人为失误造成的，由于对产品不熟悉或者对某些配置功能理解错误，从而造成某些无线网络功能无法正常使用。例如无线客户端无法连接到 AP，检查配置后发现无线 AP 启用了 DHCP 服务功能，客户端配置了一个和无线 AP 的 DHCP 分配的 IP 地址不在同一个网段的 IP 地址。

一般排除方法：

（1）咨询无线功能配置方法，对照配置手册，仔细检查配置。

（2）确定是无线功能实现问题，与网线接触不好、硬件设备损坏等问题无关。

（3）组网较复杂时，结合典型配置案例，对照分析，查找配置问题的具体原因。

3. 信号弱问题及故障排除

信号弱问题一般是在部署网络时造成的，由于部署方案不够全面，造成部分区域没有覆盖到或者信号强度无法保证正常使用。例如，使用 Network Stumbler 软件测试发现对应 AP 的信号强度（Signal＋）只有-84dBm，比较弱，连接状态显示为断开状态的黄色，如图 5-37 所示，这时需想方设法提高信号强度。

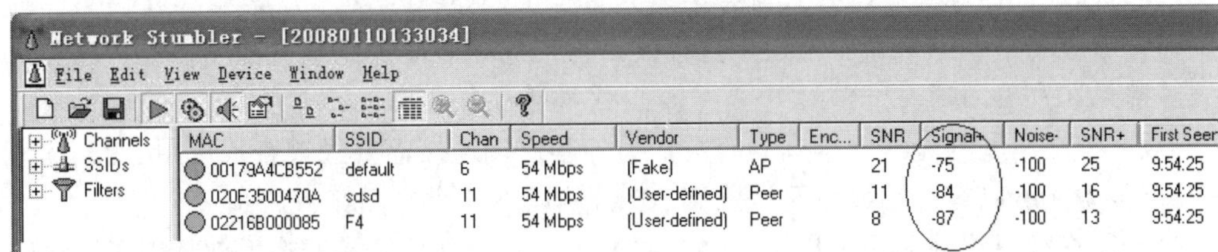

图 5-37　使用 Network Stubler 软件发现信号弱问题

一般解决方法：

（1）检查线路和设备正常，排除网络设备和线路不正常的问题。

（2）在现有网络允许的情况下，增加无线 AP 来解决信号弱和覆盖不全面的问题。

（3）在充分了解现有建筑物结构和材质的基础上，在允许的前提下，改变原有部署方案，重新部署 AP。

（4）在现场安装可行的情况下，增加天线来解决信号弱的问题。

4. 信号干扰问题

信号干扰问题一般是由于信道划分不够合理（邻道干扰或同频干扰）或者信道覆盖区域的无线环境比较复杂（多径干扰和环境干扰）。例如：无线环境中存在同频段的其他无线设备，图 5-38 中的微波炉（Microwave oven）造成信号干扰，会影响无线客户端（Station）使用网络的效果。

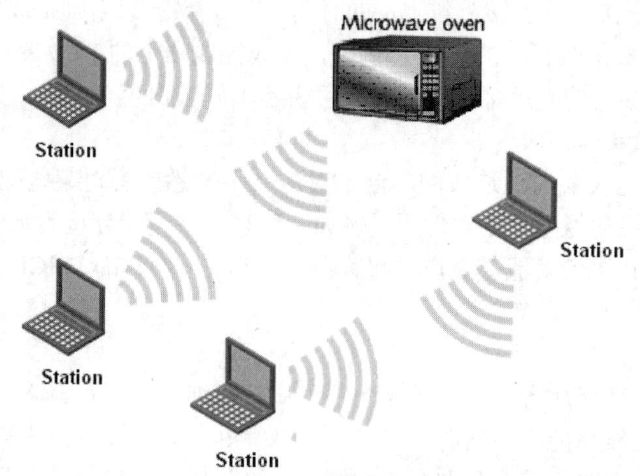

图 5-38　微波炉造成信号干扰问题

一般排查方法：

（1）检查 AP 信道设置，结合 AP 布点拓扑，安装蜂窝组网方式，把信道设置在三个不重叠的信道上。

（2）通过信号终端或软件，查看无线网络环境，找出干扰源，查清区域无线信道分布情况，有针对性地根据蜂窝组网方式调整信道分布和相关环境因素。

（3）通过功率调整来减少信道干扰程度，将干扰尽量减少到最低程度。

5. 常见客户端问题

一般客户端问题与无线网卡本身有关，另外客户端连接需要经过查找可用 AP、认证、连接等几个步骤，所以客户端如果无法连接 AP 可从以下几个方面排查。

（1）检查客户端网卡是否启用。许多便携式电脑的硬件转换器在内部禁用了无线网卡，从而导致问题发生。

（2）检查 SSID 配置是否正确。

（3）验证客户端是否正在使用无线电，而该无线电在 AP 上没有启用。

（4）验证客户端的 MAC 地址是否被列入网络的“黑名单”。

（5）若使用 802.1x，验证客户端侧是否被配置为支持诸如 Extensible Authentication Protocol-Transport Layer Security（EAP-TLS）的网络方法。

（6）验证客户端是否得到一个在网络某处被访问控制列表阻塞的 IP 地址。

（7）检查客户端防火墙或杀毒软件，因为它们可能会阻塞访问。

（8）如果你正在为无线认证使用预共享密钥，则要验证它们在客户端一侧是否配置正确。同时要验证它们是否配置了正确的长度。

（9）发生在客户端和 AP 之间的另一种问题是近远问题（Near/Far Issue），这是由于 AP 发射机功率比客户端发射机功率大而造成的。当客户端发现 AP 时，由于 AP 的信号强，该客户端会尝试与 AP 相关联。因为客户端发射机功率比 AP 发射机功率弱，所以客户端达不到 AP 覆盖的范围。这意味着客户端的传播无法到达 AP，从而关联失败。可利用控制器特性来解决这个问题。控制器可帮助监控客户端信号，并根据需要调整无线资源。

工作任务

任务一　编写 WLAN 覆盖项目书

〖任务分析〗

根据本章的项目情境描述，为瑞达电子科技有限公司 WLAN 扩展项目，编写 WLAN 覆盖项目书，为该项目的实施提供执行依据，项目书内容涉及：

（1）项目背景：可以从公司的规模、开展的业务等方面加以描述。

（2）详细的需求分析：可以从提供高性能、高可用性、高安全性和便于管理等无线网络服务着手分析。

（3）周围环境情况：可以从现有网络环境、周围无线网络使用情况、有线出口、电源位置等进行描述。

（4）WLAN 频率规划、覆盖规划和容量规划等。

（5）WLAN 组网规划：包括拓扑图设计、IP 地址规划、VLAN 规划、SSID 规划、供电情况等。

（6）项目实施计划：项目方案执行的时间进度情况，细化到每一天要完成的工作任务。

（7）设备选型：所有设备为 Cisco 无线网络系列设备，对该项目要使用的关键设备的性能指标进行分析，确保能满足用户的需求。

（8）工程报价：描述该项目使用产品的规格型号、数量、单价等。

（9）《瑞达电子科技公司 WLAN 覆盖项目书》提交要求：文中内容无科学性错误、逻辑性强、语言简练、图表清晰、版式规范，字数控制在 6000 字以内。

〖实施设备〗

1 台安装 Windows XP 系统的电脑，安装有 Office 2003 组件或 Visio 2003 套件。

〖任务拓扑〗

该部分需要读者根据任务要求自行完成。

〖任务实施〗

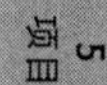

请读者参考以下无线网络规划与设计方案书，按照项目要求，完成瑞达电子科技公司

WLAN覆盖项目书的撰写。

1．项目简介

本工程为XX公司生产指挥中心工程，建于市开发区，建筑用地为长方形，地势南低北高。建筑单体由主楼、辅楼及裙楼三部分组成。其中地上部分主楼21层、辅楼12层、裙楼4层、地下室2层。保安系统中心机房裙楼一层，楼宇自控机房设在地下一层，网络主节点机房设在辅楼三层，通信机房在裙楼二层。

2．组网方案

本方案采用无线控制器+“瘦”AP控制架构，对设备的功能进行了重新划分，其中无线控制器负责无线网络的接入控制、转发和统计，AP的配置监控、漫游管理，AP的网管代理、安全控制；“瘦”AP负责802.11报文的加解密、802.11的PHY功能，接受无线控制器的管理、RF空口的统计等简单功能。H3C公司在支持这种新的网络架构时将一些新的智能功能集成进行“瘦”AP和无线控制器中，以便给用户呈现统一的网络管理接口。

（1）“瘦”AP的配置保存在无线控制器中，“瘦”AP启动时会自动从无线控制器下载合适的设备配置信息。

（2）“瘦”AP需要能够自动获取IP地址，同时“瘦”AP需要能够自动发现可接入的无线控制器，并对无线控制器和“瘦”AP之间的网络拓扑敏感。

（3）无线控制器支持“瘦”AP的设备代理和查询代理，能够将用户对“瘦”AP的配置顺利传达到指定的“瘦”AP设备，同时可以实时察看“瘦”AP的状态和统计信息。

（4）无线控制器保存“瘦”AP的新软件，并负责“瘦”AP软件的自动更新。

（5）无线控制器作为无线数据控制转发设备，放在XX指挥中心的中心机房，无线接入点则放到企业的各种室内、室外场所。“瘦”AP和无线控制器之间既可以在同一个网段，也可以不在同一个网段，它们之间通过CAPWAP协议自动建立隧道（该隧道基于UDP，可以穿越三层网络），再结合以太网交换机的接入功能，非常容易部署企业级有线无线一体化接入方案。从用户管理的角度出发，配合H3C公司的CAMS、iNode及IMC智能网管，可以做到有线设备和无线设备统一网管、有线用户和无线用户统一认证平台，从而实现有线无线一体化。

（6）“瘦”AP和无线控制器之间通过CAPWAP协议通信，“瘦”AP通过DHCP Server自动获取IP地址，并能将自己的IP地址和无线控制器自动绑定，形成关联，无线控制器能对“瘦”AP的软件版本进行自动管理并集中下发设备配置，从而使网络的管理和维护极其方便。

作为集中式WLAN管理模式特色之一的AP零配置，给中大型WLAN网络的维护带来了很大的便利性，AP在部署、升级、配置上不再需要用户的频繁干预，把网络维护者从繁重的配置操作中解放出来。AP本地不再保存配置信息，即使设备丢失也不存在因配置丢失而出现的安全隐患。

3．无线局域网覆盖原则

（1）根据大楼结构，设计方案要确保生产指挥中心整栋大楼实现无线局域网接入信号覆盖合理、美观。

（2）对于特定的场所给予特定考虑（例如人数密度大的会议室、领导办公室），以增强这些地方的无线信号质量。

（3）组网具有一定的灵活性，在具体实施以及后期升级改造中具有调整空间。

4. 无线 AP 部署

通过无线局域网覆盖范围的宽度和长度来确定无线局域网覆盖区域的大小。一座办公楼可以被划分为多个部分进行设计。例如，可以单独为工程部门进行设计，因为工程部门比销售和营销人员的办公室应用需要更多的宽带；也可以独立于企业其他部分为热点区域（如会议室）进行设计，因为热点区域具有不同的接入和服务质量要求。

一旦确定了覆盖区域和这个区域中的客户机数量，就可以计算为这个区域提供服务所需的总宽带。对于企业部署来说，一条有效的经验是，将基本联系速率在 802.11b 时设置为 54Mb/s，802.11a 时设置为 36Mb/s。然后，就可以利用下列公式计算给定服务区域所需要的 AP 数量：

(带宽×用户数×每用户所需速率)/(效率×每 AP 基本联系速率)=给定服务区域所需 AP 数量

其中，效率表示总开销效率因子，包括 MAC 低效率和纠错开销。例如，一个会议室希望利用 802.11b 技术在每用户所需速率为高吞吐量的环境中，为 100 位雇员提供 500KB/s 的双向数据。这家公司希望得到每 AP 的最大联系率（对于 802.11b 来说，这意味着 54Mb/s 和 75m 的传输距离）和运行效率为 80%的网络。

这些数字运算如下（双向数据时将带宽×2）：

$$(2\times500\text{KB/s}\times100\times25\%)/(80\%\times54\text{Mb/s})=5.5$$

需要始终将 AP 总数归到一个整数上，以保证足够带宽。因此，在本例中，满足会议室的无线网络容量需要六台 AP。一旦根据容量计算得出所需要的 AP 数量后，必须计算提供足够的覆盖需要多少台 AP。对于高速企业部署来说，应将预期容量超过覆盖。

除了人数的考虑，还要重点考虑无线传输过程中的信号衰减问题。现阶段可提供的 2.4GHz 电磁波对于各种建筑材质的穿透耗损的经验值如下：

（1）隔墙的阻挡（砖墙厚度 100～300mm）：20～40 dB；

（2）楼层的阻挡：30dB 以上；

（3）木制家具、门和其他木板隔墙阻挡：2～15dB；

（4）厚玻璃（12mm）：10dB（2450MHz）。

另外，在衡量墙壁等对于 AP 信号的穿透损耗时，需考虑 AP 信号入射角度。一面 0.5m 厚的墙壁，当 AP 信号和覆盖区域之间直线连接呈 45° 角入射时，相当于 1m 厚的墙壁；2° 角相当于超过 14m 厚的墙壁。所以要获取更好的接收效果应尽量使 AP 信号能够垂直地穿过（90° 角）墙壁或天花板。

根据实际工堪及计算，XX 生产指挥中心大楼统计 AP 设备分布如表 5-18 所示。

表 5-18　AP 设备分布表

楼层	位置	AP 数量	描述
楼下一层	地下室	1	地下车库，主要对车队休息室覆盖
一层	结算大厅	1	通过功分器，在走廊部署 1～3 个吸顶天线
	营销大厅	1	通过功分器，在走廊部署 1～4 个吸顶天线
	展示厅	2	通过功分器，在走廊部署 2～6 个吸顶天线
	入口大厅	3	通过功分器，在走廊部署 6～9 个吸顶天线
	礼堂	4	礼堂大厅可采用定向天线覆盖
二层	档案馆	2	室内全向吸顶天线覆盖
	职工餐厅	2	接入数量较少，采用自带天线或吸顶天线
三层	主楼办公室区	4	通过功分器，在走廊部署 4～8 个吸顶天线
	辅楼办公室区	2	通过功分器，在走廊部署 2～6 个吸顶天线
四层	主楼办公室区	4	通过功分器，在走廊部署 4～8 个吸顶天线
	辅楼办公室区	2	通过功分器，在走廊部署 2～6 个吸顶天线
	会议室	4	200 人的会议室要保证可容纳同时接入数量大于 160
五到十六层	办公室区	36	每层 3 台，通过功分器，在走廊部署 3～9 个吸顶天线
十七层	办公室区	4	通过功分器，在走廊部署 4～8 个吸顶天线
十八层	办公室区	4	通过功分器，在走廊部署 4～8 个吸顶天线
十九层	办公室区	4	通过功分器，在走廊部署 4～8 个吸顶天线
二十层	餐厅	2	接入数量较少，采用自带天线或吸顶天线
二十一层	休闲室	2	接入数量较少，采用自带天线或吸顶天线
附楼五层到十二层	办公室区	16	每层 3 台，通过功分器，在走廊部署 3～9 个吸顶天线
合计		100	

5. 频道划分

一般来说，规划 AP 频点时，需尽量将两个相邻 AP 设定在相隔频道上。WLAN 是干扰受限系统，相邻两 AP 所采用的频点影响着连接信号质量（Link Quality）。随着距离的增加，信号质量和强度会变差和减弱。接收的信号质量与传输速度并无绝对关系，但信号质量越差，表示受干扰而导致联机中断的几率增加，若中断次数增多，则传输速率会降低。在理论上，在 2Mb/s 的 DQPSK（差分二进制相移键控）调制或 11Mb/s 的 CCK（Corporate Control Key，共同键控）调试方式下，单个 Packet 长 1024B，FER 小于 8%的条件下，要求相邻频点的隔离度≥35dB。

6. AP 供电方式

考虑到本地取电具有一定难度，可以使用 PoE（Power over Ethernet）供电方式以减少在每个单独的 AP 处插电的需求。具有 PoE 端口的交换机或任何符合 802.3af 标准的设备（H3C 提供了各种外部和备用 PoE 源）可通过以太网电缆提供电源和数据。

另一方面，考虑到每层配线间接入交换机没有多余的接入口预留给 AP，采用相同品牌的 H3C S3100-EI 交换机。31-EI 支持 PoE 技术并且可以和 AP 之间更好地兼容。普通以太网 PoE 供电需经过弱电桥架走线对交换机所连接的设备进行远程供电，从而使得不必在现场为设备部署单独的电源系统。能够极大地减少部署终端设备的布线和管理成本。具体型号包括 8 口、16 口、24 口。从每层 AP 分布数量来看，选用 8 口的交换机可以满足实际使用需求。

任务二　WLAN 覆盖项目实施与测试

〖任务分析〗

根据任务一设计的项目方案，首先完成设备的安装、配置与测试工作。

〖实施设备〗

2 台安装 Windows XP 系统的电脑，安装有 Office 2003 组件或 Visio 2003 套件。2 块 Tenda 无线网卡，1 台 Cisco WLC，4 台 Cisco AP，路由器与交换机若干台。

〖任务拓扑〗

参考任务一设计的拓扑图。

〖任务实施〗

1. 制作若干条网线（注意区分直连线和交叉线），并根据网络拓扑图将设备准确无误地连接起来。

2. 给设备上电，核查设备能否正常启动，并清空设备的配置，以免对本项目的实施造成干扰。

3. 根据方案书中的 IP 地址规划表和 VLAN 规划表，在设备上完成接口 IP 地址、VLAN 的配置和管理 IP 地址的配置。

4. 本次无线局域网的核心设备是 WLC，配置时可以采取 Web 方式，也可以采用命令行的方式。本部分配置可参考项目 3 和项目 4 相关任务中关于 WLC 的配置步骤。

5. 完成设备的配置和调试工作后，保存配置并备份。

6. 使用无线终端、Ping 命令、NetStumble 软件和 Chariot 软件，完成所组建无线网络的连通性、延时、吞吐量、信号强度、抗干扰能力等的测试。这里给出 Chariot 软件测试 WLAN 吞吐量的主要过程。

（1）如图 5-39 所示，首先启动 Chariot 控制台，然后在需要进行测试的计算机上运行

Endpoint 程序，单击 New 按钮建立一个新的测试脚本。

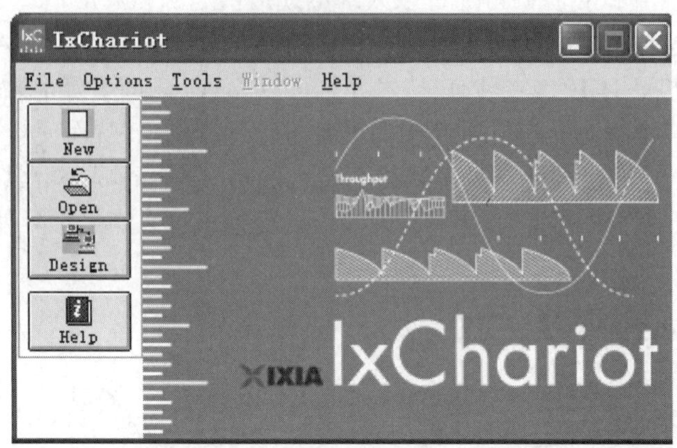

图 5-39　启动控制台

（2）如图 5-40 所示，在工具栏中添加一个新的测试节点对。

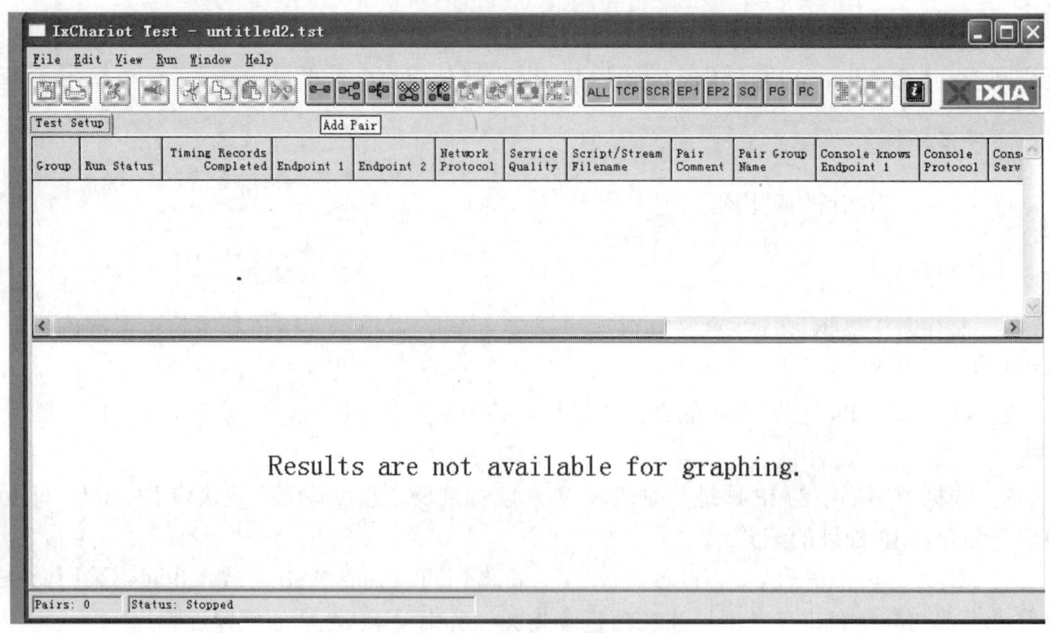

图 5-40　使用 Add Pair 添加节点

（3）如图 5-41 所示配置端节点的参数，填入两个运行 Endpoint 测试程序的计算机 IP 地址，然后再选择一个需要测试的脚本。

（4）如图 5-42 所示，选择 Chariot 提供的 Throughput 测试脚本，用于对被测网络的吞吐量进行测试。该测试脚本通过发送，接收并确认一个大文件得出吞吐量的测试结果。

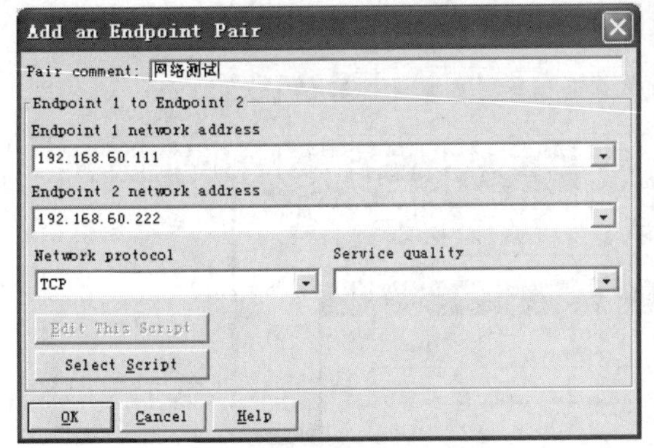

图 5-41　端节点参数配置

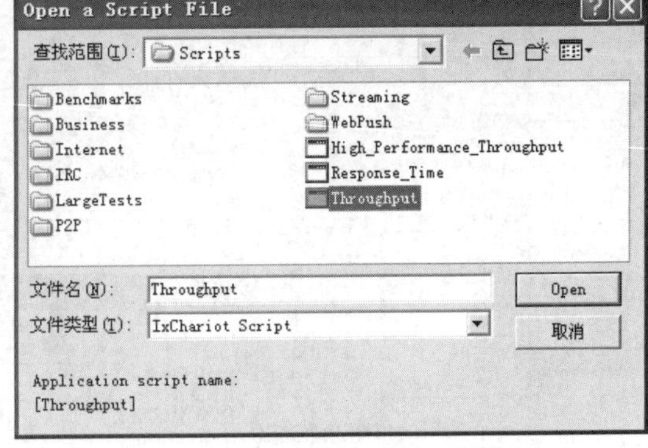

图 5-42　选择 Throughput 测试脚本

（5）由于默认脚本的参数并不适合用于此测试案例，所以需要对脚本进行修改，如图 5-43 所示。

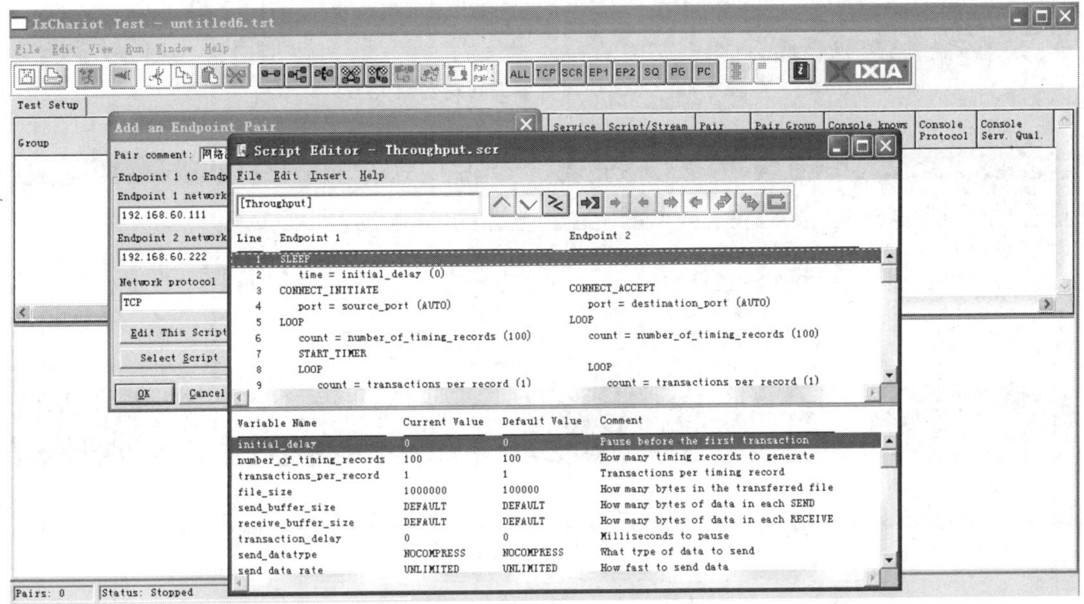

图 5-43　选择 Throughput 测试脚本

（6）此处只需修改默认传输文件的大小即可，原默认文件设置得较小，在网络中瞬间就会传输完毕，程序认为测试出来的数据不准确，所以将文件的大小数值修改为原来的 10 倍，如图 5-44 所示。

（7）Chariot 可以在同一台计算机上模拟很多请求，在这里使用双向请求，每个请求分别有 5 个模拟出来的独立线程，如图 5-45 所示。

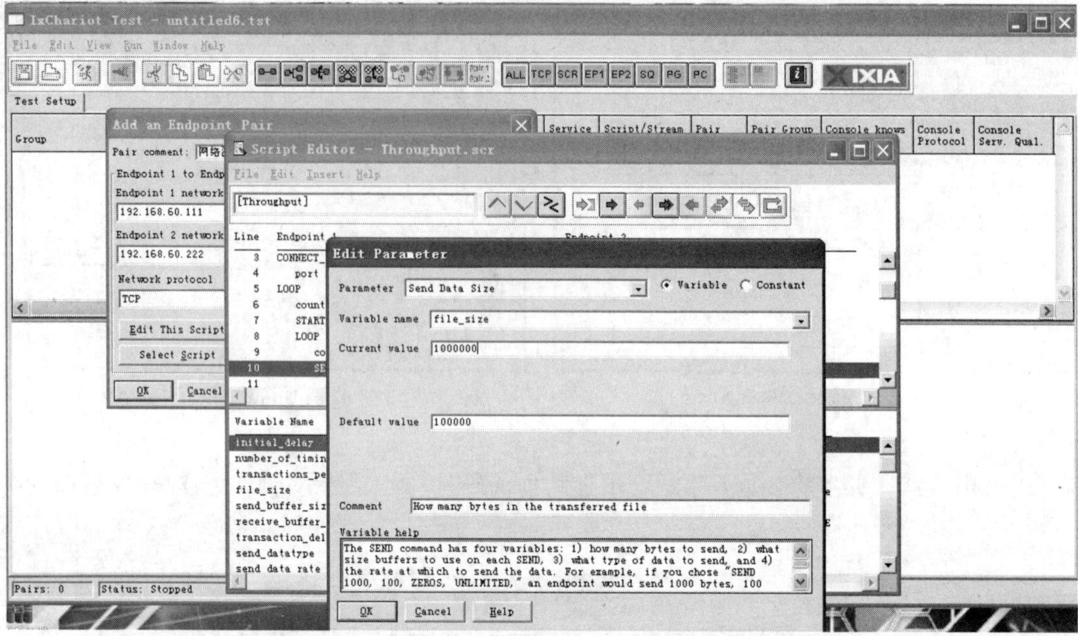

图 5-44　编辑脚本并修改传送数据大小

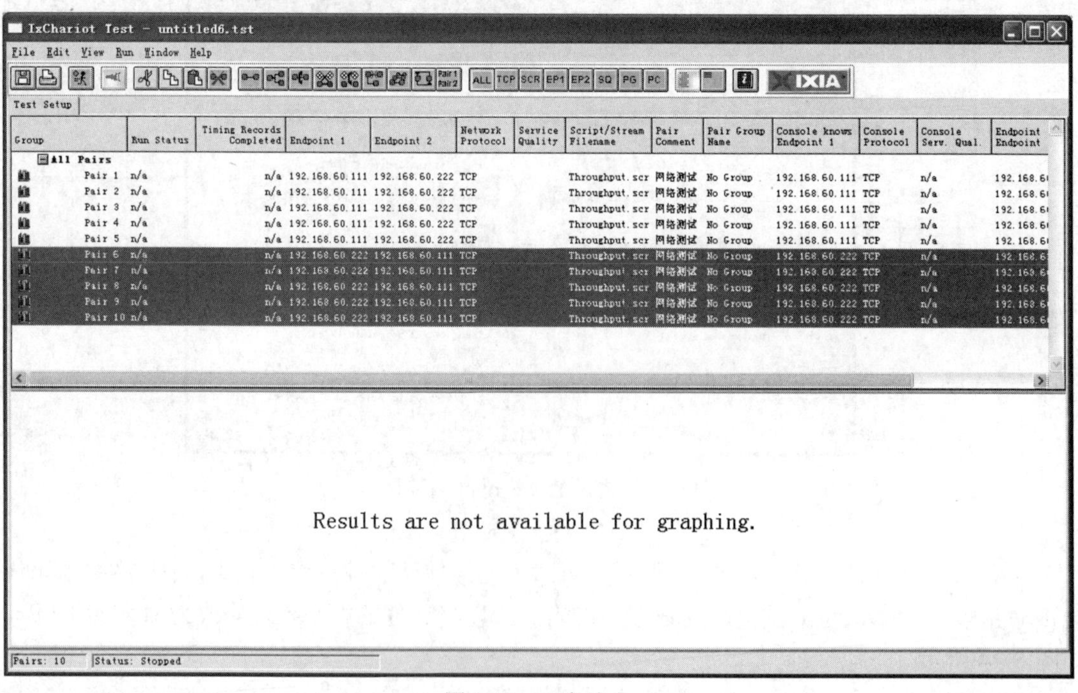

图 5-45　双向请求

（8）单击工具栏上的 Run 按钮，即开始吞吐量的测试，如图 5-46 所示。

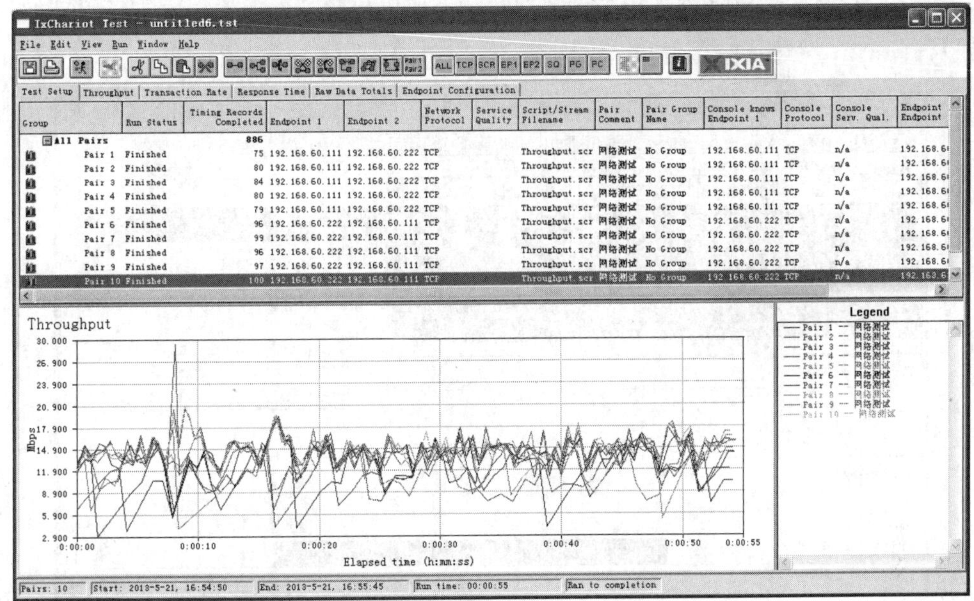

图 5-46　运行测试

（9）在测试过程中，可以实时地看到两台测试计算机之间的网络吞吐量数值，如图 5-47 所示。

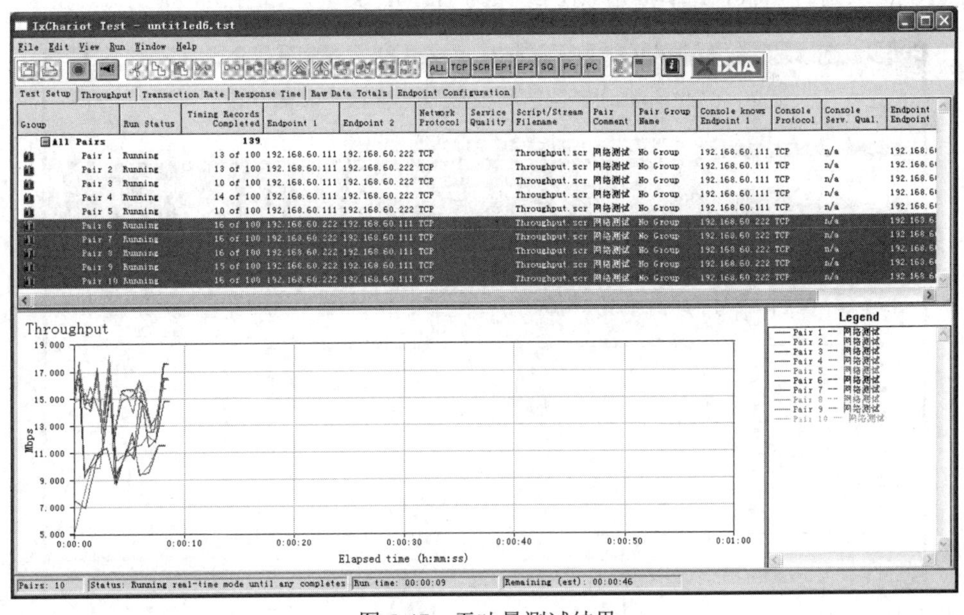

图 5-47　吞吐量测试结果

（10）测试结束时，可以看到最终数据结果，这次测试显示两台计算机之间的网络传输的吞吐量数据为 131～132Mb/s，由于是双向传输，所以最终数据速率值大于 100Mb/s，如图 5-48 所示。

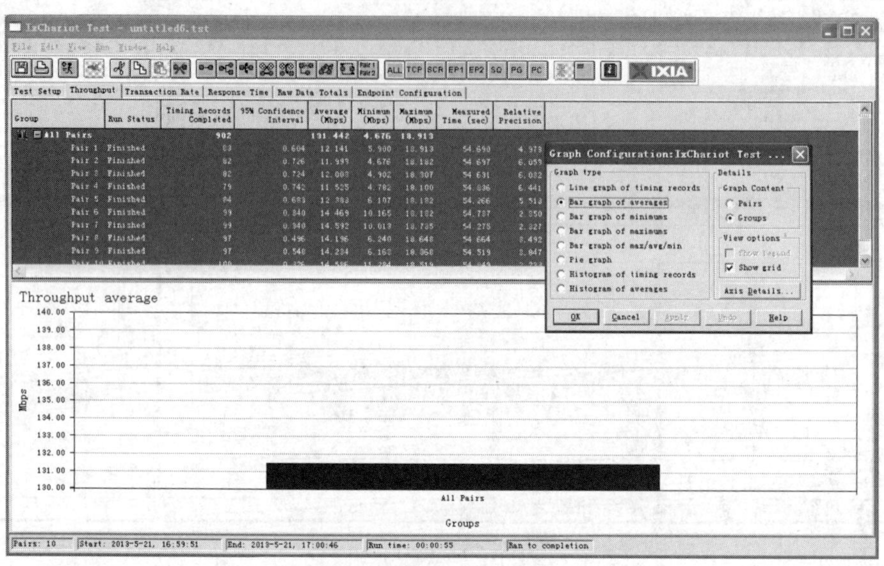

图 5-48　显示平均流量

（11）显示结果可以由多种模型显示出来，通过右击选择显示模型，支持自定义高级格式，选择流量单位级别为 kbps，选择保存测试结果为 HTML 类型，如图 5-49 所示。

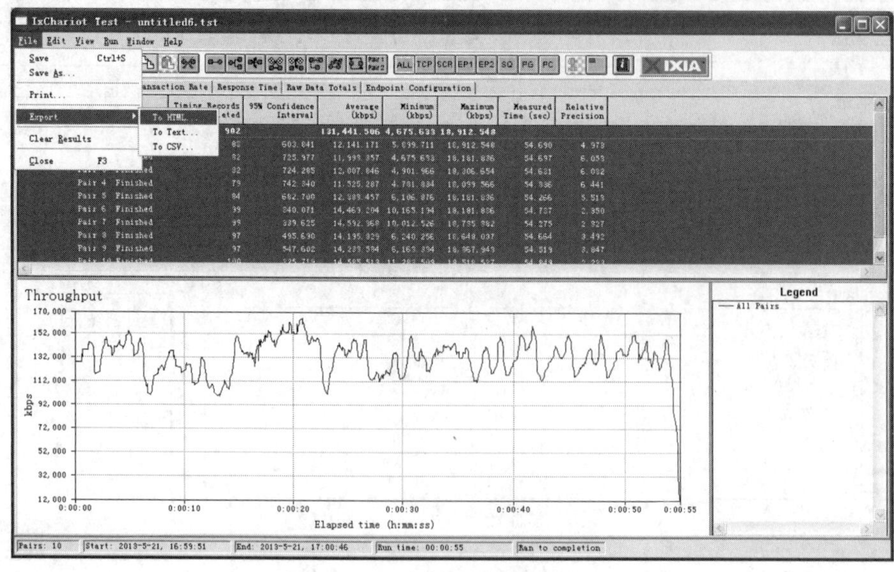

图 5-49　选择输出结果保存格式

7. 本次任务提交要求：需要提交一个书面报告，其内容应包括详细的安装情况说明、配置步骤说明、验收测试结果（含截图，截图屏幕分辨率设为 800×600），任务实施中遇到问题及其解决措施和完成本次任务的心得体会（不少于 200 字）。

任务三　使用 WCS 管理 WLAN

〖任务分析〗

Cisco 无线控制系统（Wireless Control System）是业内最全面的管理系统，用于对 IEEE 802.11n 和 IEEE 802.11a/b/g 企业级无线网络的生命周期进行管理，使网络管理员可以成功地规划、部署和监控室内及室外无线网络情况，并进行故障排除和生成报告。本任务是在完成任务二的基础上，首先安装 WCS，再利用 WCS 查看接入用户的信息，升级 WLC，使用 WCS 对无线网络进行监控。

〖实施设备〗

2 台安装 Windows XP 系统的电脑，安装有 Office 2003 组件或 Visio 2003 套件。2 块 Tenda 无线网卡，1 台 Cisco WLC，4 台 Cisco AP，WCS 软件 1 套，路由器与交换机若干台。

〖任务拓扑〗

参考任务一设计的拓扑图。

〖任务实施〗

1. WCS 的安装

安装 WCS 的计算机必须符合其硬件要求，不同规模、不同数量的无线 AP 的软件要求是不相同的。WCS 可以安装在 Windows Server 2003 SP1 或后续服务包的操作系统中或 Red Hat Linux AS/ES4.0 以上的版本中。这里只介绍 Windows Server 2003 操作系统中安装 WCS 的操作过程。

（1）将 Cisco WCS 安装光盘插入光驱中，双击 WCS-Install.exe，启动如图 5-50 所示的安装向导。

（2）单击 Next 按钮，显示如图 5-51 所示的 Wireless Control System：License Agreement 对话框，选择 I accept the terms of the License Agreement 单选按钮。

（3）单击 Next 按钮，显示如图 5-52 所示的 Wireless Control System：Check Ports…对话框，根据需要修改 Cisco WCS 的 Web 管理端口，这里保持默认设置。

（4）单击 Next 按钮，显示如图 5-53 所示的 Wireless Control System：Password Guidelines 对话框，提示在设置用户密码时的注意事项，具体包括如下内容。

- 密码最小长度为 8bit。

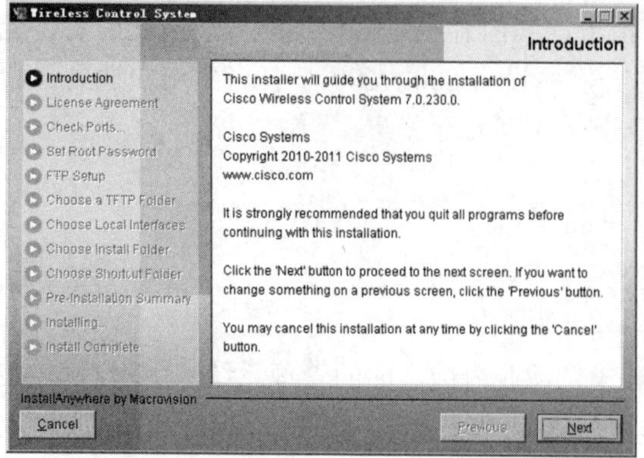

图 5-50　启动安装向导

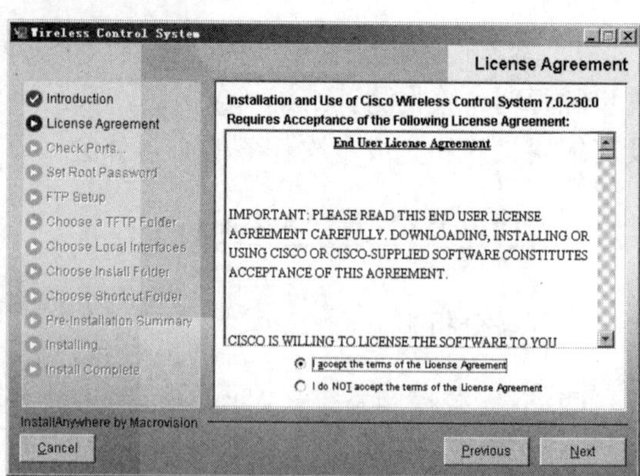

图 5-51　License Agreement 对话框

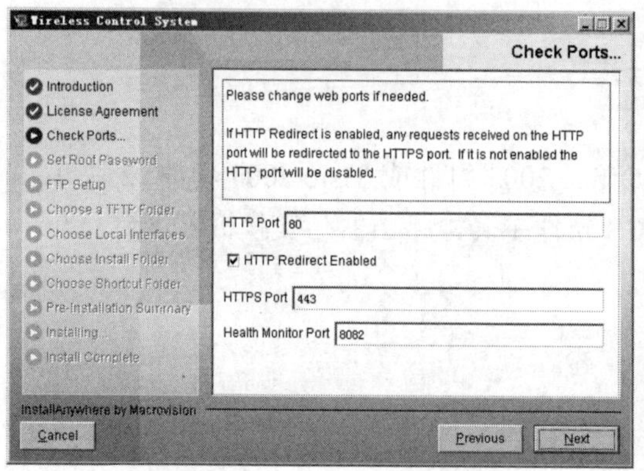

图 5-52　Check Ports…对话框

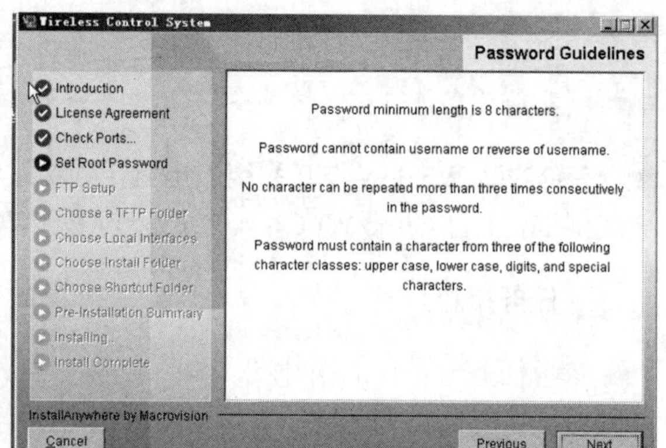

图 5-53　Password Guidelines 对话框

- 密码不能包含用户名或相反的用户名。
- 不能使用 cisco、ocsic 等与 cisco 类似的字母组合。
- Root 密码不能使用 public。
- 在密码中任何字符可以重复三次以上。
- 密码必须包含大写字母、小写字母、数字和特殊字符。

（5）单击 Next 按钮，显示如图 5-54 所示的 Wireless Control System：Enter Authentication Key 对话框。在空白文本框中，键入所要设置的用户密码。

（6）单击 Next 按钮，显示如图 5-55 所示的 Wireless Control System：Verify Authentication Key 对话框，再次键入用户的密码。

（7）单击 Next 按钮，显示如图 5-56 所示的 Wireless Control System：Enter FTP Password 对话框，设置 FTP 服务器的密码。需要注意的是，这里也必须符合密码要求。

（8）单击 Next 按钮，显示如图 5-57 所示的 Wireless Control System：Verify FTP Password 对话框，再次键入 FTP 服务器的密码。

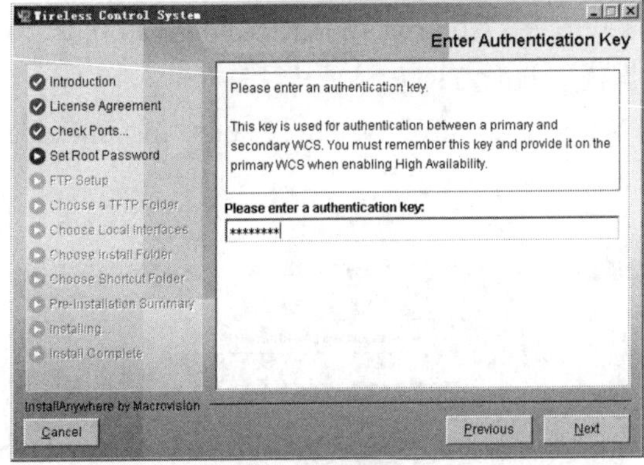

图 5-54　Enter Authentication Key 对话框

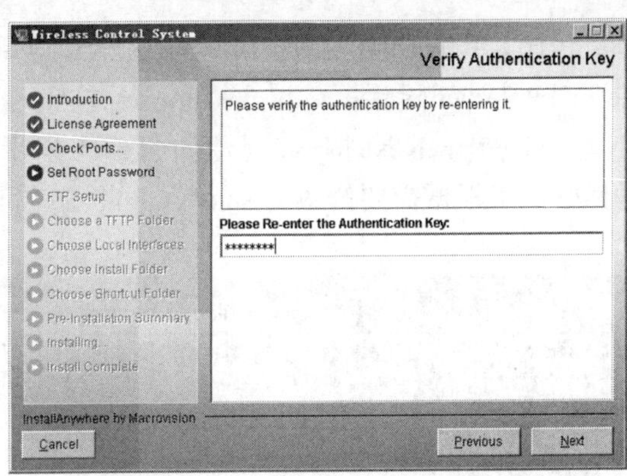

图 5-55　Verify Authentication Key 对话框

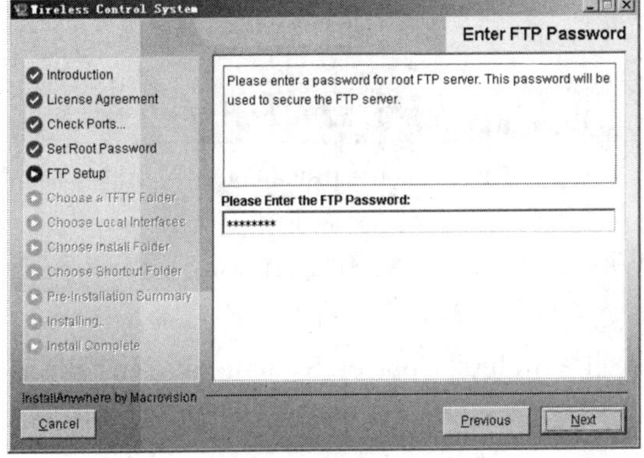

图 5-56　Enter FTP Password 对话框

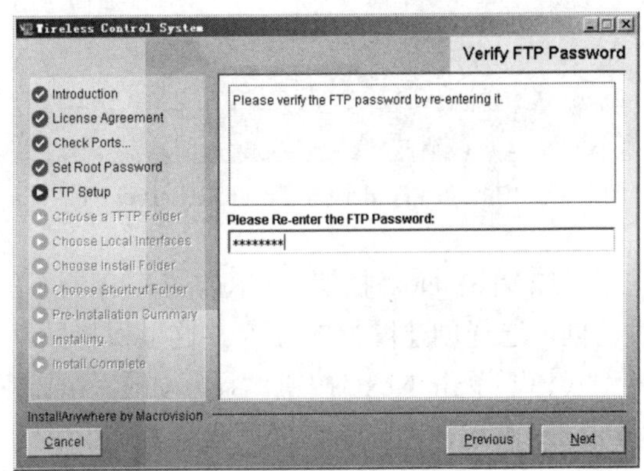

图 5-57　Verify FTP Password 对话框

（9）单击 Next 按钮，显示如图 5-58 所示的 Wireless Control System：Choose a Folder for the FTP Server”对话框。单击 Choose...按钮，根据需要设置 FTP 目录。

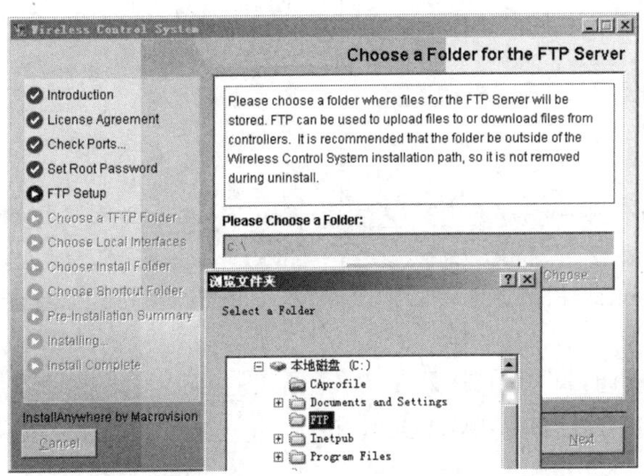

图 5-58　Choose a Folder for the FTP Server 对话框

（10）单击 Next 按钮，显示如图 5-59 所示的 Wireless Control System：Choose a Folder for the TFTP Server 对话框。单击 Choose...按钮，根据需要设置 TFTP 目录。

（11）单击 Next 按钮，显示如图 5-60 所示的 Wireless Control System：Choose Install Folder 对话框，可根据需要修改 Cisco WCS 的安装目录。

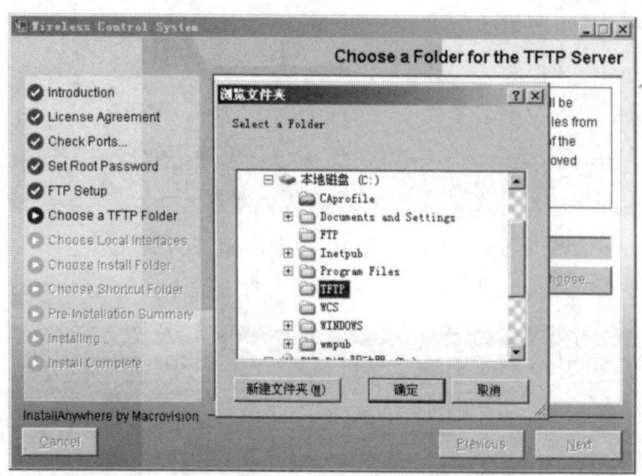

图 5-59　Choose a Folder for the TFTP Server 对话框

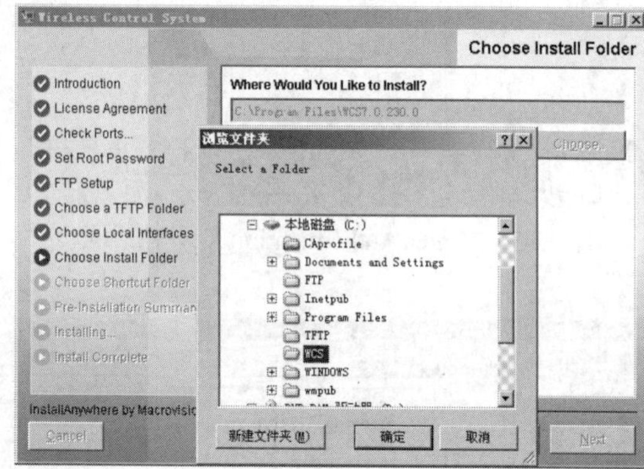

图 5-60　Choose Install Folder 对话框

（12）单击 Next 按钮，显示如图 5-61 所示的 Wireless Control System：Choose Shortcut Folder 对话框，选择创建图标的位置。这里保持默认设置，即在“开始”菜单中创建图标。

（13）单击 Next 按钮，显示如图 5-62 所示的 Wireless Control System：Pre-Installation Summary 对话框，显示前面所做的配置。

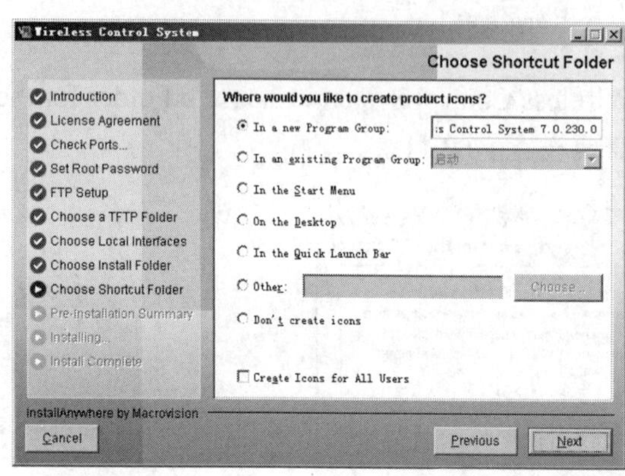

图 5-61　Choose Shortcut Folder 对话框

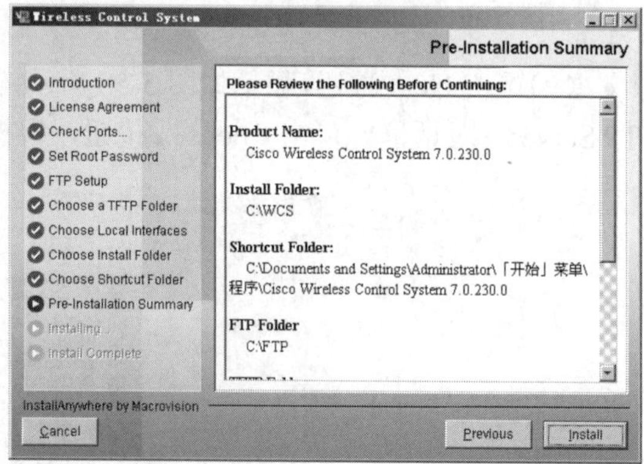

图 5-62　Pre-Installation Summary 对话框

（14）单击 Install 按钮，即可开始安装，安装完成后，显示如图 5-63 所示的 Wireless Control System：Install Complete 对话框。单击 Done 按钮，完成并关闭安装向导。

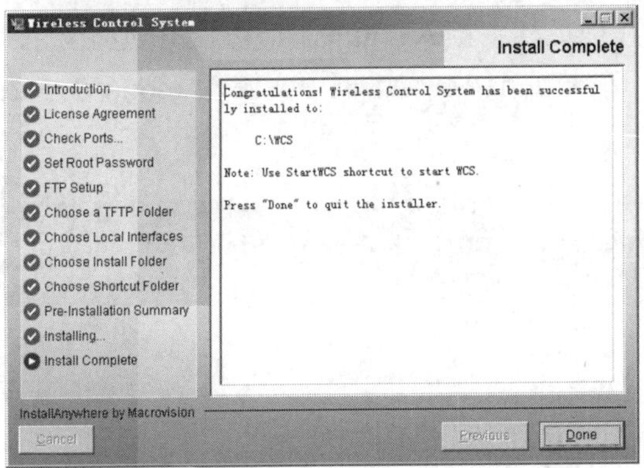

图 5-63 Install Complete 对话框

2. 登录 WCS

（1）安装完成后，可通过执行“开始”→“所有程序”→Cisco Wireless Control System→StartWCS 命令启动 Cisco WCS，如图 5-64 所示。如果以服务方式进行安装，可在重新启动计算机时与系统一同启动。

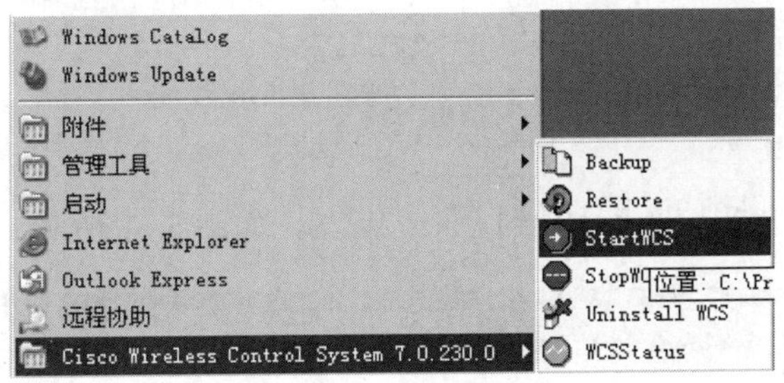

图 5-64 启动 WCS

（2）WCS 启动后，可通过执行“开始”→“所有程序”→Cisco Wireless Control System→WCSStatus 命令，如图 5-65 所示，表明 WCS 启动成功。

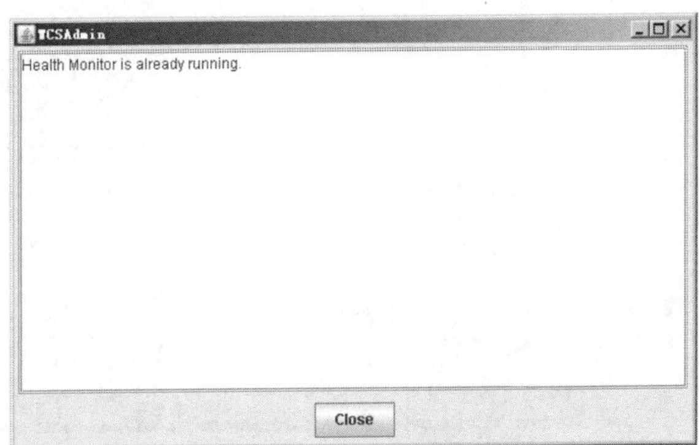

图 5-65 WCS 启动成功

（3）打开浏览器，在地址栏中键入：https://服务器 IP 地址，按下回车键，出现如图 5-66 所示的 WCS 登录窗口。在 Username 文本框中，键入 root；在 Password 文本框中键入安装 WCS 时所设置的密码。

图 5-66　WCS 登录窗口

（4）单击 Login 按钮，即可登录到 Cisco WCS，如图 5-67 所示。

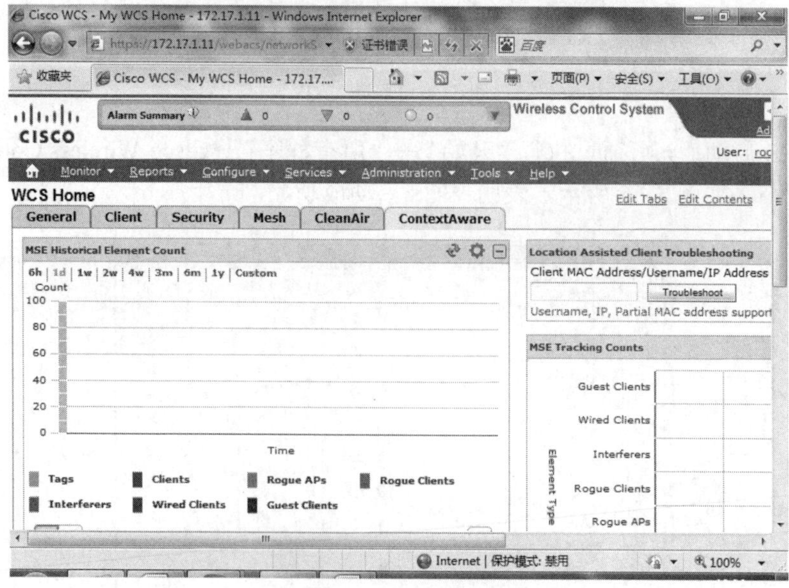

图 5-67　WCS 成功登录

3. 许可证管理

在购买WCS许可证时，需确定有多少个接入点要得到支持和授权。当接入点的数量超过许可的数量，WCS会自动生成报警。通常情况下，WCS的许可证密钥文件会通过E-mail的方式发送到用户的电子邮箱中，该文件为lic文件。需要注意的是，不要以任何方式修改该文件，否则该文件将成为无效文件。

（1）登录到Cisco WCS，选择Administration→License Center命令，如图5-68所示。

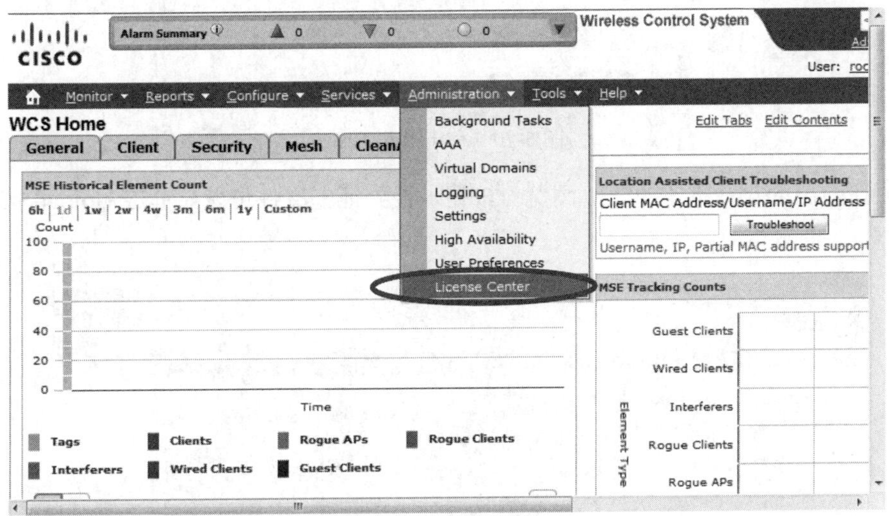

图5-68 License Center

（2）单击WCS服务器的主机名win2003超链接，如图5-69所示。

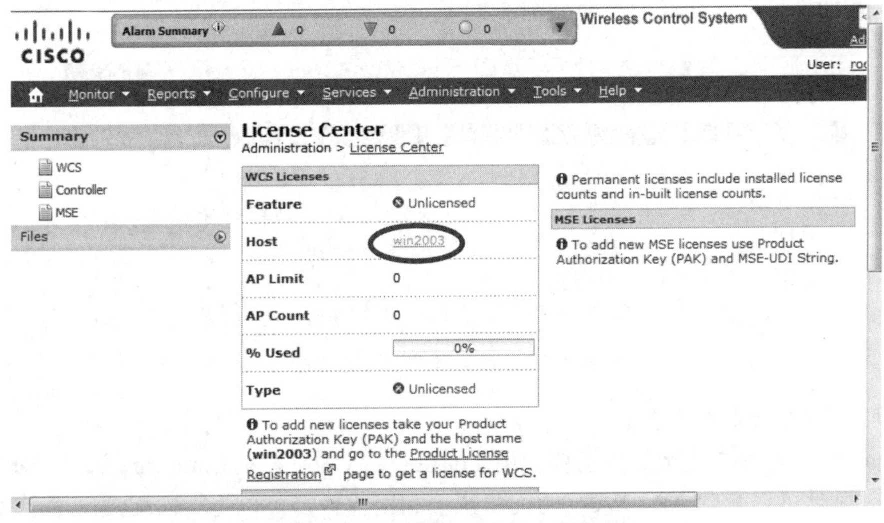

图5-69 打开服务器主机名超链接

（3）在打开 WCS 服务器的主机名 win2003 超链接到的页面中，单击 Add 按钮，如图 5-70 所示。

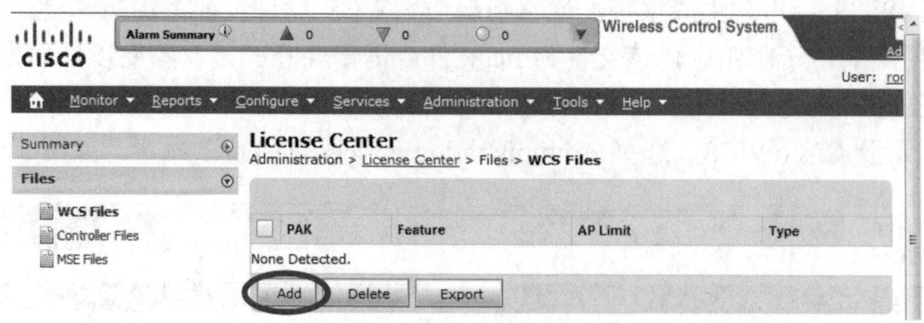

图 5-70　单击 Add 按钮

（4）在弹出的对话框中单击“浏览”按钮，找到证书文件位置，单击 Upload 按钮，如图 5-71 所示。

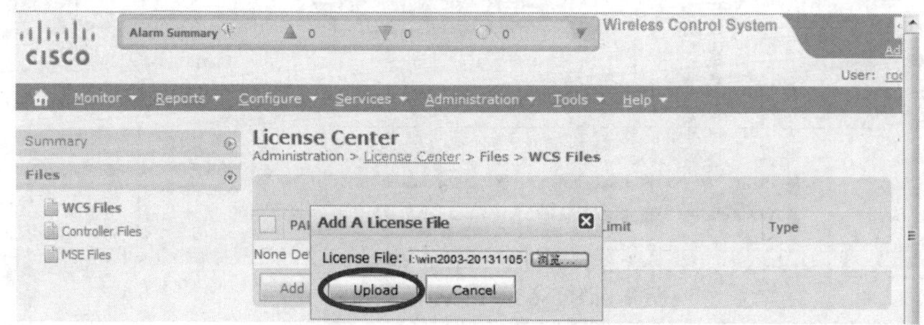

图 5-71　上传许可证文件

（5）添加许可证成功后的界面如图 5-72 所示。

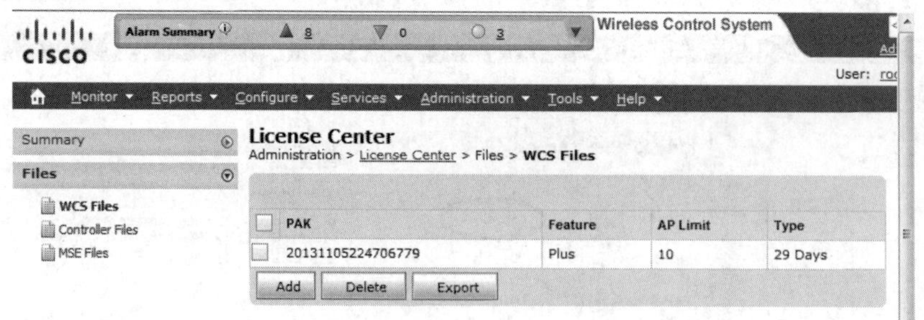

图 5-72　成功添加许可证文件

4. 利用 WCS 添加控制器

若要向 WCS 添加控制器，则需要使用 Configure 选项卡。从 Configure 选项卡不仅可以添加控制器，而且可以配置 AP。WCS 的优势在于利用模板，可以将一次配置应用于多台设备，从而为管理员节省了时间，WCS 中一些常见的模板如下所述。

- 配置 WLAN 模板
- 配置 RADIUS 认证模板
- 配置本地 EAP 通用模板
- 配置本地 EAP profile 模板
- 配置 EAP-FAST 模板
- 配置访问控制列表模板
- 配置 TFTP 服务器模板
- 配置本地管理用户模板
- 配置无线电模板

（1）登录到 Cisco WCS，执行 Configure→Controllers 命令，如图 5-73 所示。

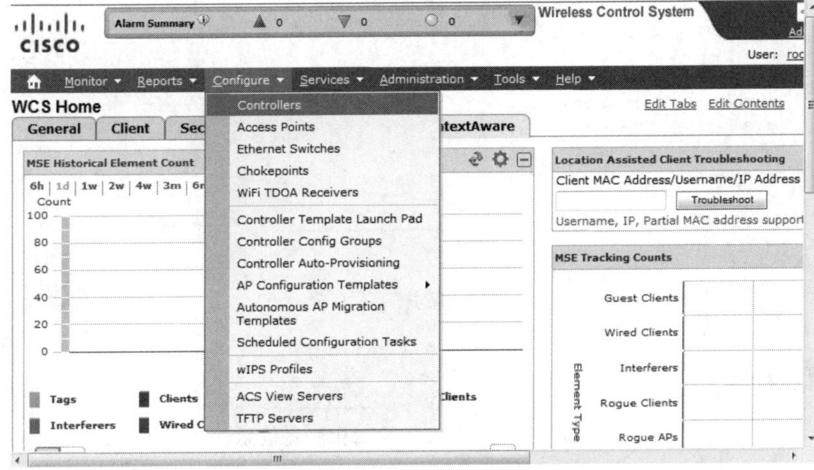

图 5-73 在 WCS 配置控制器

（2）在打开的页面中从 Select a command 下拉列表框中选择 Add Controllers，然后单击 Go 按钮，如图 5-74 所示。

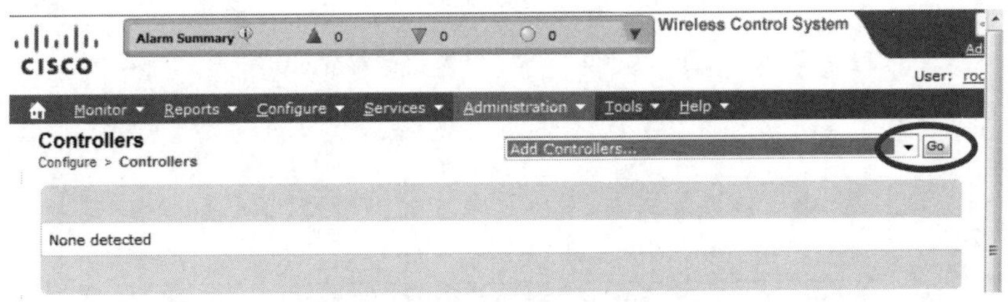

图 5-74 在 WCS 中添加控制器

（3）在打开的页面中，注意到 Add Format Type 配置为 Device Info，另一项是 File。若需要从 CSV 文件导入多台设备信息，则可使用 File 选项。当利用 Device Info 选项向 WCS 添加

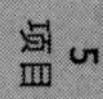

控制器时，可使用 SNMP，输入设备的 IP 地址、SNMP 版本、重试次数、超时时间和团体字符串等，单击 OK 按钮进行应用，如图 5-75 所示。

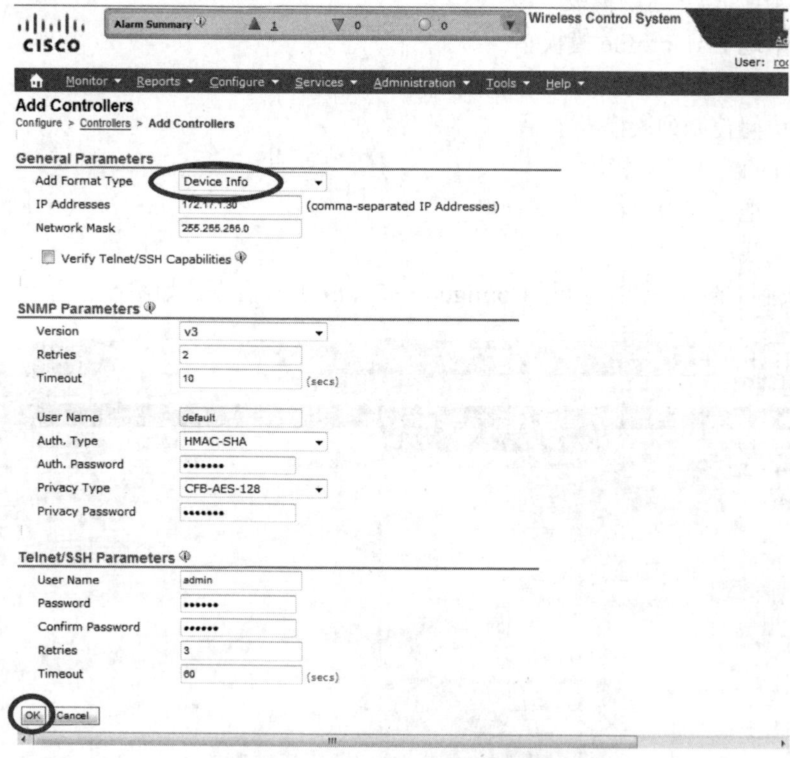

图 5-75　在 WCS 中编辑控制器信息

（4）在打开的页面中，发现控制器已加入 WCS 中，如图 5-76 所示。

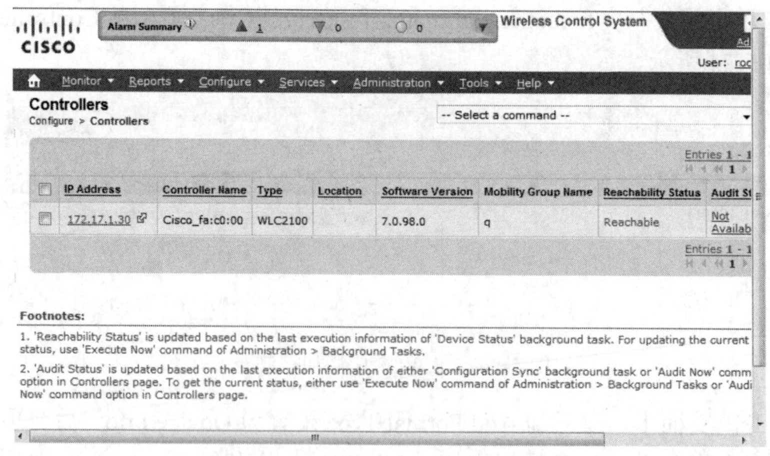

图 5-76　在 WCS 中已加入控制器

（5）在 WCS 主页面中选择 Configure→Controller Template Launch Pad 命令，如图 5-77 所示。

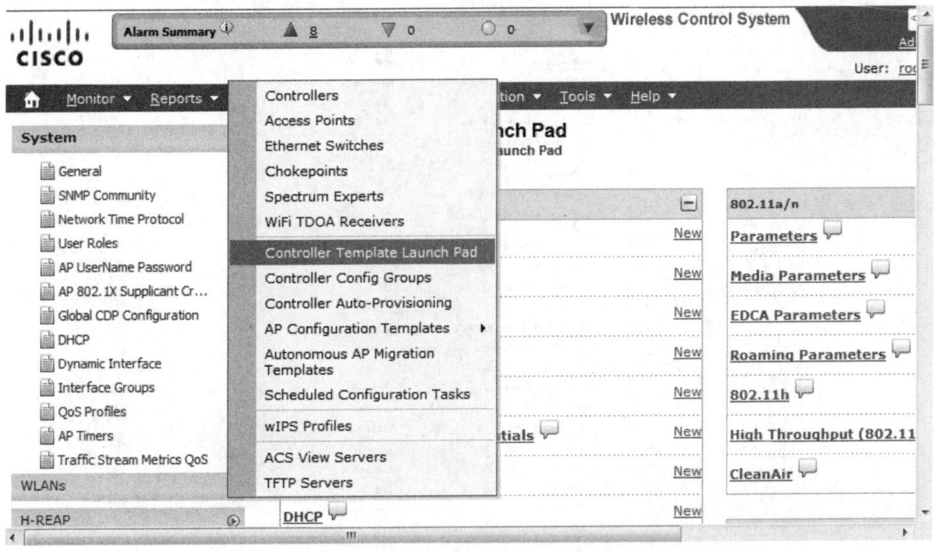

图 5-77　执行 Controller Template Launch Pad 命令

（6）在打开的页面中，从 Select a command 下拉列表框中选择 Add Template...，然后单击 Go 按钮，如图 5-78 所示。

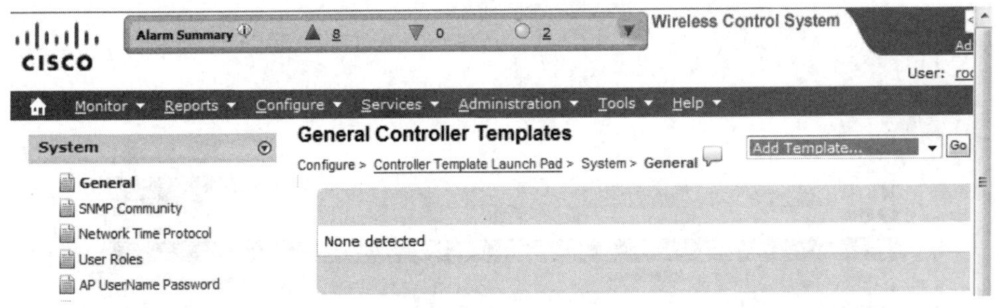

图 5-78　添加模板

（7）在打开的页面中，按要求编辑模板，并单击 Save 按钮保存，如图 5-79 所示。

（8）在 WCS 主页面中执行 Configure→Controller Template Launch Pad 命令，利用左侧工具菜单选择要应用的模板类型，从 Template Name 栏选定要应用于控制器的模板，单击 Apply to Controllers 按钮，便可将模板应用到控制器上。

5. 利用 WCS 配置 AP

（1）也可以执行 Configure→Access Points 命令，在打开的页面中，从 Select a command 下拉列表框中选择 Add Interface...，然后单击 Go 按钮，如图 5-80 所示。

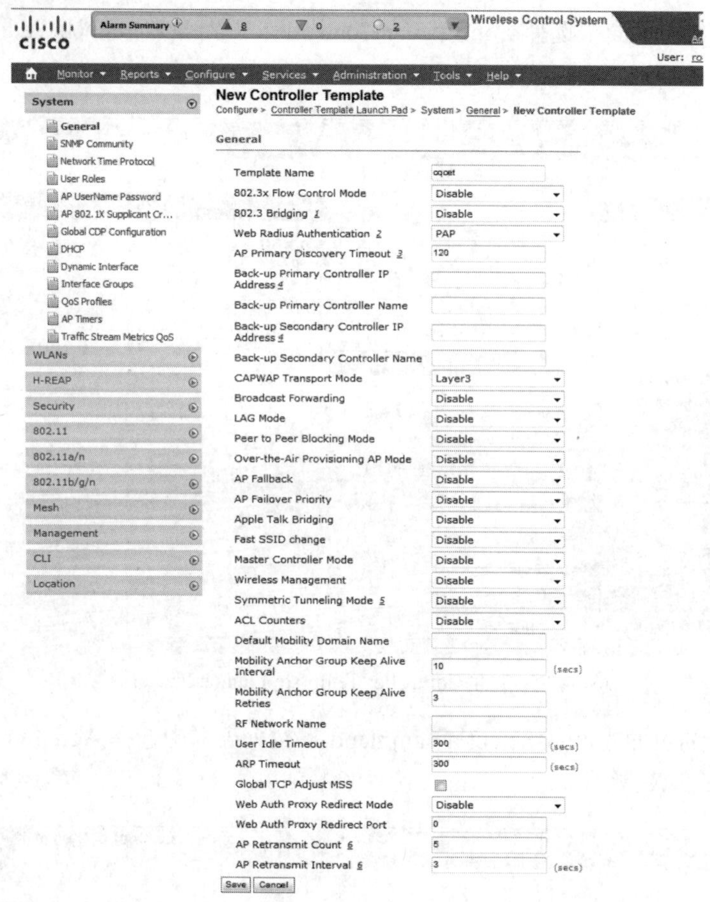

图 5-79　编辑模板

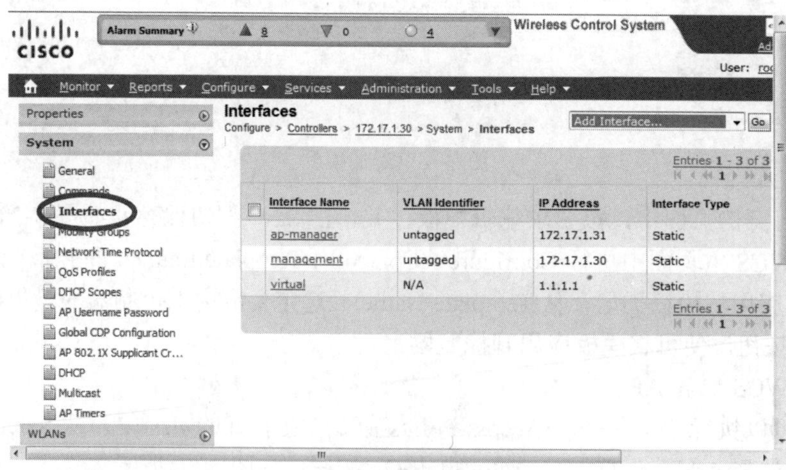

图 5-80　添加 Interface

（2）在打开的页面中，按要求编辑 Interface，然后单击 Save 按钮，如图 5-81 所示。

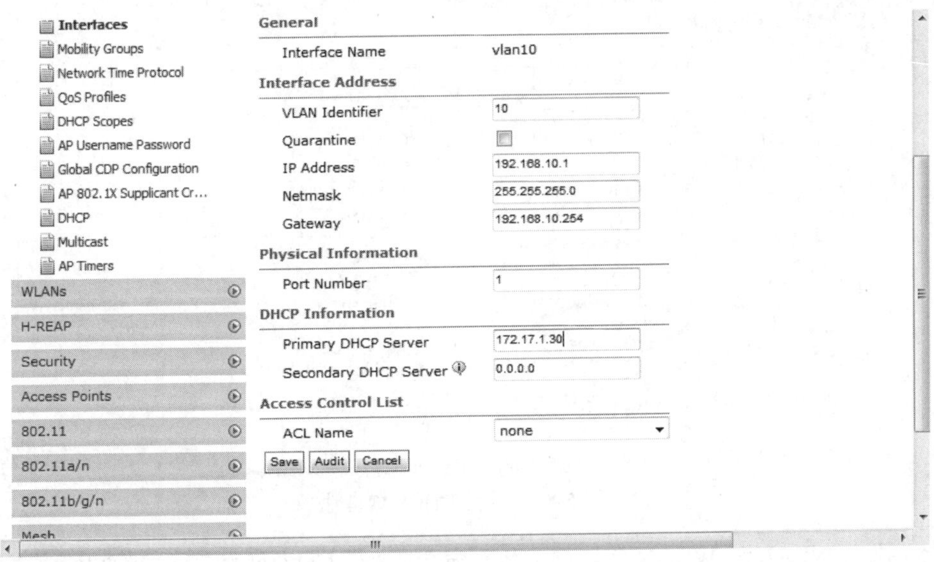

图 5-81　编辑 Interface

（3）在 WCS 主页面中选择 Configure→Controllers 命令，在打开的页面中，从 Select a command 下拉列表框中选择 Add DHCP Scope…，然后单击 Go 按钮，如图 5-82 所示。

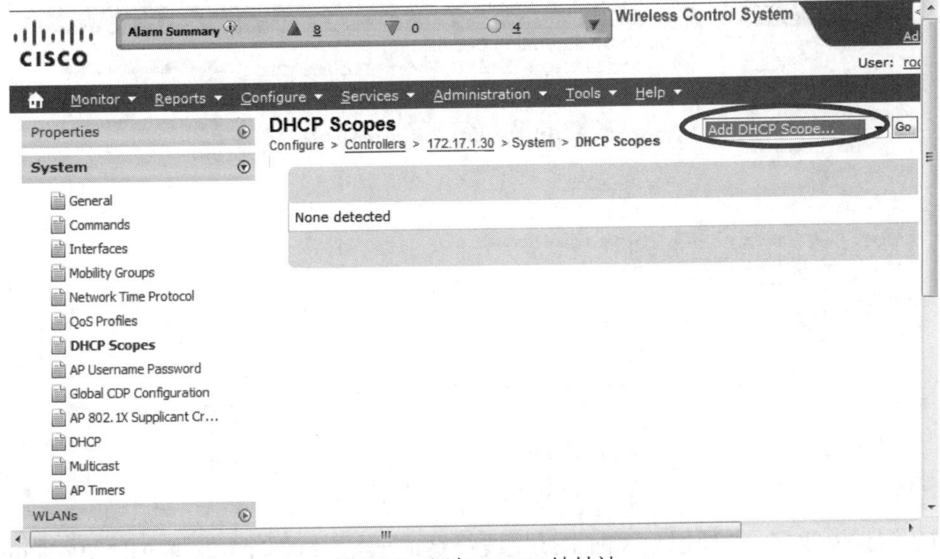

图 5-82　添加 DHCP 地址池

（4）单击添加的 DHCP 地址池名称 qq 超链接，按要求填入 DHCP 地址池相关参数，其中 Router Addresses 要设置为上一步配置的接口地址，然后单击 Save 按钮，如图 5-83 所示。

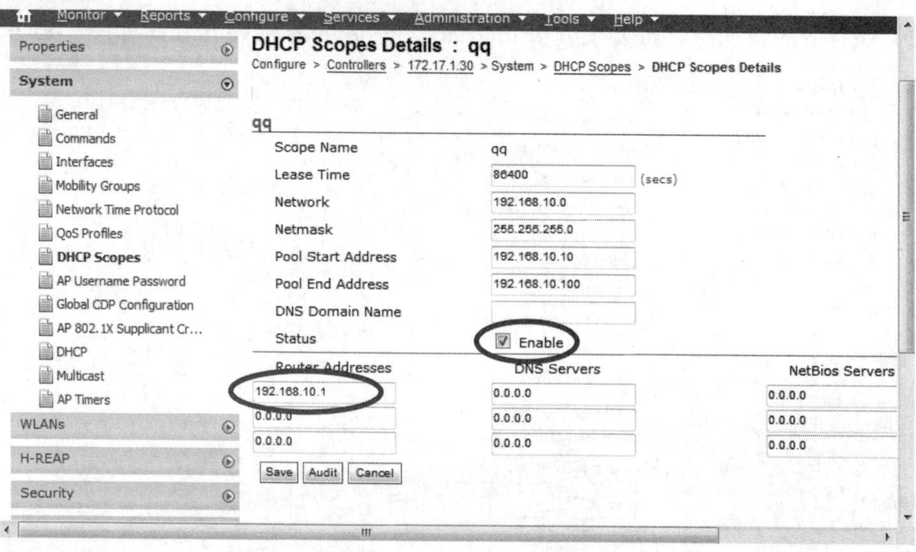

图 5-83　编辑 DHCP 地址池

（5）执行 WLANs→WLAN Configuration 命令，选择 General 选项卡，在 Status 复选框中，勾选 Enable，并单击 Save 按钮，如图 5-84 所示。

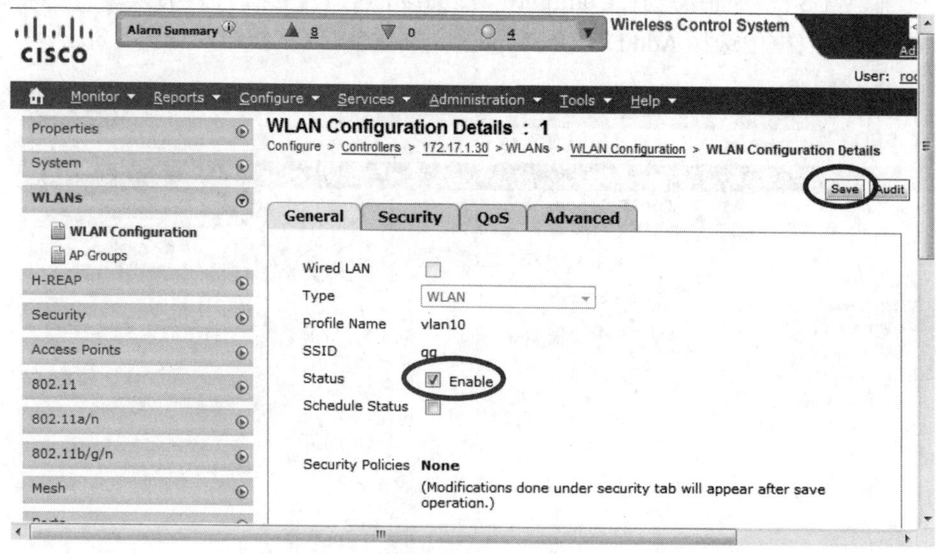

图 5-84　配置 WLAN

（6）测试无线信号。使用无线网卡或无线终端，搜索无线网络，发现 AP 已广播 qq SSID，如图 5-85 所示。

（7）使用无线客户端连接 qq 网络，无线客户端能连上 qq 网络，并能正确获取到 IP 地址，如图 5-86 所示。

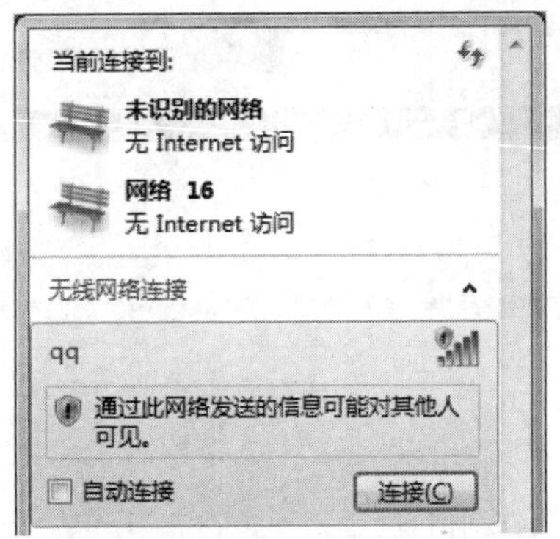

图 5-85　无线网络信号测试

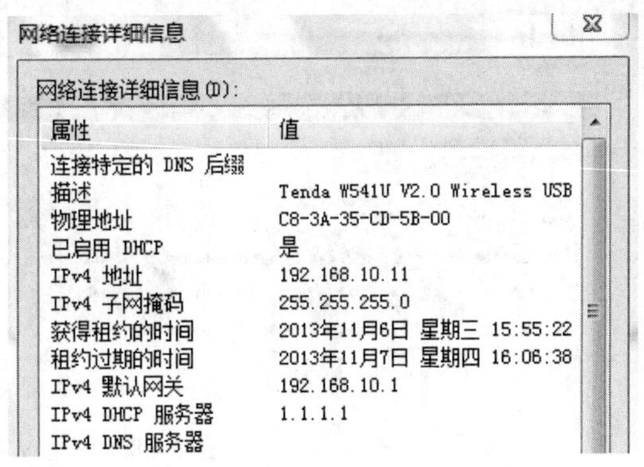

图 5-86　无线网络连接测试

6. 使用 WCS 查看接入用户的信息

（1）从 WCS 中可以查看关联的用户信息，包括用户的数量，使用的认证方式，用户的流量等，图 5-87 所示是关于用户的信息，左侧的饼图显示用户使用的认证方式以及各种认证方式所占的百分比，右上部分显示按时间分布的用户数量，右下部分显示用户的流量信息。

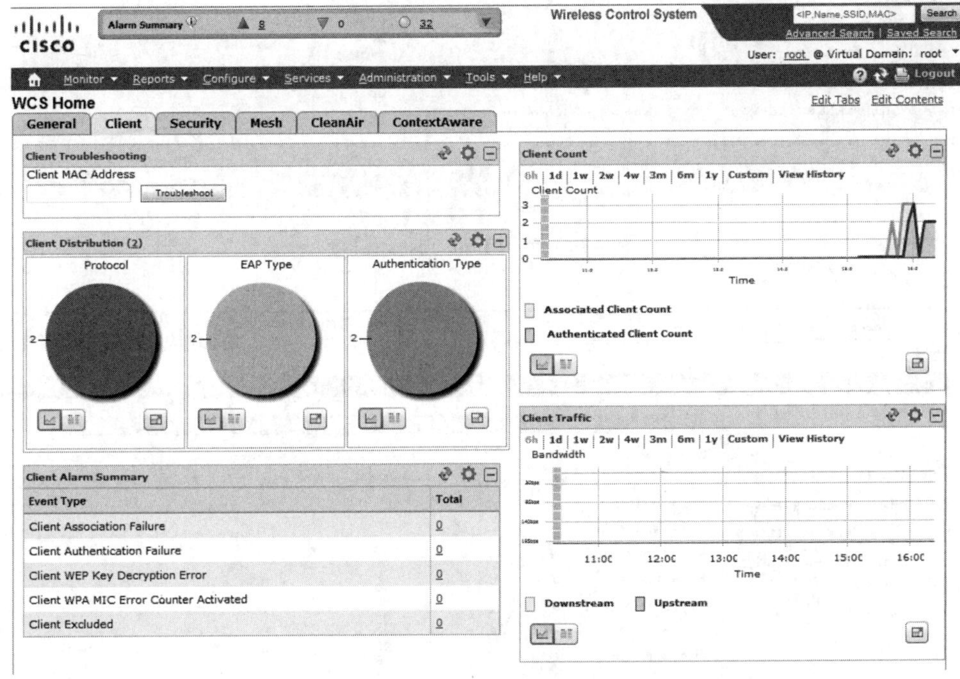

图 5-87　WCS 中用户信息查看

（2）单击对应的认证方式的饼图，即可查看采用此种方式的所有用户列表，列表信息如图 5-88 所示。

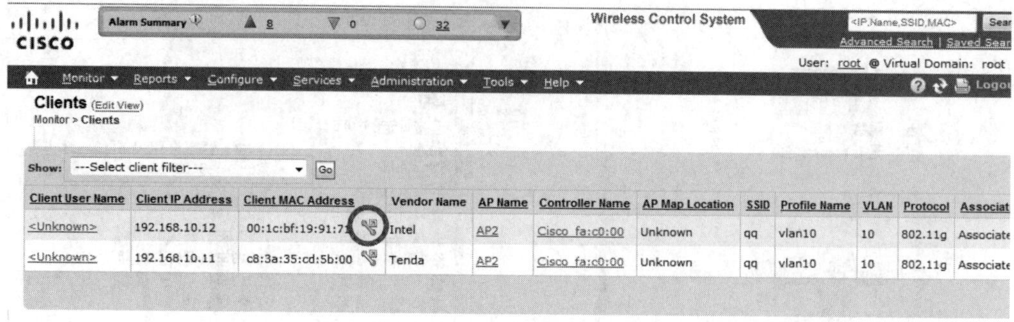

Client User Name	Client IP Address	Client MAC Address	Vendor Name	AP Name	Controller Name	AP Map Location	SSID	Profile Name	VLAN	Protocol	Associat
<Unknown>	192.168.10.12	00:1c:bf:19:91:71	Intel	AP2	Cisco_fa:c0:00	Unknown	qq	vlan10	10	802.11g	Associate
<Unknown>	192.168.10.11	c8:3a:35:cd:5b:00	Tenda	AP2	Cisco_fa:c0:00	Unknown	qq	vlan10	10	802.11g	Associate

图 5-88　使用 WCS 查看用户详细信息

（3）单击右侧的 Link Test 超链接，如图 5-89 所示，可测试客户端与 AP 之间的链路状况，如图 5-90 所示。

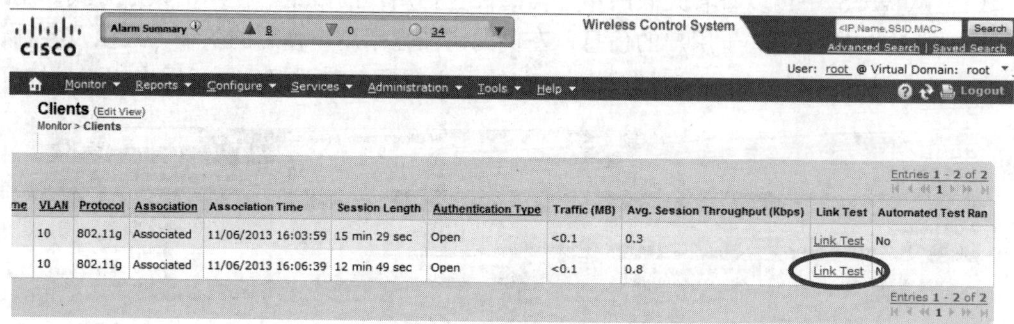

VLAN	Protocol	Association	Association Time	Session Length	Authentication Type	Traffic (MB)	Avg. Session Throughput (Kbps)	Link Test	Automated Test Ran
10	802.11g	Associated	11/06/2013 16:03:59	15 min 29 sec	Open	<0.1	0.3	Link Test	No
10	802.11g	Associated	11/06/2013 16:06:39	12 min 49 sec	Open	<0.1	0.8	Link Test	N

图 5-89　单击 Link Test 超链接

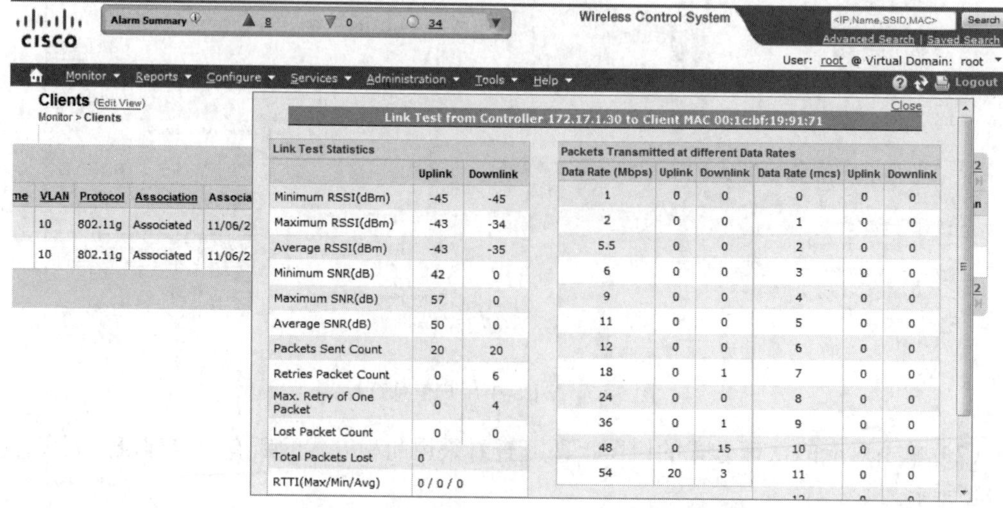

Link Test Statistics

	Uplink	Downlink
Minimum RSSI(dBm)	-45	-45
Maximum RSSI(dBm)	-43	-34
Average RSSI(dBm)	-43	-35
Minimum SNR(dB)	42	0
Maximum SNR(dB)	57	0
Average SNR(dB)	50	0
Packets Sent Count	20	20
Retries Packet Count	0	6
Max. Retry of One Packet	0	4
Lost Packet Count	0	0
Total Packets Lost	0	
RTTI(Max/Min/Avg)	0 / 0 / 0	

Packets Transmitted at different Data Rates

Data Rate (Mbps)	Uplink	Downlink	Data Rate (mcs)	Uplink	Downlink
1	0	0	0	0	0
2	0	0	1	0	0
5.5	0	0	2	0	0
6	0	0	3	0	0
9	0	0	4	0	0
11	0	0	5	0	0
12	0	0	6	0	0
18	0	1	7	0	0
24	0	0	8	0	0
36	0	1	9	0	0
48	0	15	10	0	0
54	20	3	11	0	0

图 5-90　使用 WCS 测试用户的无线链路

（4）回到主页面，单击右上角 Edit Contents 超链接，可以向主页面中增加监控的信息，如图 5-91 所示。

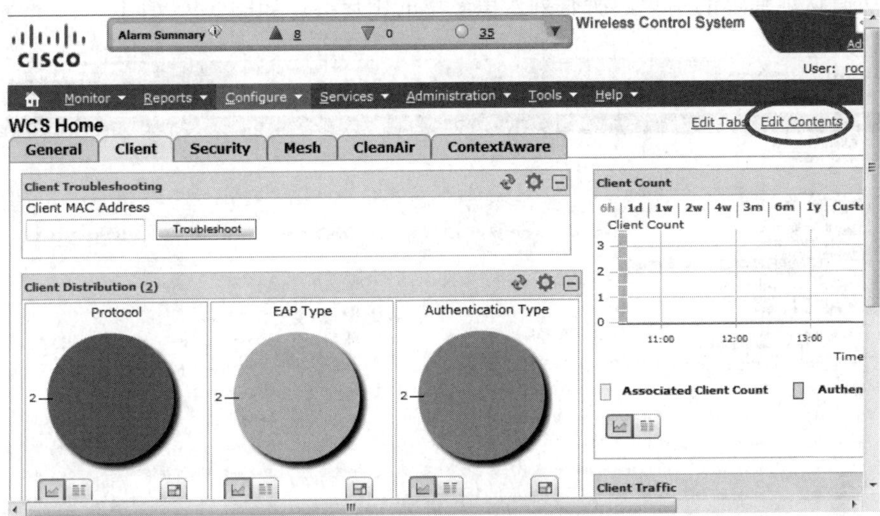

图 5-91　更改 WCS 的显示栏目

（5）可增加的内容包括用户分布、用户流量、用户的事件警告等，如图 5-92 所示。

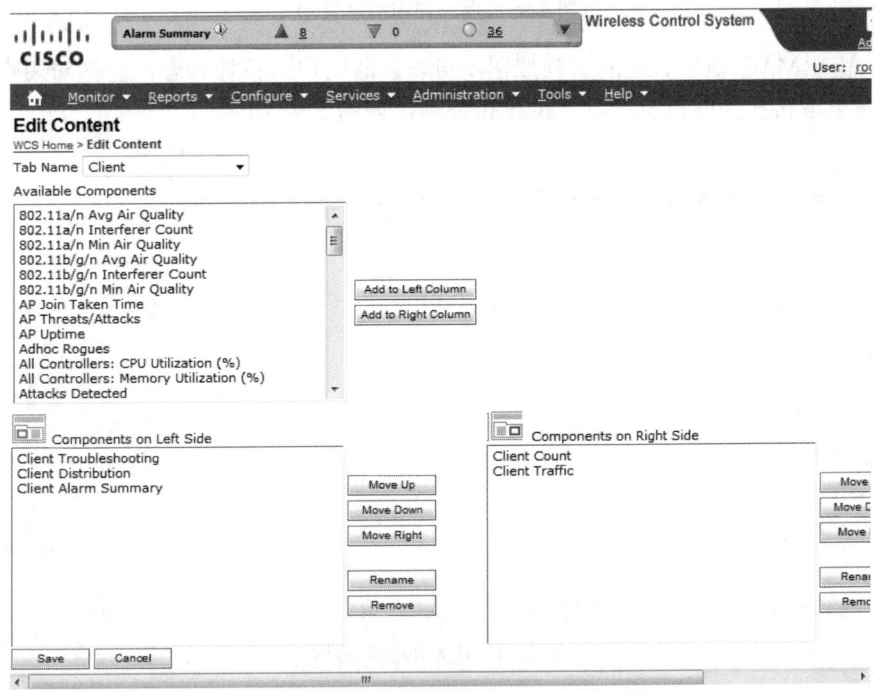

图 5-92　可选择的显示类别

（6）导航到 Monitor>Clients，可以看到所有的用户信息，包括同 AP 关联的和没有关联的用户，打开 Show 下拉列表即可以根据特定的条件对用户进行筛选，例如使用 2.4GHz 频率的用户，所有认证通过的用户，所有列入黑名单的用户等，如图 5-93 所示。

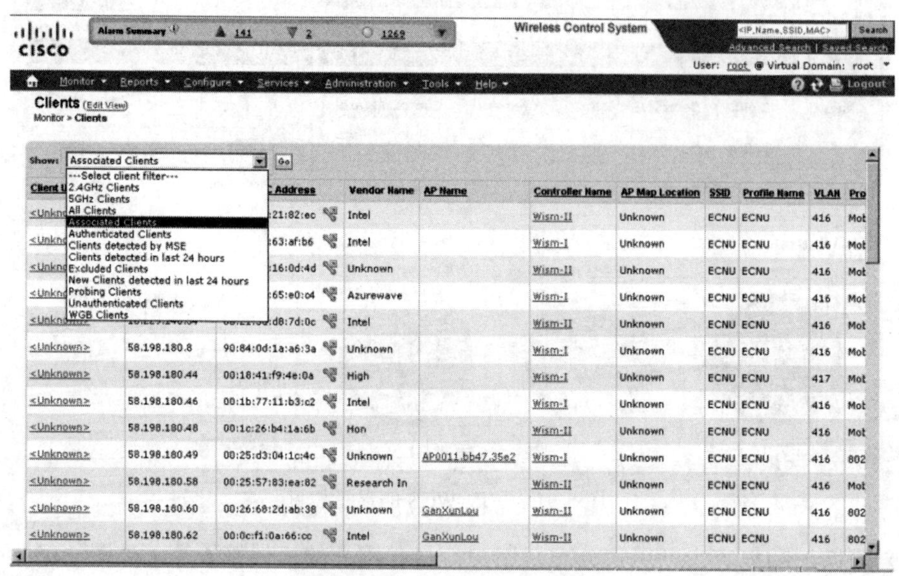

图 5-93　用户详细信息显示

（7）单击 MAC 地址右边的工具按钮，可以诊断用户的各种状态，包括对用户的认证过程进行记录以取得相关的日志信息，供排错使用，如图 5-94 所示。

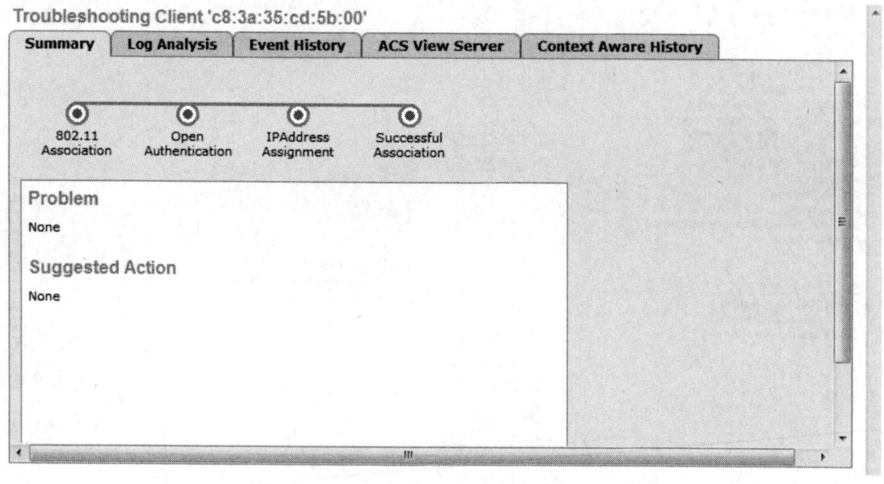

图 5-94　用户的故障排除

（8）单击用户名，即可以查看此用户的详细信息，如图 5-95 所示。

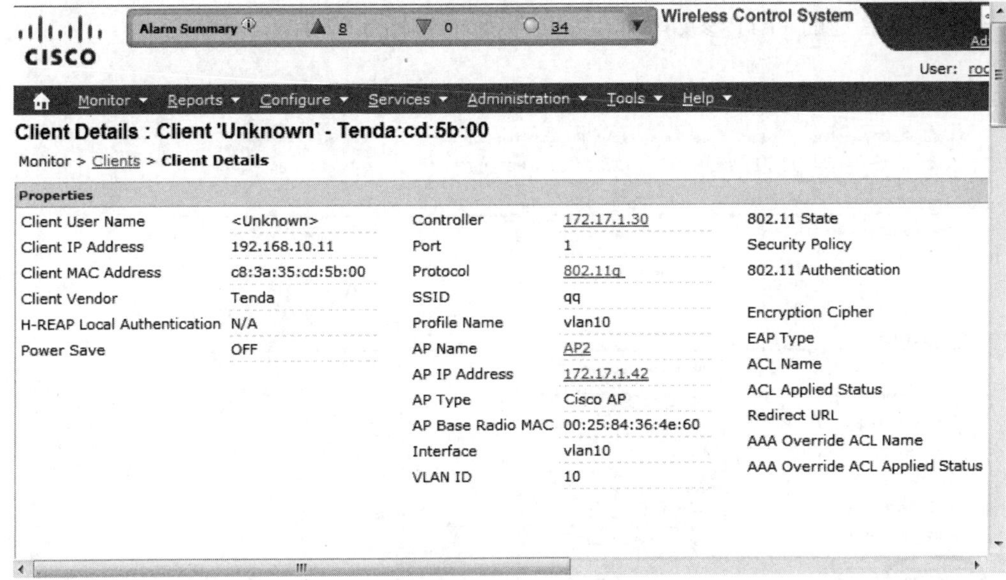

图 5-95　查看用户详细信息

7. 使用 WCS 升级控制器软件

将最新的映像文件拷贝到 TFTP 服务器的根目录下，TFTP 服务器可以选择本地 WCS 自带的服务器，也可以选择外部 TFTP 服务器，这里选择本地 WCS 自带的服务器。

（1）转到 Configure>Controllers，选择一个或多个 WLC，再从下拉列表框中选择 Download Software(TFTP)或 FTP，单击 Go 按钮，如图 5-96 所示。

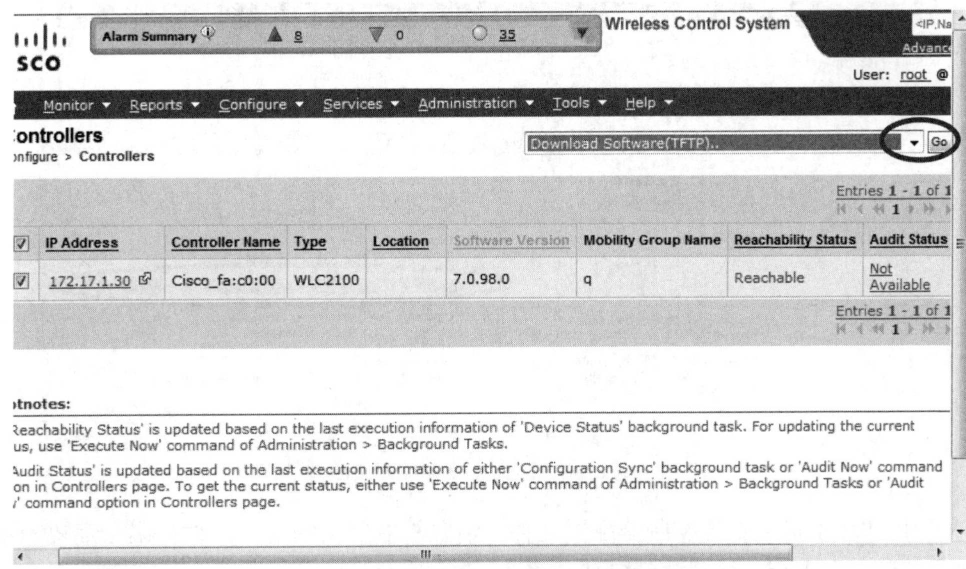

图 5-96　使用 WCS 下载文件到控制器

（2）配置合适的 TFTP 参数（此处不再重复），如图 5-97 所示。

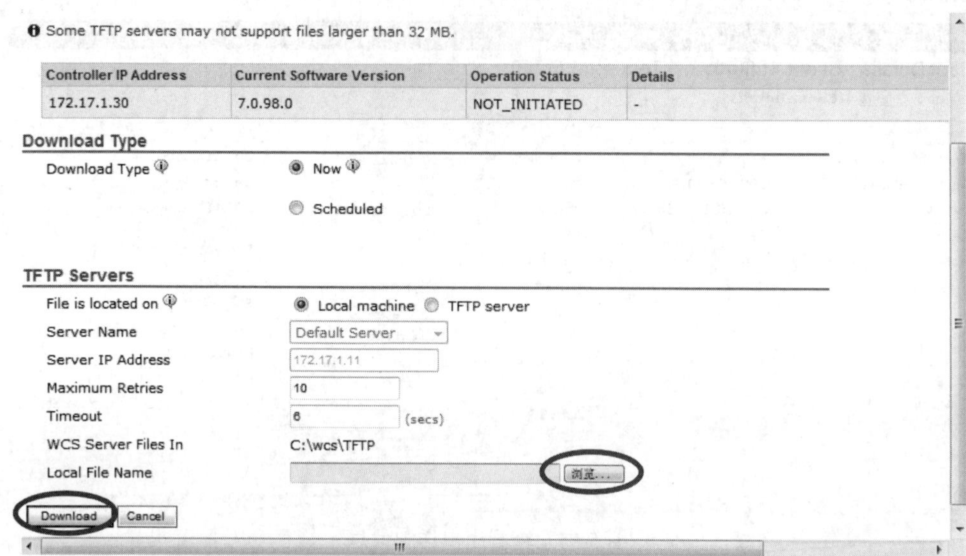

图 5-97　在 WCS 上配置 TFTP 服务器详细信息

（3）选择好映像文件后单击 Download，映像文件被下载到控制器上后，需要重新启动控制器以加载新的代码，在重新启动之前，先选择保存控制器配置，如图 5-98 所示。

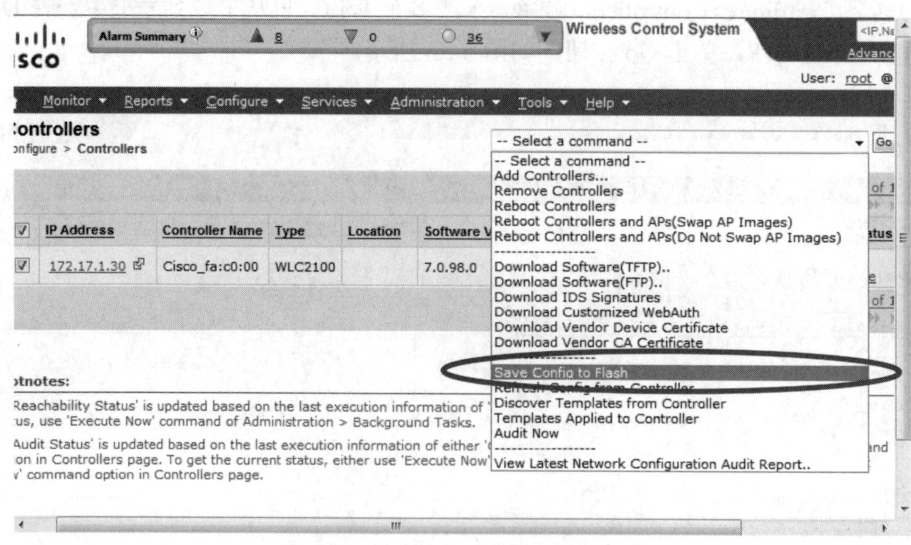

图 5-98　使用 WCS 保存控制器配置

8．使用 WCS 可以管理控制器配置文件和清除控制器上的配置文件，限于篇幅，不再详细讲述，请读者参考相关资料自行完成。

思考与操作

一、选择题

1．进行 WLAN 网络 Ping 测试时，笔记本通过无线网卡 Ping 本地网关，要求 Ping 包的丢包率不大于（　　）。

A．1%　　B．2%　　C．3%　　D．4%

2．在 2.4GHz WLAN 中，当多个 AP 使用多个信道同时工作时，为保证信道之间不相互干扰，要求使用的信道的中心频率间隔不能低于（　　）。

A．15MHz　　B．22MHz　　C．25MHz　　D．35MHz

3．以下软件可用于现场扫描测试无线网络的信号强度的有（　　）。

A．NetStumble　　B．Intel ProSet

C．Cisco Packet Tracer　　D．IxChariot

4．STA 可以搜索到 WLAN 信号但关联不上 AP，有可能是（　　）原因造成的。

A．AP 距离过远或障碍物过多，信号强度低于无线网卡接收灵敏度

B．周围环境中存在强干扰源

C．关联到该 AP 的用户过多

D．以上都是

5．使用 Network Stumbler 软件查看无线信号时，信号强度在（　　）以上可认为此信号较好。

A．-25dBm　　B．-50dBm　　C．-75dBm　　D．-100dBm

6．传输性能测试包括吞吐量、延时、抖动、丢包等测试，是 WLAN 验收的重要指标。以下软件可用于传输性能测试的是（　　）。

A．NetStumble　　B．Intel ProSet

C．Cisco Packet Tracer　　D．IxChariot

二、填空题

1．无线网络性能测试主要包含__________、__________、__________。

2．对 AP 的主要干扰有：__________、__________、__________、__________等，因此安装 AP 时尽量避开干扰源。

三、简答题

1．WLAN 工程勘察包括哪些内容？

2．某职业院校在校学生人数为 3000 人，笔记本用户 1500 人，并发比例按 30%～50%计

算，每用户带宽为 512Kb/s。计算该校的 WLAN 容量及 AP 数量（写出计算公式）。

3．在日常维护管理中，我们发现需要在无线控制器上配置多个 VLAN，例如 AP 管理 VLAN、无线控制器管理 VLAN、用户业务 VLAN，请简述这三种 VLAN 的区别。

4．画出无线控制器与 AP 的组网模式的三种拓扑图。

5．分析个别用户无法接入网络和无法获取 IP 地址的可能原因及解决措施。

四、综合题

1．为保证频道之间不相互干扰，2.4GHz 频段要求两个频道的中心频率间隔不能低于 25 MHz，推荐 1、6、11 三个信道交错使用，设计题图 5-1 所示的 2.4GHz 蜂窝的频率规划。

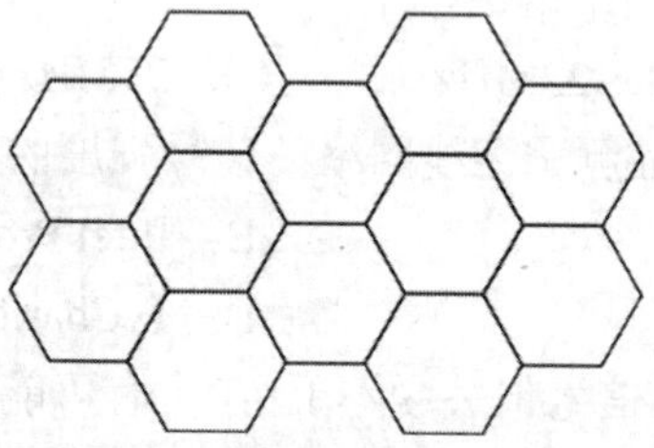

题图 5-1

2．某酒店某层平面示意图如题图 5-2 所示，其中有覆盖需求的地区有：大堂、酒吧、多功能厅（含接待室）、西餐厅、宴会厅及一个重要的会议室包厢。其中，大堂、酒吧、西餐厅等分散空间，用户容量需求不大。多功能厅经常举行会议，座位容量达 50 座，对网络的接入需求较大。宴会厅主要用于举行宴会，对网络需求不大，其隔壁的重要会议室，建筑材料采用隔音吸波材质，对 AP 信号会产生相当大的屏蔽。

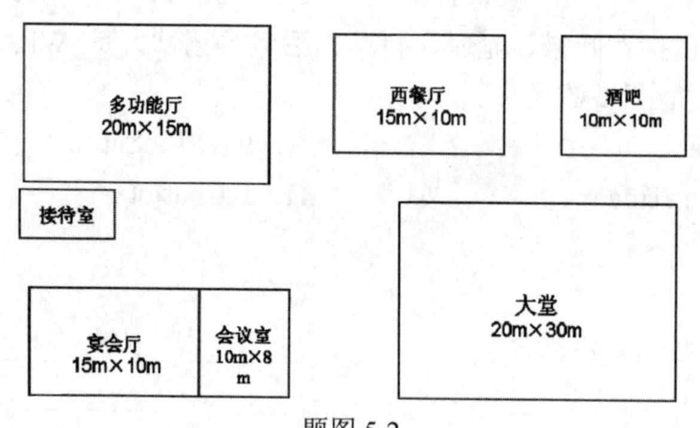

题图 5-2

3．某城区供电局，楼高六层，楼中间有楼道，办公室分布在楼道两边，每层楼有 10～20 个房间，其中，一楼有一个大型会议室。现决定在该楼内以全覆盖方式布署无线 WLAN 网络，请从容量、覆盖的角度，给出解决方案和设备选型。

参考文献

[1] 唐继勇等．无线网络组建项目教程．北京：中国水利水电出版社，2010．

[2] [美] Steve Rackley．无线网络技术原理与应用．北京：电子工业出版社，2008．

[3] [美] Ron Price．无线网络原理与应用．北京：清华大学出版社，2008．

[4] 汪涛．无线网络技术导论．北京：清华大学出版社，2008．

[5] 段水福，历晓华，段炼．无线局域网（WLAN）设计与实践．杭州：浙江大学出版社，2008．

[6] 郭渊博，杨奎武，张畅．无线局域网安全：设计及实现．北京：国防工业出版社，2010．

[7] 麻信洛，李晓中，董晓宁．无线局域网构建及应用．北京：国防工业出版社，2006．

[8] 杨军，李瑛，杨章玉．无线局域网组建实战．北京：电子工业出版社，2006．

[9] 麻信洛，李晓中．无线局域网构建及应用．第 2 版．北京：国防工业出版社，2009．